"十二五"职业教育国家规划教材

经全国职业教育教材审定委员会审定

宠物繁育技术

第二版

范 强 主编
孙耀辉 李 玉 副主编

化学工业出版社

·北京·

内容提要

本书根据高职高专宠物繁育技术的课程标准,以犬、猫为主要对象,讲述了宠物的繁殖原理和育种方法,全书共设置为十一个项目。本书由认识犬、猫的生殖器官和了解生殖激素入手,重点介绍了繁育应用技术,包括发情与控制、妊娠与分娩、选种与选配等;繁殖障碍及繁殖新技术可作为选修内容供相关院校灵活选用。书后还设置有丰富的实验实训项目,突出对学生实践技能的培训,职业特色鲜明,内容新颖、实用。

本书适合作为高职高专院校宠物类专业师生的教材,也可供从事宠物养殖的技术人员和爱好者自学参考。

图书在版编目(CIP)数据

宠物繁育技术/范强主编. —2版. —北京:化学工业出版社,2016.10(2025.1重印)

"十二五"职业教育国家规划教材
ISBN 978-7-122-27990-3

Ⅰ.①宠… Ⅱ.①范… Ⅲ.①观赏动物-家畜繁育-高等职业教育-教材 Ⅳ.①S814

中国版本图书馆 CIP 数据核字(2016)第 210021 号

责任编辑:梁静丽 李植峰
责任校对:王 静 　　　　　　　　　装帧设计:史利平

出版发行:化学工业出版社(北京市东城区青年湖南街13号 邮政编码100011)
印　　刷:三河市航远印刷有限公司
装　　订:三河市宇新装订厂
787mm×1092mm 1/16 印张 17½ 字数 454 千字 2025年1月北京第2版第13次印刷

购书咨询:010-64518888　　　　　　　　　售后服务:010-64518899
网　　址:http://www.cip.com.cn
凡购买本书,如有缺损质量问题,本社销售中心负责调换。

定　　价:49.00元　　　　　　　　　　　　　　　　　版权所有　违者必究

《宠物繁育技术》(第二版) 编审人员名单

主　　编　范　强

副 主 编　孙耀辉　李　玉

编　　者　(按照姓名汉语拼音排列)

　　　　　丁　威（江苏农林职业技术学院）

　　　　　范　强（辽宁农业职业技术学院）

　　　　　李　玉（广西农业职业技术学院）

　　　　　刘大伟（黑龙江农业工程职业学院）

　　　　　刘　燕（河南农业职业学院）

　　　　　任建存（杨凌职业技术学院）

　　　　　时广明（黑龙江职业学院）

　　　　　孙淑琴（辽宁农业职业技术学院）

　　　　　孙耀辉（黑龙江职业学院）

　　　　　尧国民（怀化职业技术学院）

　　　　　张德宇（辽宁省兴城市畜牧技术推广站）

主　　审　秦豪荣（江苏农牧科技职业学院）

前言

随着社会经济的发展和人们物质、文化生活水平的不断提高,犬、猫等宠物的陪伴功能越来越被人们所重视。研究人员需根据人们的需求将宠物定向繁殖,培育出更多人们喜爱的宠物新类型。

宠物繁育技术是高职高专院校宠物养殖类专业的一门专业基础课程,主要目的是解决宠物产业中宠物繁殖与育种过程中的技术问题,其任务是让学生系统掌握宠物繁殖和育种的理论知识,了解犬、猫的繁殖特性、繁殖机理、分娩与护理等基本知识,同时了解育种技术要点,掌握宠物育种的操作技术,为从事宠物养殖业生产奠定基本的专业知识和专业技能。

第一版教材出版后得到了兄弟院校的认可和积极选用,并提供了宝贵的使用意见与修订建议。第二版教材依据《国家中长期教育改革和发展规划纲要(2010—2020年)》《教育部关于"十二五"职业教育教材建设的若干意见》文件精神及国家规划教材编写要求,根据现阶段高职高专宠物繁育技术课程改革实际及技能型人才培养目标,结合宠物繁育技术相关岗位的技能要求修订编写思路:突破以往教材的传统模式,以宠物生产岗位所需技能为主线,注重利用现场进行操作,加强实践技能的训练。

第二版教材编写时修订内容主要包括:以犬、猫的繁殖和应用技术为主,兼顾观赏鱼、观赏龟、观赏鸟等宠物的繁育技术,主要为学生实践技能培训提供服务和支撑。为满足高职高专技能型、综合型人才的需要,本书设置了丰富的实验实训内容。

在具体的教学中,可结合本校的实际对教材中的内容灵活取舍。

本教材的编写得到了江苏农林职业技术学院、辽宁农业职业技术学院、广西农业职业技术学院、黑龙江农业工程职业学院、河南农业职业学院、杨凌职业技术学院、黑龙江职业学院、怀化职业技术学院等院校的大力支持和帮助,江苏农牧科技职业学院秦豪荣教授担任了本教材的主审工作,并对书稿进行了认真的审阅,提出了许多宝贵的意见和建议,保证了本教材的质量,在此一并表示衷心的感谢!本教材在编写过程中学习参考了国内外同行及专家的文献资料,谨此一并向原作者及相关单位表示诚挚的敬意!

由于编者水平有限,书中难免有疏漏及不妥之处,敬请专家和读者批评指正。

编 者
2016 年 2 月

目录

项目一 犬与猫的生殖生理 ……………………………………………… 1

单元一 雄犬、雄猫的生殖器官 ………… 1
一、睾丸 ……………………………… 1
二、附睾 ……………………………… 3
三、输精管和精索 …………………… 3
四、副性腺 …………………………… 4
五、阴囊、尿生殖道与外生殖器 …… 4

单元二 雌犬、雌猫的生殖器官 ………… 5
一、卵巢 ……………………………… 5
二、输卵管 …………………………… 7
三、子宫 ……………………………… 8
四、阴道与外生殖器 ………………… 9

五、乳腺 ……………………………… 10

单元三 配子的发生与形态结构 ………… 10
一、配子的发生 ……………………… 10
二、配子的形态结构 ………………… 13

单元四 配子的运行和受精 ……………… 14
一、配子的运行 ……………………… 14
二、受精前的准备 …………………… 16
三、受精过程 ………………………… 17
四、异常受精 ………………………… 18
五、影响受精的因素 ………………… 19

思考题 …………………………………… 19

项目二 生殖激素的种类及应用 ……………………………………… 20

单元一 生殖激素的种类和作用 ………… 20
一、生殖激素的概念 ………………… 20
二、生殖激素的种类 ………………… 20
三、生殖激素的作用特点 …………… 21
四、生殖激素的转运 ………………… 22

单元二 神经内分泌生殖激素 …………… 22
一、下丘脑促性腺激素释放激素 …… 22
二、催产素 …………………………… 23
三、垂体促性腺激素 ………………… 24
四、松果腺激素 ……………………… 26

单元三 性腺激素 ………………………… 27
一、性腺类固醇激素 ………………… 27

二、性腺含氮类激素 ………………… 29

单元四 胎盘促性腺激素 ………………… 30
一、孕马血清促性腺激素 …………… 30
二、人绒毛膜促性腺激素 …………… 31

单元五 前列腺素和外激素 ……………… 31
一、前列腺素 ………………………… 31
二、外激素 …………………………… 33

单元六 生殖激素的分泌与调节 ………… 33
一、生殖激素对雌犬生殖的调节 …… 33
二、生殖激素对雄犬生殖的调节 …… 34

思考题 …………………………………… 35

项目三 发情与发情控制 ……………………………………………… 36

单元一 雌犬、雌猫的性功能发育 ……… 36
一、初情期 …………………………… 36
二、性成熟 …………………………… 37
三、初配适龄 ………………………… 37
四、繁殖功能停止期 ………………… 37

单元二 发情与发情周期 ………………… 38
一、发情 ……………………………… 38
二、发情季节 ………………………… 38
三、发情周期 ………………………… 38
四、乏情、产后发情与异常发情 …… 41

  单元三 发情鉴定 …………………… 43
    一、发情鉴定的基本方法 ………… 44
    二、发情鉴定要点 ………………… 46
  单元四 发情控制 …………………… 49
    一、诱导发情 ……………………… 49
    二、同期发情 ……………………… 50
    三、超数排卵 ……………………… 51
  思考题 ………………………………… 52

项目四 配种与人工授精 …………… 53

  单元一 犬、猫的配种 ……………… 53
    一、交配适期 ……………………… 53
    二、交配方式 ……………………… 54
    三、交配过程 ……………………… 54
    四、提高配种率的措施 …………… 56
  单元二 犬、猫的人工授精 ………… 58
    一、采精 …………………………… 59
    二、精液品质检查 ………………… 62
    三、精液的稀释 …………………… 66
    四、精液的保存 …………………… 68
    五、输精操作 ……………………… 71
  思考题 ………………………………… 73

项目五 妊娠与分娩 ………………… 74

  单元一 妊娠与妊娠母体变化 ……… 74
    一、妊娠期 ………………………… 74
    二、妊娠母体的生理变化 ………… 74
  单元二 胚胎的早期发育、迁移和附植 … 76
    一、胚胎的早期发育 ……………… 76
    二、胚胎的迁移与附植 …………… 77
    三、胎膜与胎盘 …………………… 79
  单元三 妊娠诊断 …………………… 82
    一、外部观察法 …………………… 82
    二、触诊法 ………………………… 83
    三、超声波诊断法 ………………… 83
    四、X射线诊断法 ………………… 85
    五、血液检查法 …………………… 85
    六、尿液检查法 …………………… 85
    七、腹腔镜检查法 ………………… 86
  单元四 分娩征兆与分娩 …………… 86
    一、分娩征兆 ……………………… 86
    二、分娩 …………………………… 87
  单元五 人工助产与难产救助 ……… 89
    一、助产前的准备 ………………… 90
    二、正常分娩的助产 ……………… 90
    三、难产的助产 …………………… 90
    四、产后护理 ……………………… 92
  思考题 ………………………………… 95

项目六 其他宠物的繁殖 ……………… 96

  单元一 观赏鸟的繁殖 ……………… 96
    一、观赏鸟的生殖器官 …………… 96
    二、观赏鸟的繁殖习性 …………… 97
    三、几种常见观赏鸟的繁殖 ……… 99
  单元二 观赏鱼的繁殖 ……………… 103
    一、鱼类的生殖器官 ……………… 104
    二、鱼类产卵与排精 ……………… 105
    三、鱼类的繁殖方式 ……………… 107
    四、几种常见观赏鱼的繁殖 ……… 108
  单元三 观赏龟的繁殖 ……………… 114
    一、龟的生殖系统 ………………… 114
    二、龟的繁殖习性 ………………… 115
    三、观赏龟的繁殖方式 …………… 116
    四、观赏龟的人工繁殖 …………… 118
  思考题 ………………………………… 121

项目七 宠物育种的遗传学基础 ……… 122

  单元一 性状的物质基础 …………… 122
    一、细胞 …………………………… 122
    二、染色体 ………………………… 125
    三、细胞分裂 ……………………… 127
    四、遗传物质 ……………………… 130
  单元二 遗传基本定律 ……………… 132
    一、一对相对性状的表达 ………… 132
    二、二对相对性状的表达 ………… 135
    三、连锁与互换现象 ……………… 137
  单元三 性别决定与伴性遗传 ……… 139
    一、性别决定 ……………………… 139
    二、与性别有关的遗传 …………… 142

单元四　变异现象 …………………… 143
　　一、染色体畸变 ………………… 143
　　二、基因突变 …………………… 145
　　思考题 ……………………………… 147

项目八　宠物的选种 ……………………………………………………………… 148

单元一　宠物品种 …………………… 148
　　一、品种 ………………………… 148
　　二、品种的分类方法 …………… 150
单元二　宠物的外貌评定 …………… 156
　　一、体质外貌鉴定 ……………… 156
　　二、犬的品种标准 ……………… 157
单元三　宠物的生长与发育 ………… 162
　　一、生长发育的概念 …………… 162
　　二、研究生长发育的方法 ……… 163
　　三、生长发育的一般规律性 …… 165
　　四、影响宠物生长发育的因素 … 169
单元四　宠物的选种方法 …………… 170
　　一、质量性状与数量性状 ……… 170
　　二、质量性状的选择 …………… 173
　　三、数量性状的选择 …………… 175
单元五　种用价值的评定 …………… 178
　　一、性能测定 …………………… 178
　　二、系谱鉴定 …………………… 179
　　三、后裔鉴定 …………………… 179
　　四、同胞鉴定 …………………… 180
　　五、选择指数 …………………… 181
　　六、育种值估计 ………………… 181
思考题 ………………………………… 182

项目九　宠物的选配与育种 ……………………………………………………… 183

单元一　宠物的选配 ………………… 183
　　一、选配的概念和作用 ………… 183
　　二、选配的种类 ………………… 184
　　三、选配计划的制订 …………… 185
单元二　近交与近交衰退 …………… 186
　　一、近交程度的分析 …………… 186
　　二、近交的遗传效应和用途 …… 187
　　三、近交衰退及其防止措施 …… 187
　　四、近交的具体运用 …………… 189
单元三　杂交与杂种优势 …………… 189
　　一、杂交的基本概念 …………… 189
　　二、杂种优势 …………………… 190
　　三、杂交组合的筛选 …………… 191
单元四　宠物育种的目的和方法 …… 192
　　一、宠物育种的目的 …………… 192
　　二、宠物育种的方法 …………… 193
单元五　宠物的遗传缺陷与抗病育种 … 195
　　一、犬、猫的遗传性疾病 ……… 196
　　二、宠物抗病育种 ……………… 197
思考题 ………………………………… 199

项目十　繁殖障碍 ………………………………………………………………… 200

单元一　宠物的繁殖力及其评价 …… 200
　　一、繁殖力与正常繁殖力的概念 … 200
　　二、繁殖力的评价 ……………… 200
单元二　犬、猫的繁殖障碍 ………… 201
　　一、雄犬、雄猫的繁殖障碍 …… 202
　　二、雌犬、雌猫的繁殖障碍 …… 207
单元三　犬、猫的繁殖限制技术 …… 214
　　一、犬的繁殖限制技术 ………… 214
　　二、猫的繁殖限制技术 ………… 215
思考题 ………………………………… 218

项目十一　宠物繁殖新技术 ……………………………………………………… 219

单元一　胚胎移植技术 ……………… 219
　　一、胚胎移植的概念与意义 …… 219
　　二、胚胎移植发展概况 ………… 220
　　三、胚胎移植的生理学基础与原则 … 220
　　四、胚胎移植技术程序及影响因素 … 221
　　五、犬、猫胚胎移植存在的问题 … 225
单元二　其他胚胎生物工程简介 …… 226
　　一、体外受精技术 ……………… 226
　　二、性别控制技术 ……………… 228
　　三、克隆技术 …………………… 229
　　四、转基因技术 ………………… 232
　　五、胚胎嵌合体 ………………… 234
思考题 ………………………………… 235

实验实训 ··· 236

实训一　犬、猫生殖器官解剖构造的观察 ······························· 236
实训二　犬、猫睾丸、卵巢组织切片的观察 ····························· 238
实训三　犬、猫的发情鉴定 ················ 240
实训四　犬、猫的采精与输精 ············ 242
实训五　精子的品质检查 ···················· 244
实训六　精液稀释液的配制 ················ 247
实训七　精液的冷冻保存 ···················· 248
实训八　犬、猫的妊娠诊断 ················ 250
实训九　犬、猫的分娩和助产 ············ 251
实训十　犬、猫的品种识别 ················ 253
实训十一　系谱的编制与鉴定 ············ 261
实训十二　宠物犬选配方案的制定 ···· 263
实训十三　近交系数与亲缘系数计算 ······· 264
实训十四　犬、猫的去势 ···················· 266
实训十五　犬、猫的繁殖力的统计 ···· 267

参考文献 ··· 270

项目一　犬与猫的生殖生理

【知识目标】

1. 通过观察雄性生殖器官的标本与挂图，了解睾丸、附睾及副性腺的组织结构，掌握睾丸、附睾及副性腺的形态结构和生理功能。

2. 通过观察雌性生殖器官的标本与挂图，了解卵巢、输卵管及子宫的组织结构，掌握卵巢、输卵管及子宫的形态结构和生理功能。

3. 通过观察睾丸和卵巢的组织切片与挂图，了解精子和卵子的发生过程，掌握精子和卵子的基本结构和受精过程。

4. 通过对精子与卵子受精机制的学习，理解配子的运行、受精的基本过程，掌握配子受精所发生的变化，为提高配子受精率提供理论基础。

【技能目标】

1. 能够描述生殖器官的形态结构，并根据生殖器官的发育情况，及时发现生殖器官畸形个体，做好初选工作。

2. 能够利用相关知识，开展雄性个体的去势操作和简单的生殖器官畸形矫正操作。

3. 能够描述精子和卵子受精的基本过程，并根据精子和卵子在受精过程中所发生的主要变化，制订出提高受精效果的操作方案。

4. 能够描述妊娠母体发生的生理变化，并根据这些变化，做好妊娠母体的饲养管理工作。

单元一　雄犬、雄猫的生殖器官

雄犬、雄猫的生殖器官由性腺（睾丸）、输精管道（附睾、输精管和尿生殖道）、副性腺（前列腺）、外生殖器（阴茎）组成。此外，还包括附属结构（精索、阴囊和包皮）（图1-1、图1-2）。

一、睾丸

1. 形态与位置

睾丸是成对的实质性器官，位于阴囊内，呈长卵圆形，表面光滑，纵轴朝向躯干纵轴的前下方，呈后上方向前下方的倾斜状态。睾丸分为睾丸头、睾丸体和睾丸尾3部分。其中，血管与神经出入的一端为睾丸头，与附睾头相连；另一端为睾丸尾，与附睾尾相连。睾丸的两侧为附睾缘和游离缘，前者有附睾附着，后者游离，朝向阴囊底。

睾丸的大小与宠物的品种、年龄、个体大小和发育程度密切相关。以中型犬为例，成年犬的睾丸体积为（3.0~4.0）cm×（2.8~3.0）cm×（1.8~2.0）cm，总重10~30g，相当于体重的0.32%。成年猫的睾丸体积为（1.4~3.0）cm×（0.80~1.5）cm×（0.8~1.2）cm，总重4~5g，相当于体重的0.12%~0.16%。

图 1-1　雄犬的生殖器官示意图
1—直肠；2—前列腺；3—输精管；4—膀胱；5—附睾；6—睾丸；7—阴茎；8—包皮；9—右肾；10—龟头球；11—阴茎骨
（安铁洙主编，犬解剖学，2003）

图 1-2　雄猫的生殖器官示意图
1—直肠；2—前列腺；3—输精管；4—膀胱；5—附睾；6—睾丸；7—阴茎；8—尿道球腺；9—左肾
（杨万郊主编，宠物繁殖与育种，2007）

> **知识卡**
>
> 隐睾　通常，犬、猫出生时，睾丸已经进入阴囊内，或在腹腔内靠近腹股沟环处，出生后不久下降到阴囊内。若一侧或两侧睾丸未下降，成年后仍位于腹腔内则为隐睾。隐睾的睾丸内分泌功能正常，精子形成出现异常，严重时可致不育。所以，在选留种犬、种猫时要检查睾丸发育情况，隐睾个体不能留种。此外，发生隐睾的雄犬、雄猫的性欲异常强烈，难以管理，且隐睾的睾丸间质细胞容易发生肿瘤，虽然大多为良性，但也不排除发生恶性转变的个例，必须及时摘除。

2. 组织结构

睾丸（图 1-3）表面光滑，除附睾缘外，覆有一层浆膜（固有鞘膜），其下为白膜，由以胶原纤维为主并含有少量弹性纤维的致密结缔组织所构成。

图 1-3　睾丸与附睾的组织构造
1—曲精小管；2—直精小管；3—小叶；4—纵隔；5—中隔；6—睾丸网；7—附睾头；8—附睾尾；9—附睾体；10—睾丸输出管；11—输精管
（杨万郊主编，宠物繁殖与育种，2007）

睾丸白膜由睾丸头端呈索状深入睾丸内，沿睾丸长轴向尾端延伸，形成睾丸纵隔。纵隔向四周发出放射状的结缔组织间隔为睾丸中隔，将睾丸实质分成许多锥形小叶。

睾丸小叶内有 2～5 条以盲端起始的曲精小管，在小叶尖端变直为直精小管，各自汇合，穿入纵隔形成睾丸网。弯曲的睾丸网最后汇合成 10～30 条较粗的睾丸输出管，穿出睾丸头白膜，汇入附睾头的附睾管。

睾丸精小管的管壁由外向内依次为：结缔组织纤维、基膜和复层的生殖上皮。生殖上皮成层地排列在基膜上，可以分为支持细胞和生精细胞。

（1）支持细胞　在曲精小管壁上，存在一些稀疏的柱状支持细胞，由曲精小管的基膜伸向腔面，常有精子镶嵌在上面，周围有生精细胞附着。

（2）生精细胞　在相邻的支持细胞之间，成群地分布着 3～7 层处在不同发育阶段的生精细胞，数量比较多，是精子形成的原基。

（3）间质细胞　睾丸间质细胞常聚集存在，主要分布在曲精小管之间，或沿小血管周围排列，属于疏松结缔组织，对睾丸起支持作用。

3. 生殖功能

（1）精子生成　睾丸曲精小管的生精细胞经过多次分裂，并经过形态变化最终形成精子。精子随精小管液流出，经直精小管、睾丸网、输出管而到达附睾贮存。

（2）分泌激素　睾丸间质细胞能够分泌雄性激素（主要为睾酮），引起雄性动物的性欲和性兴奋，刺激第二性征和性器官的发育，维持精子发生和附睾内精子的存活。

（3）支持、营养作用　睾丸支持细胞含有丰富的糖原和类脂，可以选择性地为各级生精细胞（精原细胞除外）提供支持、营养和保护作用，并能吞噬退化的精子。此外，支持细胞能分泌极少量雌性激素，起到调节激素平衡的作用。

二、附睾

1. 形态与位置

附睾是紧密附着于睾丸附睾缘的管道结构，由附睾头、附睾体和附睾尾3部分组成（图1-3）。睾丸头和睾丸游离缘的膨大部分为附睾头，由10～30条睾丸输出管穿出白膜盘曲而成，睾丸输出管最后汇合成一条较粗而盘曲的附睾管。弯曲的附睾管逐渐变细并延续为细长的附睾体，在睾丸的远端扩张成附睾尾。附睾尾部的附睾管径增大，弯曲减少，逐渐过渡为输精管，经腹股沟管进入腹腔。

犬的附睾长5～10m，猫的附睾长1.5～3.0m，附睾头、尾的朝向同躯干一致。

2. 组织结构

附睾表面有固有鞘膜和白膜，白膜伸入附睾内，将附睾分成许多小叶，内部为一堆盘曲的管道。附睾管是一条长而弯曲的细管，大而整齐，上皮较厚，由高柱状纤毛细胞和基底细胞组成。高柱状纤毛细胞的纤毛长，不能运动，又称静纤毛，具有分泌作用，其纤毛有助于细胞内分泌物的排出，分泌物有营养精子的作用。基底细胞紧贴基膜，体积较小，呈圆形或卵圆形。在基膜外有固有膜，内含有薄的环行平滑肌层。靠近输精管端尚有散在的纵行平滑肌束。

附睾管可以分为3部分：起始部具有长而直的静纤毛，管腔较窄，管内精子很少；中部的静纤毛不太长，管腔变宽，管内精子较多；末端静纤毛较短，管腔较宽，管内充满精子。

3. 生殖功能

（1）成熟作用　睾丸生成的精子进入附睾头时，颈部常有原生质滴存在，活动能力弱，受精能力很低。精子在通过附睾过程中，原生质滴向尾部末端移行脱落，活力逐渐增强，具有受精能力，逐渐成熟。

（2）吸收作用　附睾头和附睾体的上皮细胞具有吸收功能，能够吸收稀薄精子悬浮液中的水分和电解质，使附睾尾液中的精子浓度升高。

（3）运输作用　精子借助于附睾管纤毛上皮的摆动和管壁平滑肌的蠕动，由附睾头经附睾体到达附睾尾，并贮存在附睾尾。

（4）贮存作用　由于附睾管上皮细胞的分泌作用和附睾中的弱酸性（pH6.2～6.8）、高渗透压、低温，以及厌氧的内环境，精子代谢和活动力维持在较低水平，可在附睾内贮存较长时间。但是，贮存过久会精子降低活力，导致畸形精子和死精子数量增多。

三、输精管和精索

1. 输精管

输精管是输送精子的两条细长管道，由附睾尾进入精索后缘内侧的输精管褶中，经腹股沟上行进入腹腔，再向上方后转进入骨盆腔，绕过同侧的输尿管，在膀胱背侧的尿生殖褶内继续向后延伸、变粗，形成不明显的输精管壶腹，末端变细，开口于阴茎基部的尿生殖道（骨盆部）。输精管的管壁由内向外依次为黏膜层、肌肉层和浆膜层。黏膜层内有腺体（壶腹腺）分布，又称为输精管腺部。肌肉层较厚，有发达的平滑肌纤维，交配时收缩力较强，能将精子排送入尿生殖道内。

2. 精索

精索是包括血管、淋巴管、神经、提睾内肌和输精管的浆膜褶，斜行于阴茎的两侧。精索外部包有固有鞘膜，呈上窄下宽的扁圆锥形索状物，其基部（下部）附着于睾丸和附睾上，上端狭窄甚至闭锁，以腹股沟管的内环（腹环）通腹膜腔和阴囊的鞘膜腔。

四、副性腺

1. 形态与位置

犬的副性腺只有前列腺和不发达的尿道小腺体。前列腺为分支的管泡状腺体，非常发达，位于尿生殖道起始部背侧，耻骨前缘，为对称的黄色球状体，以多条输出管开口于尿生殖道盆部。以2～5岁、体重11kg的中等犬为例，前列腺体积为1.7cm×2.6cm×0.8cm，总重14.5g左右。犬的前列腺容易感染，并上行引发附睾炎。

猫的副性腺包括前列腺和尿道球腺。前列腺体积为0.5cm×0.2cm×0.3cm，分为左右两叶，两叶间由结缔组织相连，位于尿道背侧，与输精管相通。尿道球腺有1对，体积0.4cm×0.3cm×0.3cm，重为0.4～0.5g，位于阴茎基部的尿道两侧，开口于尿道。

2. 生殖功能

前列腺的分泌物是一种黏稠的蛋白样液体，含有丰富的酶类，有特殊的鱼腥味，呈弱碱性，能够活化和运输精子，同时能吸收精子所产生的CO_2，有利于精子的活动，还能中和阴道中的酸性分泌物。

五、阴囊、尿生殖道与外生殖器

1. 阴囊

阴囊是腹壁下陷所形成的囊状结构，容纳睾丸、附睾和部分精索。阴囊紧贴身体，内部的肉膜和睾外提肌可以收缩和舒张，通过调节其与腹壁的距离来获得精子生成的最佳温度。阴囊腔的温度低于腹腔内的温度，通常为34～36℃。

> **知识卡**
>
> 阴囊疝　正常情况下，犬、猫出生时，阴囊通过腹股沟管而以鞘膜口或鞘膜环的形式与腹膜腔相通。当睾丸下降后，腹股沟管闭合，睾丸停留在阴囊内。若腹股沟环过大，游离性较大的小肠可能从此口进入阴囊，形成腹股沟疝或阴囊疝，不仅妨碍生长发育，而且发生嵌顿时，出现肠道腹股沟嵌闭坏死和睾丸与附睾坏死现象，必须进行手术整复。

2. 尿生殖道

尿生殖道可分为骨盆部和阴茎部。骨盆部外面覆有一层发达的尿道肌，管腔较粗，与膀胱颈的连接处为尿道内口，输精管与前列腺均开口于此。阴茎部外面有尿道海绵体和球海绵体肌，又称海绵体部，其开口为尿道外口。

3. 阴茎

阴茎为交配器官，位于包皮内，由阴茎海绵体、尿生殖道阴茎部构成，大致分为阴茎头、阴茎体和阴茎根3部分。

犬的阴茎为圆柱状，不勃起时长6.5～20cm，有发达的阴茎头，其中含有等长的阴茎骨（由2个海绵体骨化而成，长5～10cm），骨的腹面包有尿道，尿道和阴茎骨的外围包被阴茎皮肤。阴茎头的后端有膨大的龟头球，其前部为龟头突。

犬的尿路结石常发生在阴茎骨的后端，因为尿道沟骨质壁限制了此处尿道扩张。

猫的阴茎主要包括两个海绵体，其中有丰富的血窦。阴茎有背腹沟，两个海绵体在此处相连接。猫一般无阴茎骨，即使有也很短，长度为0.3～0.4cm。阴茎游离端不形成龟头，只有1cm的帽样结构，上面有100～200个角化小乳头，长度为0.075cm，小乳头指向阴茎基部，对诱发雌猫排卵可能有一定的作用。这些乳头组织到6～7月龄才出现，而且与激素有一定的关系，阉割后的雄猫该组织退化消失。

> **知识卡**
>
> 锁结　通常，猫的交配是在雄性阴茎完全勃起，插入雌性生殖道后不久即可射精，完成交配。犬的交配过程与猫存在明显的差异。犬的交配在性兴奋开始时，阴茎未充分勃起时插入，随后阴茎完全勃起，球部膨大，体积增大，射精后仍保持勃起状态，与雌犬的阴道前庭发生锁结，通常维持10～30min。之后，雌犬的锁结解除，阴茎滑出阴道，恢复正常状态，完成交配。

4. 包皮

包皮由皮肤折转而形成的管状皮肤套，容纳和保护阴茎，其上分布有淋巴小结和小的包皮腺。阴茎勃起伸长时包皮展平。

> **技能拓展**
>
> 阉割术　犬对疼痛敏感，术前多进行麻醉，即每千克体重肌内注射速眠新0.04ml或复方氯胺酮5mg。犬仰卧保定后，将阴囊和周围的毛剪除并消毒（用70%酒精棉球涂擦，再涂以5%碘酊，最后用70%酒精脱碘），术者左手拇指和食指掐住阴囊颈部，中指和无名指固定睾丸，右手持刀，距阴囊缝际0.5cm处做一切口，挤出睾丸，撕开阴囊韧带，左手抓住睾丸，右手将皮肤与总鞘膜向上撸，暴露精索最细处，用止血钳固定，从外侧切断精索，内侧结扎精索。松开止血钳，确认无血流出，剪去线尾。同理，在阴囊另一侧做切口，摘除睾丸。切口上撒布少许1∶9的碘仿磺胺消炎粉，用碘酊涂擦切口周围，切口不必缝合。雄猫的阉割与犬的相似（略）。

单元二　雌犬、雌猫的生殖器官

雌犬、雌猫的生殖器官包括性腺（卵巢）、生殖道（输卵管、子宫、阴道）和外生殖器（尿生殖前庭和阴门）等（图1-4、图1-5）。此外，乳腺与生殖功能有密切关系。

一、卵巢

1. 形态与位置

卵巢是产生卵细胞的实质性器官，其形态位置与宠物的品种、年龄、发情周期和妊娠

图 1-4　雌犬生殖器官示意图

1—卵巢；2—输卵管；3—子宫角；4—子宫体；
5—子宫颈；6—直肠；7—阴道；8—膀胱；9—右肾

(安铁洙主编，犬解剖学，2003)

图 1-5　雌猫生殖器官示意图

1—卵巢；2—输卵管；3—子宫角；4—子宫体；
5—子宫颈；6—直肠；7—阴道；8—膀胱

(包玉清主编，宠物解剖与组织胚胎，2008)

而异。

犬的卵巢体积为 $(1.5\sim3)cm\times(0.7\sim1.5)cm\times(0.5\sim0.75)cm$，重 $1\sim3g$，由阔韧带固定在腹腔内，位于肾后方 $1\sim2cm$ 处的第 $3\sim4$ 腰椎横突腹侧，经产犬位置更为向下。非发情期，卵巢完全被包裹在卵巢囊内，囊的腹内侧有裂隙状开口，囊壁由两层浆膜构成，含有适量的脂肪和平滑肌。浆膜伸延到子宫角，形成输卵管系膜和卵巢固有韧带。卵巢内含有许多卵泡，在卵巢表面生成许多隆凸，通常有成熟卵泡 $3\sim15$ 个（直径 $0.4\sim0.5cm$），但缺少明显的卵巢门。

猫的卵巢体积为 $(0.6\sim0.9)cm\times(0.3\sim0.5)cm\times(0.4\times0.5)cm$，重约 $0.6g$，位于第 $3\sim4$ 腰椎横突腹侧，比犬卵巢的位置更低一些，其表面可见许多突出的白色小囊。发情时，卵巢上一般有成熟卵泡 $2\sim10$ 个（直径 $0.2\sim0.3cm$）。卵巢上若有黄体存在时，其直径为 $0.15\sim0.3cm$。

2. 组织结构

卵巢分为被膜、皮质和髓质，后两者构成卵巢的实质，组织构造如图 1-6 所示。

图 1-6　卵巢的组织构造

1—原始卵泡；2—初级卵泡；3—生长卵泡；
4—成熟卵泡；5—闭锁卵泡；6—黄体；
7—排卵；8—卵巢门；9—卵子

(包玉清主编，宠物解剖与组织胚胎，2008)

（1）被膜　卵巢表面除卵巢门外，都覆有一层生殖上皮，是卵子发生的原基。生殖上皮下部为白膜，由一层富含梭形细胞的致密结缔组织构成。

（2）皮质　皮质包括基质、卵泡、闭锁卵泡、黄体和白体等构成。

①基质。由致密结缔组织构成，含有大量的网状纤维和少量的弹性纤维。基质内的细胞为梭形，在一定条件下激活，获得吞噬能力而转变为间质细胞。

②卵泡。皮质中存在大量处于不同发育阶段的卵泡，主要有原始卵泡、初级卵泡、次级卵泡、生长卵泡、成熟卵泡等。每个卵泡都由一个卵母细胞和外周的卵泡细胞所组成。成熟的卵泡以破溃的方式将卵细胞排入腹膜腔。

③闭锁卵泡。卵巢内只有少数卵泡发育成熟，大多数在发育过程中退化，成为闭锁卵

泡。退化的卵母细胞存在于未破裂的卵泡中。无腔卵泡退化后，一般不留痕迹。有腔卵泡退化时，可观察到萎缩的卵母细胞和膨胀塌陷的透明带。闭锁卵泡最终被结缔组织取代，形成类似白体的结构，随后消失于卵巢基质。

④ 黄体。卵泡成熟排卵后，卵泡壁收缩，塌陷的卵泡腔充满血液，卵泡壁的间质细胞增生，黄体细胞分裂和增殖旺盛，充满卵泡内腔，形成球形或椭圆形的黄体，主要由颗粒细胞和内膜细胞构成。黄体退化后被结缔组织取代，成为斑痕样白体。

(3) 髓质　位于卵巢中心，无卵泡，由弹性纤维和结缔组织构成，其内有血管、淋巴管、神经和平滑肌纤维，由卵巢门出入。卵巢门处常有成群较大的上皮样细胞（称门细胞），具有分泌雄激素的功能。在怀孕时，这种细胞增多。

3. 生殖功能

(1) 卵泡发育和排卵　卵巢皮质部表层聚集许多原始卵泡，经过初级卵泡、次级卵泡、生长卵泡和成熟卵泡等阶段，最终成熟排出卵子，原卵泡腔处形成黄体。

(2) 分泌雌激素和孕酮　在卵泡发育过程中，包围在卵泡细胞外的两层卵巢皮质基质细胞形成内、外两层的卵泡膜。其中，内膜的颗粒细胞可以分泌雌激素，雌激素是导致母畜发情的直接因素。排卵后形成的黄体可分泌孕酮，是维持妊娠所必需的激素之一。

二、输卵管

1. 形态与位置

输卵管是一对细长而弯曲的管道，位于卵巢和子宫角之间，有输送卵子的作用，同时也是卵子受精的场所。输卵管为子宫阔韧带外层分出的输卵管系膜所固定，输卵管系膜与卵巢固有韧带之间形成卵巢囊。输卵管可分漏斗部、壶腹部和峡部3部分。输卵管的前端膨大部分为漏斗部，漏斗中央的深处有一口为输卵管腹腔口，与腹膜腔相通，卵细胞由此进入输卵管，漏斗的边缘有许多褶状突起，构成输卵管伞；输卵管前段管径最粗，也是最长部分为壶腹部，管壁较薄，卵子在此处受精后进入子宫腔着床；输卵管后段细而直为峡部，管壁较厚，末端以输卵管子宫口与子宫角相通。

犬的输卵管长5～8cm，弯曲度较小。输卵管伞部大部分位于卵巢囊内，有一部分常经囊的裂口伸到囊的外面，其腹腔口较大，通腹膜腔，而子宫口很小，连于子宫角。犬的输卵管的最大特点是含有大量脂肪，特别是伞部，即使比较瘦弱的犬，其伞部也有一定数量的脂肪。

猫的输卵管长4～5cm，顶部呈喇叭状，称喇叭口，管壁较薄，位于卵巢前端外侧面，紧贴着卵巢，与犬不同的是伞部没有脂肪。输卵管从喇叭口向前转，然后向内侧面，再转向后，呈盘曲状，其后端与子宫角相连。输卵管的前2/3直径较大，后1/3则较小。

2. 组织结构

输卵管是连接卵巢与子宫角的弯曲管道，其管壁由外向内由浆膜、肌层和黏膜组成。浆膜由疏松结缔组织和间皮组成，包裹在输卵管的外面，形成输卵管系膜，固定输卵管。

肌层主要由内层环行或螺旋状平滑肌和外层纵行平滑肌组成，其中混有斜行纤维，能够引起整个管壁的协调收缩，将卵子和精子分别由输卵管伞部和峡部向壶腹部运送，并在壶腹部完成受精。

黏膜中有许多纵形皱褶，由单层柱状上皮组成。上皮细胞有两种：一种是有动纤毛的柱状细胞，另一种是无纤毛的分泌细胞，两者相间排列（图1-7）。其中，前者的纤毛可以向子宫角端颤抖，有利于卵子运行。

3. 生殖功能

（1）运送配子　借助输卵管纤毛的摆动、管壁的蠕动和分泌液的流动，使卵巢排出的卵子经过输卵管伞部向壶腹部运送，同时将精子反向由峡部向壶腹部运送。

（2）精子获能、卵子受精和受精卵分裂的场所　精子在受精前必须在输卵管内停留一段时间，发生一定变化，才具有受精能力，这个过程为获能作用。输卵管的壶腹部为卵子受精的部位，受精卵在卵裂的同时向峡部运行。子宫输卵管连接部可以对精子进行筛选，也可以控制精子与受精卵的运行。

（3）分泌功能　输卵管分泌细胞含有特殊的分泌颗粒，能够分泌黏蛋白和黏多糖，是配子的运载工具，也是配子、胚泡附植和早期胚胎的培养液。输卵管的分泌作用受激素控制，发情时分泌增多。

图1-7　分泌细胞和柱状细胞的模式图

1—黏多糖；2—黏蛋白；
3—动纤毛；4—高尔基体；
5—细胞核；6—分泌细胞；
7—柱状细胞

（安铁洙主编，犬解剖学，2003）

> **知识卡**
>
> 宫外孕　正常情况下，受精卵会由输卵管迁移到子宫腔，在子宫内发育成胎儿。但是，由于种种原因，受精卵在迁移的过程没有到达子宫，而是在输卵管停留下来，产生宫外孕。出现输卵管妊娠时，脆弱的管壁随着胚胎的发育而破裂，造成大出血，抢救不及时可危及生命。输卵管妊娠在没有破裂或未流产时，无特殊表现，往往被忽略。当出现剧烈腹痛时，输卵管已经破裂，发生腹腔内出血。所以早期诊断宫外孕是非常重要的。

三、子宫

1. 形态与位置

子宫是一个中空的肌质性器官，富于伸展性，是胚胎生长发育和分娩的器官。子宫借子宫阔韧带附着于腰下部和骨盆腔侧壁。子宫阔韧带为宽而厚的腹膜褶，含有丰富的结缔组织、血管、神经及淋巴管，其外侧为子宫圆韧带。

犬、猫的子宫均属双角子宫，可分为子宫角、子宫体和子宫颈3部分。子宫前部呈弯曲的圆筒状结构为子宫角，位于腹腔内，前端以输卵管子宫口与输卵管相通，后端与对侧子宫角相合形成子宫体；子宫体呈直的圆筒状，前半部分位于腹腔内，后半部分位于骨盆腔内，向后延续为子宫颈；子宫颈是子宫体向后延续部分，位于骨盆腔内，后端与阴道相通。

犬的子宫呈"V"字形，细长近似直线。中等体形犬，子宫体较短，呈细的圆筒状，长2～3cm。子宫角长12～15cm，直径0.5～1cm，未孕时管径均匀，有孕时呈串珠状。子宫颈为0.5～1cm，界限清晰，颈壁含有一厚层肌肉形成的圆柱状突，子宫颈管有1/2突入阴道凹陷处，形成子宫颈阴道部，其后部的背侧为阴道背侧褶，向后延伸2～3cm。

猫的子宫呈"Y"字形，中部为子宫体，长2～4cm，子宫角发育很好，长9～10cm，宽3~4cm，子宫颈长0.5~0.8cm。猫的子宫颈和前庭有腺体存在。

2. 组织结构

子宫壁由外向内由浆膜、肌层和内膜构成。浆膜是一层由疏松结缔组织和间皮组成的坚韧的膜，与子宫阔韧带的浆膜相连，将子宫悬吊于腰下部。肌层是平滑肌，由较厚的内环行肌和较薄的外纵行肌构成，两者之间是含有丰富血管和神经的血管层。子宫内膜呈粉红色，包括黏膜上皮和固有膜，无黏膜下皮。黏膜上皮为单层柱状上皮，具有分泌作用，细胞游离缘有暂时性的纤毛。

3. 生殖功能

（1）贮存、筛选和运送精子，有利于精子获能　子宫颈壁较厚，内腔较细，称为子宫颈管。子宫颈管平时闭合，发情配种后，子宫颈口开张，有利于精子逆流进入，并可阻止死精子和畸形精子进入。大量精子贮存在复杂的子宫颈隐窝内，进入子宫的精子借助子宫肌的收缩作用运送到输卵管，在子宫内膜分泌物的作用下，发生精子获能。

（2）孕体的附植、妊娠与分娩　子宫内膜可以供孕体附植，并形成母体胎盘，与胚胎胎盘结合，为胚胎的生长发育创造良好的条件。妊娠时，子宫颈黏液高度黏稠，形成栓塞，封闭子宫颈口，防止子宫感染。分娩前子宫颈栓塞液化，子宫颈扩张，随着子宫的收缩，胎儿和胎膜排出。

（3）调节卵巢黄体功能，导致发情　子宫通过局部的子宫——卵巢静脉——卵巢动脉循环而调节黄体功能和发情周期。当雌犬、雌猫未孕时，子宫内膜可分泌前列腺素，引起卵巢的周期黄体溶解、退化，诱导促卵泡素的分泌，引起卵泡的发育并导致发情。妊娠后，子宫内膜不分泌前列腺素，黄体继续存在，维持妊娠。

> **技能拓展**
>
> 通常，采用阴道开膣器打开子宫颈口，观察子宫内部的变化，可以初步确定雌犬、雌猫的发情状态。发情前期，子宫阴道部因充血和间质水肿而增大，膜层形成许多皱襞，管腔内潴留的黏液有流动性；发情旺期，子宫颈管迟缓变大，颈口开张明显，黏膜湿润，可见黏液流动；发情后期，子宫颈管充血和肿胀逐渐消退；间情期，子宫颈管呈收缩状态，颈管禁闭，黏膜表面的黏液干涩。

四、阴道与外生殖器

1. 阴道

阴道既是交配器官，又是产道，是从尿道口到子宫颈的管道部分。阴道的背侧为直肠，腹侧为膀胱和尿道。尿道腔为扁平的缝隙，前端有子宫颈阴道部突入其中，子宫颈阴道部周围的阴道腔称为阴道穹隆，后端以阴瓣与尿生殖前庭分开。阴道黏膜较厚，无腺体，黏膜在阴道腔内形成许多纵行皱褶，使非扩张状态的阴道闭合。

成年中型犬的阴道长度10~14cm，前端变细，无明显的穹隆，猫的阴道长2~3cm。

2. 尿生殖前庭

尿生殖前庭为从阴瓣到阴门裂的短管，前高后低，稍微倾斜。因此，在使用阴道窥镜视诊时，先向前上方越过坐骨弓，再向水平方向插入。做这种检查时，背侧褶和侧壁与底壁的皱褶折叠起来的扣带，往往被误认为是子宫颈，需要格外注意。

犬在胚胎期的尿生殖道发达，有处女膜，但出生时，处女膜则萎缩或消失，仅留有退化的阴道瓣。尿生殖前庭壁前有前庭小腺、前庭小球和前庭缩肌，交配中可以润滑阴茎，将阴茎"锁住"在阴道内。

未妊娠的成年犬的阴门裂宽3cm，阴道前庭连接部的直径为1.5~2cm。猫的尿道前庭长约2.5cm，前庭上有前庭腺。

3. 阴唇

阴唇构成阴门的两侧壁，两阴唇间的开口为阴门裂。阴唇的外面是皮肤，内为黏膜，两者之间有阴门括约肌及大量结缔组织。

犬的阴唇的上部联合与肛门的距离为8~9cm，下部联合的前端稍下垂，呈突起状。猫的阴唇比狗的厚。

4. 阴蒂与阴门

阴蒂是阴唇下联合的前端内侧的圆锥状小突起，相当于雄性动物的阴茎，由勃起组织构成，凸起于阴门下角内的阴蒂窝中。犬的阴蒂长度为0.6cm，直径为0.2cm，有阴蒂骨存在。

阴门为生殖道的末端部，位于肛门下方，以短的会阴与肛门隔开。

五、乳腺

雌性动物的乳腺与生殖活动密切相关。性成熟后，乳腺受卵巢激素的作用而发育，休情期因萎缩而触摸不到。妊娠后，受孕酮的作用，乳腺与乳头迅速发育，临分娩前1~2d，有少量乳汁分泌。

犬共有5对乳腺，胸区2对，腹区2对，腹股沟区1对；猫共有4对乳腺，胸区2对，腹区2对。不同部位的乳腺发育程度有明显的差别，腹股沟乳腺发育最好，泌乳量最多，越往前发育越差，胸部乳腺发育最差。

> **技能拓展**
>
> 绝育术　母犬全身麻醉，仰卧保定。在腹正中线上，由脐部向后4~10cm为切口部位，距切口5cm范围内剃毛，用0.1%新洁尔灭溶液清洗、擦干。切开皮肤和腹膜各层，将手指伸入腹腔，沿腹壁探摸卵巢，将其拉出，同时，用手撕断卵巢韧带，但不要撕破血管，避免出血。在卵巢系膜上用止血钳开一小口，引入两根丝线，一根结扎卵巢动脉、静脉和系膜，另一根结扎子宫动脉、静脉、阔韧带和输卵管。在结扎部切断，去除卵巢。断端确实无血流出，将其还纳腹腔内。同理，摘除另一侧卵巢。连续缝合腹膜和腹横肌膜，在闭合最后一针前，向腹腔注入一次肌内注射量的抗生素溶液，结节缝合腹直肌鞘和腹横筋膜，结节缝合皮肤，切口部涂5%碘酊，做结系绷带。雌猫的绝育与犬的相似（略）。

单元三　配子的发生与形态结构

一、配子的发生

1. 精子的发生

精子的发生，是指睾丸曲精细管中的精原细胞经过一系列的细胞分裂、分化和形态变化，最终形成精子的过程。

（1）精细胞的生成　出生前，雄性的曲精细管无管腔，只有性原细胞和未分化细胞，不能形成精子。出生后数月，性原细胞增殖形成精原细胞，未分化细胞形成支持细胞。

至初情期开始时，精原细胞才逐渐形成精子细胞。此外，精原细胞是睾丸中最幼稚的生精细胞，可分为 A 型、In 型和 B 型 3 种。

A 型精原细胞比较大，细胞质少，核中散布着微细的染色质颗粒，呈椭圆形，与基膜接触多；B 型精原细胞比较小，有浓厚的染色质，核圆形、核仁不规则，核膜明显，与基膜接触小；In 型精原细胞为 A 型向 B 型过渡的中间形态，核内染色质丰富。

从精原细胞到精子形成，大体可以划分为以下 4 个阶段。

① 第一阶段（15~17d）　由性原细胞分化而成的精原细胞（A_0 型）进行有丝分裂，形成 1 个非活动性的精原细胞（A_0 型），同时形成 1 个活动性的精原细胞（A_1 型），A_1 型精原细胞经过 4 次有丝分裂，先后产生 A_2、A_3 型精原细胞，并向 B 型精原细胞转变，B 型精原细胞经过有丝分裂，产生 16 个初级精母细胞。

而非活动性的 A_0 型精原细胞暂时不活动，准备再次分裂成 A_0 和 A_1 型精原细胞，保证睾丸形成精子的延续性，一直到雄性衰老和失去繁殖力为止。

② 第二阶段（约 15~16d）　1 个初级精母细胞经过第一次减数分裂（Ⅰ），形成 2 个次级精母细胞。

③ 第三阶段（若干小时）　2 个次级精母细胞经过第二次减数分裂（Ⅱ），形成 4 个精母细胞。

④ 第四阶段（约 15d）　精母细胞经过适当的变形，成为精子，不再进行分裂。

因此，1 个精原细胞经过 4 次有丝分裂，理论上得到 16 个初级精母细胞；1 个初级精母细胞经过 2 次分裂，形成 4 个精细胞。

（2）精子的形成　精子的形成是指从精细胞经过一系列形态学变化而形成精子的过程。如图 1-8 所示，细胞核是构成精子头的主要部分，高尔基体形成精子的顶体，中心体形成精子尾，线粒体聚集在精子尾部中段形成线粒体鞘。成形的精子最终与支持细胞分离进入曲精细管的管腔。

此时，精子的头颈部仍有部分原生质形成的原生质滴，至此精子的发生完成。

（3）精细管上皮周期与上皮波　精子发生过程中，在精细管上皮的任何一个断面上都存在着不同类型的生精细胞，这些细胞群中的细胞类型是不断变化的，而且具有周期性的。

通常，将精细管上皮的同一部位重复出现相同细胞群（细胞组合）的间隔时间，称精细管上皮周期。

图 1-8　精子形成模式

1—高尔基体；2—线粒体；3—中心体；4—鞭毛；
5—终环；6—线粒体；7—中心体；8—细胞核；
9—顶体泡；10—顶体帽；11—尾管

精细管上皮细胞组合不仅在时间上有周期性的变化，而且在精细管不同部位上存在相似的细胞组合。在精子发生的过程中，将某一特定时间内精细管的不同部位出现相似的细胞组合，称为精细管上皮波，即精子发生波。

在精细管上皮的某个局部区域，精子的形成和释放是非连续的。而相对于整条精细管来说，由于精子上皮波的存在，精子的产生是连续而恒定的，从而保证了睾丸产生足够量的精子。

（4）精子发生周期　从精原细胞开始，经过增殖、生长、减数分裂、变形等阶段，最后形成精子所需要的时间，称为精子发生周期。

每个精细管上皮周期都要有一批精子向精细管释放，每个精子发生周期将有4～5次精子的释放，1个精子发生周期过程中，精细管上皮可发生4～5个精细管上皮周期。因此，雄犬、雄猫的1个精子发生周期大约需要54～60d。

2. 卵子的发生

卵子的发生指卵原细胞经过一系列的细胞分裂、分化和形态变化而形成卵子的全过程，包括卵原细胞的增殖、卵母细胞的生长和卵母细胞的成熟分裂等阶段（图1-9）。

（1）卵原细胞的增殖　在胚胎期性别分化后，性原细胞开始分化成为卵原细胞。卵原细胞含有典型的细胞成分，如高尔基体、线粒体、细胞核和核仁等。

图1-9　卵子的增殖、生长、成熟和受精
1—卵原细胞的缓慢生长；2—原始卵泡；
3—初级卵母细胞；4—核向卵黄膜移动；
5—第一次成熟分裂；6—第二次成熟分裂；
7—受精卵；8—第一极体；
9—第二极体；10—第三、四极体

卵原细胞经过多次有丝分裂形成许多卵原细胞，这个时期称为增殖期或称为有丝分裂期。卵原细胞经过最后一次有丝分裂后，即发育为卵母细胞，并被卵泡细胞包围形成原始卵泡。

原始卵泡出现后，有的卵母细胞就开始退化，并有新的卵母细胞产生又不断退化。到出生时，卵母细胞的数量已经减少很多。

（2）卵母细胞的生长　卵原细胞经过最后一次分裂后便进入生长期，成为初级卵母细胞并形成卵泡。此时期的特点是：①卵黄颗粒增多，使卵母细胞的体积增大；②卵泡细胞通过有丝分裂而增殖，由单层变为多层；③卵泡细胞分泌的液体积聚在卵黄膜周围，形成透明带。

卵泡细胞可作为营养细胞，为卵母细胞提供营养物质。因此，卵子成熟时已有贮备物质，为以后的发育提供能量来源。卵母细胞的生长与卵泡的发育密切相关。

（3）卵母细胞的成熟　卵泡增长的后期，卵母细胞逐渐成熟。当卵母细胞增长时，初级卵母细胞进行第一次成熟分裂，细胞核于是向卵黄膜移动，核仁和核膜消失，染色体聚集成致密状态，中心体分裂为两个中心小粒，且其周围出现星体（两极的放射团），星体分开并在星体间形成一个纺锤体，联会的染色体排列在纺锤体的赤道板上。

第一次成熟分裂（减数分裂Ⅰ）的末期，纺锤体旋转，排出半数的染色体和少量的细胞质，形成第一极体，而含有大部分细胞质的卵母细胞则称为次级卵母细胞；第二次成熟分裂（减数分裂Ⅱ）时，次级卵母细胞分裂为卵细胞和一个极体（称为第二极体），第一极体也可能分裂为两个极体，称为第三极体和第四极体。因此，透明带内可能存在1个、2个或3个极体。

应该指出：大多数雌性排卵时，卵子尚未完成两次成熟分裂。排卵时只完成第一次分裂，即卵泡破裂放出次级卵母细胞，排卵后次级卵母细胞开始第二次成熟分裂，直到精子进入透明带后，卵母细胞被激活产生第二极体。

因此，在体外受精时，第一极体的出现是卵母细胞成熟的标志，第二极体的出现是受精的标志。

排卵后3～5d，受精及未受精的卵细胞运行到子宫，受精卵发生着床，未受精卵退化并碎裂。

二、配子的形态结构

1. 精子的形态结构

宠物精子的形态结构基本相似,基本呈蝌蚪形状,长度 50~90μm,表面有一层脂蛋白性质的薄膜。精子的结构主要由头部、颈部和尾部 3 部分组成。

(1) 头部　犬的精子头部呈扁卵圆形,长 8.0~9.2μm,宽 3.3~4.6μm,主要由细胞核、顶体和核后帽 3 个部分组成(图 1-10)。

① 细胞核　周围有一层核膜,内含 DNA、RNA 和核组蛋白等组成的染色体。

② 顶体　又称核前帽,是一个双层的薄膜囊,位于细胞核前端,内含多种水解酶,其中与受精过程关系最大的是透明质酸酶、顶体素、穿冠酶。

顶体相当不稳定,在精子衰老时易变性,出现异常或脱落,是评定精子品质指标之一。

③ 核后帽　紧接在顶体后部,是包在核后部的一层薄膜。精子死亡后,该区易被伊红、溴酚蓝等染色剂着色,而不易着色的为活精子,借此可以鉴别精子的死活状态。

顶体部分覆盖核后帽形成核环(赤道节),此处在受精过程中首先与卵母细胞膜融合。

图 1-10　精子模式
1—质膜;2—顶体;3—核;4—核后帽;
5—近端中心小体;6—线粒体鞘;7—远端中心小体或环;
8—外圈纤丝;9—内圈纤丝;10—中心纤丝;
11—线粒体;12—尾鞘;
13—内圈纤丝;14—中心纤丝

(2) 颈部　在头的基部,含有 2~3 个基粒,在基粒与核之间有一基板,尾部的纤丝即以此为起点。

颈部是精子最脆弱部分,特别是在精子成熟时稍受影响,尾部在此处脱离形成无尾精子。

当精子有活力时,基粒可以被碱性蕊香红(Rhodaine)染色而发出荧光。

(3) 尾部　尾部是精子的运动器官,可分中段、主段和末段 3 部分,由中心体小体发出的轴丝和纤丝组成,靠近颈为中段,中间为主段,最后为末段。

① 中段　由 2 条中心轴丝、周围是由外围较粗的 9 条二连体丝和 9 条外围纤丝构成的同心圆纤维束,最外层是线粒体鞘,大约有 50~70 转。中段贮存的丰富的磷脂质,为精子贮存能量。

中段与主段的分界处为终环,能防止精子在运动时线粒体向尾部移动。

② 主段　由 9 条外围纤丝消失,剩下 9 对细纤丝和 2 条中心轴丝,线粒体鞘变成纤维性尾鞘。

③ 末段　只有 2 条中心轴丝和细胞质膜覆盖,纤维性尾鞘消失。精子的运动主要靠尾的鞭索状波动,使精子推向前进。

2. 卵子的形态结构

(1) 卵子的大小　卵子为圆形,直径大小因所含卵黄量不同而变动。透明带内卵黄的直径在排卵时为 80~200μm。

(2) 卵子的结构　卵子的主要结构包括:放射冠、透明带、卵黄膜以及卵黄等部分。

① 放射冠　卵子周围有放射冠细胞和卵泡液基质,这些细胞的原生质突出部分斜着或者不定向地穿入透明带,与卵母细胞本身的微细突起相互交织。

排卵后数小时，输卵管黏膜所分泌的纤维分解酶使这些细胞剥落，引起卵子裸露。

② 卵膜　卵子有两层明显的被膜，即卵黄膜和透明带。

图1-11　卵子模式
1—卵核；2—卵黄；3—卵黄膜；
4—透明带；5—放射冠细胞

卵黄膜是卵母细胞的皮质分化物，具有与体细胞的原生质膜基本上相同的结构和性质，为双层膜结构。其主要作用是保护卵子，完成正常的受精过程；对精子有选择作用，阻止多余精子进入卵子；使卵子有选择地吸收无机离子和代谢物质。

透明带是一均质而明显的半透膜，只要是糖蛋白组成，可以被蛋白分解酶（如胰蛋白酶和胰凝乳蛋白酶）所溶解。部分放射冠细胞可以穿过整个透明带，以供给卵母细胞营养。随着卵母细胞的成熟，透明带内的突起也退化。排卵后，微绒毛回缩，卵母细胞与卵丘细胞分离。

③ 卵黄　排卵时，卵黄占据透明带以内的大部分容积。皮质颗粒是卵黄膜里存在的直径为 $0.2\sim0.5\mu m$ 的单层膜小泡，当精子进入时，其释放内容物到卵黄周隙，引起卵黄膜和透明带反应，阻止多余精子进入。

受精后，卵黄收缩，并在透明带和卵黄膜之间形成一个"卵黄周隙"，极体存在于周隙中。卵子如未受精，则卵黄断裂为大小不等的碎块，每一块含有1个或数个发育中断的核。

卵黄内含有线粒体、高尔基体，有时还有些色素内容物。线粒体可能呈颗粒状或棒状，并集中于高尔基体附近。卵子的大核位置不在中心，含有1个或多个染色质核仁。核有1个明显的核膜，经常被清晰的没有内容物的细胞质区所包围。核的去氧核糖核酸含量少，而在核周围的细胞质中出现核糖核酸带。

单元四　配子的运行和受精

受精是两性配子（精子与卵子）相结合形成合子（受精卵）的过程，标志着胚胎发育的开始，是一个具有双亲遗传特征的新生命的起点。受精卵形成后，在雌性体内进行早期胚胎发育，其中主要过程是卵裂，继之形成囊胚，胚胎着床，通过胎盘与母体建立组织和生理联系，完成发育过程。

一、配子的运行

精子从射精部位到达受精部位，以及卵母细胞从卵泡排出并到达受精部位的过程，合称配子的运行。

1. 精子的运行

（1）射精部位　犬属于子宫射精型动物。发情雌犬子宫颈口松弛开张，雄犬的尿道突起有可能深入子宫颈管，同时由于雄犬的阴茎球体在射精时高度膨胀，阻塞阴道，导致精液直接进入子宫颈和子宫体。而猫在交配时，精液主要射在阴道内子宫颈口周围，属于阴道射精型动物。

（2）精子的运行　精子的运行是指精子由射精部位到达受精部位的过程。

① 精子在子宫颈的运行。处于发情阶段的子宫颈黏膜上皮细胞具有旺盛的分泌功能，并由子宫颈黏膜形成腺窝，会贮存大量精子，而且可以选择吸收畸形和活动能力弱的精子，是第一个精子库。

射精后，一部分精子借助自身运动和黏液向前流动而进入子宫，另一部分则随着黏液的流动进入腺窝，暂时贮存起来。在雌激素的作用下，子宫颈黏膜的分泌细胞分泌大量含有黏蛋白的稀薄黏液，纤毛细胞的纤毛摆动，使黏液由前向后定向流动，精子在黏蛋白纵行的行间摆动前进。排卵后，在孕酮影响下，黏蛋白分子卷曲，分子间水分减少而变得黏稠，精子难以通过。在非发情季节，可以防止外物的侵入。

因此，子宫颈是阴道射精型动物精子进入雌性生殖道的第一道生理屏障。

② 精子在子宫内的运行。穿过子宫颈的精子进入子宫（体、角），主要靠子宫肌的收缩，子宫的收缩波由子宫颈传向输卵管，从而带动精子达到宫管连接部。在此过程中，有大量的精子进入子宫内膜腺，形成精子在子宫内的贮存，成为第二个精子库。

宫管结合部可连续向输卵管内输送精子，但是只有生命力强的精子才能进入输卵管，一些死精子和活力差的精子被白细胞所吞噬，精子得到又一次筛选。此外，宫管结合部能限制异种动物的精子通过。

宫管结合部是阴道射精型动物精子进入雌性生殖道的第二道生理屏障。

③ 精子在输卵管内的运行。精子在输卵管中的运行，主要受输卵管蠕动与反蠕动的影响。在通过输卵管壶峡连接部时，精子因峡部括约肌的有力收缩而被暂时阻挡，防止过多精子进入壶腹部。

所以，输卵管壶峡连接部是阴道射精型动物精子进入雌性生殖道的第三道生理屏障，也是第三个精子库。

雌性生理屏障的作用是：初步筛选精子，阻止衰老或畸形精子通过，导致越接近受精部位的精子数目越少，最后到达输卵管壶腹部的精子只有数十个至数百个。如犬到达受精部位的精子数为50～100个，猫为40～120个。

（3）精子运行的动力 交配过程中，雄性阴茎的抽动和雌性阴道的收缩以及阴茎球腺的膨大，使子宫内产生负压，为精液进入子宫创造条件。射精时，尿生殖道肌肉有次序地收缩，将精液排出尿生殖道，是精子运行的最初动力。子宫在雌激素、前列腺素（来自精清）、催产素和少量孕酮的协同作用下，子宫肌发生强烈的间歇性收缩（由子宫颈向子宫角、输卵管方向逆蠕动），推动子宫内液体流动，这是将精子推向受精部位的主要动力。而当精子通过子宫以及在靠近和进入卵母细胞时，则主要依靠本身的活动能力。

（4）精子保持受精能力的时间 在一定的时间内，有一定数量的精子到达受精部位时，才能与卵子结合，完成受精作用。所以，精子在雌性生殖道的运行速度和保持受精能力的时间对受精作用至关重要。在生产实践中，应该严格确定配种时间和配种间隔，以确保受精效果。

通常，犬的精子到达输卵管壶腹部的时间大约为15min，快者在交配时30s即可达到受精部位，而精子在雌性生殖道存活的时间为268h，保持受精能力的时间为108～120h。

2. 卵子的运行

（1）卵母细胞的接纳 在激素作用下，犬的输卵管伞部充血而呈伞状，并紧贴于卵巢表面，排出的卵子自身没有运动能力，常被黏稠的放射冠细胞包围，附着在排卵点上。卵子借助输卵管伞部黏膜上纤毛波动所形成的液流，沿输卵管伞部的纵行皱褶通过喇叭口进入输卵管并到达壶腹部。

（2）卵子的运行 由于平滑肌的收缩，靠输卵管内纤毛向子宫方向颤动，以及壶腹部管腔变大，卵子很快到达壶腹部，在此与精子结合，完成受精，受精卵在输卵管壶峡连接部停留2d之久。壶峡连接部是生理括约肌，对受精卵的运行有一定的控制作用，可以防止受精卵过早地从输卵管进入子宫。

输卵管上有α和β两种受体，分别引起输卵管环形肌的收缩与松弛。雌激素可以提高α受体的活性，促进神经末梢释放去甲肾上腺素，引起环形肌的强烈收缩导致壶峡连接部管腔闭锁；而孕酮作用相反，可以提高β受体的活性，抑制神经末梢释放去甲肾上腺素，引起环形肌的松弛，有利于卵子向子宫的运行。因此，母体激素水平失常，能加速卵子向子宫的运行速度，或引起输卵管壶峡连接部的管腔闭合而禁锢卵子，使卵子迅速变性或不能附植。

（3）卵子保持受精能力的时间　卵子维持受精能力的时间与卵子本身的品质及输卵管的生理状态有关，而卵子的品质与母体的饲养管理有关。卵子受精能力的丧失是一个渐进过程，如果延迟配种，卵子可能出现受精现象，但这种胚胎的活力不强，附植相对困难，发育中的胚胎可能早期被吸收，或者出生前死亡。

资料表明，犬的卵子在输卵管中运行的时间长达 67h，一般不会超过 100h，维持受精能力的时间为排卵后的 60~108h（成为次级卵母细胞后才具有受精能力）。

卵子只有在壶腹部才具有受精能力，若到达受精部位没有完成受精，继续运行，进入输卵管峡部，逐渐衰老，而且外部被输卵管分泌物包裹，形成一层隔膜，阻碍精子进入，丧失受精能力，最后破裂崩解，被白细胞吞噬。

二、受精前的准备

在受精前，精子与卵子要分别经历一定的生理成熟阶段，才能完成受精过程，并为受精卵的正常发育奠定基础。

1. 精子的获能

新射入雌性生殖道内的精子，不能立即与卵子受精，必须经历一定时间，经过某些形态和生理生化变化后，才能获得受精能力，这个过程称为精子获能。

（1）精子的获能部位　精子获能是在子宫内开始，最后在输卵管内完成。子宫与输卵管对精子的获能起协同作用，但主要获能部位是输卵管。除此之外，其他组织液也能引起精子获能，但是这种获能是不完全获能。

精子获能不仅可以在同种或异种动物的雌性生殖道中完成，而且在人工培养液中也可以完成。最有利于犬精子获能的部位是处于雌激素作用期的发情雌犬生殖道，而孕酮作用下的生殖道则抑制获能。

（2）精子获能的原理　犬的精清中存在一种抗受精的糖蛋白物质，能溶于水，具有极强的热稳定性，称为去能因子。它能抑制精子的获能、稳定顶体，与精子结合可抑制顶体水解酶的释放，抑制精子的受精能力。而雌性生殖道内存在获能因子α-淀粉酶和β-淀粉酶，尤其是β-淀粉酶可以水解去能因子，使顶体酶类游离并恢复活性，溶解卵子外围保护层，促使精子与卵子接触并融合，完成受精作用。因此，获能的实质就是使精子去掉去能因子或使去能因子失活的过程。

（3）精子获能的可逆性　将已经获能的精子培养于精清中，精子与去能因子相结合，又会失去受精能力，这个过程为精子去能作用；去能精子培养于输卵管液、卵泡液或人工配制的获能制剂中，可以再次获能。所以，精子的获能是一个可逆过程。

（4）精子获能的变化　获能精子的代谢发生了明显的变化，主要表现为活力增强，呼吸率升高，耗氧量增多，尾部线粒体氧化磷酸化功能旺盛等。上述变化同精子内环磷酸腺苷的活性改变密切相关，使得环化腺核苷一磷酸（cAMP）产生增多，提高精子的呼吸活动和能量的产生，最后活化精子。活化后的精子内部具有高浓度的 K^+，而外部具有高浓度的 Na^+，主要靠钠钾三磷酸腺苷酶（Na^+/K^+-ATPase）来维持。同时，质膜上的离子分布也发生重排。

在精子获能过程中，顶体并没有发生明显的结构变化。但是，顶体酶内的酶类（如顶体素）已经被激活。

(5) 精子获能所需时间　犬射精后，精子在 15min 就可以达到输卵管，要先于卵子，在此期间精子得以获能，获能所需要的时间为 6～7h。

2. 卵母细胞受精前的变化

卵母细胞在运行到受精部位的过程中，发生了类似精子获能的生理变化，才具有与精子结合的能力。

(1) 卵子的成熟　从卵巢刚排出的卵子没有成熟，在进入输卵管后，卵子发生某些变化，最后成熟。如卵子进入输卵管后，卵黄膜亚显微结构发生变化，暴露与精子结合的受体；卵子的质膜表面整齐地排列着一些由高尔基复合体组成的皮质颗粒，与精子接触时释放出小泡内的酶类。当皮质颗粒数量达到最大时，卵子的受精能力最高。

(2) 卵子的受精能力　犬排出的卵子仅为初级卵母细胞，尚未完成第一次成熟分裂。在受精前，即从卵巢进入输卵管后，卵子不能与精子结合，必须继续发育并进行第一次成熟分裂，放出第一极体，由初级卵母细胞变为次级卵母细胞后，才具备受精能力。

三、受精过程

获能的精子到达受精部位后，主要依靠自身的趋向性活动来接近卵母细胞，同时卵母细胞也能释放一种氨基多糖类物质，诱发精子的顶体反应，并与精子释放的相关酶系发生反应。精子主动向卵子内部钻入而进行受精，并发生一系列复杂的细胞学与细胞化学的变化。

> **知识卡**
>
> 卵子的结构　通常，将排卵后的卵母细胞称为卵子。卵子的结构由外向内依次包括放射冠、透明带、卵黄膜、卵黄和卵核等部分。其中，卵子的周围有颗粒细胞组成的放射冠细胞及卵泡液基质，这些细胞的原生质不定向地穿入由糖蛋白组成的透明带，与卵母细胞自身的微绒毛相交织。卵黄膜是卵母细胞的皮质分化物，具有原生质膜相似的结构与性质，包围在卵黄的外侧。卵黄是卵黄膜内的原生质，内含有卵核、色素内容物和线粒体、高尔基体等细胞器。卵核由核膜、核质组成，遗传物质 DNA 就在卵核的核仁上。

1. 精子溶解放射冠

放射冠是包围在卵子透明带外面的卵丘细胞群，以胶样基质（主要为透明质酸多聚体）相粘连。在受精部位，大量的精子包围着卵细胞，当获能的精子与卵子的放射冠细胞一接触便产生顶体反应。

精子穿过卵丘，出现顶体帽膨大，头部质膜和顶体外膜发生了复杂的膜融合，形成许多泡状结构并与精子头部分离，顶体膜局部破裂，释放透明质酸酶、顶体素和放射冠酶，溶解卵丘、放射冠和透明带，这一过程为顶体反应。在此过程中，顶体的赤道段和顶体后区的质膜并不发生囊泡化和脱落。由于透明质酸酶和放射冠酶无种间特异性，卵子对精子的选择不够严格，即使不同种属动物的精子也能溶解放射冠细胞的胶样基质。

精子溶解放射冠的过程中，精子的浓度对溶解放射冠具有重要意义。参与受精的精子只有极少数，释放的透明质酸酶明显不足，几乎不能溶解放射冠，精子无法接触透明带；当精子浓度过大时，透明质酸酶释放量比较多，提高了精子的穿透性，卵黄膜内同时有几个精子进入，或者卵子完全溶解，失去受精能力。

2. 精子穿过透明带

进入放射冠的精子，顶体发生改变和膨胀，与透明带接触时，失去头部前端的质膜及顶体外膜。在穿过透明带前，精子与透明带有一附着结合过程，这种附着只有获能的精子和发生顶体反应的精子才能发生。发生顶体反应的精子，顶体素活化为顶体酶，软化透明带质膜，溶出一条通道而穿过透明带并与卵黄膜接触。

精子进入透明带后，在卵黄周隙内停留一段时间而后触及卵黄膜，激活卵子，同时，卵黄膜发生收缩，由卵黄释放出某种物质，传播到卵的表面以及卵黄周隙，破坏了透明带上的特异精子受体，阻止后来的精子进入透明带，这个过程为透明带反应。迅速而有效的透明带反应对精子有种间选择作用，并且可以阻止多个精子进入透明带，是防止多精子受精的屏障之一。

3. 精子进入卵黄膜

由于卵黄膜表面具有大量的微绒毛，当精子与卵黄膜接触时，微绒毛首先包住精子头部的核后帽区，并与该区的质膜融合，使精子连同尾部完全进入卵细胞内，并且在进入卵黄膜的部位形成一个明显的突起，称为受精锥。

大量研究表明，可能同时有多个精子同时钻入透明带。当第一个精子进入卵黄膜时，卵黄立即收缩，卵黄膜增厚，并排出部分液体进入卵黄周隙，阻止其他精子进入，这种变化称为卵黄膜封阻作用，是防止多精子受精的第二个屏障。

> **知识卡**
>
> 精子在运行中的损耗　雄性动物射精时所排出的精子大致有十几亿个甚至几十亿个，到达受精部位的精子却很少，只有数百个甚至数十个，差异很大。例如，在子宫颈外口处大约有 1.0×10^7 个精子，通过子宫颈初步筛选后，大约有 1.0×10^5 个精子进入子宫内，而到达子宫角深处只有 1.0×10^3 个精子，通过输卵管的进一步筛选，最后达到受精部位的只有 1.0×10^2 个精子，甚至更少。由此可见，雄性精液的品质虽然可以影响精子的运动能力，但是雌性生殖器官的结构对运行的精子的损耗影响更为显著。

4. 原核形成和配子融合

在精子接触卵黄膜之前，卵子的第一极体存在于卵黄周隙中。精子进入卵子后不久，头尾分离，头部继续膨大，精核疏松，核膜消失，呈现多个核仁，不久外周包上一层核膜，形成雄原核。此时，卵母细胞正处于第二次成熟分裂，释放出第二极体，形成雌原核。

雌、雄原核同时发育，体积不断变大，经一段时期后，互相靠拢、接触、缩小体积，双方核膜交错嵌合，核仁和核膜消失，染色体混合、合并，两个原核融合成一体，配子融合完成。随后，染色体对等排列在赤道板部，出现纺锤丝体，进入第一次卵裂的中期。

进入卵子的精子尾部最终消失，线粒体解体。所以，后代的核内遗传物质 DNA 来自于双亲，而细胞质内的遗传物质（主要在线粒体 DNA 上）只来自于母亲，遵循母系遗传。

四、异常受精

正常受精为单精子受精。异常受精则包括多精子受精、双雌核受精、雄核发育和雌核发育等，出现率为 2‰~3‰。异常受精发生的原因往往是配种延迟、卵母细胞衰老、阻止多精子受精的功能失常等。

1. 多精子受精

两个或两个以上的精子同时与卵子结合，并参与受精，形成多精子受精现象。若有两个精子同时参与受精，会出现三个原核，形成三倍体，可发育到妊娠中期，随后萎缩死亡。

2. 单核发育

受精后，雌、雄一方的原核未能形成，另一方的原核单独发育。一般只有初级阶段的雄核发育，但不能继续维持。而雌核单独发育的可能性很小，且不能正常发育。

3. 双雌核受精

在卵子成熟分裂中，极体未能有效排出，卵内有两个卵核，发育成两个雌原核，出现双雌核受精现象。

五、影响受精的因素

1. 精子活力和受精能力

虽然雄性排出的精子数量很多，但是能够到达受精部位的精子有限。此外，精子缺乏大量的细胞质和营养物质，离体后的生存时间很短，很容易丧失受精能力。因此，在进行体外操作时，要注意保持精子的活力和受精能力。

2. 卵子的成熟

卵子生发泡的破裂即第二次成熟分裂中期Ⅱ，是卵母细胞成熟的一个主要标志。卵子排出后，如果没有及时受精，发生老化，失去受精能力或产生异常受精现象。

3. 精子的获能作用

获能作用是精子完成受精的前提。未发生获能作用的精子或畸形精子都不能有效参与受精作用。

4. 受精的外界条件

配子受精时，必须满足一定的外界条件。如受精时必须具有一定浓度的 Ca^{2+}，如果 Ca^{2+} 缺乏或不足，精子不能产生顶体反应。Na^+、K^+、Ba^{2+} 和 Sr^{2+} 对顶体反应也有一定的作用。此外，pH 值和温度对受精作用也有一定的影响。

思 考 题

1. 雄犬、雌犬生殖器官的组成结构有哪些？
2. 叙述睾丸、附睾的形态、结构、位置及其主要生理功能。
3. 叙述卵巢、输卵管和子宫的形态、结构、位置及其主要生理功能。
4. 简述雄犬、雄猫副性腺的特点及主要生理功能。
5. 精子发生大体可以分成几个阶段？
6. 精子获能的部位与过程如何？

项目二　生殖激素的种类及应用

【知识目标】

1. 通过观察"下丘脑-垂体-性腺"轴系的挂图，掌握与宠物生殖有关的主要生殖激素的种类和来源。

2. 通过对主要生殖激素来源的比较和分析，掌握生殖激素的名称缩写和生理功能。

【技能目标】

1. 能够准确描述主要生殖激素的名称和缩写，并能够叙述其产生的部位和主要生理功能。

2. 能够正确使用合适的激素类药品，对宠物犬与宠物猫进行内分泌调节和繁殖障碍等相关疾病的治疗。

单元一　生殖激素的种类和作用

一、生殖激素的概念

激素是由内分泌腺体（无管腺）产生、经过体液循环或空气传播等作用于靶组织和靶细胞，具有调节机体生理功能的一系列微量生物活性物质。激素是细胞之间相互交流、信息传递的一种工具，除了对宠物的代谢、生长、发育等重要生理功能起调节作用外，几乎所有激素都直接或间接与生殖功能有关。通常，将那些直接作用于生殖活动并以调节生殖活动为主的激素，统称为生殖激素。

> **知识卡**
>
> **次发性生殖激素**　某些激素通过直接影响宠物的代谢功能，进而间接影响其正常的生殖活动，这类激素称为次发性生殖激素，如垂体前叶分泌的促生长激素（STH）、促甲状腺激素（TSH）、促肾上腺皮质激素（ACTH）、垂体后叶分泌的加压素（ADH），甲状腺分泌的甲状腺素（T4）；肾上腺分泌的皮质激素和醛固酮（ALD，ALS），胰腺分泌的胰岛素（INS），以及甲状旁腺分泌的甲状旁腺素（PTH）等。

二、生殖激素的种类

生殖激素的种类很多，如表2-1所示。根据其来源和功能大致分为以下几种：①来自下丘脑的促性腺激素释放激素，可以控制垂体合成与释放有关激素；②来自垂体前叶的促性腺激素，主要促进配子的成熟与释放，刺激性腺产生类固醇激素；③来自两性性腺的性腺激素，主要对两性性行为、第二性征和生殖器官发育与维持以及生殖周期的调节起重要作用；④来自胎盘的某些激素，其功能有些与促性腺激素类似，有些与性腺激素类似。

生殖激素根据化学性质可分为：①含氮类激素，主要是蛋白质、多肽、氨基酸衍生物等，垂体分泌的生殖激素，以及胎盘和性腺分泌的部分激素属于此类；②类固醇激素，也称甾体激素，是以环戊烷多氢菲为共同核心的一类化合物，主要由性腺与肾上腺所分泌；③脂肪酸激素，由部分环化的不饱和脂肪酸组成，主要由子宫、前列腺等部位分泌。

表 2-1 主要生殖激素的名称、来源、生理功能和化学特性

名 称	英文缩写	来 源	主要功能	化学性质
促性腺激素释放激素	GnRH	下丘脑	促进垂体前叶释放促黄体素和促卵泡素	十肽
促卵泡素	FSH	垂体前叶	促使卵泡发育成熟，促进精子生成	糖蛋白
促黄体素	LH	垂体前叶	促使卵泡排卵，形成黄体，促进孕酮、雄激素分泌	糖蛋白
促乳素	PRL(LTH)	垂体前叶	刺激乳腺发育与泌乳，促进黄体分泌孕酮，促进睾酮分泌	糖蛋白
催产素	OXT	室旁核分泌，垂体后叶释放	促进子宫收缩、排乳	九肽
人绒毛膜促性腺激素	HCG	灵长类胎盘绒毛膜	与促黄体素相似	糖蛋白
孕马血清促性腺激素	PMSG	马属动物的胎盘	与促卵泡素相似	糖蛋白
雌激素（雌二醇为主）	E_2	卵巢、胎盘	促进雌性动物发情，维持第二性征，促进雌性生殖管道发育，增加子宫收缩力	类固醇
孕激素（孕酮为主）	P	卵巢、胎盘、黄体	与雌激素协同调节发情，抑制子宫收缩，维持妊娠，促进子宫腺体及乳腺腺泡发育，对促性腺激素有抑制作用	类固醇
雄激素（睾酮为主）	T	睾丸间质细胞	维持雄性第二性征和性欲，促使副性器官发育和精子发生	类固醇
松弛素	RLX	卵巢、胎盘	分娩时促使子宫颈、耻骨联合、骨盆韧带松弛，妊娠后期保持子宫体松弛	多肽
前列腺素	PG	分布广泛，精液中最多	溶解黄体，促进子宫平滑肌收缩等	脂肪酸
外激素	PHE	外分泌腺	不同个体之间的化学通讯物质，影响性行为	

三、生殖激素的作用特点

1. 信息传递作用

生殖激素作为信息载体，只能调节靶细胞内生化反应和生理过程的速度，不发动细胞内新的生化反应，类似化学反应中的催化剂作用。

2. 具有选择性和特异性

激素发挥生理作用必须先与靶细胞的相应受体结合，具有很强的特异性和选择性。一般来说，多肽和蛋白质类激素受体在细胞膜上，即膜受体；而各种类固醇激素受体在细胞质中，称胞液性受体。如促黄体素和促乳素只作用于性腺，雌激素只作用于乳腺管道，孕激素作用于乳腺腺泡，均具有明显的选择性和特异性。但是，生殖激素没有种间特异性，可以在不同动物机体上互相利用。

3. 具有持续性、抗药性

由于生殖激素在机体内受到分解酶的作用，生物活性丧失很快。但是，激素在血液中是不断分解和补充的，始终维持一个动态的平衡。如孕酮注射到动物体内的半衰期只有 5min，在 10~20min 内有 90% 从血液中消失，但是其生理作用在若干小时甚至数天后才能显示出

来。某些激素（如蛋白质、多肽类激素）长期作用于某种动物身上，会产生抗激素（抗体）而出现反应性降低或反应性消失的现象，但不会抑制内源性激素的产生。如果使用的间隔时间延长，情况就会有所好转。

4. 高效能生物放大效应

激素在血液中的浓度都很低，只有 $10^{-12} \sim 10^{-9}$ g/ml，但其作用明显。如体内的孕酮水平只要达到 6×10^{-9} g/ml 就可以维持正常妊娠；1×10^{-6} g/ml 的雌二醇直接作用于阴道或子宫内膜，可促使其发生反应。

5. 激素间的相互作用

共同参与某一生理活动的几种激素间往往存在协同作用或拮抗作用。如雌激素能够促进子宫的发育，在孕酮的协同作用下效果更加明显，而排卵是促卵泡素和促黄体素的协同作用来完成的。如雌激素能引起子宫兴奋，增加蠕动，而孕酮可抵消这种兴奋作用，属于拮抗作用。此外，激素本身对某些组织器官不产生生理作用，但可以引起另一种激素对该现象的作用明显增强，这种现象为允许作用。如较高浓度的雌激素，能加强子宫平滑肌对催产素反应的敏感程度。

四、生殖激素的转运

蛋白质激素或肽类激素一般在分泌腺体内分泌后，常常贮存在该腺体内，当机体需要时，分泌到邻近的毛细血管中，由血液循环转运到靶组织或靶器官。

类固醇等激素被分泌后不贮存，而被释放到血液中，而且常与一些特异性载体蛋白结合，否则容易被酶解而失活，或在肝、肾中被破坏。与蛋白质结合的激素没有活性，游离的激素可以被靶组织摄取，产生特异的生理功能。这种转运机制，具有贮藏和缓冲作用，可以保护机体免受过量激素的损伤。

还有某些激素（如前列腺素）通过组织扩散的方式引起局部反应，产生特异生理效应。

单元二 神经内分泌生殖激素

神经内分泌的发现，始于对下丘脑某些神经细胞具有内分泌现象的观察，后来进一步证实，位于下丘脑视上核和室旁核的大型神经细胞具有双重性质，除保留神经细胞的结构和功能外，还有内分泌功能。这些细胞的分泌物不像神经递质那样进入突触间隙，而是进入血液循环，以真正激素的方式影响其他器官或组织。将这种某些神经细胞合成和分泌激素的生理现象，称为神经内分泌，这类细胞称为神经内分泌细胞，其分泌产物称为神经激素。

目前所发现的神经激素包括丘脑下部分泌的催产素和加压素，丘脑促垂体区分泌的多种释放或抑制激素，松果腺（松果体）分泌的松果腺激素，以及由肾上腺分泌的肾上腺激素等。

一、下丘脑促性腺激素释放激素

下丘脑属于间脑的一部分，位于间脑的最下部，构成第三脑室侧壁的一部分和底部，通过下方的漏斗部和垂体相连（图 2-1）。

丘脑下部到垂体没有直接的神经支配，但可通过微妙的门脉系统来传递其对垂体分泌功能的影响。如图 2-1 所示，下丘脑外的神经细胞 1 可通过刺激下丘脑下部的神经细胞 3、4 分泌释放激素，下丘脑外的神经细胞 2 也能分泌释放激素；神经细胞 2、3 分泌的激素被微血管丛所吸收，经长门脉系统进入垂体前叶，神经细胞 4 分泌的激素经短门脉系统进入垂体前叶；神经细胞 5 所合成的催产素和血管加压素，被直接运到垂体后叶，并于该处释放进入血液循环。

目前人们已确定下丘脑可分泌 9 种释放或抑制激素（因子），下面着重介绍促性腺激素释放激素。

1. 来源与特性

促性腺激素释放激素（GnRH）是由下丘脑某些神经细胞所分泌，松果体、胎盘、肠、胰脏也有少量分泌。在哺乳动物中，从下丘脑所提取的 GnRH 的结构和生物学效价大致相同，是由 9 个不同氨基酸所组成的直链十肽类激素，即焦谷-组-色-丝-酪-甘-亮-精-脯-甘酰胺。人工合成替代品比天然 GnRH 少 1 个氨基酸，但活性是后者的 140 倍。GnRH 在血液中的半衰期只有 4min，可见其降解速度很快。

图 2-1　丘脑下部与垂体关系示意图
1，2—丘脑外神经核　3，4—视上核；
5—室旁核
（安铁洙主编，犬解剖学，2003）

2. 生理功能

（1）对垂体的作用　促进垂体前叶（腺垂体）合成与释放 LH 和 FSH，但以促进 LH 的合成与释放为主，不仅作用快而且作用强。

（2）对性腺的作用　主要表现为促进两性配子的形成。GnRH 可以促进雄性动物精液中的精子数量增加，使精子的活动能力和形态有所改善；对雌性动物有诱导发情、促进卵巢上的卵泡进一步发育而排卵，提高配胎率的作用。

（3）抑制生殖系统功能　睾丸和卵巢上存在 GnRH 受体，属于低亲和力受体。如果长期大量使用 GnRH 时，GnRH 与受体结合，具有抑制生殖功能甚至抗育作用。主要表现为：延缓着床，阻碍妊娠，甚至引起卵巢和睾丸的萎缩，妨碍精子发生等。

（4）垂体外作用　即 GnRH 不经过垂体的促性腺激素途径，而直接作用于靶器官（子宫、胎盘和卵巢）并发挥作用。如将去除卵巢的小白鼠用雌二醇处理后，可诱发交配行为。

3. 应用

GnRH 能够促进腺垂体前叶合成与释放 LH 和 FSH，可以用于雌性动物的发情和排卵的控制，提高雄性动物的精液品质，提高受精率。目前，人工合成的高活性替代物（促排二号、促排三号、戈那瑞林等）主要用于调整宠物生殖功能紊乱和诱发排卵。

二、催产素

1. 来源与特性

催产素（OXT）是由下丘脑视上核与室旁核所合成，由垂体后叶（神经垂体）贮存和释放的含有二硫键的多肽类激素，即半胱氨酸-酪氨酸-异亮氨酸-谷酰胺-天冬酰胺-半胱氨酸-脯氨酸-亮氨酸-甘酰胺，其中在两个半胱氨酸之间有一个二硫键。另外，黄体也少量分泌 OXT。

2. 生理功能

（1）刺激子宫平滑肌收缩，促进分娩　在生理条件下，OXT 不是发动分娩的主要因素，而是在分娩开始之后继发的维持和增强子宫收缩、促进分娩完成的主要激素。此外，已知雌激素可以增强平滑肌对催产素的敏感性，而孕酮则可抑制子宫对催产素的反应。妊娠后期，母体内雌激素与孕酮比例逐渐发生倒置变化，不但使子宫平滑肌"致敏"，进而使子宫对催产素的反应性增强。

（2）增加输卵管收缩频率，利于配子运行　输卵管的收缩，可以促进精液的逆流运动，提高受精概率。

(3) 促进排乳　刺激乳腺导管肌上皮细胞收缩，引起排乳，促使小导管扩张和收缩，有利于乳汁流入大导管和乳池中蓄积，加速排乳。在生理条件下，催产素是引起"排乳反射"的重要环节，在哺乳过程中起重要作用。

(4) 促进黄体溶解　OXT 可以刺激子宫合成与释放 $PGF_{2\alpha}$，两者协同，促进黄体溶解而诱导发情。

3. 应用

催产素在临床上常用于子宫阵缩微弱时促进分娩，治疗胎衣不下、子宫出血和促使子宫内容物的排出，如恶露、子宫积脓或木乃伊胎儿等。在人工授精的精液中加入 OXT，可以加速精子的运行，提高受胎率。

三、垂体促性腺激素

> **知识卡**
>
> 垂体　垂体位于脑下部的蝶鞍内，以狭窄的垂体柄与下丘脑相连。垂体分为腺垂体（包括远侧部、结节部和中间部）和神经垂体（包括神经部和漏斗）两部分。远侧部为腺体组织，垂体促性腺激素和其他多种激素都在此分泌。神经部是神经垂体的主要部分，催产素和加压素在下丘脑合成后，通过神经细胞轴索，顺着漏斗柄直接到达后叶贮存和释放，所以后叶不是制造该激素的器官，而是一个贮存器官。

1. 促卵泡素

(1) 来源与特性　促卵泡素（FSH）是由垂体前叶紫嗜碱性细胞所分泌的一种糖蛋白激素，由碳水化合物和蛋白质组成，半衰期 2～4h。FSH 在垂体中的含量较少，提纯比较困难，而且纯品性质很不稳定，半衰期为 120～170min，故使用时需要多次注射才能达到预期效果。

FSH 分子由 α 和 β 两个亚基组成，并且只有在两个亚基结合时，才有活性。对于同一种动物来说，α 亚单位的结构在各种糖蛋白激素几乎是相同的，而 β 亚单位则具有激素特异性。如把其他糖蛋白激素的 α 亚单位与 FSH 的 β 亚单位杂合后，其杂合分子表现有 FSH 的特异生物活性。对不同的动物来说，α 亚单位和 β 亚单位都有明显的种属差异。

(2) 生理功能

① 促进卵泡的生长与发育。在生理条件下，FSH 和 LH 起协同作用。FSH 可以刺激卵巢生长，增加卵巢重量，刺激卵泡生长、发育。FSH 能提高卵泡壁的摄氧量，增加蛋白质合成，以及促进卵泡内膜细胞分化、颗粒细胞增生和卵泡液的分泌。

② 促进卵泡最后成熟、排卵。FSH 可以刺激卵泡的颗粒细胞表面 LH 受体的产生，FSH 与 LH 协同，促进雌激素的合成，诱发排卵和颗粒细胞转变为黄体细胞。

③ 促进生精上皮发育和精子的形成。FSH 能促进精细管的增长，促进生精上皮分裂，刺激精原细胞增殖，使睾丸体积增大，并在睾酮的协同作用下促进精子形成。一般认为，正常精子生成时两种促性腺激素（FSH 与 LH）都需要，只是 LH 的作用是间接通过刺激睾酮分泌来实现的。

(3) 应用

① 促进性成熟。FSH 与孕酮配合使用，可以促使接近性成熟的雌性动物提早发情、配种。

②诱发发情。使用FSH可以诱导动物在非发情季节发情和排卵，缩短世代间隔。

③超数排卵。应用FSH可以促使卵泡大量发育和成熟排卵，可以获得更多的卵子和胚胎。在胚胎移植时对供体的超数排卵处理，一般将FSH与LH配合使用。

④治疗卵巢疾病。FSH对卵巢功能不全或卵巢静止、卵泡发育中途停滞和两侧卵巢交替发育以及多卵泡发育具有较好的疗效。它能诱发卵巢和卵泡发育，促进大卵泡发育而使小卵泡闭锁、持久黄体等萎缩（对幼稚型卵巢无反应），诱发卵泡生长发育。

⑤治疗精液品质不良。当雄性动物精子密度不足或精子活率低时，将FSH与LH合用，可以提高精液品质。

2. 促黄体素

（1）来源与特性。促黄体素（LH）在雄性动物有刺激睾丸间质细胞的内分泌作用，所以又称促间质细胞刺激素（ICSH），是垂体前叶促黄体素细胞（红嗜碱性细胞）所分泌的一种糖蛋白激素，由α和β两个亚基组成，其特异性也取决于β亚基。LH的化学稳定性较好，在提取和纯化过程中比较稳定，在冻干时不易失活，半衰期为30min。

（2）生理功能

①促进雌激素分泌。LH与FSH协同，能够促进卵巢血流加速，引起卵巢充血，刺激卵泡成熟，促使卵泡内膜分泌雌激素。

②诱导排卵，促进黄体形成。在发情周期中，在FSH作用的基础上，LH突发性的分泌，达到峰值，引起成熟卵泡的排卵，使颗粒细胞转变为黄体细胞，并能刺激黄体形成和分泌孕酮。

③控制发情与排卵。垂体中FSH与LH的含量及其比例决定雌性动物的发情与排卵，两者结合使用可以实现同期排卵。

④促进睾丸间质细胞合成和分泌睾酮。LH刺激睾丸间质细胞合成和分泌睾酮，对促进副性腺和睾丸的发育、精子的最后成熟有重要作用。

（3）应用

①诱导排卵。血中LH的峰值是在排卵前38~44h，这是现在预测犬排卵时期最可靠的指标。在发情旺期，静脉注射LH 24h后，就可以使排卵延迟的雌犬排卵。在雌性动物LH排卵峰前，若使用抗LH血清可以阻止排卵。

②预防流产。对于黄体发育不全引起的早期胚胎死亡或习惯性流产的个体，可在配种时或配种后连续注射2~3次LH，促进黄体发育和释放孕酮，防止流产，但不适用于细菌性和机械性流产。

③治疗卵巢疾病。LH用于治疗排卵迟滞和卵巢囊肿时效果很好，可以使雌性动物在下一个周期得以恢复正常。对于情期过短、久配不孕的个体，一般多由于黄体过早萎缩，可在配种后注射1次LH，明显提高受胎率。

④治疗雄性不育。LH对雄性动物性欲不强、精子密度低、精液量少、隐睾等有一定效果。

近年来，我国已有了垂体促性腺激素FSH和LH商品制剂，并在生产中使用，取得一定效果。但是，由于LH的来源有限、价格较贵，所以在临床上常用HCG或者GnRH类似物替代。

3. 促乳素

（1）来源与特性　促乳素（PRL）又名催乳素或促黄体分泌素（LTH），是垂体前叶红嗜酸性细胞所产生的一种蛋白质激素，半衰期15~30min。促乳素是一种简便易得的天然激素，由于其在垂体前叶中的位置与生长素的关系十分密切，而且化学结构亦相似，故一般提制品中都含有微量的生长素,很难获得绝对纯净品。

(2) 生理功能　PRL 具有多种重要的生理作用,而且往往因动物种类不同而有显著区别。

① 刺激乳腺发育与促进泌乳。PRL 与雌激素和生长激素协同作用于乳腺导管系统促其增长,与孕酮协同作用于乳腺腺泡促其发育,与皮质类固醇一起激发和维持泌乳活动。

② 增强雌性动物的母性行为。分娩后,雌性个体的促性腺激素和性腺激素水平降低,PRL 水平升高,母性增强。如禽类的抱窝性、鸟类的反哺行为等;在家兔,还与产仔前脱毛和造窝有关。

③ 中断妊娠。用催乳素分泌抑制剂(溴异丙基苯),对妊娠与非妊娠犬于排卵前 LH 峰值后 42d 开始,每天以 0.1g/kg 体重剂量连续注射 6d,血清中孕酮显著下降,妊娠终止。

④ 抑制性腺功能。哺乳动物在哺乳期,PRL 水平升高,通过反馈机制调节抑制 FSH 和 LH 分泌,卵巢功能受到抑制,是构成泌乳生理性乏情的重要原因。

⑤ 维持睾酮分泌。对于雄性个体,PRL 刺激前列腺及精囊的生长,并增加 LH 合成睾酮的作用。当 PRL 分泌过多时,可以增加肾上腺雄激素的分泌。

(3) 应用　由于 PRL 来源缺乏,价格昂贵,一般不直接应用于宠物生产实践。影响 PRL 分泌的药物很多,可以间接控制机体内 PRL 的浓度。如用能够促进 PRL 分泌的利血平、氟哌啶醇、精氨酸等来启动泌乳,用能够降低 PRL 分泌的溴隐亭可治疗犬的假妊娠。

四、松果腺激素

> **知识卡**
>
> 松果腺　又名脑上腺或松果体,形似松果,为一卵圆形小体,位于四叠体前丘之间的凹陷处,有一柄与第三脑室的背侧相连。松果腺与大脑之间并无直接的神经联系,亦无管道可使松果腺分泌物直接进入第三脑室,故松果腺的分泌物,是通过体循环或通过围绕松果腺的蛛网膜下腔中的脑脊液而发挥作用的。松果腺在两栖类动物只是一个光感受器,在哺乳类动物则是一个神经内分泌器官。

松果腺激素是松果体分泌的多种激素的总称,包括已经研究清楚的激素和未研究清楚的多种活性物质。目前已经知道,松果腺主要分泌两种激素,即吲哚类(主要是褪黑激素)和多肽类(主要为 8-精加催素)。

1. 褪黑激素

(1) 来源与特性　褪黑激素(MLT)又名褪黑素或降黑素,在哺乳动物血液、尿液和组织中都可以检测到,主要由松果腺分泌。MLT 的化名称为 3-N-乙酰基-5-甲氧基色胺,属于吲哚类。最初发现此激素可以使两栖类动物皮肤颜色变浅,故得褪黑激素之名。

(2) 生理功能

① 抑制性腺、生殖器官的发育。每天给雌鼠注射褪黑激素,卵巢生长明显减慢,这表明对性腺的抑制作用,单次或多次注射或皮下埋藏褪黑激素不但可以阻止性腺的生长,而且可以阻止 LH 的释放。

② 对中枢神经有抑制作用。MLT 可以迅速通过血脑屏障,进入脑组织,对脑吡哆醛激酶的活性有促进作用,进而促进谷氨酸脱羧基形成 γ-氨基丁酸,促进 5-羟色氨酸脱羧形成 5-HT,这两种抑制性神经递质含量的增加,对中枢起调节和镇静作用,有助于改善睡眠。

③ 免疫调节、抗衰老作用。机体内酶促反应和非酶促反应可能产生自由基，自由基与衰老有着密切的联系。MLT 通过清除自由基，抗氧化和抑制脂质的过氧化反应，保护细胞结构、防止 DNA 损伤、降低体内过氧化物的含量。

④ 调节繁殖功能。MLT 常常与季节性发情动物的生殖活动有关。如犬及大多数野生动物的生殖活动（发情排卵）多发生于长日照和短日照的交替季节。此外，MLT 还可以促进动物的毛绒生长。

（3）应用　MLT 主要用于促进毛绒生长和调节繁殖功能。如毛皮动物耳后皮下埋藏 MLT，可以明显提高皮张的质量。

2. 8-精加催素

多肽是松果腺的主要分泌物。目前已从牛松果腺中提取出来一种多肽，称 8-精加催素（AVT），具有抗利尿和催产作用，而且具有很强的抑制性腺生长作用。

单元三　性　腺　激　素

由性腺（卵巢和睾丸）所分泌的激素统称为性腺激素。性腺激素种类很多，根据化学性质可以分为两大类，即性腺类固醇激素和性腺含氮激素。性腺类固醇激素包括睾丸分泌的雄激素、卵巢分泌的雌激素和孕酮等；性腺含氮激素主要包括抑制素、激动素、卵泡抑制素和松弛素，这类激素不在分泌细胞中贮存，而是边合成边释放。

此外，性腺并非性腺激素的唯一来源，胎盘、肾上腺皮质也可产生少量的雌激素、孕酮及睾酮。应该指出的是，雌性个体也能产生少量雄激素，雄性个体也能产生少量雌激素，其差别主要反映在分泌量和分泌的方式上。

一、性腺类固醇激素

1. 雄激素

（1）来源与特性　雄激素的主要形式为睾酮（T）、雄酮、雄二酮，由睾丸间质细胞分泌，在雌性动物主要由孕激素转化而来。肾上腺皮质部、卵巢、胎盘也少量分布。睾酮是一种含有环戊烷多氢菲结构的类固醇激素，一般在体内不能贮存，而且很快被利用或分解，降解产物为雄酮，并通过尿液、胆汁或粪便排出体外。

（2）生理功能

① 刺激精子发生，延长附睾中精子的寿命。在 FSH 和 ICSH（LH）共同作用下，刺激精细管的上皮功能，生成精子。如果切除垂体，在没有 ICSH 的情况下，间质细胞变性，雄激素分泌停止，则导致精细管退化。如果切除一侧睾丸，附睾管中精子存活的时间正常，如果切除两侧睾丸，精子的存活时间减半，这与雄激素能够抑制果糖分解以及精子的耗氧有一定的关系。

② 刺激并维持副性腺、包皮、阴囊的生长发育和功能。雄激素不仅可促进雄性生殖器官的生长发育，而且雄性个体的尿液、体表以及其他组织中外激素的产生也受雄激素的调节。配种时，通过两性间的气味联络，有利于达成交配。

③ 促进雄性第二性征和性行为的表现。去势后的犬和猫性情温顺，没有性欲的表现，具有交配经验的个体需要经过一段时间，性行为和性欲才逐渐消失。

④ 调节下丘脑 GnRH 和 FSH、LH 的分泌与释放。雄激素对下丘脑或垂体前叶具有反馈作用。雄激素量多时，通过负反馈作用抑制下丘脑或垂体分泌 FSH 和 LH，结果雄激素分泌减少；当雄激素减少到一定程度时，负反馈作用减弱，促进间质细胞素的释放量增加，

间质细胞分泌的雄激素随之增加,保持体内激素处于平衡状态。

⑤ 雄激素在非生殖方面的作用。雄激素可以刺激蛋白质的合成代谢,促使氮沉积和增加肌纤维的数量和厚度等,有助于骨骼的生长与骨化,这与雄性个体较大、代谢旺盛和肌肉发达有力等特征有关。

(3) 应用　主要用于治疗雄性个体性欲不强和功能减退。常用制剂为人工合成的甲基睾酮和丙酸睾酮,生物学效应远超睾酮。不仅可以皮下埋植或皮下、肌内注射,而且可以口服,直接被消化道的淋巴系统吸收,不经过门静脉循环,避免被肝脏内的酶作用而失活。

2. 雌激素

(1) 来源与特性　雌激素又名卵泡素和动情素,是由发育的卵泡内膜细胞和颗粒细胞产生,黄体、肾上腺、睾丸间质细胞、胎盘也少量分泌。卵巢分泌的雌激素主要是雌二醇(E_2)和雌酮,而雌三酮为前两者的转化产物。雌激素是一类化学结构类似、含有 18 个碳原子的类固醇激素,与雄激素一样,也不在体内贮存,而经过降解后从尿液或胆汁、粪便排出体外。

(2) 生理功能

① 刺激未成熟个体生殖器官的发育,维持第二性征。雌激素是促进雌性生殖器官发育和维持正常生理功能的主要激素。如在初情期前摘除卵巢,雌性动物生殖道就不能发育;初情期后摘除卵巢,则生殖道退化。

② 促使雌性动物出现性欲及性兴奋。雌激素能刺激性中枢,使雌性动物产生性欲与性兴奋,出现发情征兆和交配活动。这种作用是在少量孕激素的协同作用下发生的,而雌激素无直接刺激卵巢导致卵泡成熟、排卵的作用。

③ 对乳腺的作用。刺激乳腺腺泡和管状系统的发育,与孕酮共同刺激并维持乳腺的发育。尤其是妊娠期间持续受到这两种激素的作用,乳腺显著生长和完全发育。在泌乳期,与 PRL 协同,促进乳腺的发育和泌乳。

④ 对子宫、子宫颈口、阴道的作用。雌激素能使子宫充血、使子宫黏膜和肌层增殖肥厚,刺激子宫肌和阴道平滑肌收缩,有利于配子的运行和妊娠;促使子宫黏膜和肌层的分泌物增多,使子宫颈松软,促进阴道上皮角化,利于交配。临近分娩时,雌激素水平升高,与 OXT 协同,刺激子宫平滑肌收缩,利于分娩。

⑤ 雌激素在非繁殖方面的作用。雌激素可以影响体脂的分布,使皮下脂肪含量增加,尤其以胸、髋、肩部明显;提高蛋白质的合成作用,提高饲料利用率。此外,雌激素可以促进长骨骺部骨化,抑制长骨生长。因此,成熟的雌性个体通常较雄性的小。

雌激素对下丘脑或垂体前叶的正负反馈调节作用与雄激素类似,不再赘述。雌激素对生殖器官的效能,常常是和孕酮一起发挥协调作用,这一特点将在孕激素中叙及。

(3) 应用　近年来,合成类雌激素很多,主要有己烯雌酚、二丙酸己烯雌酚、二丙酸雌二醇、乙烯酸、双烯雌酚等,具有成本低、使用方便、吸收排泄快、生理活性强等特点,成为天然雌激素的代用品。

① 排出子宫内的存留物。雌激素通过加强子宫的兴奋性,使子宫颈松弛,促进产后胎衣或死胎、木乃伊化胎儿和子宫积脓的排出,甚至用于人工流产。

② 诱导发情。雌激素不能直接作用于卵巢而使卵巢发育,但是可以通过下丘脑的反馈作用促进 LH 的分泌,间接作用于卵巢,诱导发情。

③ 人工诱导泌乳。雌激素与孕激素配合,刺激乳腺的发育;泌乳期与 PRL 协同,促进泌乳。

④ 用于雄性个体的"化学去势"。雌激素对雄性动物的生殖活动有抑制作用。大剂量的雌激素可以使雄性动物睾丸萎缩，副性腺退化，最后引起不育。

3. 孕激素

（1）来源与特性　孕激素是一类含有 21 个碳原子的类固醇激素，主要由黄体细胞及胎盘所分泌，妊娠后期的胎盘为孕酮最重要的来源。此外，卵泡颗粒层细胞、肾上腺皮质细胞及睾丸间质细胞也能少量分泌，这与孕酮是合成其他类固醇激素的重要中间产物有关。孕激素的种类很多，主要的有效物质是孕酮（P）、孕烯醇酮、孕烯二醇、脱氧皮质酮，孕酮的代谢产物是孕二醇，随尿排出体外。

（2）生理功能　在自然情况下，孕酮和雌激素共同作用于雌性动物的各种生殖活动，通过协同和抗衡作用进行复杂的调节作用。

① 对子宫的作用。孕激素与雌激素协同作用于子宫，使子宫黏膜充血、增厚，有利于胚胎附植；孕激素能降低子宫平滑肌对 OXT 的敏感性，抑制子宫自发性活动和促使子宫颈口和阴道收缩，子宫黏液变稠，维持妊娠和保胎。

② 对发情的作用。少量孕酮可以与雌激素协同作用，促进发情；大量孕酮对雌激素有拮抗作用，可以抑制发情。

③ 对乳腺的作用。乳腺的发育是雌激素和孕激素协同作用完成的。雌激素促进乳腺腺管的发育，而孕激素促进受到雌激素作用后的乳腺腺泡的发育。

④ 具有免疫抑制作用。应用大剂量孕酮时，其作用类似肾上腺皮质激素，具有免疫抑制作用，这与母体对孕体不发生免疫排斥有关。

（3）应用　孕酮在宠物繁殖中应用比较多，不仅可用于发情控制技术，而且还可以治疗习惯性流产、卵巢囊肿等繁殖疾病。孕酮本身一般口服无效，常常制作成油剂用于肌内注射，也可以制成丸剂做皮下埋植或制成乳剂用作阴道栓。但现已有若干种具有口服、注射效能的合成孕激素物质，其效能远远大于孕酮，如甲基乙酸孕酮（MAP）、甲地孕酮（MA）、氯地孕酮（CAP）、乙酸氟孕酮（FGA）、炔诺酮（methylnorethindrone 或 norgesterone）、16-次甲基甲地孕酮（MGA）等。

二、性腺含氮类激素

1. 松弛素

（1）来源与特性　松弛素（RLX）主要产生于妊娠黄体，存在于颗粒黄素细胞的胞浆中，但子宫和胎盘也可产生，如兔子的 RLX 主要由胎盘产生。RLX 的结构类似胰岛素，是由 α 和 β 两个亚基通过二硫键连接而成的水溶性多肽类激素，分子中含有 3 个二硫键。RLX 分泌量随妊娠期逐渐增加，在妊娠末期其含量达到高峰，分娩后从血液中消失。

（2）生理功能　协助分娩，对子宫和子宫颈平滑肌的收缩有抑制作用。但它必须在雌激素和孕激素的预先作用下，促使骨盆韧带、耻骨联合松弛，子宫颈开张，以利胎儿排出。

① 防止流产。RLX 可以使耻骨间韧带扩张，抑制子宫肌层的自发性收缩，激活内源性阿片肽（EOP），抑制 OXT 的释放。

② 有利于分娩。由于松弛素参与体内硫酸黏多糖的解聚作用，因而可以使骨盆韧带、耻骨联合松弛，以利分娩时胎儿产出。分娩时促使子宫颈口开张、子宫肌肉舒张，是松弛素作用还是其他内分泌因子引起的，迄今尚未确定。

③ 促进乳腺发育。在雌激素作用下，促进乳腺发育等。

（3）应用　主要用于治疗子宫阵痛、预防流产、早产和诱导分娩等。

2. 抑制素

（1）来源与特性　抑制素由卵巢的颗粒细胞和睾丸的支持细胞所分泌，是一种存在于卵泡液和精清中的糖蛋白。抑制素含有α和β两个亚单位，不同种属动物卵泡抑制素的氨基酸序列差异很小。

（2）生理功能

① 抑制 FSH 的合成与分泌。抑制素能特异地作用于垂体前叶，抑制 FSH 的合成与分泌，是 FSH 分泌的主要抑制因子之一，而对垂体 LH、TSH、PRL 和 GH 分泌的影响不大。抑制素对 FSH 的抑制作用存在性别上的差异，对雌性动物的作用非常强烈，而对雄性动物的作用甚微。

② 刺激睾丸分泌睾酮。在体外培养条件下，抑制素能增加间质细胞对 LH 刺激的反应性，而增加睾酮的分泌。

③ 具有细胞调节作用。由于抑制素β亚基结构与细胞调节素 TGH-β 相似，而两个亚基组成的二聚体则是抑制素的拮抗剂，称为活化素，对 FSH 分泌有促进作用。抑制素和活化素均具有内分泌和旁分泌信使的功能。

（3）应用　动物的配子生成与 FSH 水平高度相关。在雄性动物，抑制素水平下降和 FSH 分泌水平升高，往往是曲细精管生殖上皮受到损伤的标志。在这种情况下，孕酮水平一般正常，但精液中精子数量下降或无精子存在。此外，通过测定 LH 峰值后的含量或 LH 与 FSH 的比例，可以诊断排卵障碍，还可以利用抑制素的免疫作用，增加排卵率和繁殖力。

单元四　胎盘促性腺激素

胎盘不但是胚胎的发育场所，而且是内分泌器官之一。母体妊娠期间胎盘可以产生垂体和性腺所分泌的多种激素，这对于维持孕畜的生理需要及平衡起着重要作用。目前所知，在生产中应用价值较大的胎盘促性腺激素主要有两种，即孕马血清促性腺激素和人绒毛膜促性腺激素。

一、孕马血清促性腺激素

（1）来源与特性　孕马血清促性腺激素（PMSG）是孕马、孕驴或孕斑马的子宫内膜杯状细胞分泌到血清中的一种糖蛋白激素，半衰期为 40~125h。PMSG 分子与垂体促性腺激素一样，也是由α和β两个亚基组成，而β亚基是表现其活性的主要部分。PMSG 性质很不稳定，高温、酸碱条件，以及蛋白质分解酶都能使其失活，分离提纯也比较困难。此外，冷冻干燥和反复冻融可降低其生物活性。

一般妊娠后 40d 左右 PMSG 开始出现，60d 时达到高峰，此后，可维持到第 120 天，然后逐渐下降，至第 170 天时几乎完全消失。血清中 PMSG 的含量因品种不同而异，轻型马最高（100IU/ml 血液），重型马最低（20IU/ml 血液），兼用品种马居中（50IU/ml 血液）。在同一品种中，也存在个体间差异。此外，胎儿类型对其分泌量影响很大，如驴怀骡分泌量最高，马怀马次之，马怀骡再次之，驴怀驴最低。

（2）生理功能

① 促进卵泡发育。PMSG 具有类似 FSH 和 LH 的双重活性，但以 FSH 的作用为主，因此有明显促卵泡发育的作用，同时有一定的促排卵和黄体形成功能。

② 促进性腺发育。PMSG 能够刺激胎儿性腺发育，因为它能够从胎盘滤过而由母体进

入胎儿体内,对胎儿的性腺发生刺激作用,促使胎儿的卵巢和睾丸增大许多,对雄性动物还具有促使精细管发育和性细胞分化的功能。

(3) 应用

① 催情。主要利用其类似 FSH 的作用。如给雌犬催情,在发情后期连日给予一定的雌酮,确认发情出血后,再给予孕马血清促性腺激素(PMSG)、人绒毛膜促性腺激素(HCG)以及雌二醇来诱导发情。

② 刺激排卵和增加排卵。PMSG 与 LH 的生理作用相似,具有一定的促进排卵和黄体形成的功能。

③ 治疗卵巢迟滞。对于卵巢发育不全、卵巢功能衰退、长期不发情、持久黄体以及雄性性欲不强和睾丸功能衰退都有很好的效果。

PMSG 来源广,成本低,作用缓慢,半衰期较 FSH 长,可以单独使用,故应用广泛。但是,PMSG 属于糖蛋白激素,多次连续使用易产生抗体而降低超排效果,而且容易引发卵巢囊肿,倾向于配套使用 PMSG 抗血清,以中和体内残留的 PMSG,或者与 HCG 配合使用。

二、人绒毛膜促性腺激素

1. 来源与特性

人绒毛膜促性腺激素(HCG)是由人和灵长类动物早期的胎盘绒毛膜组织(滋养层细胞)所分泌的一种促性腺激素,属于糖蛋白激素,半衰期 12~36h。HCG 的化学结构和特性与 LH 相似,也分为 α 和 β 两个亚基。HCG 主要从孕妇的尿中提取,所以尿中其含量变化大致可以反映出体内 HCG 的变化。HCG 大约在孕妇受孕第 8 天开始分泌,妊娠 8~11 周达到最高,之后下降,至 21~22 周降至最低。

2. 生理功能

(1) 促进雌性动物性腺发育,促进卵泡成熟、排卵和形成黄体 HCG 的生理作用与 LH 相似,同时还具有一定的 FSH 作用。维持妊娠时,HCG 可作为胎盘信号,使周期黄体过渡为妊娠黄体,并维持其功能。在胎盘形成后不久,可逐渐代替卵巢的功能。HCG 还能增强胎盘的屏障功能,以保护胎儿不受免疫性排斥作用,使妊娠得到维持。

(2) 促进雄性动物睾丸发育,刺激精子的发生、间质细胞的发育和分泌雄激素。

3. 应用

目前应用的 HCG 商品制剂由孕妇尿液或流产刮宫液中提取,是一种经济的 LH 代用品。在生产上主要用于治疗排卵迟缓及卵泡囊肿,增强超数排卵和同期发情时的同期排卵效果;对雄性动物睾丸发育不良、阳痿等症状,也有较显著的治疗效果。

单元五　前列腺素和外激素

早在 1934 年,K. Kurzrok 和 C. Clieb 就发现新鲜的精液可引起子宫收缩或舒张反应,可引起平滑肌兴奋,并有降低血压的作用。随后在许多哺乳类动物的精液及副性腺中提取出产生上述作用的有效成分,确定其是一种可溶性脂肪酸。当时认为这种物质主要来于前列腺,故称其为前列腺素(PG),并一直沿用至今。但后来研究表明,前列腺素几乎存在于身体各种组织和体液中,生殖系统、呼吸系统、心血管系统等组织均可以产生。

一、前列腺素

1. 来源与特性

前列腺素（PG）主要来源于精液、子宫内膜、胎盘和下丘脑，是含有20个碳原子的不饱和脂肪酸。前列腺素不是单纯的一种激素，根据其化学结构和生物活性分为A、B、C、D、E、F、G、H等多种类型，其中应用最多的为PGE和PGF两种类型。

由于PG从血液中消失很快，其作用主要限于邻近组织，故被认为是一种局部激素。同时，PG可作为细胞功能的调节因子，也可称为组织激素。

2. 生理功能

前列腺素的生理作用极其广泛，不同类型具有不同的生理作用。从宠物繁殖的角度来说，最重要的是$PGF_{2\alpha}$，其主要功能如下。

（1）溶解黄体 $PGF_{2\alpha}$对黄体有明显的溶解作用，PGE也具有溶解黄体的作用，但较$PGF_{2\alpha}$差。子宫内膜产生的$PGF_{2\alpha}$通过逆流传递机制，由子宫静脉透入卵巢动脉到达卵巢，作用于黄体，促使黄体溶解，导致孕酮分泌减少或停止，从而促进发情。

（2）促进排卵 $PGF_{2\alpha}$触发卵泡壁降解酶的合成作用，同时也刺激卵泡外膜组织的平滑肌纤维使其收缩，增加卵泡内压力而导致卵泡破裂和卵子排出。

（3）促进子宫收缩和分娩 PGE和$PGF_{2\alpha}$对子宫肌都有强烈的收缩作用，子宫收缩（如分娩时），血浆中$PGF_{2\alpha}$水平立即上升。PG在子宫内的产生和释放与雌激素升高有关。

PG能够促进垂体LH和FSH的分泌与释放，增加OXT的自然分泌量。OXT可使$PGF_{2\alpha}$水平上升，而$PGF_{2\alpha}$又可提高子宫平滑肌对OXT的敏感性。尽管目前发动分娩的确切机制尚待深入研究，但血中$PGF_{2\alpha}$水平升高是触发分娩的重要因素之一。

（4）影响输卵管活动和受精卵的运行 这种作用与PG类型、动物种属、动物性周期的不同阶段有关。总的来说，$PGF_{2\alpha}$能够使输卵管收缩，倾向于闭塞，保证卵子在输卵管壶腹部滞留时间加长，有利于受精；PGE则解除这种闭塞，有利于受精卵运行。PG对输卵管所呈现的复杂作用，其效果在于调节受精卵发育和子宫状态同步化。

（5）提高精液品质 精液中的精子数量与PG含量成正比，并能够影响精子的运动和获能作用。PGE促使精囊腺平滑肌收缩，引起射精。$PGF_{2\alpha}$可以通过精子体内的腺苷酸环化酶使精子完全成熟，并能增加精子通过子宫颈黏液和穿过卵子透明带的能力，有利于受精。

3. 应用

天然前列腺素提取较困难，价格昂贵，而且在体内的半衰期很短，仅4min。如以静脉注射体内，1min内就可被代谢95%以上，生物活性范围广，容易产生副作用，表现为烦躁、气粗、腹痛、心动过速、呕吐等。而合成的PG则具有作用时间长、活性较高、副作用小、成本低等优点。所以，目前广泛应用其类似物，如15-甲基$PGF_{2\alpha}$、$PGF_{1\alpha}$甲酯、氯前列烯醇、13-去氢$PGF_{2\alpha}$和ω-乙基-$\Delta\beta$-$PGF_{2\alpha}$等。前列腺素在繁殖上主要应用于以下几方面。

（1）调节发情周期 $PGF_{2\alpha}$及其类似物，能显著缩短黄体的存在时间，控制发情周期，促进同期发情，促进排卵。不同动物的黄体对$PGF_{2\alpha}$的敏感性不同，如犬的黄体延迟到排卵后的24d才被溶解。

（2）人工引产 由于$PGF_{2\alpha}$的溶解黄体作用，对引产有显著效果，用于催产和同期分娩。

(3) 治疗卵巢囊肿与子宫疾病　如子宫内膜炎、子宫积脓、干尸化胎儿、无乳症等。

(4) 增加雄性的射精量，提高受胎率　雄性在采精前 30min 注射一定量的 $PGF_{2\alpha}$，既可以提高性欲，又能提高射精量，精液中添加少量的 $PGF_{2\alpha}$ 可以显著提高受胎率。

二、外激素

外激素是生物体向环境释放的，在环境中起着传递同类个体间信息，从而引起对方产生特殊反应的一类生物活性物质。

1. 来源与特性

外激素的种类很多，成分复杂，不同动物产生的外激素结果差异很大。能够产生外激素的腺体主要有皮脂腺、汗腺、唾液腺、下颌腺、泪腺、耳下腺、包皮腺、尾下腺、肛腺、会阴腺、腹腺等。

2. 生理功能

外激素一般是由腺管和外分泌腺合成产生的生物活性物质，挥发性强，主要靠嗅觉来传达和识别，大致分为信号外激素、诱导外激素、行为外激素等。外激素对异性和同性的生殖内分泌调节以及雌性的发情、排卵均有一定程度的影响，主要表现在"异性刺激"、"雄性效应"或"群居效应"等。

(1) 进行催情和试情　将断奶的雌犬用性外激素处理，能促进卵巢功能的恢复。雌犬进入发情时，对雄犬及其遗留气味表现非常敏感，喜欢主动接近雄犬，并接受其爬跨。

(2) 雄性个体人工采精训练　使用性外激素，可以提高雄性的兴奋性，加快雄性个体的采精训练，提高精液品质。

(3) 刺激求偶行为　雌犬尿中有一种特殊的气味，雄犬在很远处就可以嗅闻到，并被吸引，主动嗅闻雌性外阴和分泌物，雌性会主动向雄性靠拢，最后达成交配。

(4) 标记领地　雄猫为了维护自己的势力范围，向其他雄猫炫耀威风，会到处撒尿来标记自己的活动范围，即所谓"喷附"行为。

单元六　生殖激素的分泌与调节

下丘脑-垂体-性腺轴在宠物生殖内分泌调节活动中起着核心作用，是在中枢神经的调控下形成的一个封闭的自动反馈系统。下丘脑接受中枢神经系统分析与整合的各种信息，以间歇性脉冲式分泌促性腺激素释放激素（GnRH），刺激垂体前叶（腺垂体）分泌促性腺激素（GTH），即促卵泡素（FSH）和促黄体素（LH），然后促进性腺（睾丸或卵巢）发育并分泌性激素（睾酮或雌二醇）。性腺、垂体、下丘脑释放的调控因子又可以作用于上级中枢或者自身，形成长轴、短轴和超短轴的反馈调节通路。

一、生殖激素对雌犬生殖的调节

雌性动物的发情周期，实质上是卵泡期和黄体期的更替变化，这种变化受到下丘脑-垂体-卵巢轴的调节，外界环境的变化以及雄性刺激反应，经过不同途径，通过神经系统影响下丘脑 GnRH 的合成和释放，并刺激垂体前叶促性腺激素的产生和释放，作用于卵巢，产生性腺激素，从而调节雌性动物的发情。机理如图 2-2 所示。

初情期后，雌犬在外界环境因素（光照、气味、声、形等）影响下，下丘脑神经分泌细

图 2-2 各种激素调节生殖功能的示意图
⟶ 激素支配；—— 正反馈作用；---- 负反馈作用
(仿自安铁洙主编. 犬解剖学，2003)

胞产生与释放 GnRH，经门脉循环到达垂体前叶，引起促性腺激素的分泌。其中，FSH 经血液循环到达卵巢，刺激卵泡生长发育，LH 进入血液与 FSH 协同作用，促进卵泡进一步生长并分泌雌激素，刺激生殖道发育。

雌激素与 FSH 发生协同作用，使颗粒细胞的 FSH 与 LH 受体增加，卵巢对这两种激素的结合性增强，促进卵泡的生长和雌激素的分泌，在少量孕酮的作用下，刺激雌性动物性中枢，引起发情，而且刺激生殖道发生各种生理变化。

当雌激素分泌到一定数量时，作用于丘脑下部或垂体前叶，抑制 FSH 分泌，同时刺激 LH 释放，LH 释放脉冲式频率增加，在排卵前出现 LH 峰，引起卵泡进一步成熟、破裂、排卵。

排卵后，卵泡颗粒层细胞在少量 LH 的作用下形成黄体并分泌孕酮。此外，当雌激素分泌量升高时，降低下丘脑促乳素抑制激素的释放，引起 PRL 释放量增加，PRL 与 LH 协同作用，促进和维持黄体分泌孕酮。

当孕酮分泌达到一定量时，对下丘脑和垂体产生负反馈作用，抑制 FSH 的分泌，卵泡不再发育，抑制中枢神经系统的性中枢，使雌性动物不再表现发情。同时，孕酮也作用于生殖道及子宫，使之发生有利于胚胎附植的生理变化。

若排出的卵子已受精，囊胚刺激子宫内膜形成胎盘，使具有溶解黄体作用的 $PGF_{2\alpha}$ 产生受到抑制，此时黄体保留发展为妊娠黄体。若排出的卵子未受精，则黄体维持一段时间后，在子宫内膜产生的 $PGF_{2\alpha}$ 作用下，黄体逐渐萎缩退化。于是，孕酮分泌量急剧下降，下丘脑也逐渐脱离孕酮的抑制作用，垂体前叶又释放 FSH，使卵巢上新的卵泡又开始生长发育。

与此同时，子宫内膜的腺体开始退化，生殖道转变为发情前状态。但由于垂体前叶的 FSH 释放浓度不高，新的卵泡尚未充分发育，致使雌激素分泌量也较少，使雌性动物不表现明显的发情症状。随着黄体完全退化，垂体前叶释放的促性腺激素浓度逐渐增多，卵巢上新的卵泡生长迅速，下一次发情又开始。因此，雌性动物的正常发情就这样周而复始地进行着。

二、生殖激素对雄犬生殖的调节

雄犬生殖活动的周期不如雌犬明显，主要由于下丘脑的周期中枢因受雄激素抑制而处于非活跃状态，只有紧张中枢维持雄性生殖激素的分泌。与雌犬类似，雄犬的生殖活动受到下丘脑-垂体-睾丸轴的调节。

雄犬的性行为没有季节和时间的限制。雄犬对雌犬产生性反射，主要通过嗅觉、视觉、听觉等感受神经接受刺激，在性激素的作用下发生的。最能引起雄犬性兴奋的刺激是雌犬的尿液，发情雌犬尿液中有甲基羟苯甲酸，该物质可以通过嗅觉神经刺激雄犬的下丘脑产生和释放 GnRH，后者作用于垂体前叶，引起 LH 和 FSH 的分泌增加，并作用于睾丸，促进睾丸分泌睾酮，进而促进精子的生成、副性腺的发育以及产生性行为等。

思 考 题

1. 什么是生殖激素?按照生殖激素的化学性质可将其分为哪些种类?举例说明。
2. 叙述前列腺素的来源和主要生理功能,它在生产上有何用途?
3. 生殖激素中属于促性腺激素的激素有哪些?各自的功能是什么?
4. 生殖激素中属于蛋白质的激素有哪些?各有哪些特点?
5. 什么是外激素?其生理功能如何?
6. 分泌和释放催产素的部位在哪里?生理功能有哪些?在生产中可应用于哪些方面?

项目三　发情与发情控制

【知识目标】
1. 了解雌犬、雌猫性功能发育的阶段，理解发情的含义及犬、猫发情季节特点。
2. 掌握雌犬、雌猫发情周期各阶段的特点，理解生殖激素在犬、猫发情活动中的调节作用。
3. 了解犬、猫发情控制的常用药物，理解诱导发情、同期发情和超数排卵的含义。

【技能目标】
1. 能够描述犬、猫发情各阶段的表现，并能通过犬、猫的精神状态、外阴变化等判断其是否发情及发情阶段。
2. 能够制作犬、猫的阴道涂片，并根据其发情期阴道细胞的变化规律，判断其是否发情及所处的发情阶段。
3. 能够对雌犬、雌猫进行试情，并判断其发情阶段。
4. 能够按要求选择对犬、猫实施发情控制的药物，并能够制定诱导发情、同期发情和超数排卵方案。

单元一　雌犬、雌猫的性功能发育

雌犬、雌猫的生殖功能同其他生理功能一样，是一个从发生、发育到成熟，最后衰老停止的过程。在这一过程中，要经历初情期、性成熟、初配适龄和繁殖功能停止期等几个重要时期。性功能发育的各阶段出现的时间因犬和猫品种不同而不同，同品种动物也因个体大小、环境气候、饲养管理等因素而有所差异。

一、初情期

初情期是指雌性动物首次出现发情和排卵的年龄，或者雄性动物首次射精的年龄。雌犬的初情期在6～10月龄，雄犬为7～10月龄；雌猫的初情期一般在6～8月龄，雄猫为6～12月龄。犬、猫的初情期受品种、环境气候、饲养方式、营养水平、发育状况和出生季节等影响而有所差异。

1. 品种

通常，小型品种犬初情期来得早些，大型品种犬晚些。如小型犬中比格犬初情期时间为6～7月龄，大型犬中德国牧羊犬初情期平均为8～10月龄。雌猫的初情期受品种影响更大，伯曼猫最早，平均7.7月龄第一次发情，而喜马拉雅猫或斑点短毛猫最晚，平均在13月龄左右。纯种猫的初期比杂种猫的晚一些。

2. 环境气候

温度、湿度和光照等气候因素对动物的初情期也有较大影响。与北方相比，南方地区气候湿热，光照时间长，雌犬、雌猫的初情期相对北方出现的要早一些。

3. 饲养方式

散放或群养的犬、猫比笼养或单个饲养的初情期要早。体重是影响动物初情期的关键因素，一般动物都要发育至成年体重的30%～40%时，才能第一次发情。中型猫要发育至2.3～2.5kg时才能发情。营养水平高的犬、猫发育较快，能够很快达到发情体重，初情期来的相对要早一些。但营养水平过高，动物肥胖，会使生殖器官组织内脂肪沉积而影响其正常功能，反而使初情期要晚一些。

4. 出生季节

10～12月份是猫的乏情期，如果雌猫在这几个月达到初情体重，要等到下一年的1～2月份才能第一次发情，初情期就相对晚些。雌猫在春夏季达到初情体重，初情期就早些。在我国，犬发情的高峰期多集中在3～5月份和9～11月份，上半年略多一些。出生时间不同，在这两个时间段达到初情期体重的月龄会有所差异，初情期时间就有所不同。

刚达到初情期的犬、猫，由于生殖器官还没有发育成熟，会出现发情特征不明显和没有规律性。有的发情表现不明显，但卵巢上的卵泡能够成熟并排卵，有的发情表现剧烈，但卵巢上未有卵泡成熟和排卵。

二、性成熟

性成熟指雌性动物生殖器官已发育成熟，具备生育后代能力的时期。动物达到初情期后，由于卵泡的发育，体内雌激素水平上升，卵巢和生殖道各器官迅速发育，很快达到能够承担孕育后代的状态。动物达到性成熟后卵巢上的卵泡能够正常发育并排卵，开始有规律地表现发情行为，第二性征也逐步显现。

动物的性成熟时间同样受品种、气候、饲养方式和饲养水平的影响。雌犬性成熟时间平均为8～14月龄，小型犬早些，为8～12月龄，大型犬晚些，为12～18月龄，如亚雷特犬性成熟时间为18～24月龄。雌猫的性成熟时间为8～10月龄。

> **知识卡**
>
> **性成熟和体成熟** 性成熟时，雌性动物的生殖器官已经发育成熟，具备生育后代的能力。但是，身体的其他器官（如骨骼、肌肉、内脏等）还没有发育完善，即尚未达到体成熟。性成熟就进行配种而受孕，既会影响胎儿的发育，又会使母体的自身发育受到很大影响，导致其产后乳汁少，幼仔体形小，成活率低。通常，体重发育至成年体重的50%时即达性成熟，体成熟时动物已完全达成年体重。

三、初配适龄

雌性动物生长发育到适宜开始繁殖的时期，称为初配适龄，也称配种适龄。雌犬、雌猫的初配适龄因品种和个体发育情况而有所不同。初配适龄通常以体重为根据，即体重达到成年体重70%～75%时开始配种，妊娠也不会影响母体和胎儿的生长发育。

中、小型犬宜在第2～3次发情，即12～18月龄，大型犬宜在24月龄左右进行初配，一些名贵纯种犬繁殖时间应再晚些。雌猫宜在10～12月龄进行初配，一些长毛品种在12～18月龄配种较为合适。

四、繁殖功能停止期

雌性动物的繁殖能力有一定的年限，雌犬和雌猫达到一定年龄繁殖能力会消退或终止。

雌性动物在正常饲养管理和不发生大的疾病的情况下，繁殖功能消失的时期，称为繁殖功能停止期。繁殖功能停止期的早晚，受品种、个体体况、管理水平等影响。

一般情况下，雌犬的繁殖能力停止期在6～10岁。猫的繁殖功能停止期较晚，约为14岁，最长的达20岁。但随着年龄的生长，犬、猫的窝产仔数和幼仔出生重都有下降，不宜作为种用。实际饲养中多在繁殖能力停止期到来前将其淘汰。

单元二 发情与发情周期

一、发情

发情是指雌性动物发育到一定年龄后，在生殖激素的调节下，伴随着卵泡的发育，出现的一系列生理和行为上的变化。

雌性动物的发情是由卵巢上的卵泡发育引起，受下丘脑-垂体-卵巢轴调控的生殖活动，主要表现3个方面的生理变化：一是卵巢变化，如卵泡的发育成熟并排卵、体内各生殖激素发生特定的变化；二是生殖道发生规律性变化，如阴道上皮增生充血，子宫腺体分泌增加、外阴充血肿胀、有分泌物流出等；三是行为变化，如兴奋不安、敏感，运动增加，食欲减退，排尿频繁，喜欢接近异性并接受其爬跨等。这些变化随着发情进展逐渐增强，到发情近结束时又恢复正常。

二、发情季节

犬与猫属于季节性发情动物，即一年中只在特定季节才出现发情活动，这一时期称为发情季节，而其他季节处于不发情状态。大多数雌犬属季节性单次发情，在每年春季（3～5月份）和秋季（9～11月份）各发情1次。雌猫属季节性多次发情，每年春季（2～3月份）和秋季（9～10月份）是雌猫发情配种的最佳时期，而且每个发情季节发情多次。

不同的犬、猫，由于品种、生活地域、饲养方式等不同，发情的季节性存在较大差异。一般野犬、野猫，饲养管理粗放的犬、猫发情季节性明显，而宠物犬、猫，特别是选育程度高、饲养精细的品种，由于营养全面、环境温度适宜、光照充分，发情季节性不明显，有的甚至出现全年多次发情。如宠物犬一年之间可以发情3～4次，这种情况短毛猫比长毛猫更为普遍。在北半球，有的猫发情季节从1月份开始，持续到8～9月份光照变短时结束。接着进入乏情期，一直到下一个发情季节到来，才再次表现发情。

三、发情周期

全年多次和季节性多次发情的雌性动物发育到初情期后，如果不配种或配种未受孕，每隔一定时间会出现一次发情，这种现象称为发情周期现象。雌性动物从一次发情开始到下次发情开始，或从一次排卵到下一次排卵的间隔时间，称为一个发情周期。

发情周期的时间，不同种动物有所不同，同种动物中不同个体也有所差异。雌犬在春、秋两季发情，一个发情季节只发情一次，即全年只有两个发情周期，一个发情周期的时间约为6个月。雌猫在一个发情季节有多个发情周期，一个发情周期的时间较短，一般14～21d，其中发情周期为21d者占74%左右。但受品种、年龄、季节以及是否交配、排卵等影响，如交配后排卵但是没有受孕，则发情周期延长为30～75d，平均6周。在室内群养的情况下，每只猫发情4～25次，平均（13.0±4.85）次。

1. 发情周期的划分

在雌犬、雌猫的发情周期中，根据其机体发生的一系列生理变化，可以将发情周期分为若干阶段，一般多采用四期分法和二期分法。

（1）四期分法　是根据性欲表现及阴道上皮的变化，分为四个阶段。

① 发情前期（proestrus，P）。发情前期是发情的准备阶段。在这一时期内，雌性动物卵巢上原有的黄体萎缩退化，新的卵泡开始发育。因此，血液中的孕激素水平下降，雌激素水平逐渐上升。生殖道充血肿胀，腺体增生，分泌作用加强。外观上，雌性动物精神开始兴奋，运动增加，喜欢接近异性动物，但不接受其爬跨。如做阴道涂片在显微镜下检查，会发现涂片中有大量的红细胞、角质化细胞、有核上皮细胞和少量散在白细胞。

对雌犬来说，发情前期是指从阴道内排出血样分泌物开始，到接受交配的一段时间，一般为5～15d，甚至达到27d。此期，雌犬卵巢上有数十个卵泡生长发育，生殖道上皮开始增生、充血，腺体弯曲度增加，分泌活动开始加强，外阴充血、肿胀、潮红、湿润，2～4d后由阴门流出混有血液的黏液。此期，雌犬变得兴奋不安，注意力不集中，精神涣散，服从性差，排尿频繁，接近并挑逗雄犬，当雄犬爬跨时不接受交配，龇牙，打转。

对雌猫来说，发情前期是指出现发情表现到性欲明显、开始接受交配的一段时间，一般为1～3d。此期，雌猫的卵巢上有3～7个卵泡开始发育，子宫和阴道上皮增生，腺体弯曲度增加，分泌物开始增多，阴毛刚刚分开，外阴略肿胀，阴唇稍稍裂开。此期，雌猫精神开始变得焦躁不安，眼睛明亮，粗声鸣叫，喜欢主人抚摸，食欲减退，排尿频繁，活动增加，喜欢外出游荡，在夜间这些表现更为明显。与犬不同的是，在此期雌猫外阴部没有明显的带血黏液流出，阴门水肿也不明显，偶尔有少量清亮的浆液性阴道分泌液流出。

② 发情期（estrus，E）。发情期是雌性动物集中表现发情症状并接受交配的一段时间。在这段时间内，卵巢上的卵泡迅速发育成熟并排卵。在排卵前，血液中的孕激素水平降至最低，雌激素水平升至最高。在此期，伴随激素的变化，子宫黏膜充血、肿胀，子宫颈口开张，子宫肌收缩加强，腺体分泌更加旺盛。阴道上皮逐渐角质化，并有无核上皮细胞脱落。初期外阴充血肿胀，较发情前期更为明显，有黏液流出，随之阴门肿胀度减轻、变软，分泌物红色变淡。

对雌犬来说，发情期指从接受交配到性欲消失的一段时间，一般持续4～13d，平均9d。此期，雌犬卵巢上的卵泡在2～3d内迅速生长至成熟，在愿意接受交配后的第1～3天排出卵子。由于雌激素的作用，阴道黏膜上皮达到15～20层，颜色变白并形成特有的浮冰样堆积。生殖道黏膜内腺体增生，分泌旺盛，阴道黏液涂片中有很多角化上皮细胞、红细胞，排卵前没有白细胞，排卵后出现白细胞。在这一时期，外阴继续肿大、变软、阴道分泌物增多，初期为淡黄色，数日后呈浓稠的深红色，出血程度在开始发情的第9～10天达到顶点，以后分泌物逐渐减少，第14天后停止流出黏液。此期中，雌犬表现为异常兴奋、敏感、易激动，食欲明显下降，当遇雄犬时，常表现出开闭外阴部，频频排尿，接受雄犬交配。当雄犬舔其阴户或爬跨时，其四肢站立不动，并下塌腰部，臀部朝向雄犬，尾巴歪向一侧，阴户频频开张。

对雌猫来说，发情期也是指从接受交配到性欲消失的一段时间。此期持续的时间因季节或交配与否而有所差异。在春季，持续时间长，一般5～14d，在其他季节较短，为1～6d。如发情后交配排卵，则持续5d，于交配后24～48h结束；如交配未排卵，则持续大约8d。而未交配的雌猫，持续时间缩短。此期内，卵巢上的卵泡迅速发育成熟，最大直径可达2～3mm。在发情期，雌猫生殖道充血、肿胀较发情前期更为明显，腺体增生，分泌旺盛。阴毛完全分开，外阴肿胀明显，阴唇呈明显的两瓣，有少量黏液流出。在此期，雌猫性情变得温顺，喜欢在主人两腿之间磨蹭，如果用手抚摸和压低猫背部，发情雌猫会静止不动，趴在地上后足交互踏步，腰部下凹，有时高举尾巴或者歪向一侧，呈现接受交配的姿势，发出

"咪咪"的叫声。如果轻敲骨盆区,这种表现更为明显。有时发出粗大的叫声,招引雄猫,见到雄猫后,表现得异常兴奋,主动靠近雄猫,发出"嗷嗷"的叫声,身体下蹲,踏足举尾,允许雄猫爬跨。如果发情雌猫被关在室内,它会四处乱闯,很不安静,如有雄猫在笼子旁走动或听到雄猫的叫声,它会狂暴地抓挠门窗,急于出去。

> **知识卡**
>
> 诱发性排卵 猫属诱发性排卵动物。当卵巢上的卵泡发育成熟时,不能在激素的调节下自发排卵,只有当子宫颈受到交配或其他相应的刺激后,产生的神经冲动由子宫颈或阴道传到下丘脑的神经核,引起促性腺激素释放激素(GnRH)的释放,GnRH沿垂体门脉系统到达垂体前叶,刺激其分泌大量促黄体素(LH),使LH排卵峰形成,引发排卵。诱发排卵的动物可通过注射有促排卵作用的促黄体素(LH)或人绒毛膜促性腺激素(HCG),或类似交配的机械性刺激子宫颈的方法诱发排卵。

③ 发情后期(metestrus, M)。发情后期是雌性动物发情后的恢复阶段。在这一时期内,卵巢上的卵泡破裂、排卵,开始形成新的黄体,雌激素水平下降,孕激素水平逐渐上升,子宫肌层收缩和腺体分泌活动减弱,子宫颈口收缩、关闭,阴道黏液涂片中有较多的白细胞、非角质化上皮细胞和少量角质化上皮细胞。动物的发情症状逐渐消失,性欲激动逐渐转入安静状态,不再接受同类的交配。

对雌犬来说,发情后期是指其发情后开始不再接受雄犬交配到其生殖器官恢复的一段时间。如果雌犬在发情期配种受胎则进入妊娠期,乳腺会逐渐增大;如果发情期未配或者配后未受胎,发情后期一般维持60~80d,然后进入间情期。此期,雌犬的卵巢上卵泡破裂、排卵,之后即开始形成黄体。伴随着卵巢的这些变化,血液中的雌激素水平迅速下降,孕激素水平逐渐上升。此期,雌犬子宫内膜逐渐增厚,表层上皮增高,子宫腺体逐渐发育,子宫颈管逐渐收缩,子宫腺体分泌活动减弱,黏液分泌量变少且黏稠。外阴部肿大消退,流出的黏液减少,颜色由淡红变成暗红或无色。阴道涂片检查时,重新出现有核上皮细胞和中性粒细胞,缺乏红细胞和角质化细胞。此期,雌犬由发情的性欲激动状态逐渐转为安静,不再接受雄犬的爬跨。

> **技能拓展**
>
> 发情期的护理 犬、猫在发情期精神兴奋、食欲减退。因此,出门时必须认真牵引,防止其乱窜或误配。在发情期,要配制营养丰富、适口性好、易消化的饲料。由于发情期间便秘的概率增加,应适当增加些蔬菜、粗粮,不喂生冷和酸辣的食物。饮用水应提供温开水,水中加入少许蜂蜜。雌犬在发情期外阴部有血和黏液排出,应保持外阴清洁,用干净的温开水、盆和布,每天清洗外阴,不要用脏水,否则可引起生殖器官感染。发情期间接触的垫子等要选用质地柔软的,并且要清洁消毒;不要用脏布、废纸和未经消毒的垫子。犬、猫接触的物品应勤洗勤换,最好在日光下晒干。注意保暖,不要受凉。发情期间尽量不要洗澡,更不要让它长时间趴在冰冷的地面上。

对雌猫来说,发情后期是指从交配、排卵到发情症状消失、生殖器官恢复的一段时间。雌猫为诱发性排卵动物,排卵必须经过交配刺激,引起神经-内分泌反射而产生促黄体素释放高峰,卵泡才能达到成熟并排卵。猫的排卵发生在交配后24~30h。如果雌猫发情后未交配,则卵巢上不形成功能性黄体,发情后期持续14~28d,平均21d。如果雌猫发情后交配并诱发了排卵,但未受精,则发生假妊娠,发情后期可持续30~73d,平均35d。排卵后雌猫的生殖道变化和犬相似,子宫内膜增厚,腺体增生,分泌活动减弱,子宫颈关闭,外阴部肿胀消退,萎缩消干,阴毛闭合,逐渐恢复为毛笔状。此期,雌猫的性欲消失,精神状态逐渐恢复正常。

④ 休情期(diestrus,D)。休情期又称间情期,是发情后期结束到下一发情前期的阶段。在多种雌性动物中,此期的前期卵巢上的黄体逐渐生长,发育至最大,孕激素分泌逐渐增加至最高水平,子宫腺体发育,分泌旺盛。如未孕,一段时间后,则子宫内膜回缩,腺体变小,分泌减弱。到休情期的末期,卵巢上的黄体萎缩,生殖道向发情前期状态变化。在整个休情期,雌性动物表现安静,无发情表现。

犬是季节性单次发情动物,雌犬的发情后期后即进入了很长的乏情期。因此,雌犬的休情期是季节性非繁殖期,不是其发情周期的一个环节。在休情期,雌犬的卵巢上有一些卵泡生长发育,但都在发育中闭锁,不能达到成熟。生殖道腺体萎缩,分泌活动接近停止。阴道涂片中以非角质化上皮细胞为主。雌犬在休情期表现安静,无发情症状。在发情前数周,雌犬通常会呈现出某些明显症状,如喜欢与雄犬接近、食欲下降、换毛等。在发情之前的数日,大多数雌犬会变得无精打采,态度冷漠,偶尔会出现初配雌犬拒食,外阴肿胀。休情期的持续时间为90~140d,平均125d。

雌猫的休情期比犬的时间短,难于界定,通常将其与发情后期看做一个生理阶段。在休情期内,雌猫卵巢体积缩小,但其上仍有一些卵泡发育,多在发育早期即发生闭锁,有的可达到0.5mm。生殖道收缩,腺体变小,分泌功能停止。雌猫在整个休情期内,精神状态正常,无发情表现。

知识卡

假妊娠 指动物在发情期未配种或交配未孕,但其后出现类似妊娠症状,常见于犬、猫。出现假妊娠时,可见子宫内膜肥厚,乳腺发育,有的到了假妊娠末期会出现筑窝、拒食等临产征兆和乳汁分泌现象。假妊娠是由于黄体分泌的孕酮和垂体分泌的促乳素水平较高所致。随着时间的推移,假妊娠的雌性个体卵巢上没有妊娠黄体,孕酮逐渐下降,雌激素分泌增加,假妊娠终止。

(2)二期分法 以卵巢组织学变化及有无卵泡发育和黄体存在为依据,分为两个阶段。

① 卵泡期。指黄体进一步退化,卵泡开始发育直到排卵为止。卵泡期实质是发情前期和发情期两个阶段。

② 黄体期。指从卵泡破裂排卵后形成黄体,直到黄体萎缩退化为止。黄体期相当于发情后期和间情期两个阶段。

2. 发情持续期

发情持续期是指雌性从一次发情开始到结束所持续的时间,受品种、个体、年龄及季节、饲养管理等因素制约。犬的发情持续期为:6~14d,平均10d;猫的发情持续期为:3~7d,接受交配时间为3~7d。

四、乏情、产后发情与异常发情

1. 乏情

乏情指已达初情期的雌性动物不发情,或卵巢无周期性功能活动,处于相对静止状态的现象。若是由于卵巢和子宫一些病理状态引起的乏情,属病理性乏情;若不是由上述疾病引起的乏情，如泌乳性乏情、季节性乏情、衰老性乏情等，称为生理性乏情。

(1) 生理性乏情

① 季节性乏情。季节性发情动物在非发情季节，无发情现象，卵巢和生殖道处于静止状态，称为季节性乏情。季节性乏情的时间因动物种类、品种和饲养环境而异。多数雌犬在每年春、秋季发情期过后的6~8月份和12~2月份为乏情期。大多数猫也是在夏季和冬季进入乏情期，但有一些猫只有11~12月份为乏情期。

动物的季节性乏情是在进化过程中自然条件长期作用而形成的。在原始自然条件下，有的季节环境条件如气候、饲料等对某种动物不适宜或缺乏，或者在此季节配种受孕而产下后代的季节不利于其哺育和生长，动物即会在这个季节停止发情繁殖，长期进化，动物的这种在特定季节不发情的特性就固定下来了。动物的季节性乏情并非是不可改变的，随着其驯化程度的加深、饲养管理条件的改善，动物也可在乏情季节发情。如短毛品种猫在给予人工光照的情况下，全年都可发情交配。

② 泌乳性乏情。在产后泌乳期间，由于卵巢周期性活动功能受到抑制而引起的不发情，称为泌乳性乏情。泌乳性乏情的出现和持续时间，因动物的种类、品种等而有较大不同。犬和猫都是季节性发情动物，在产后1~2个月的泌乳期内一般不发情，此期对雌猫而言是泌乳乏情期，对犬而言既是泌乳乏情期，也是季节乏情期。但泌乳对猫的发情抑制不明显，有的猫在产后1个月左右的泌乳期内也会发情。

泌乳性乏情的原因可能是因为在泌乳期间，雌性动物血液中促乳素浓度较高，而促乳素对下丘脑和垂体有抑制作用，使促性腺激素释放激素（GnRH）、促卵泡素（FSH）和促黄体素（LH）的分泌量处于较低水平，动物卵巢上的卵泡不能发育到成熟，因而不表现发情。

③ 衰老性乏情。动物生长到一定年龄后，垂体促性腺激素分泌减少，或卵巢对激素的反应性降低，卵巢上不再有周期性功能活动，不再出现发情现象称衰老性乏情。动物生殖功能停止是生物存活的自然规律，其原因是卵巢组织对生殖激素不敏感或内分泌系统功能衰退而使生殖激素分泌量减少所致。雌犬约在10岁后出现衰老性乏情，雌猫约在14岁以后出现衰老性乏情。

④ 营养性乏情。日粮水平对动物的生殖内分泌系统和卵巢功能都有显著影响。日粮中能量不足、缺乏矿物质或维生素都可引起雌性动物乏情。矿物质中以缺乏磷、硒、铜、碘、锰和锌对发情影响最大，日粮中缺乏磷和锌会使雌犬、雌猫的卵泡发育停止和萎缩，出现不发情。缺乏碘会使动物垂体和性腺的分泌功能减弱，出现乏情。日粮中缺乏铜会使雌犬、雌猫不发情。维生素中以维生素A、维生素E、叶酸和生物素对发情影响最大。

⑤ 应激性乏情。不同环境引起的应激，如气候恶劣、卫生不良、长途运输等都可抑制发情、排卵及黄体功能。这些应激因素可促使下丘脑-垂体-性腺轴的功能活动转变为抑制状态，从而产生乏情。

(2) 病理性乏情

① 卵巢功能减退。卵巢发育不良、卵巢静止、卵巢萎缩和卵巢硬化时，由于卵巢功能的丧失，不能出现卵泡发育，因而造成乏情。

② 持久黄体或黄体囊肿。由于卵巢排卵后形成的功能黄体不消退，持续产生孕酮，或者卵巢发生黄体囊肿化时，囊肿黄体分泌的孕酮，抑制卵巢上卵泡的发育而使其处于乏情状态。

2. 产后发情

雌性动物分娩后的第一次发情称为产后发情。产后发情时，由于卵巢内无黄体、泌乳和哺乳等影响，发情表现不同于正常发情。犬、猫的产后发情与品种、季节、环境、饲养管理等因素有关。雌猫产后发情多出现在幼猫断奶后14～21d，即产后的第8周，个别猫在产后24h左右出现短促发情。

3. 异常发情

动物的异常发情多发生于初情期至性成熟前和发情季节的开始阶段。这两段时间性功能尚未发育完全或性腺功能未完全恢复，是导致异常发情的主要原因。另外，在性成熟后，营养不良、泌乳过多、运动不足、饲养管理不当、环境温度骤变等也会引起异常发情。常见的异常发情有以下几种。

（1）安静发情　又称隐性发情，指雌性动物卵巢上有卵泡发育成熟并排卵，但外部表现不明显。青年雌犬、雌猫和营养不良的雌犬、雌猫容易发生。引起安静发情的原因是：体内有关激素分泌失调所致，如雌激素分泌不足，发情外表症状就不明显；促乳素分泌不足，促使黄体早期萎缩退化，导致孕酮分泌不足，降低了下丘脑对雌激素的敏感性。安静发情的动物如果发现及时，配种仍可受孕。

（2）短促发情　指雌性动物的发情时间很短。短促发情的原因可能是发育卵泡很快成熟、破裂和排卵，缩短发情期；也可能是由于卵泡停止发育或发育受阻引起。由于发情持续期短，如不注意观察，极易错过交配时间。

（3）断续发情　指雌性动物的发情时断时续，整个过程延续很长时间。这种情况常见于营养不良的雌犬、雌猫。多是促卵泡素分泌不均衡所致，常常是先发育的卵泡中途停止发育，萎缩退化，新卵泡又开始发育，导致发情表现时断时续。

（4）持续发情　也称延长发情，指动物发情持续很长时间。延长发情可能是促性腺激素缺乏所致，也可能与卵泡囊肿有关。其特点是发情持续时间长，卵泡迟迟不排卵，雌犬的持续发情有时可维持20d以上。

（5）孕后发情　指动物在妊娠期间出现的发情。动物在妊娠状态下，由于卵巢上有妊娠黄体存在，其分泌的高水平孕酮可抑制促性腺激素的产生，正常情况下，卵巢上不会有卵泡发育成熟和排卵，动物不会表现发情。但个别犬、猫在妊娠状态下也有排卵和发情表现，特别是在妊娠前40d居多。孕后发情主要是因为黄体和胎盘分泌的孕酮不足，对下丘脑和垂体的抑制作用不强，使卵巢上的卵泡发育并达到成熟，在雌激素的作用下表现出发情，也可能是胎盘雌激素分泌过多引起，也可能是卵泡雌激素与胎盘激素共同作用引发。孕后发情易造成误配，引起流产，所以要注意分辨，必要时要注射孕酮保胎。

单元三　发情鉴定

发情鉴定是对雌性动物发情阶段及排卵时间做出判断的技术。通过发情鉴定，可以判断雌犬、雌猫是否发情，发情所处的阶段并推测出排卵时间，从而为准确确定动物适宜的配种或输精时间提供依据。准确的发情鉴定可以提高雌性动物的受胎率，从而提高种犬、猫的繁殖率。通过发情鉴定，还可以发现雌犬、雌猫的性功能是否正常，以便及时诊治生殖系统疾病。

可根据多项指标鉴定雌性动物的发情。因为动物发情时，既有外部特征，也有内部变化；既有行为学上的特异表现，也有生理生化指标的变化。外部特征是现象，内部变化，特别是卵巢、卵泡发育及由此引发的生殖激素的变化情况才是本质。动物发情的特征表现还受外界环境因素和生物刺激等的影响。因此，在进行发情鉴定时，既要观察外部表现，又要注意本质的变化，还要联系影响发情的相应干扰因素来综合考虑、分析，才能获得较准确的判断。

一、发情鉴定的基本方法

1. 外部观察法

外部观察法是通过观察动物的行为表现、精神状态和阴道排泄物等来确定动物是否发情和发情程度的方法。

发情前数周，雌犬表现出食欲下降、兴奋不安，四处游走，频繁排尿，愿意接近雄犬，厌恶与其他雌犬做伴；发情前数日，多数雌犬变得无精打采，态度冷漠，偶见初配犬出现拒食现象、甚至出现惊厥。处于发情前期，雌犬外生殖器官肿胀，阴门排出血样分泌物，持续 2~4d。当排出物增多时，阴门及前庭变大、肿胀，雌犬变得兴奋不安，饮水量增加，排尿频繁，但拒绝交配。进入发情期，排出物大量减少，颜色由红色变为淡红色或淡黄色，触摸尾根，尾部翘起，偏向一侧，按压背部，站立不动，接收交配。发情期过后，外阴逐步收缩复原，偶尔见到少量黑褐色排出物，雌犬变得安静、驯服、乖巧。

发情前期，雌猫阴门水肿不明显，阴道无血红色恶露，喜欢被抚摸，排尿频繁。处于发情期，雌猫"嗷嗷"叫，性情比较温顺，精神兴奋，食欲下降，按压背部有踏足举尾巴的动作，尾巴歪向一侧，愿意接受交配；会阴部前后移动，敲击骨盆部，表现更为明显；阴门红肿、湿润，甚至流出黏液。发情后期，阴门水肿逐渐消除，食欲逐渐恢复，不接受爬跨。

2. 试情法

试情法是以试情雄性动物来鉴定同类雌性动物是否进入发情期的一种方法。为了防止试情过程中发生自然交配，试情用的雄性动物要经过相应的处理，如结扎输精管、戴上试情布或进行阴茎倒转术处理等。

一般在早上、晚上各试情1次。将试情雄犬与雌犬放在一起，若雌犬表现出嗥叫、逃避或撕咬，说明处于发情前期的早期；若雌犬顺从雄犬的爬跨，但当雄犬要交配时，雌犬出现坐下、蜷伏或伏于地上，说明处于发情前期的晚期。处于发情期的雌犬，见到雄犬后会表现出愿意接受交配的行为，如站立不动、故意暴露外阴、尾巴偏向一侧、阴门有节律地收缩等。

3. 阴道检查法

（1）阴道黏膜检查法　阴道黏膜检查法是利用开膣器打开阴道，借助光源，观察阴道黏膜颜色及分泌物的变化情况来确定发情阶段的一种发情鉴定方法。动物发情时，常表现为阴道黏膜充血潮红、分泌物增多、开膣器插入较容易等。由于单独根据这种方法鉴定发情状态不够准确，所以这种方法主要作为其他鉴定方法的辅助方法。

（2）阴道黏液涂片法　阴道黏液涂片法是通过在显微镜下分析阴道涂片的细胞组成，来确定雌性动物发情与否及所处发情阶段的方法，是犬、猫常用的一种发情鉴定方法。

在雌犬性周期的各阶段，阴道涂片细胞组成有如下规律：发情前期，阴道涂片中有很多核固缩的角质化上皮细胞、红细胞，少量白细胞和大量的碎屑；发情盛期，阴道涂片中有很多角质化上皮细胞、红细胞，而白细胞不存在，排卵后，白细胞占据阴道壁，同时出现退化的上皮细胞；发情后期，阴道涂片中有很多白细胞、非角质化的上皮细胞及少量的角质化上皮细胞；乏情期的涂片中，上皮细胞是非角质化的，但到发情前期前，变为角质化上皮细胞。雌猫的阴道涂片细胞变化与雌犬略有不同。

4. 电阻测定法

电阻测定法是应用动物专用的发情鉴定仪（图3-1）测定雌性动物阴道黏液的电阻值，

来判断其发情阶段的方法。这种方法能较准确地鉴定出雌犬发情阶段，从而可安排最适的配种或输精时间。在雌性动物的发情周期中，阴道黏液电阻变化很大，如雌犬在发情前期最后一天的电阻值一般为495～1216Ω，而在此之前为250～700Ω。在发情期也有变化，特别是在发情期开始时，在有些雌犬中电阻下降，而有些雌犬与发情前相比则上升，但所有的雌犬发情期的后期，部分时间内电阻值均下降。

图 3-1　雌性动物发情鉴定仪

5. 孕激素测定法

孕激素测定法是通过测定血液中的孕激素含量来判断雌性动物发情的方法，是确定雌犬、雌猫排卵时间最可靠的方法之一。

在犬的发情鉴定中通常可以这样处理：雌犬开始进入发情前期时，每隔2～3d进行1次阴道黏液涂片检查，只要阴道细胞角质化达到50%左右时，即可采血进行孕激素含量的测定（表3-1），当孕激素含量达到3.8～5.1ng/ml时，即可对雌犬配种。但此方法的缺点是操作烦琐，费用较高。

表 3-1　雌犬发情周期中血液中孕酮的变化

阶段	孕酮含量
间情期后期（进入发情前期的前30d）	0.2～0.5ng/ml
LH峰前的发情前期	0.6～1.0ng/ml
排卵期（LH峰后的2d）	3.0～80ng/ml
排卵后的发情期及发情后的早期，以及排卵后的15～30d，排卵日视为0d	15～80ng/ml
未孕雌犬在发情后期60～100d孕酮下降	<1.0ng/ml
发情后期的100～160d	<0.5ng/ml

6. 口腔液镜检法

口腔液镜检法是将动物的口腔唾液涂于载玻片上，自然干燥，通过显微镜下观察来鉴定动物发情的方法。常应用于雌犬的发情鉴定。在雌犬乏情期和发情前期：结晶体主要为圆形、椭圆体或梭形，呈气泡状，顺同一方向或不规则排列；在发情期，结晶体为典型的羊齿状或松针状，当出现主梗粗而硬，分支密而长时，为雌犬最佳配种时期。当出现的羊齿状或松针状不典型，主梗有弯曲，分支少而短则为可配期，可能受孕，但产仔不多，可再过1～2d后再镜检；发情后期：检查结果与发情前期形状相似。

唾液采取和涂片中要注意的几个问题。

① 雌犬唾液采样要在进食前或进食后2h进行，否则检测结果不准确。

② 涂片后要自然干燥，干燥的时间长短不一，一般为5～30min，但是受环境空气湿度的影响较大。未自然干燥时，检测得到的很可能是排列规则的气泡状图像，其结果容易导致误判。

③ 同时检测几只犬时，载玻片要写清序号，取样的唾液不能交叉污染。

采用唾液镜检方法来判断发情雌犬的最佳配种时间，与平时采用的经验判断基本是相吻合的，可以作为发情鉴定方法的辅助方法。

7. 用腹腔镜观察子宫和卵巢的变化

利用腹腔镜观察雌犬子宫的血管变化或卵巢上卵泡的发育情况，可以准确地判定排卵时间。当观察到卵巢上卵泡的一部分突出于卵巢表面1.5mm左右，其顶端透明，这预示雌犬即将排卵，此时是配种的最适时间。如果在卵巢上看到的"卵泡"

图 3-2　兽用便携式 B 超仪

是中间塌陷，颜色为肉红色，这表明排卵已经发生，当时的"卵泡"已发育成黄体。此方法对发情阶段鉴定准确，但操作麻烦，对动物有一定损伤，不易推广。

8. B 超检测法

B 型超声（B 超）诊断技术可用于雌性动物的发情和排卵鉴定，但对 B 超仪器的质量要求及操作人员的技术要求均很高。近年由于高分辨率的兽用便携式 B 超仪（图 3-2）的推广，使 B 超鉴定动物发情技术在生产中的应用越来越广。

二、发情鉴定要点

1. 雌犬的发情鉴定要点

（1）外部观察法　通过观察雌犬的行为表现、身体外部特征和阴道分泌物，来判定雌犬的发情阶段。在发情前期之前，即在雌犬出现明显发情表现的前几天，雌犬会表现出不安，对周围环境冷漠，愿意接近雄犬，讨厌与并厌恶接近其他雌犬，有的初次发情的雌犬会表现出拒食，个别雌犬会出现惊厥现象，以上症状随着发情前期症状的出现而逐渐消失。

① 发情前期。雌犬性情变得兴奋不安，有时不停地吠叫，并显得不听指挥和管教。经常游走，饮水量增加，排尿频繁，尤其见到雄犬后频频排尿，有些发情好的雌犬会出现互相爬跨，并做出雄犬样的交配动作；此期，雌犬外阴水肿，体积增大，阴门下角悬垂有液体；发情开始时会在阴门处流出含有大量血液的阴道分泌物。在阴道分泌物和尿液中含有外激素，可以刺激和吸引雄犬。

② 发情期。发情期表现较发情前期进一步加强，阴门水肿非常明显，由于出血量减少，阴道分泌物的颜色由红色变成黄色，最后变为淡黄色，有的变成无色透明样。触摸尾根，尾部翘起，偏向一侧，按压背部，站立不动，接收交配。

③ 发情后期。雌犬变现为安静、温顺，发情表现消失，精神状态趋向于正常，阴门水肿消失，阴门相对较小，有皱纹，张力较大，阴道仅有少量的黏液排出，偶尔见到少量黑褐色排出物。

④ 乏情期。雌犬发情表现完全消失，阴门恢复发情前的大小，阴道不再排出黏液。

从发情前期开始，即发现第一滴带血的阴道分泌物流出后 9～11d 雌犬开始接受雄犬的交配而进入发情期，这时阴道分泌物的颜色已变为淡红色或淡黄色。一般情况下，在阴道分泌物流出后的 11～13d 开始进行人工输精。

（2）试情法　即采用试情雄犬来检测雌犬是否发情及发情所处的阶段。一般用来试情的雄犬，应选择身体健壮、无传染疾病、无恶癖、性欲好的雄犬。对试情的雄犬可做结扎输精管或者阴茎倒转术处理，实践中多采用前者。用雄犬试情是确定雌犬是否发情的最准确、有效的方法。具体做法：将待测的雌犬牵至雄犬舍，或者选择一个雄犬比较熟悉的场所，这样可以减少对雄犬的应激，待雌犬、雄犬放在一起后，观察雌犬是否愿意接受交配。如雌犬表现出轻佻、爱调情、站立不动、尾巴偏向一侧、阴门有节律地收缩等，则说明雌犬已发情。具体表现如下：

① 发情前期。发情前期由于持续时间比较长，所以表现也有差异。在发情前期开

始时,如果有雄犬接近,雌犬会表现为打转、龇牙,甚至咬雄犬,完全不接受爬跨;但发情前期的后期,当雄犬接近时,雌犬表现为跑开,远离雄犬,或者接受爬跨,但不接受交配。

② 发情期。雌犬发情时,表现为主动接近雄犬,表现出极愿意接受雄犬的交配行为。个别雌犬甚至抢先爬跨雄犬,并做出交配姿势,来刺激雄犬性欲。当雄犬爬跨时,雌犬表现温顺,站立不动,臀部对着雄犬的头部,腰部凹陷,后躯抬高以露出会阴区,尾巴歪向一侧,阴门开张,呈有节律的收缩等,以迎接雄犬交配。

③ 发情后期和乏情期。雌犬对雄犬的吸引作用很快降低,不接受雄犬的爬跨。

但是有些性情"骄傲"的雌犬,有选择雄犬的倾向。如有此情况出现,及时更换另外一只试情雄犬,往往就可以解决问题。

(3) 阴道检查法　阴道检查法主要包括阴道黏膜观察法和阴道黏液涂片法,阴道黏膜观察法只能判定是否发情,不能确定准确的发情阶段,该法仅是一种辅助的发情鉴定方法。阴道黏液涂片法可以通过显微镜观察阴道黏液中的细胞变化,从而判定发情阶段,该方法可以准确确定发情。

① 阴道黏膜观察法　首先要小心清洗雌犬阴门及其周围毛皮,然后借助开膣器打开阴道,借助光源进行检查,检查内容包括阴道黏膜颜色、阴道分泌物和阴道黏膜肿胀(子宫颈口开张)情况(表 3-2)。具体各期表现如下:

a. 发情前期。开始时,开膣器容易插入阴道,但到中后期,有一定的阻力。这时可以看到阴道黏膜水肿,呈玫瑰红色,并可以看到大量血色阴道分泌物,子宫颈口微开。

b. 发情期。插入阴道开膣器时有阻力,发黏。阴道黏膜颜色变为淡红色或无色,形成特有的浮冰样堆积,子宫颈口进一步开张。

c. 发情后期和乏情期。开膣器很难进入阴道,阴道黏膜变红,分泌物减少。

表 3-2　雌犬发情周期各阶段阴道黏膜颜色等的变化情况

发情周期	阴道黏膜颜色	阴道黏膜肿胀情况	分泌物
发情前期的前期	玫瑰红	开始肿胀,有横竖的皱褶	多、血色
发情前期的后期	浅玫瑰红	肿大明显,二级肿胀	适中、肉水样
发情期	白色	皱褶增生,最大程度的浮冰样堆积	少、肉水样
发情后期的早期	浅玫瑰红	平坦,轻度皱褶	黄色的黏滞物
发情后期的晚期、间情期	玫瑰红	平坦,轻度皱褶	几乎没有,反光明显

② 阴道黏液涂片法。雌犬在发情的不同阶段,阴道上皮细胞会表现出不同的变化。造成这一变化的原因是生殖激素,特别是雌激素的变化,这种变化可以由阴道涂片上的细胞表现出来(图 3-3)。阴道黏液涂片检查可以确定雌犬发情周期,该方法也是目前进行发情鉴定比较准确的一种方法。

a. 发情前期。一般可看到大量的红细胞分布。但由于有些犬不表现很明显的发情出血,故在阴道涂片上看不到大量红细胞。在发情前期的初期,涂片上的上皮细胞主要是副基细胞和小中间细胞,随后,副基细胞和小中间细胞逐渐减少,大中间细胞及角化上皮细胞的比例逐渐增加,偶见白细胞。

> **知识卡**
>
> 副基细胞 为涂片上可见的最小的上皮细胞，圆形或卵圆形，细胞核很大，细胞质很少。
>
> 中间细胞 直径一般为副基细胞的2～3倍，可根据其大小、形态及核质比分为小中间细胞和大中间细胞。前者为圆形或卵圆形，核质比较大。后者外缘为多边形，核质比较小。
>
> 角化上皮细胞 为阴道涂片上可见的最大的上皮细胞，一般为多角形，细胞扁平，有的细胞边缘出现折转。

b. 发情期。主要细胞为角化上皮细胞，根据角化程度的不同，有些角化上皮细胞还含有固缩的核，而另一些角化上皮细胞的细胞核则完全消失。红细胞的数量由于犬的个体差异各有不同，有些犬的发情期阴道涂片上看不到红细胞，而有些则仍可观察到一定数量的红细胞，甚至红细胞一直持续到发情后期的早期还存在。在发情期的末期，角化上皮细胞呈团块状或片状聚集，除角化上皮细胞外一般看不到其他细胞。

c. 发情后期。主要特征为可观察到大量白细胞。在发情后期的早期，可看小中间细胞及大中间细胞。而发情后期的晚期，白细胞数量减少，副基细胞数量将增加，且有时还可观察到细胞碎片。

d. 乏情期。主要是小中间细胞及副基细胞，白细胞几乎不可见。

图3-3 雌犬发情各阶段阴道涂片细胞组成

(a) 发情前期，未角质化的上皮细胞中混有中性粒细胞；(b) 发情前期，未角质化上皮细胞；(c) 发情前期，部分角化上皮细胞出现；(d) 发情前1～2d，涂片中出现大量完全角质化上皮细胞；(e) 发情期，涂片中完全角质化上皮细胞达80%以上；(f) 发情后期，完全角质化上皮细胞消失

2. 雌猫的发情鉴定要点

(1) 外部观察法 成年雌猫发情表现十分明显，发情初期常出现与主人特别亲近、温顺，依偎于主人身边或在主人身上磨蹭，希望得到主人更多的宠爱，排尿次数增多，还有弓

背、举尾动作，雌猫常在地板上打滚、磨蹭。发情期活动增加，喜欢外出游荡，特别在夜间，显得烦躁不安，发出粗大的叫声，以招引雄猫，故发情又有"叫春"、"闹猫"之称。如室内或笼养则会表现为不安宁、乱闯，特别是听到雄猫的叫声或有雄猫在附近，会表现为狂暴地抓挠门窗或笼子。如果用手按压猫的背部，雌猫则会做出踏足、举尾的动作，这是雌猫接受雄猫交配的表现。此时外生殖器官也有明显的变化：外阴部的阴毛明显分开，并倒向两侧，阴唇红肿湿润，有时外翻，有黏液流出。

(2) 阴道黏液涂片法　雌猫的阴道上皮细胞变化不像犬的变化那么明显，但也可以作为一种主要的辅助方法来进行判断。涂片的制作方法与犬的检查相同，各时期阴道涂片上皮细胞特征如表 3-3 所示，具体变化如下。

　　a. 发情前期：以大量的有核细胞为主。
　　b. 发情期：出现角质化细胞。
　　c. 发情后期：以中性粒细胞为主。
　　d. 乏情期：有许多的有核上皮细胞和少数中性粒细胞。

(3) 试情法　具体操作与犬相似。

表 3-3　猫发情周期各时期阴道涂片上皮细胞特征

	细胞类型	基底细胞	类基底细胞	中间细胞	皱缩核细胞	无核细胞
细胞特征	大小/μm	12	19	<41	55	55
	形状	圆形	圆形、卵圆形	多角形	多角形	多角形
	核/μm	8~10	8~10	10	6	
发情各阶段细胞比例/%	发情前期	少	7.9	35.6	36.3	20.3
	发情期	—	0.5	20.4	33.6	45.8
	发情后期早期	—	7.8	54.8	28.4	9.0
	发情后期晚期	少	23.0	56.7	15.9	4.9
	乏情期	少	20.5	39.3	21.4	18.6

注：引自张家骅，董恩娜，黑龙江畜牧兽医，1994。

单元四　发情控制

　　发情控制技术是应用某些激素或药物，以及饲养管理措施人工控制雌性动物个体或群体发情并排卵的技术。发情控制技术是多种有效干预动物繁殖过程、提高繁殖率的手段。在生产中经常应用的有诱导发情、同期发情和超数排卵等。

　　应用发情控制技术要注意两个问题：一是要以正确的饲养管理为基础，正确的饲养管理是动物进行繁殖的基本条件，任何繁殖技术只能在这个前提下才能表现出应有的作用；二是不可以滥用激素类药物，每种激素都需要在特定的生理时期达到一定浓度并维持一定时间，有时需要在其他激素的协同下才能产生其特异作用。如果不了解激素的作用机制或动物的生理条件，任意使用激素制剂，会造成不良后果。

一、诱导发情

1. 诱导发情的概念

对于处于乏情状态的雌性动物，利用外源激素或其他手段使其发情和排卵的技术称为诱导发情。诱导发情的意义主要是缩短乏情期动物的繁殖周期，提高其繁殖率。

诱导发情主要用于以下三种情况：一是正常的生理性乏情动物，如处于季节性乏情的雌犬、处于泌乳乏情状态的母猫等；二是病理性乏情动物，如由于饲养或环境因素而患持久黄体的雌犬等；三是初情期前的动物，实施诱导发情以适当提前配种，提高繁殖率。

2. 诱导发情的机制

雌性动物的发情活动是在神经系统和内分泌系统的共同调节下发生的，因此，诱导动物发情，可以通过外界神经刺激和外源激素调节两种途径来实现。外界神经刺激包括改变环境条件（如调节动物所处环境的温度和光照等）、幼崽断奶、实行生物刺激等。外源激素调节是应用促性腺激素或性腺激素直接作用于卵巢，激发卵巢功能，促进卵泡的发育和排卵，以使动物得以发情和配种。在生产中常用的激素制剂有促性腺激素释放激素的类似物——促排三号、戈那瑞林等，雌激素制剂苯甲酸雌二醇以及雌激素、孕激素和雄激素的合剂三合激素等。

3. 诱导发情的方法举例

① 对年龄在1～3岁、体重在10kg左右的处于乏情期雌犬，自第1～9天，每天1次肌内注射PMSG 100IU/只；第10天，1次肌内注射HCG 500IU/只，大约有80%的个体可在处理的第12～14天后外阴出现明显肿胀和血性分泌物，表现发情。

② 对年龄在1～3岁、体重在10kg左右的处于乏情期雌犬，可连续20d施用促乳素的抑制剂溴隐亭，阴道给药，每天1次，每只0.6mg，在施药后的第15～18天，雌犬可开始出现发情表现。于发情的第7天，每只一次肌内注射HCG 500IU，雌犬可正常排卵。

③ 对季节性乏情的雌犬，每天皮下注射FSH 20IU/kg体重，连续10d。一般在给药后7～10d，出现发情前期症状，并持续2～3周。在第10～11天，皮下注射HCG 500IU，可在第12天、第14天和第16天配种。

④ 对乏情期的雌猫，每天肌内注射FSH，第一天每只40IU，第二天起每只20IU，3～5d可出现发情。

⑤ 对乏情期的雌猫，每天皮下注射GnRH的人工合成制剂戈那瑞林1μg/kg体重，直至发情。一般在用药后10d内即会表现发情。

二、同期发情

1. 同期发情的概念

同期发情是利用外源激素制剂或其他方法调整一群雌性动物的发情周期进程，使之在预定的时间内集中发情。对群体饲养动物实施同期发情，既有利于组织生产，又能同时提高动物的整体发情率和繁殖率。

2. 同期发情的机制

雌性动物发情周期的实质是卵巢上卵泡和黄体的交替变化。在发情阶段，卵巢上有卵泡发育成熟并排卵，发情结束，卵巢上形成黄体，黄体经发育、成熟并持续存在一段时间后萎缩、退化。在季节性发情动物中，在非发情季节，其卵巢处于相对静止状态，无大的卵泡和黄体存在。同期发情即是通过外源激素制剂或环境刺激等，同时激发卵巢功能或使黄体功能期同时结束，以使卵泡同时发育，出现同时发情。现行同期发情技术主要通过两种途径来实现：第一种途径是对群体雌性动物同时持续施用孕激素，使之在血液中保持一定水平，造成人为的黄体期。当所有处理动物的自然黄体期全部结束之后，同时停药，孕激素水平迅速下降，解除了对下丘脑和垂体的抑制作用，促性腺激素同时开始分泌，动物卵巢上即会有卵泡同时发育，表现为同时发情。第二种途径是对同处于自然黄体期的动物同时施用前列腺素，使其卵巢上的黄体同时消退，孕激素水平同时下降，对下丘脑和垂体的抑制作用解除后，促性腺激素同时开始分泌，卵巢上的卵泡同时发育，动物表现为同时发情。

3. 同期发情的方法举例

① 对群体 1~2 岁、5kg 左右的杂种未孕雌犬，按照 0.1mg/kg 体重肌内注射孕酮，连用 13d，自第 14 天起，每只每 24 小时肌内注射苯甲酸雌二醇 500μg，1~2d 后群体雌犬即可表现为同期发情。

② 对群体小型杂种未孕雌犬，按照 50μg/kg 体重，早晚各肌内注射氯前列醇钠 1 次，第 2 天剂量为 100μg/kg 体重，第 3 天、第 4 天、第 5 天为 250μg/kg 体重，自第 6 天起每只每次每 24 小时肌内注射苯甲酸雌二醇 500g，3~5d 后可相继表现发情。

③ 对群体 3~5 岁、8kg 左右的杂种雌犬，肌内注射：第 1 天 FSH 40IU，第 3 天 FSH 40IU，第 5 天 GnRH 合成制剂促黄体素释放激素 A 325μg。2~7d 出现发情，发情同期率可达 87.5%。

④ 在繁殖季节，对群体成年雌猫，肌内注射：第 1 天氯前列醇钠 50μg/只，第 2 天 FSH 40IU/只，连用 2~3d，一般在处理的第 3~5 天表现同期发情。

三、超数排卵

1. 超数排卵的概念

超数排卵是在雌性动物发情周期的适当时期施用促性腺激素，使其卵巢上有比自然情况下更多的卵泡发育成熟并排卵的技术。超数排卵是胚胎移植技术的配套技术，在胚胎移植中实施超数排卵可以一次获得更多胚胎，提高供体动物的利用率。在犬、猫饲养中超数排卵技术主要用于增加产仔率和卵泡育排卵机制的科学研究。

2. 超数排卵的机制

动物的卵泡发育和排卵是在垂体分泌的促卵泡素和促黄体素的协同作用下发生的，初期促卵泡素分泌量较促黄体素多，卵泡发育迅速，当卵泡接近成熟时，在雌激素的反馈作用或交配刺激下，促黄体素分泌量增加，当促黄体素分泌至最高峰时，也即促黄体素与促卵泡素的比例达到最大时，成熟卵泡破裂排卵。如果在卵泡发育期，通过肌内或皮下注射等方式，人为增加动物体内促卵泡素的浓度，卵巢上就会有比自然情况下更多的卵泡发育，当较多卵泡发育成熟时，再施用促黄体素等有促排卵作用的激素，就会较多的有受精能力的卵子排出。

3. 犬、猫的超数排卵方法

（1）犬的超数排卵　犬是多胎动物，要获得更多的成熟卵难度较大。影响超数排卵效果的因素较多，与犬的品种、年龄、体重及营养状况有关，与所用激素的种类、剂量和注射程序有关。卓炳德等（2007 年）对体重 15.5~25.5kg 的雌犬进行试验，发现采用肌内注射 PMSG 500IU/只，每 24 小时注射 1 次，连用 3 次，每次同时肌内注射 0.2mg/只，在配种前 24h 肌内注射 HCG 500IU/只（或 LRH-A 325μg/只），可明显提高犬的排出卵子数与实际产仔率。

（2）猫的超数排卵　目前，对雌猫进行超数排卵的方案主要有"PMSG+HCG"和"FSH+HCG"两种。其中以"PMSG+HCG"的超排效果较好。PMSG 较早被用于调控猫的繁殖，后来被用于猫的超数排卵，现仍然有不少的研究者使用 PMSG 对猫进行超数排卵，用"PMSG+HCG"组合对家猫进行超数排卵，可获得比正常排卵多 4 倍的卵子。Dohoghue 等分别对成年雌猫注射 PMSG 75~100IU 后 80~92h，再注射 HCG 75~100IU，获得了较高的排卵率。

思 考 题

1. 雌猫、雌犬的发情周期如何划分?发情周期中各阶段及外部的变化特点如何?
2. 雌性动物有哪些异常发情表现?造成异常发情的原因是什么?
3. 卵泡的发育共分为几个阶段?各有什么特点?
4. 黄体是如何形成的?黄体的功能有哪些?黄体是如何退化的?
5. 如何进行雌犬、雌猫的发情鉴定?
6. 简述性成熟、体成熟和最适配种期的区别。

项目四　配种与人工授精

【知识目标】
1. 通过犬、猫配种方法的学习，理解影响宠物繁殖力的因素，掌握犬、猫的交配适期、交配方式、交配过程。
2. 通过学习犬、猫人工授精技术的基本理论知识，理解人工授精操作原理和方法，掌握犬、猫人工授精的各项关键技术。

【技能目标】
1. 能够描述交配前的准备工作，能够利用相关知识，做好提高宠物繁殖力的措施。
2. 能够掌握采精技术、精液品质检查技术和精液稀释技术，以及进行人工输精操作。

单元一　犬、猫的配种

犬、猫在性成熟以后，雌、雄两性个体以各自的性行为表现形式相互协调配合，从而保证有效地交配、繁殖后代。正确认识和了解犬、猫的交配行为，有利于对处于繁殖期的犬、猫进行饲养管理与配种，有利于开展人工采精与人工授精操作，对提高配种的成功率有着重要的意义。

一、交配适期

雄、雌个体的交配时间是否适当，是决定雌性个体受胎率与产仔率的关键因素。交配后，精子和卵子在输卵管内运行、相遇并受精。因此，交配时间决定了精子和卵子能否在输卵管内及时相遇，并是否保持受精能力。

1. 犬的交配适期

犬的发情具有周期性，一般是春季（3~5月份）和秋季（9~11月份）各发情1次，其他时间较少交配。雌犬交配的最佳时间是排卵前1.5d到排卵后4.5d之间，受胎的概率较大。一般的经验，发情出血后第9~11天首次交配，间隔1~3d复配1次。在生产实践中，为提高受胎率和产仔率，可采用交配2~3次的方法，如果发情鉴定准确，交配1次基本可以保证受胎，而且可以减轻雄犬的疲劳。

2. 猫的交配适期

雄猫没有特定的繁殖季节，而雌猫属于季节性多次发情动物，一般是春季（2~3月份）和秋季（8~9月份）发情，每次发情持续3~7d。雌猫在发情季节中，大约每隔两周就发情1次，其他时间较少交配。猫是刺激性排卵动物，在配种时为了提高配种率和受胎率，1只雌猫可以选用1只雄猫连续配种2次，也可选择2只雄猫与其配种。

配种的适当时间是在雌猫发情后的第2天晚上进行。一般情况下，交配1次就能受孕。为了保险起见，需要第2天补配1次。

二、交配方式

目前,自然交配常采用自由交配和人工辅助交配两种方式。自由交配是指雄、雌两性个体在没有人为帮助的情况下进行的交配。如将雄犬牵入交配场地让其与雌犬交配,交配过程一般较顺利,表现自如。犬的交配一般以自由交配为好,个别犬需要人工辅助交配。猫的交配一般在夜间进行,配种时先将雌猫关在笼子里,放在雄猫的住处或笼子附近,彼此熟悉后,将雌猫放出来,雄猫受到雌猫的刺激很快达成交配。如果出现争斗,必须分开,避免伤害。

人工辅助交配是指借助于人的辅助,使雄、雌两性个体达成交配的配种方式。如在雌犬已到交配期,由于交配时惊慌、蹦跳、追咬雄犬,或雄犬缺乏"性经验",或雄、雌犬体形大小相差悬殊等原因而不能完成交配时,由工作人员辅助雄犬将阴茎插入雌犬阴道内,或抓紧雌犬脖圈,协助固定,托住雌犬腹部,使其保持站立姿势,迫使雌犬接受交配。或由工作人员屈膝支撑在雌犬的腹部,以防止雌犬受到爬跨时蹲卧,同时,工作人员可用手将雌犬尾巴拉到一侧,防止雌犬尾巴遮挡阴门,另一只手帮助雄犬阴茎准确插入雌犬阴道。

对缺乏性经验的初配雄犬,可令其观摩别的雄犬交配,或令其与经验丰富的雌犬交配以激发正常的性行为。发情明显的经产雌犬性兴奋强烈,可诱引初配雄犬进行交配。雌犬性反射不强导致自然交配困难时,辅助人员可抓紧雌犬脖圈,托住雌犬腹部,使其保持交配姿势,并辅助雄犬将阴茎插入阴道,迫使雌犬接受交配。

三、交配过程

交配前,将雄性与雌性会面几次,彼此熟悉和调情,不仅可使雄性有强烈的性欲,提高配种效果,而且可避免发生咬架和争斗现象。

1. 犬的交配过程

雄犬的性行为链一般是比较确定的,并且按照一定的顺序表现出来,即:求偶→爬跨→勃起→交配→射精→锁结→交配结束。雌犬在交配过程中往往处于被动地位,配合雄犬完成交配。

(1) 性激动(性兴奋) 性激动是雄性一种求偶交配的欲望。发情期雌性个体尿中含有较多类固醇物质,加上肛门腺分泌物的化学刺激,引起雄性性冲动而产生性兴奋,于是雄性渴求与雌性接触求偶。雄犬凭嗅觉可从3000m以外的地方前来找到发情雌犬。性兴奋是基于雌性吸引,雌性喜欢接近并与雄性一起奔跑、戏耍,而后期雌性允许雄性交配。

(2) 求偶 指雄性向雌性作出特殊的姿态和动作,诱使其接受交配的性行为表现。雄犬在雌犬愿意接受交配前的数周被雌犬所吸引,表现出对雌犬百依百顺,以昂首举尾的方式接近雌犬,嗅其外阴和尿液,轻咬、挑逗、戏耍雌犬,并出现短促的排尿,试探性在雌犬背上搭前爪等,以求怜爱和注意。雌犬以嗅闻雄犬生殖器、跳跃追引雄犬,斜转尾部露出阴门,有节律地收缩阴户。

(3) 爬跨 雄犬经过求偶后,阴茎开始勃起,表现为异常激动,大胆试探雌犬的接纳程度,先将一前肢搭于雌犬背上,如果雌犬不反对,雄犬便迅速爬上拥抱,后肢尽量往前压。对缺乏爬跨经验对位不准的初配雄犬,必须进行调教。调教时可选择有经验、温顺的经产雌犬与之交配,一方面能够得到其配合,另一方面这种雌犬能反过来爬跨雄犬,使雄犬从中得到启示。

(4) 勃起 雄犬经发情雌犬刺激后,阴茎勃起,但犬的阴茎勃起机制由于其解剖生理特点与其他动物有明显不同。阴茎在插入雌犬的阴道前,海绵体窦呈充血状态,阴茎的静脉尚未闭锁,只是动脉血液流入多于静脉血液流出。因此,阴茎呈不完全勃起状态。犬的阴茎是靠阴茎骨支持而使阴茎呈半举起状态插入阴道的。阴茎插入阴道后,由于雌犬阴唇肌肉的收缩而使阴茎静脉闭锁,阴茎动脉血液仍继续流入,使阴茎龟头体变粗,龟头球膨胀,直径增大2~3倍,龟头延长部拉长,达到4~6cm以上,最终阴茎完全勃起。此阶段雌犬常将尾部向着雄犬,站立不动,尾根抬起,尾巴水平地偏向一侧,延长阴门使近于垂直状态的阴道前庭呈平直状态。

(5) 交配　雄犬阴茎勃起后,迅速爬到雌犬背上,两前肢抱住雌犬。此时的雌犬站立不动,脊柱下凹,使会阴部抬高,便于阴茎插入阴道。当阴茎插入阴道后,雌犬便会扭动身体,试图将雄犬从背上摔下。雄犬的腹部肌肉特别是腹直肌的突然收缩,后躯来回推动,从而将阴茎插入雌犬阴道内,同时雌犬作出相应动作迎接,雄犬阴茎随着两后肢交替蹬踏进一步抽动。在交配期间,雌、雄犬大都较融洽,相互配合得较好。

(6) 射精　犬的射精过程分为三个阶段:第一阶段是犬阴茎刚插入阴道时,就开始射精,此时的精液呈清水样液体,很少有精子,起到冲洗和消毒阴道的作用;第二阶段是经过几次抽动后,再加上阴道的节律性收缩,阴茎充分勃起,而将含有大量精子的乳白色样精液直接射到子宫颈口或子宫颈口附近,射精过程在很短的时间内即可结束;第三阶段是在锁结时发生的射精,此时的精液为不含精子的稀薄液体,主要是前列腺分泌物。

(7) 锁结　犬是多次射精动物。当完成第二阶段射精后,还有第三阶段的射精,这时的阴茎尚处于完全勃起状态,雌犬阴道括约肌仍在收缩,当雄犬从雌犬背上爬下时,阴茎不能从阴道中拔出来,而是扭转成180°,使雌、雄犬呈臀部触合姿势,称此状态为锁结,也称为闭塞、连锁或连裆。在这种相持阶段,雄犬完成第三阶段的射精。锁结阶段一般持续5~30min,个别的可以达到2h以上。在锁结过程中,雄犬是极其痛苦的,不要人为分开雌、雄犬,更不能追打,否则会严重损伤雄性的生殖器官。但是,部分品种的犬,在交配过程中不发生锁结现象。

(8) 交配结束　第三阶段射精完毕后,雄犬性欲明显降低,雌犬阴道的节律性收缩也减弱,阴茎勃起减退而变软,并由阴道中抽出,缩入包皮内。此时,雌、雄犬彼此分开,各自躺在一侧,舔舐自己的外生殖器,相互之间变得冷淡。

交配结束后,最好用皮带牵住雌犬,让其保持1~2h的安静,避免到处运动,也不准其坐下,否则会影响受胎率。检查外阴,若阴户外翻明显,说明已交配成功,若阴户自然闭合,则说明没有交配成功。雄犬在交配后,常常出现腰部凹陷,即"掉腰子"现象,切不可剧烈运动。通常让雄犬休息0.5h左右,稍微活动一下才给予温热的饮水。

技能拓展

自淫或互淫　有时,雄犬对雌犬不感兴趣,而喜欢爬跨其他动物、人或者玩具等,这种现象属于自淫。雄犬的自淫不会影响精液质量和种用价值,但不雅观;雌犬也会出现自淫,表现为在地板、墙壁等处摩擦外阴等。对于发生自淫的犬可以进行去势处理或者注射长效孕酮加以控制。

2. 猫的交配过程

猫的交配行为受交配经验及体内激素水平的影响,与周围环境及光照密切相关。因此,猫的交配一般选择在光线较暗的地方,以夜间居多,不愿意让人看见。

交配时,雄猫骑在雌猫的身后,用牙齿紧紧咬住雌猫的颈部,前肢抱住雌猫的胸部,两后肢着地,腰弓成90°。雌猫靠地面蹲伏,但由于雄猫平时阴茎朝向后方,而交配时,阴茎勃起,方向朝前下方,与水平方向呈20°~30°,于是雄猫用后肢使身体处于适当的位置,并做出一系列迅速的腰荐部挺伸动作，经过 3~5min 时间，才能将阴茎插入阴道内，这时雌猫会放出响亮的叫声。在此过程中，雄猫保持安静不动，几分钟后射精完毕。射精时，雄猫两眼眯成一条缝，臀部用力向前推进，后肢微微颤动，此时，雌猫两眼紧闭，不时发出低微的呻吟声，后肢时而颤动。

交配后，雌猫发出哀号声，开始打滚、转身将雄猫抛下来。然后，雌猫会妩媚地炫耀自己，不断舔前肢、体躯和阴门部。此时，雌猫不准雄猫再度爬跨，如果雄猫前来追逐雌猫，雌猫会立即向雄猫发起攻击。此时，雄猫一般暂时走开，并在旁边安全的地方观望，经过数分钟或者 1h 左右，交配可再次进行。

猫的交配期平均为 2d，最长可达 4d。在 1 个发情周期内，雌猫交配可以达 9 次，而是否中止交配通常由雌猫来决定。猫的交配时间，短的 3~5min，长的达到 30min，一般为 10~15min。交配成功后，雌猫外阴部高度充血，呈紫红色或粉红色，阴毛湿润，而未配上者无任何变化。

有时雌猫发情，但雄猫对其无兴趣，这是由于雄猫对环境不熟悉所致。要使雄猫熟悉新环境，可能需要较长的时间。有些雄猫在离开自己的饲养场所后拒绝与雌猫交配，这种情况多见于把雄猫带到雌猫的饲养场所进行交配的时候。如果是笼养猫或进行人工授精的猫，应根据雌猫发情表现及其检查结果，确定雌猫进入发情期后再安排配种。

技能拓展

在交配期间，雄猫因体力消耗和饮食量减少而体重降低。雄猫在交配期间肾脏变大，可突出肋骨缘，有时会被误以为肿瘤，应该注意区别。初配雌猫对雄猫的反应，开始时是抵抗，通过接触次数的增多才能慢慢接受。因此，让雌猫和雄猫多进行接触，有利于交配的顺利进行。发情时雌猫阴道分泌物中散发出含有戊酸的外激素，成为交配信号，雄猫嗅到气味便会来到雌猫身边进行交配。

整个配种期间，雄猫一直处于发情状态，性欲旺盛，因体力消耗和饮食量减少而体重降低。此时，饲养管理的好坏，对种雄猫配种性能和精液品质有密切关系，直接影响雌猫的受胎率、胎产仔数和仔猫成活率。

雌猫交配后，发情持续 1 周后消失，进入妊娠期；未交配雌猫发情持续 10~13d；间隔约 3 周又开始发情。交配后雌猫仍与雄猫亲近，或者维持发情 1 周左右，很可能交配失败，应该继续交配。

四、提高配种率的措施

1. 影响繁殖力的因素

宠物的繁殖力高低受多种因素的影响，如遗传、年龄、环境饲养管理、繁殖技术和疾病等因素。弄清这些因素对宠物繁殖力的影响，可以不断提高宠物繁殖力。

（1）遗传因素　遗传因素对宠物繁殖力的影响较为明显，不同种类的宠物及同种宠物的不同品种，甚至同一品种的不同个体，繁殖能力均存在差异。这种差异表现在个体间交配行为的强弱、精液品质的好坏和休情期的长短等。如小型犬如考卡犬的休情期为 4 个月，而大型犬如大丹犬的休情期为 8 个月。

（2）环境因素　环境是宠物赖以生存的基本条件，是影响宠物繁殖力的重要因素。不同季节中的温度、光照、湿度等气候性因素可明显影响宠物的繁殖活动。如猫一年四季均可发情，但在适宜季节发情者居多，其他季节相对减少，有淡、旺季之分；犬的发情季节多集中于春、秋两季，但是受饲养方式影响很大。在高温的热应激下，雄犬、雄猫睾丸的生精能力下降，雌犬、雌猫的受精、妊娠和胚胎发育也受到不良影响，受胎率下降或出现不育现象。

（3）营养因素　营养是影响宠物繁殖力的一个重要因素。营养不良会导致雌犬、雌猫性成熟延迟，发情规律紊乱，受胎率降低，流产、死胎的比例增加。雄犬、雄猫营养不良，则精液质量不佳，配种能力下降。

> **技能拓展**
>
> 　　蛋白质是宠物繁殖必需的营养物质，蛋白质长期缺乏会使雄性精液品质下降，精子活力降低，使雌性生殖器官发育受阻、卵巢发育不全、不发情等。能量过高，雄性过多，精液品质下降，影响其性欲和交配能力，雌性卵巢、输卵管脂肪过多沉积，致使卵泡发育受阻，影响排卵和受精，受胎率明显下降。缺乏钙、磷会使卵巢萎缩，易出现死胎或流产。铜缺乏可增加胚胎的死亡率，抑制发情，繁殖力下降。缺乏维生素A，可使雌性阴道上皮角质化，胎儿发育异常。维生素E缺乏会使雌性繁殖功能紊乱，屡配不孕。此外，还有几种必需氨基酸和脂肪酸，也对繁殖有一定的影响。

（4）管理因素　随着宠物养殖业的发展，宠物的繁殖已逐渐在人类的控制下进行。良好的管理是保证宠物繁殖力充分发挥的重要前提。合理的饲喂、运动、调教及房舍卫生设施等，对宠物繁殖力均有影响。管理不善，不但会使宠物繁殖力下降，严重时会造成宠物不孕或不育。

（5）年龄因素　繁殖能力伴随年龄的变化而发生、发展直至衰亡。雄犬、雄猫的精液品质随年龄的增长而逐渐提高，达到一定年龄后，又开始下降。雌犬、雌猫达到一定年龄后，受胎率、产仔数等也明显下降，最终会停止繁殖后代。如雌犬的初配适龄为1.5岁，雄犬为2岁，而进入8岁的雌犬发情不规律，症状不明显，持续时间短，受胎率低，产仔数少，产后缺奶或无奶，雄犬也进入老龄期，一般不再做种用。猫的繁殖年限一般为7~8年，超过此年限，雌猫不再有发情表现，雄猫也不再有配种能力。

（6）交配频率　雄性个体爬跨次数较多，交配时间过长，体力消耗过大，所以要有优良的种用体况，旺盛的性欲，不能过肥或者过瘦。如1只雄犬一年内的交配次数不能超过40次，而且时间上要分开，2次交配的时间间隔在24h以上，否则精液品质会明显下降。雌犬的繁殖次数虽然每年可以繁殖2胎，但是，实践中以2年3胎为宜。

2. 提高宠物繁殖力的措施

（1）选择优秀个体作种用　同一品种内个体之间的繁殖力存在差异。选择繁殖力高的个体作种用，可使后代的繁殖力得到提高。选择雄性个体时，要充分考虑其祖先的生产能力，进行严格的家系和个体选择，经后裔测定确定为优秀个体，方可作为种用。选择雌性个体时，要注意性成熟的早晚、发情排卵情况、母性强弱以及受胎能力。值得提出的是，在选择雌性个体时，不能只强调繁殖力指标，而应对其所有性状进行综合考虑。

（2）加强雄性优秀个体的培养，提高精液质量　品质优良的精液是保证雌性受胎的重要条件。实践中，要从雄性种用个体的选种、饲养管理、调教和采精等环节上进行严格把关，加强技术的熟练程度。人工采集精液后要进行细致、严格的检查和处理，不合标准的精液禁止用于人工授精。

（3）做好雌性个体的发情鉴定，适时配种或输精　发情鉴定的准确程度是适时配种或输精的前提，是提高繁殖力的重要环节。犬、猫的发情各有特点，应根据其外部表现、阴道黏液的分泌情况和对雄性的反应等进行综合判断，确定最佳的配种时间或输精时间。

（4）积极推广应用繁殖新技术　在宠物的繁殖改良实践中，不断推广应用人工授精、发情控制和胚胎移植等先进的繁殖技术，可以充分发挥优秀种用宠物的繁殖潜能，使繁殖力明显提高。

（5）加强妊娠期的饲养管理工作，减少胚胎死亡和流产　胚胎死亡和流产是影响繁殖力不可忽视的一个重要方面。妊娠期间，适当的营养水平和良好的饲养管理能使胚胎正常发育，可减少胚胎早期死亡。雌性配种后，要尽早进行妊娠诊断，以便加强饲养管理，给予全价日粮，避免挤压和冲撞，对出现流产先兆的，可肌内注射孕酮等进行保胎。

（6）做好接产和助产工作，提高幼仔成活率　根据配种时间，准确推算预产期，做好分娩的接产和难产救助工作，是保证宠物顺利分娩的重要措施。在产后哺乳期间，注重饲养管理工作，保证环境条件的适宜，是促进母、仔健康、提高幼仔成活率的关键。

（7）及时防治繁殖障碍　繁殖障碍是影响宠物繁殖力的重要因素。确认宠物患有不育症后，要及时根据不育症的种类进行处理或治疗。对遗传性、永久性和衰老性的宠物应及时淘汰，对因疾病阶段不育的宠物应进行对症治疗，对饲养管理性不育的宠物，应通过改善饲养管理来加以克服。

在人工授精技术中，要严格遵守操作规程，对产后母、仔做好处理工作，加强饲养管理，尽量减少不育症的出现。

> **技能拓展**
>
> 　　**拔掉毛环**　部分雄猫阴茎龟头上覆盖有上皮乳头，其上收集有许多毛发形成明显的一层毛环，影响雄猫阴茎顺利插入雌猫阴道内。毛发来自于包皮上的阴毛或勃起阴茎与雌猫会阴部摩擦时附着的被毛。治疗时，先将雄猫保定，并将包皮向下外翻，暴露龟头，用镊子将裹绕在龟头的毛去除。拔完毛发后，雄猫即可进行正常的交配活动。
>
> 　　**子宫内膜炎**　本病在犬、猫的繁殖障碍中占有较高的比例，由于炎性分泌物的危害作用，造成犬、猫的受精、胚胎附植、胚胎发育和妊娠等出现障碍，因此要特别加以注意。

单元二　犬、猫的人工授精

人工授精（artificial insemination，AI）是采用器具采取雄性动物的精液加以稀释、保存，再利用器具将精液输入雌性动物生殖道内，使精子与卵子结合、受精、发育，以代替自然交配的一种配种方法。

> **知识卡**
>
> 　　**人工授精**　在动物中，犬的人工授精开展得最早。1780年，意大利生物学者Spalanzani首次用犬进行人工授精试验并取得成功。1969年，Seager首次报道了犬的冷冻精液人工授精获得成功，之后，又相继建立了有关精液品质、冷冻精液及人工授精的一系列参数。美国养犬俱乐部（AKC）在20世纪70年代进行了冷冻精液的研究，并详细制定了冷冻精液的生产和人工授精各个主要环节的操作规程。
>
> 　　1970年，Scott等进行了猫的人工授精技术研究，但该技术未能在生产实践中推广应用。

人工授精与自然交配相比较，具有以下几个特点。

① 能够提高雄性优秀个体的利用率，有利于品种改良。自然交配时，1只雄犬每次只能与1只雌犬交配，每日最多可以交配1~2次。采用人工授精技术，1次采集的精液稀释后，可以为多只雌犬输精，雄犬、雌犬的性别比例由1:5左右提高到1:(80~100)，优秀种犬的利用率提高了10~15倍以上。人工授精技术不仅减少种雄犬的饲养数量和饲养成本，而且发挥了优秀雄性个体的种用价值。

② 防止疾病传播。人工授精可避免雌、雄个体生殖器官的直接接触，使用的输精器械需要经过严格的消毒，减少了病毒、病菌的交叉传染机会，特别是生殖道传染病的传播。

③ 改变引种方式和保种方式。冷冻精液可以长期保存，便于运输，可以替代个体引种。不仅降低引种成本、运输和检验费用，还可以减少疫病的传入概率。此外，通过精液冷冻技术建立精子库，使其遗传资源的保护和交流更为便利，延长了种用动物的利用年限。

④ 克服配种上的困难。可以克服交配双方因体型悬殊而带来的交配困难，有利于不同品种间杂交育种，同时也有利于生殖道畸形的雌犬或雌猫成功繁殖。同时，也避免了因择偶现象而产生的繁殖障碍。

⑤ 提高受胎率。人工授精使用经严格处理的优质精液，通过镜检阴道分泌物准确掌握输精时间，输精部位在子宫颈内，有利于两性配子的结合，提高了受胎率。

⑥ 加快育种进展。通过人工授精，特别是冷冻精液的利用，极大地提高了优秀个体的利用率，提高了选择强度，结合选种、选配，经过2~3个世代，使整个群体的性能明显提高，从而加快育种进展。

⑦ 人工授精是推广繁殖新技术（如繁殖控制技术、胚胎移植、体外受精等）的一项基础措施。

一、采精

采精是人工授精技术操作的第一个环节，开展此项工作的人员，必须经过严格的训练，注意人员安全。在采精过程中，要求收集到足够的精液，同时不能降低精液品质，也不能损伤到雄性的生殖器官。采精量的多少受品种、个体、年龄、性欲情况、采精方法、技术水平、采精频率和营养状况等因素的影响。

1. 准备工作

（1）场地的准备　采精应该在良好的环境中进行，以利于雄犬形成稳定的性条件反射，同时又能够避免精液受到污染。采精场地一般选择在室内，由采精室和精液处理室组成，面积为15~20m^2，两者相邻，外室为采精室，内室为精液处理室，要求宽敞明亮、平坦、清洁、避风、干燥、安静，最好有较好的环境调控设施，并要彻底消毒，室温应为20℃左右。

（2）采精保定架　采精保定架根据采精人员的水平和经验选用。保定架一般宽65cm，长145cm，高120cm，架内固定铁管长80cm。前段上方固定横板，分为左右两扇，右侧扇固定，左侧扇可张开又合并，中间有一圆孔，直径12~18cm（根据犬的脖子粗细而定），用以卡住犬颈部，同时采用发情的雌犬作为台犬，采精效果较好。采精前台犬的后躯、尾根部、外阴部、肛门部位，都应彻底洗涤清洁，再用消毒过的干布擦干。

> **知识卡**
>
> 　　**假台犬**　假台犬是用钢筋、木料、橡塑制品等材料模仿犬的外形制成的，固定在地面上，其大小与真犬相近，外层覆以棉絮、泡沫等柔软之物，亦可用犬皮包裹，以假乱真。没有保定架也可以制作假台犬进行采精。用于大型犬采精的假台犬，一般体高 60cm，体长 70cm，体宽 25cm，四肢着地，四肢间距离稍宽一些，外形类似雌犬即可。

　　（3）采精杯及其他器具的准备　根据采精方法、采精后精液的处理和人员经验准备。采用手握采精法时，采精杯用于收集精液，采精前要认真清洗消毒，并放在恒温 40℃ 水浴锅中，以便采精时采精杯温度恒定，避免精子冷打击。

　　采精时，可以不直接将精液采入采精杯中，而是将两层采精袋装入保温杯内，并用洁净的玻璃棒使其贴靠在保温杯壁上，袋口翻向保温杯外，上盖一层专用过滤网，用橡皮筋固定，并使过滤网中部下陷 3cm，以避免雄犬射精过快或精液过滤慢时，精液外溢。安装好后，将其放在 38℃ 温度下预温 10min。每次采精至少准备采精杯两个，即在射精时将前两部分精液合并采集，第三部分精液分开采集。

　　其他器具，如消毒液、毛巾（或纸巾）、一次性手套等根据需要备齐，以方便采精时取用。犬用集精管，长约 15cm，直径上为 5cm、下为 0.5cm。采精前要认真清洗，蒸煮 15min。然后把消毒好的集精管放在 40℃ 温水里，避免精子出现冷打击。

　　（4）假阴道的准备　根据雄犬的阴茎大小制作假阴道，其结构主要由外壳、内胎、采精杯及附件组成。假阴道侧壁上有一小孔，供注入温水和吹入空气用。应用前，在假阴道内胎中装上 40℃ 左右的温水，至使用时温度降到 38.5℃ 为宜，并吹入空气，使内胎鼓起而保持一定的压力。假阴道内表面可少用或者不用涂抹润滑剂，因为发情雌犬的阴道略显干燥，雄犬阴茎在勃起时就有大量分泌物，起到润滑作用。

　　猫用假阴道外壳长 8～10cm，直径 4～5cm。内胎内面涂上少量润滑剂，使用前注入一定量 50～60℃ 的温水，待其温度降至 39～46℃ 时即可进行采精。

　　（5）雄犬的调教　给雄犬采精时，必须对雄犬进行严格细致和耐心的调教，以使其在采精场地形成良好的条件反射。调教过程中，要有耐心，切勿粗暴对待，否则雄犬容易形成恐惧心理，使调教更困难，甚至造成人、犬的伤害。

　　开始调教时，应选择发情旺盛、性情温驯、与雄犬体格相适应的发情雌犬作为"台犬"。操作人员手里拿着装好的假阴道，待雄犬爬上台犬后，按摩其睾丸及阴茎，使阴茎勃起，将阴茎导入假阴道内，经数次调教即能适应人工采精操作。待种雄犬习惯于人工采精，并建立条件反射后，不再以雌犬作台犬，可直接进行采精。

　　采用假台犬采精时，牵一只发情的雌犬在假台犬右侧站立、并固定雌犬不让其乱动，接着牵雄犬来到雌犬旁边，待雄犬爬跨真台犬时，人为协助让雄犬爬跨于假台犬身上，在雄犬阴茎勃起后，用手按摩刺激，雄犬就会射精。为了提高成功率，也可以在假台犬的后躯涂抹发情雌犬的阴道分泌物或尿液，引起雄犬的性兴奋而爬跨，经过几次调教即可成功。

　　（6）采精人员的准备　采精员应具有熟练的技术，动作敏捷，操作时要注意人、犬的安全。操作前，要求穿上长筒胶靴，身着紧身利落的工作服，避免与雄犬及周围物体勾挂，影响操作。指甲剪短、磨光，手臂要清洗消毒。采精员将犬带入采精室后，清扫犬体表，尽快双手戴上双层无毒的一次性手套，并用温水及肥皂水对阴茎及周围进行清洗，避免皮屑及被毛污染精液。有时，这也是对雄犬阴茎部的刺激，使其在清洗以后进行采精时形成条件反射。

2. 采精方法

对雄犬采精的方法有假阴道采精法、手握按摩采精法和电刺激采精法三种。电刺激采精法容易使雄犬休克，而且精液中容易混入尿液，因此这种方法不够理想。假阴道采精法对犬无刺激，但是在分段采精时，不容易掌握射精时机。手握按摩采精法简单使用，同时辅以发情雌犬的刺激或者发情雌犬分泌物刺激，基本可以采集到雌犬各个阶段的精液，同时不降低精液品质，也不会伤及雄犬的生殖器官，操作相对简单。

(1) 手握按摩采精法　目前普遍使用此法采精。通常，采精员采精时，左手握采精杯，右手握住阴茎，将阴茎执向侧面，并在龟头球体（包皮的后面）轻轻按摩阴茎，直到阴茎出现部分勃起，龟头球胀大。如果有台犬在场，则可使雄犬先爬跨台犬，让其兴奋勃起。然后，握住龟头球给予适当的压力，阴茎会充分勃起，将阴茎由两后腿中间拉向后方，经按摩30～60s即可射精，射精过程持续3～5s。采精员右手握住犬的阴茎球部，并用手掌以脉冲式按压球部刺激射精，左手持杯口覆有2～3层灭菌纱布的采精杯收集精液。

雄犬在第二段射精后，表现为抬起一只后腿企图越过采精者的手臂。在自然交配过程中也会发生抬后腿现象，越过雌犬背部将身体转向相反方向，此时表明第二段精液排出结束。采精现场有真台犬存在可以增加对雄犬的刺激，增加射精量。采精时，采精员的动作幅度与力度不能过大、过重，以免损伤阴茎，并可防止振落被毛和皮屑落入采精杯内，污染精液。当将雄犬阴茎拉到后方后，应按摩阴茎球，动作尽量轻快，并在龟头的背部保持一定的压力，但不要压住阴茎下面的输精管。采精员手部不可过凉，以免降低雄犬性欲。在收集精液时，要特别注意器具不能触及龟头，否则神经质的雄犬会造成射精停止。采完精后，应轻轻把充血的阴茎球按回原状，并将阴茎复位。射精的最开始部分，多混有尿液等杂物，弃之不用，后两段可以一起收集，但尽量少要副性腺分泌物。

通常，大型犬1次射精量1.5～2ml，小型犬1次射精量不足1ml。手握按摩采精法可以现采现用，不宜对精液进行保存，采到的精液要立即用等温的稀释液1∶1稀释。

(2) 假阴道采精法　采精员通过包皮按摩雄犬的阴茎，当阴茎变硬并暴露后，将假阴道套在阴茎球上。采精员的一只手放在雄犬两后肢之间，使假阴道紧围在阴茎球上方，另一只手持37～38℃的采精杯准备接取第二段射出的精液。当雄犬爬跨雌犬时，将阴茎导入假阴道内，助手轻轻地用加压气球进行打气，使假阴道产生一定的压力，以刺激雄犬继续射精。当雄犬射精时，要将假阴道采精杯端向下，以便精液自行流入采精杯中。

猫假阴道采精法的操作是将一只正在发情的雌猫作为试情雌猫，将其适当保定。当雄猫爬跨试情雌猫时，采精员迅速将假阴道的开口对准阴茎，当阴茎插入温度（44～46℃）、压力适宜和润滑的假阴道内时便行射精，射精过程为1～4min。用假阴道法采精时，需要在采精前训练雄猫，一般经过2～3周的训练，大约20%的雄猫可以使用假阴道采精法。但是，有些雄猫很难适合假阴道，尤其当雄猫在其不熟悉的环境中采集精液，即使是经训练也不一定能采集到精液。采用假阴道采精法，雄猫可每周采精2～3次，但是对于同一只雄猫每隔3周采精1次比较合适。每只雄猫的平均1次射精量为0.034～0.04ml，密度为$5.7×10^7$个/ml，精子活力为80%～90%。

(3) 电刺激采精法　雄犬还可用电刺激法采精，即用30V、140mA的脉冲直流电进行采精。首先，将雄犬给予一定的基础麻醉后，将电刺激采精器的电极棒涂抹润滑剂后，正极置于雄犬直肠内10～15cm，负极置于第4～5腰椎处，间歇10s给予节律性的电刺激，大约反复刺激3次以后，会引起阴茎勃起和射精。不过，采取此法获得的精液中往往混有少量尿液，精液品质稍差。

电刺激采精法是雄猫采精的首选方法。由于某些生理或者心理原因，部分雄猫不能用于自然配种或使用假阴道来采精，这些情况下可考虑电刺激采精。首先，将雄猫进行全身麻醉（皮下注射美托嘧啶，剂量80mg/kg体重），然后清洗干净直肠内的粪便，将电极探针涂抹润滑剂后插入直肠7～9cm。调节电刺激采精的频率，刺激电压为2～5V，电流强度5～22mA，电刺激分3段进行（30次、30次和20次），一共刺激80次，每次1s。同时，通过轻压雄猫的阴茎基部使其暴露，射精时将精液收集到预热的采精杯内。

猫用电刺激法获得的精液量比假阴道法更大，但精子浓度较低，主要是副性腺分泌物较多。电刺激法每周可以采集精液1次，采精量为0.076～0.23ml，精子总数为2.8×10^7个，精子活力为60%左右。

3. 采精频率

采精频率是指雄性每周采精的次数。为了维持雄性正常的生理功能，保持健康的体况和最大限度地提高射精量及精液品质，合理安排采精频率是十分必要的。采精频率是根据雄性的生精能力、精子在附睾的贮存量、每次射出精液中的精子数、精子的活力及雄性体况等来确定。增加采精频率，对于雄性的性欲、采精量及精液品质均有较大的影响。如雄犬在2d内采精3次，精子浓度会降低、精子活力下降、精子存活时间明显缩短，若连续5d采精2次，畸形精子数会大大增加。因此，雄犬适宜的采精频率是每周2～3次，并根据雄犬的品种、个体和体况灵活掌握。

> **技能拓展**
>
> 在繁殖季节，雄犬前几次所采集的精液活力较弱、死精较多为正常现象，这是因为贮藏在睾丸里的精液时间过长，精子出现老化现象。经过几次采精后即可恢复正常。所以，长久不采精的雄犬适当进行人工采精，不仅可以提高性欲，而且可以改善精液品质，对提高雌性的受胎率有帮助。

二、精液品质检查

精液品质检查的目的在于鉴定精液品质优劣和确定输精剂量，同时也为精液稀释、分装保存提供依据。此外，精液品质检查还可以反映饲养管理和种用价值的优劣，也可反映精液处理的水平。检查精液品质时，要对精液进行编号，将采得的精液迅速置于30℃的温水中，防止低温打击。检查操作要迅速、准确，取样有代表性，操作室要求清洁无尘，室温保持在18～25℃。

1. 感官检查

（1）射精量　指1次采精所收集的精液容量，可从采精杯上直接读取或用移液管测量。犬的射精量一般为10.0～13.0ml，受个体、年龄、采精方法、采精频率和营养状况等多种因素影响。如表4-1所示。大型品种的犬，射精量可达30ml以上，而小型品种射精量仅有2～3ml。精子的产量主要取决于睾丸的大小，射出物中的总精子数也可因为采精时性刺激不足而数量稀少。射精量太多，可能是由于过多的副性腺分泌物或其他异物混入，若射精过少可能是由于采精方法不当或生殖官功能衰退所致。发现这种情况应该改进采精技术和方法，改进雄犬饲养管理或调整采精频率。

表 4-1　犬与猫初次繁殖的年龄、体重和精液特性

种类	繁殖生活开始		射出精液量/ml		精子浓度/(10^8/ml)	
	月龄	体重/kg	范围	平均	范围	平均
猫	9	3.5	0.01~0.3	0.04	1.5~28	14
犬	10~12	变化大	2~25	9.0	0.6~5.4	1.3

(2) 色泽　犬、猫的精液为乳白色或灰白色，精子密度越大，乳白色越深，密度低时则色清淡。若精液呈淡绿色则是混有脓液，呈淡红色则是混有血液，呈褐色则很可能混有陈血，呈黄色则是混有尿液。颜色异常的精液应该丢弃，立即停止采精，查明原因，及时对症治疗。

(3) 气味　犬、猫的精液应为无味或微腥味。气味异常者，常伴有颜色改变，应废弃。

(4) 云雾状　犬、猫的精液因精子密度不大，不呈现上下翻滚的云雾状。

2. 精子密度检查

精子密度是指单位体积内精液内所含精子的数目，是评定精液品质的一项重要指标，也称精子浓度。目前，测定精子密度的方法主要有估测法、计算法和光电比色法 3 种。

(1) 估测法　估测法通常结合精子活力检查（不做稀释）来进行，根据显微镜下精子的密集程度，把精子的密度大致分为"稠密"、"中等"、"稀薄"三个等级（图 4-1），这种方法能大致估计精子的密度，主观性强，误差较大。

稠密　　　　　　　中等　　　　　　　稀薄

图 4-1　精子密度分布图

① 稠密。整个视野充满精子，精子之间的空隙小于 1 个精子长度，看不清单个精子的活动情况，精子密度为 1×10^9 个/ml 以上。

② 中等。视野中精子比较分散，精子之间的空隙为 1~2 个精子长度，可以看清单个精子的活动情况，精子密度为 3×10^8~10×10^8 个/ml。

③ 稀薄。视野中只能见到少量精子，精子之间的空隙很大，精子密度为 2×10^8/ml 以下。

技能拓展

精子密度快速估测法　将精液按照一定比例稀释，统计出某一视野中的精子总数，先后乘以 100 万和稀释倍数，可以直接估计出精子的密度。如稀释后视察（稀释 5 倍）一个视野中有 60 个精子，那么原精液的密度为：$60\times10^6\times5$ 倍＝3×10^8 个/ml。

(2) 计算法　用血细胞计数板在显微镜下计数，是估计精子密度比较准确的方法（图 4-2）。

① 计算室。计算室高度为 0.1mm，边长 1mm，由 25 个中方格组成，每 1 中方格又分为 16 个小方格，一共 400 个小格。寻找方格时，先用低倍镜看到全貌，然后再用高倍镜观察。

图 4-2 血细胞计数板计算精子

② 稀释。用 3% 的 NaCl 溶液对精液进行稀释，同时杀死和固定精子，便于精子数目的观察。

③ 镜检。将计算室置于 400～600 倍镜下对精子进行计数。在 25 个中方格中选取有代表性的 5 个（四角和中央）计数，按公式进行计算。

操作方法为：用白细胞吸管（10 倍或 20 倍稀释）吸取原精液至所需要的刻度，然后吸取稀释液至 101 的刻度上，用拇指和食指分别按压吸管的两端，进行振荡混合均匀，弃去吸管前段不含精子的液体 2～3 滴，向计算室与盖玻片之间的边缘滴 1 滴，使精液渗入计算室内，即可在显微镜下检查 5 个中方格的精子数，而后推算 1ml 内的精子数。

1ml 原精液的精子总数 = 5 个中方格的精子总数 ÷ 80（小方格数）× 400（小方格总数）× 10（计数室高度）× 1000（1ml 稀释后的精子数）× 稀释倍数

= 5 个中方格的精子总数 × 5 万 × 稀释倍数

雄犬精液中精子总数为 $3 \times 10^8 \sim 20 \times 10^8$ 个，精子浓度为 $0.4 \times 10^8 \sim 4 \times 10^8/ml$。雄猫精子浓度检查可作 40～100 倍稀释后进行，其浓度与采精方法有关，假阴道法平均 $17.3 \times 10^8/ml$，电刺激法 $1.68 \times 10^8 \sim 3.61 \times 10^8/ml$。

(3) 光电比色法　此法快速、准确、操作简便。其原理是根据精液透光性的强弱来测定精子密度。精子密度越大，透光性就越差；反之，透光性就越强。

先将精液稀释成不同比例，并用血细胞计数板测出相应的精子密度，然后用分光光度计测出其透光度，再根据不同精子密度标准管的透光度，求出每相差 1% 透光度的级差精子数，编制成精子密度对照表或者绘制成曲线备用。测定精液样品时，将精液稀释一定倍数，用分光光度计测定其透光值，查表即可得知精子密度。

我国自行设计生产的精子密度检测仪，能够迅速、可靠地测出精子的密度。需要注意的是，采用此方法测定精子密度时，应该避免精液内的杂质、细胞碎片等干扰透光性，以免造成误差。测定结果最好与血细胞计数板法进行对比检验，消除误差。

3. 精子活力检查

精子的活力对精子进入雌性生殖道后，在输卵管内运动和正常受精都是极为重要的。

精子活力又称活率，是指精液中作直线运动的精子占整个精子数的百分比，是精子结构和功能正常的反映，是评定精液品质优劣的重要指标之一。

在采精后、稀释前后、保存和运输前后、输精前都要进行活力检查。

(1) 检查方法　检查精子活力主要采用目测法进行评定，简便快速，但主观性强。温度对精子活力影响较大，为使评定结果准确，要求检查温度在 37℃ 左右，需用有恒温装置的显微镜（图 4-3）。

① 平板压片法。用玻璃棒蘸取一滴精液于载玻片上，盖上盖玻片，使精液分布均匀，放置在显微镜的 35～37℃ 的恒温载物台上，放大 400 倍，目测精子的运动状态并评定精子活力。此法简单、操作方便，但精液易干燥，检查应迅速。

图 4-3　简易显微镜保温箱

② 悬滴检查法。用玻璃棒蘸取一滴精液于盖玻片上，迅速翻转使精液形成悬滴，置于有凹玻片的凹窝内，即制成悬滴玻片。此法精液较厚，检查结果可能偏高。

(2) 评定　评定精子活力多采用"十级评分制"，即精液中有100％的精子呈直线前进运动评定为1.0分，90％的精子呈直线前进运动评定为0.9分，以此类推。评定精子活力的准确度与经验有关，具有主观性，检查时要多看几个视野，取平均值。

新鲜精液的精子活力应大于0.7，液态保存精液的精子活力应大于0.6。用于人工输精的精子活率不可低于60％。通常，犬与猫的精液没有牛精液那样的精子运动波。

采用计算机辅助精子分析系统可以对精液样品中精子细胞的许多特性进行深入研究，评价精子的运动方式和运动质量等。

4. 精子形态检查

精子的形态检查主要是检查其畸形率，即形态不正常和顶体缺失的精子。

(1) 精子的形态结构　犬与猫的精子形态结构基本相似，表面有一层脂蛋白性质的薄膜，分头部、颈部、尾部三个部分（图4-4）。

① 头部。精子头部呈扁卵圆形，长度60～70μm，主要由细胞核、顶体和核后帽三部分组成。

图4-4　正常精子的形态

a. 细胞核：周围有一层核膜，内含遗传物质DNA。

b. 顶体（核前帽）：是一个双层帽状的膜囊，位于细胞核前端，内含多种水解酶，其中与受精过程关系最大的是透明质酸酶、顶体素、穿冠酶。顶体在精子衰老时易变性，出现异常或脱落，是评定精子品质指标之一。

c. 核后帽：紧接在顶体后部，精子死亡后，该区易被伊红、溴酚蓝等染色剂着色，是鉴别精子死活的方法之一。

② 颈部。在头的基部，含有2～3个基粒，在基粒与核之间有一基板，尾部的纤丝即以此为起点。

颈部是精子最脆弱的部分，特别是在精子成熟时稍受影响，尾部易在此处脱离形成无尾精子。

当精子有活力时，基粒可以被碱性蕊香红（rhodaine）染色而发出荧光。

> **技能拓展**
>
> 顶体完整率检查　检查精子活力的同时，观察直线运动的精子顶体部分是否完整。因为即便是精子活力够，如果精子顶体缺失，受精能力很低，这对于受精率和成胎率很重要。
>
> 正常犬的精液应该含有80％以上形态正常的活精子，如果形态正常的活精子少于60％，则生育能力会明显下降。猫精液中正常形态精子个体之间差别较大，为38％～90％。

③ 尾部。可分中段、主段和末段三部分，由中心体小体发出的轴丝和纤丝组成，靠近颈为中段，中间为主段，最后为末段。精子的运动主要靠尾的鞭索状波动，使精子推向前进。中段贮存的丰富的磷脂质，为精子贮存能量。

(2) 精子畸形率　凡形态和结构不正常的精子都属于畸形精子（图4-5）。

畸形精子一般分为四类：头部畸形（如头部巨大、瘦小、细长、圆形、轮廓不清、皱缩、缺损、双头等）、颈部畸形（如颈部膨大、纤细、曲折、双颈等）、中段畸形（如膨大、

图 4-5 正常与畸形精子
A—正常精子；B—原生质滴；C—各种畸形精子；D—头部脱落；E—附有原生质；
F—尾部扭曲；G—顶体脱落

纤细、带有原生质滴等）和主段畸形（如弯曲、曲折、回旋、短小、双尾等）。

畸形率的检查，主要是通过使用各种染色法进行，如用曙红-苯胺黑染色法观察精子质膜的完整性。

精液中畸形精子的比率越高，受孕率就越低。一般认为，犬精子畸形率不得超过 20%，如超过 20% 则应废弃。

5. 精子的存活时间及存活指数

精子的存活时间是指离体精子在一定条件下的寿命。这是判断精子受精能力的一项指标。雄犬精液采出后，应立即稀释 2～3 倍，将稀释精液置于一定的温度（0～37℃）下，每间隔一定时间检查精子活率，直至无活动精子为止，所需的总小时数为存活时间。相邻 2 次检查的平均活率（即 2 次活率相加除以 2）与间隔时间的 2 积的总和为生存指数。精子的存活时间越长，指数越大，说明精子活力越强，品质也越好，受精率也越高。

6. 有效精子数

有效精子数即具有受精能力的正常精子数量，即精液中精子总数与精子活力的乘积。根据计算出的有效精子数即可确定稀释倍数。

如一只雄犬射精量为 3.0ml，精子密度 $1.2×10^8$ 个/ml，精子活力为 0.8，若每头份应该输入有效精子为 0.3 亿个，求解稀释倍数，计算稀释液体积。

解：精子总量 $=3.0×1.2×10^8=3.6×10^8$ 个

有效精子量 $=3.6×10^8×0.8=2.88×10^8$ 个

稀释倍数 $=2.88/0.3≈9.6$ 倍

稀释液体积 $=9.6×3.0-3=25.8$ml

7. 微生物检查

目前，国内外都十分重视精液中微生物的检验，精液中是否含有病原微生物及菌落数量已经列入精液品质检查的重要指标，并作为进口精液的检验项目。要求精液中不含有致病微生物，菌落指数不超过 1 个/ml，否则视为不合格。

三、精液的稀释

1. 精液稀释的目的与倍数

（1）精液稀释的目的 精液在保存和输精之前，都要进行稀释。精液进行必要的稀释，可以增加精液数量，扩大与配雌性数量；可以补充精子代谢所需的营养；消除副性腺分泌物对精子的影响；缓冲精子代谢所产生的酸度；调整渗透压，给离体精子创造适宜的环境，从而延长精子在体外的生存时间。

（2）精液稀释的倍数 一般根据原精液的密度和活力来决定，通常犬精液可稀释 3～5 倍，猫的精液一般稀释 3～8 倍。

2. 稀释液的成分

稀释液主要包括稀释剂、营养剂、保护剂和添加剂等成分。

（1）稀释剂 稀释剂主要用于扩大精液容量，要求所选用的药液必须与精液具有相同的渗透压，如等渗的氯化钠、葡萄糖、蔗糖等。

(2) 营养剂　主要为精子体外代谢提供养分，补充精子消耗的能量，延长精子体外的存活时间。如糖类、奶类、卵黄等。

(3) 保护剂　对精子起保护作用的各类制剂，包括以下几种。

① 缓冲物质。主要维持精液酸碱度的稳定。精子在体外不断进行代谢，随着代谢产物（乳酸和 CO_2 等）的累积，精液的pH值会逐渐下降，甚至发生酸中毒，使精子不可逆地失去活力。因此，有必要向精液中加入一定量缓冲物质，以平衡酸碱度。常用的缓冲剂有柠檬酸钠、酒石酸钾/钠、磷酸二氢钾、磷酸氢二钠等。近年来，生产单位采用三羟甲基氨基甲烷（Tris）或乙二胺四乙酸二钠（EDTA-2Na）作为缓冲剂，效果较理想。

② 降低电解质浓度。副性腺中 Ca^{2+}、Mg^{2+} 等离子（强电解质）含量较高，可刺激精子代谢和运动加快，在自然交配中无疑有助于受精，但这些强电解质又能促进精子早衰，精液保存时间缩短。因此，需向精液中加入非电解质或弱电解质，以降低精液电解质的浓度。常用的非电解质和弱电解质有各种糖类、氨基乙酸等。

③ 抗冷物质。在精液保存过程中，常进行降温处理，如温度发生急剧变化（如下降到10℃以下），会使精子遭受冷休克而失去活力。发生冷休克的原因是精子内部的缩醛磷脂在低温下冻结而凝固，影响精子正常代谢，出现不可逆的变性死亡。常用的抗冷休克物质有卵黄、奶类等，两者都含有卵磷脂，在低温时不容易被冻结，可渗透到精子头部代替缩醛磷脂而被精子利用，防止冷休克的发生，降低电解质浓度，使精子免于伤害。如果卵黄与奶类合用，效果更佳。

④ 抗冻物质。在精液冷冻保存过程中，精液由液态向固态转化，对精子的危害较大，不使用抗冻剂的精子冷冻后的复苏率很低。一般常用甘油、乙二醇、Tris和二甲基亚砜（DMSO）作为抗冻剂。

⑤ 抗生素。在采精和精液处理过程中，虽严格遵守操作规程，也难免使精液受到细菌的污染，况且稀释液富含各种营养物质，给细菌繁殖提供了较好条件。细菌过度繁殖不但影响精液品质，输精后也会使母畜生殖道感染，患不孕症。常用的抗生素有青霉素、链霉素、氨苯磺胺等。氨苯磺胺不仅可以抑制细菌和微生物的繁殖，也能抑制精子的代谢功能，有利于延长精子的体外生存时间，但在冷冻精液中反而对精子有害，故适用于液态精液的保存。近些年来，国内外应用新型抗生素如氯霉素、林可霉素、卡那霉素、多黏菌素等与精液保存，取得了较好的效果。

另外，一些稀释液使用明胶，对精子有一定的保护作用。蜂蜜中含有丰富的葡萄糖和果糖及多种维生素，不仅为精子提供营养，而且也具有良好的保护作用。

(4) 其他添加剂　除上述三种成分以外，另向精液中添加的，起某种特殊作用的微量成分都属其他添加剂的范畴。

① 激素类。向精液中添加OXT、PGE等，能促进母畜子宫和输卵管的蠕动，有利于精子运行，提高受胎率。

② 维生素类。某些维生素如维生素 B_1、维生素 B_2、维生素 B_{12}、维生素C、维生素E等具有改进精子活力，提高受胎率的作用。

③ 酶类。过氧化氢酶能分解精液中的过氧化氢，提高精子活力；β-淀粉酶能促进精子获能等。

另外，向精液中添加有机酸、无机酸类进行常温保存；加入抗氧化剂，加入提高精子活力的精氨酸、咖啡因，区分精液种类的染料等都属此类。

3. 稀释液的配制

(1) 犬常用精液稀释液　稀释液配方很多，现举例如下。

① 牛奶稀释液。鲜牛奶 100ml，隔水加热至 92~95℃消毒，10min 后温度降至 40℃以下，除去奶皮后过滤，加入青霉素钾盐（或氨苄西林）$10×10^4$ IU，搅拌均匀。还可用奶粉 10.0~12.0g，放在三角烧杯内，然后加入蒸馏水 100ml，搅拌均匀后过滤，进行蒸煮消毒来代替鲜牛奶。

② 奶粉、卵黄稀释液。取奶粉 10.0g，先用少量水调成糊状，再加蒸馏水至 100ml，用纱布过滤，在水浴中加温至 95℃，待冷却后加入卵黄 10ml、青霉素 $10×10^4$ IU、链霉素 $10×10^4$ IU。

③ 柠甘糖稀释液。二水柠檬酸钠 1.16g，氨基乙酸 0.75g，葡萄糖 1.0g，乙二胺四乙酸 0.01g，蒸馏水加至 100ml，使之充分溶解，过滤后高压灭菌，冷却至 40℃以下，加入青霉素钾盐（或氨苄西林）$10×10^4$ IU，搅拌均匀。

④ 托果柠稀释液。托利斯（即三羟甲基氨基甲烷，Tris）2.4g，果糖 1.0g，柠檬酸钠 1.3g，蒸馏水加至 80ml，高压灭菌后冷却至 40℃以下，加入新鲜卵黄 20ml 和青霉素钾盐（或氨苄西林）$10×10^4$ IU，搅拌均匀。

⑤ 柠檬酸钠稀释液。柠檬酸钠 3.0g，蒸馏水加至 97ml，高压灭菌后冷却至 40℃以下，加入新鲜卵黄 3ml、青霉素钾盐（或氨苄西林）$10×10^4$ IU，搅拌均匀。或用柠檬酸钠（含 1 分子水）11.85g，葡萄糖 4.0g，蒸馏水 400ml，高压灭菌过滤，使用时加 20%的新鲜卵黄。

配制稀释液需要注意以下几个事项：①盛装稀释液的用具清洗干净、消毒；②配制时要准确称量稀释用的药品并过滤；③稀释液要现用现配，密封灭菌者可在 0~5℃保存 7d，以新鲜蒸馏水或去离子水溶解于三角烧瓶中，用硫酸纸扎口或加棉塞后煮沸灭菌；④加热不要过急，煮沸后以小火在接近沸腾状态维持 5~10min；⑤卵黄须采自新鲜鸡蛋，与抗生素一起待溶液温度降至 40℃以下时加入并摇匀。

配制卵黄稀释液先用 70%酒精棉消毒，轻轻用镊子打开卵壳气室端，将卵清吸出，然后用注射器刺破卵黄膜，吸取卵黄，按需要量加入 20~40℃稀释液中，最后加入抗生素。配制含卵黄的稀释液，应在无菌情况下冷却到 20~40℃时加入卵黄。

(2) 猫常用精液稀释液　猫的常温稀释液可以用含有 2%脂肪的消毒均质乳，或者将去乳清的乳在 92~94℃加热 10min 即可。冷冻精液的稀释液可按照以下配方配制。

① 托果柠稀释液。托利斯（即三羟甲基氨基甲烷，Tris）2.4g，柠檬酸 1.4g，葡萄糖 0.8g，卵黄 20ml，甘油 3ml，氨苄西林 $10×10^4$ IU，加蒸馏水至 100ml。

② 甘糖稀释液。果糖 11.0g，甘油 4.0ml，卵黄 20ml，氨苄西林 $10×10^4$ IU，加蒸馏水至 100ml。主要用于冷冻稀释液的制备。

4. 稀释操作

通常，要求稀释液和精液进行等温稀释，两者温度差不能超过 0.5℃。稀释时，应将稀释液缓缓沿容器壁倒入精液杯，边加边轻轻摇晃，混合均匀。低倍稀释时可一次稀释，高倍稀释时则要分步进行，即每次稀释后要停留数分钟，检查精子的浓度和活力，有继续稀释的必要时再进行下一步稀释，而且每一步且只能在前一次液量的基础上稀释 1~2 倍。

精液稀释倍数应依据原精液的品质、输精数、输精量等而定。一般犬的精液稀释倍数为：精子浓度为密者稀释 3~8 倍，中者稀释 0.5~3 倍，稀者全份精液不稀释，不保存而直接用于输精，并需要加大输精量。

四、精液的保存

精液保存的目的是延长精液的利用时间，扩大精液的利用范围。精液的保存方法，可分为常温保存法（15～25℃）、低温保存法（0～5℃）和冷冻保存法（-79℃或-196℃）三种。

1. 常温保存法

常温保存法主要是利用一定范围的酸性环境抑制精子的活动，以减少其能量的消耗，也可以加入明胶以阻碍精子运动。采集的精液即便立即输精也难免在体外暴露一定时间，从而影响精子的寿命，而且有利于微生物的繁殖，故需保存前加入一定的抗生素。此外，加入必要的营养和保护物质，也会有良好的作用。此种形式的精子保存期比较短，一般为0.5～2d。

> **知识卡**
>
> 精子生存指数试验　将采得的犬精液装在试管中放置在4℃、15℃、37℃的温度下保存，然后观察其生存指数，结果表明：在4℃下经6d后降到60，经8d降到24；在15℃下经1d降到80，经2d后只剩20；在37℃下经1d降到60，2d后几乎为零。
>
> 由此可见，鲜精液采取后保存在冰箱里，数小时后仍可用于输精。若采用犬专用稀释液稀释，保存4d，精子仍有活力。所以，常温保存精液虽然时间短且简单，但保存温度在4℃以上宜越低越好。

2. 低温保存法

一般用冰箱或冰块作冷源，也可以将贮精瓶浸入井水中。如无冰源也可采用化学制冷法，在冷水中加入一定量的氯化铵或尿素，可使水温达到2～4℃。低温可抑制精子的活动，减少精子的能量消耗，有利于精子生命的延续，但是，冷刺激又影响精子的寿命。因此，向精液中加入营养液及缓冲液，在低温下可延长保存至数日，精子生存率仍在有效水平。

如用均质灭菌牛乳稀释的犬精液，在4℃保存173h后，其精子生存率仍在有效水平。但使用灭菌牛乳做稀释液的缺点是用显微镜检查精子活力时不易看清。此外，灭菌牛乳的pH值在5.8，略为偏低，有添加缓冲液的必要。如用Tris稀释液（采用Tris 2.4g，柠檬酸1.3g，果糖1g，蒸馏水80ml，卵黄20ml配成），在5℃保存24d，输精5只雌犬有4只怀孕。

冬季将稀释精液置于温度符合要求的室内，其他季节可放在4℃左右冰箱里或加有冰块和凉水的保温瓶内保存，或将密封贮精瓶沉入井底水中。应注意降温速度不能过快，以在1～2h内从30℃降到4℃左右为宜。首先，将稀释后的精液按着一个输精量分装到一个小试管或玻璃瓶中，封口，包以数层棉花或纱布，最外层用塑料袋扎好，防止水分渗入。把包装好的精液放到0～5℃的低温环境（冰箱）中，经1～2h，精液即降至0～5℃。也可以取一个大些的容器，里边盛装适量的与精液等温的水，把密封好的精液瓶放进去，然后把它们放在4℃左右的环境中任其自由降温。当温度稳定下来后，撤去盛水容器，精液瓶擦干后直接放在4℃环境中。保存期间尽量保持温度恒定，避免发生大幅度波动，防止升温。使用前把精液瓶取出放进35～38℃的温水中（精液不能混进水）或恒温箱中使之升温，精子活力经镜检合格者方能用于输精。

3. 冷冻保存法

将精液冷冻以使之达到永久性保存是人工授精技术的一大突破。冷冻保存法是利用-196℃的液氮、-79℃的干冰或其他制冷设备作为冷源，将精液经过特殊处理（稀释、降温、平衡和速冻）后，保存在超低温下，以达到长期保存的目的，又称超低温保存。如用20%卵黄的Tris液加11%的甘油稀释犬精液，按0.8～3℃/min的降温速度进行冷冻，得到40%以上的精子生存率。另外，有人用20%卵黄的柠檬酸钠液加10%甘油，经2h甘油平衡后，缓慢降温至-196℃保存也得到40%的生存率。

长期保存时，精子生存率随时间增长而略有下降。对6只雄犬精液做冷冻保存，观测其生存率的下降情况，结果表明：4个月时平均生存率与初冻后一样；5个月时由49%降为47%，6个月时由39%降为35%；7个月时由50%降为48%。冷冻保存除了可长期保存精液外，还有便于携带、运输和有利于优秀品种推广繁育等优点。但也有解冻后精子活力低、失活快、受胎率低和投资大等缺点，大面积推广受到限制。冷冻保存精液的方法有待改进和提高。

冷冻保存精液因分装形式不同，分为颗粒精液、塑料细管精液和安瓿瓶冷冻精液。常用的为塑料细管保存的精液。

4. 精液冷冻保存技术

目前精液的采集后，精液冷冻保存技术的一般步骤为：精液的品质检查→精液的稀释→降温平衡→精液的分装→冷冻与保存→解冻与检查。

（1）精液的品质检查 精液冷冻效果与精液品质密切相关。做好采精的准备和操作，争取获得优质的精液。

（2）精液的稀释 根据冻精的种类、分装剂型及稀释倍数的不同，精液的稀释方法也不尽一致，现生产中多采用一次或二次稀释法。

① 一次稀释法：将含有甘油、卵黄等的稀释液按一定比例加入精液中，适合于低倍稀释。

② 二次稀释法：为避免甘油与精子接触时间过长而造成的危害，采用两次稀释法较为合理。首先用不含甘油的稀释液（第一液）对精子进行最后稀释倍数的半倍稀释，然后把该精液连同第二液一起降温至0~5℃（全程1h左右），并在此温度下作第二次稀释。

（3）降温平衡 采用一次稀释法，降温时从30℃经过1~2h缓慢降温至0~5℃，以防止低温对精子的稀释打击。平衡是降温后，将稀释后的精液放置在0~5℃的环境中停留2~4h，使精子有一段适应低温的过程，同时使甘油充分渗入到精子内部，达到增强精子耐冻性的目的。

（4）精液的分装 经过平衡的精液，要进行分装。精液的分装保存主要采用颗粒型、细管型、安瓿瓶型三种分装方法。

① 颗粒型冻精。将精液滴冻在经液氮制冷的金属网或塑料板上，冷冻后制成0.1ml左右的颗粒。颗粒型冻精具有成本低、制作方便等优点，但不易标记、解冻麻烦、易受污染。

② 细管型冻精。把平衡后的精液分装到塑料细管中，细管的一端塞有细线或棉花，其间放置少量聚乙烯醇粉（吸水后形成活塞），另一端封口，冷冻后保存。细管的长度约为13cm，容量有0.25ml、0.5ml或1.0ml。细管型冻精具有不受污染、容易标记、易贮存、适于机械化生产等特点，是最理想的剂型。

③ 安瓿瓶型冻精。用硅酸盐硬质玻璃制成的安瓿瓶盛装精液，用酒精灯封口，剂量为0.5ml或1.0ml。安瓿瓶型冻精虽剂量准确、不污染、易标记，但体积大、贮存不便、易爆破。所以，生产中现已多不采用。

（5）精液的冷冻与保存 精液的冷冻与保存速度要快，要迅速通过-60~0℃的冰晶形成区，直接进入超低温状态。

① 干冰埋植法。适合于小规模生产及液氮缺乏地区。

a. 颗粒精液冷冻。把干冰置于木盒中，铺平压实，用预先做好的模板在干冰上压出直径0.5cm、深2~3cm的小孔，用滴管将平衡后的精液滴入孔内，覆以干冰，2~4min后，收集冻精，每50～100粒装入纱布袋中，沉入液氮保存。也可以在干冰上放置一导热好的金属网，将精液直接滴到金属网上，然后收集精液。

b. 细管冻精冷冻。将分装的细管精液平铺于压实的干冰上，并迅速用干冰覆盖，2～4min取出，贮存于干冰或液氮中。

② 液氮法。液氮法是目前使用比较广泛的冷冻精液的方法。

a. 颗粒精液冷冻。在广口液氮桶上安装铜纱网，调至距液氮面1～3cm，预冷后，使纱网附近温度达−100～−80℃，将精液均匀地滴在铜纱网上，2～4min后，待精液颗粒充分冻结，颜色变浅发亮时，用小铲轻轻铲下颗粒冻精，沉入液氮保存。

b. 细管冻精冷冻。除按上述方法对细管进行熏蒸冷冻外，也可采用液氮浸泡法。把分装好的精液细管平铺于特制的细管架上，放入盛装液氮的液氮柜中浸泡，盖好，5min后取出保存。这种方法启动温度低，冷冻效果好。

(6) 精液解冻与检查　精液解冻是验证精液冷冻效果的必要环节，也是输精前的必需准备工作。方法有低温冰水（0～5℃）解冻、温水（30～40℃）解冻和高温（50～70℃）解冻等。实践证明，温水解冻法特别是38～40℃解冻效果最好。

细管型冻精在37℃温水中经过30s解冻效果比较理想。安瓿瓶型冻精首先放入50～55℃水浴中，不断摇晃，待冻精一半融化取出，放到37℃温水中。颗粒型冻精解冻时需预先准备解冻液，解冻时取一小试管，加入1ml解冻液，放在盛有温水的烧杯中，当与水温相同时，取1粒冻精于小试管内，轻轻摇晃使冻精融化。

解冻后进行镜检并观察精子活力和精子密度，活力在0.35以上才能用于输精。解冻后的精液在体外放置数小时，精子活力会明显下降，一般解冻后要在1～2h内进行输精。

五、输精操作

1. 输精前的准备工作

输精是指用输精器把精液输送到雌犬、雌猫的生殖道内，使其达到受精与妊娠的方法。输精前需要准备的工作如下。

(1) 发情犬或猫的准备　犬、猫的准备既是发现发情雌犬、猫，并确定合适的输精时间，也就是要做好发情鉴定工作。

① 雌犬发情特征。发情前期阴唇肿大，横径增大，此时触诊，深部较硬，至发情时变柔软。在排卵前阴唇横径急剧缩小，之后再度增大和再度缩小。当阴唇横径再次缩小时，即是排卵时间。在发情前期，雌犬阴道内流出血样黏液，最初流出较少且比较稀薄，以后逐渐增多，到发情期血量减少，颜色变淡，应及时输精。输精时间应该在雌犬进入发情期的24～48h，此时为排出乳白色混浊液体2～3d。

② 雌猫发情特征。发情时常常叫唤，并频频排尿，静卧休息时间减少，外出游荡时间和次数增多，有些对主人表现明显的亲昵和温顺行为，但有些又表现为异常凶猛，往往对人攻击。发情雌猫经常有雄猫在左右追随，在愿意接受交配时，一遇有雄猫就将全身缩在一起蹲下，后躯抬高，尾巴歪向一侧，等候交配。

(2) 输精器具的准备　输精器具包括输精针或输精枪、开膣器、膣镜灯等。雌犬的输精器可以借用羊输精器，也可用尼龙软管、玻璃细管等自制而成，使用前高压灭菌彻底消毒，防止造成人为细菌感染。自制输精器时，用上述材料制成细管，长17cm，直径6mm，用10ml或5ml注射器与其连接。雌猫的输精器一般用大号注射针头，经钝化与注射器连接即可。

(3) 精液的准备　新采取的精液，经品质检查、稀释和分装后备用。低温保存的精液，需要升温到35℃左右，经过400倍显微镜检后符合标准时，方可用来输精。冷冻保存的精液，需要解冻、升温和品质检查，符合标准后，方能作为输精用。

2. 输精方法

（1）雌犬的输精　雌犬输精可根据输精者的习惯和熟练程度选用不同的方法。犬的输精部位以子宫内输精较子宫颈内输精效果好，但是由于雌犬阴道背侧有皱褶，子宫内输精比较困难。

① 输精管直接输精法。让助手将雌犬站立保定（也可放于保定架上保定好），尾拉向一侧，暴露阴门，先用医用棉签或手纸将雌犬外阴部擦净，再用温水洗擦后用0.1%高锰酸钾溶液消毒、生理盐水冲洗、擦干。输精者洗手消毒后戴上医用手套，将输精器沿着背线方向上大约45°，缓慢旋转插入阴道3~5cm处，越过尿道口，再水平方向插入5~10cm达到子宫颈口或子宫体内位置，遇阻时，将输精管后退4~5cm，调整角度后再推入至子宫颈口或子宫体内位置，甚至达到子宫角。慢慢注入精液，输完精后，后驱抬高片刻，用右手按摩阴道口外部，刺激子宫收缩，便于精子在子宫内的运行，以防止精液流出。

② 开膣器输精法。此法除了使用开膣器外，其他准备和操作与上述方法相同。用开膣器插入阴道，将阴道打开，借助一定的光源（手电、额镜、额灯等），找到子宫颈外口，然后把吸好精液的输精器插入子宫颈外口，将开膣器稍后撤，并注入精液。随之取出输精器和开膣器。这种方法的优点是比较直观，能看到输精器插入子宫颈口的情况；缺点是开膣器对雌犬阴道刺激较大可引起稍微痛感，输精不方便，阴道狭窄的处女雌犬容易使阴道黏膜受伤，有时插不进阴道内。

输精后为了防止精液流失，在输精后最好将雌犬的后驱抬高数分钟，并立即用手指按摩阴蒂引起生殖道收缩，促使精子从阴道向深部运行，并引起栓塞作用。

（2）雌猫的输精方法　用头部钝圆的细吸管吸取稀释好的精液或用尖端磨平磨光的20号注射针头，接上1ml注射器吸取稀释好的精液，仔细地插入阴道，直插到子宫颈外口处输入精液。输精过程中应严格消毒和细心操作，以防感染和造成损伤。输精后应轻轻拍打雌猫臀部1~2次，以刺激其外阴部收缩，防止输入的精液外流。

需要注意的是雌猫容易受到惊吓，输精可先麻醉后再行输精，这样更便于操作。而且，猫属于刺激性排卵动物，输精前先应对发情雌猫注射动物丘脑下部组织浸出物或其制剂，或肌内注射50IU的HCG，诱发其排卵，或者事先让已经结扎的雄猫进行交配，即假爬跨。

3. 输精量

输入有效精子数量的多少能影响受胎率和产仔数。犬主要根据体格大小以及精液品质，确定输精量。一般1次输精量为0.25~0.5ml，含有效精子数$1×10^8$~$2×10^8$个。新鲜精液的精子活力要求在0.6以上，低温保存者经升温后不宜低于0.5，使用冷冻精液输精，每次的精子总数为$1.5×10^8$~$2.0×10^8$个。

猫每次输精量为0.1~0.3ml，阴道内输入精子数量，鲜精液时为$1.25×10^8$~$1.5×10^8$个，冷冻精液解冻后活动精子数为$0.5×10^8$~$1.0×10^8$个。子宫内输精精子所需量为阴道内输精的1/10。

4. 输精次数

在雌犬、雌猫发情旺期（雌猫必须在诱发排卵2d后）进行第1次输精，24h后进行第2次输精，即雌犬、雌猫每个发情期输精2次。在犬、猫的人工授精过程中，应严格按照以上操作规程，做好每个环节的工作，才能获得较好的效果，提高受精率。

思 考 题

1. 通过哪些途径可以提高采集精液的品质？
2. 合理的采精方法有哪些特点？
3. 检查精液品质的基本操作原则有哪些？
4. 简述精液的保存方法及其原理。
5. 如何提高人工授精的受胎率。
6. 精液稀释时应该注意的事项有哪些？

项目五　妊娠与分娩

【知识目标】

1. 通过犬、猫妊娠诊断的学习，理解妊娠后母体生理、行为、生殖器官和激素等方面发生的重大变化，掌握妊娠诊断的基本方法。

2. 通过胚胎发育过程的学习，理解早期发育过程、胚胎的迁移和胚胎附植的概念，掌握胎膜的结构及其功能，掌握犬、猫等的胎盘类型及其功能。

3. 通过对分娩机制的学习，理解分娩的征兆、分娩过程，掌握接产与助产的基本操作，为提高幼仔成活率奠定基础。

【技能目标】

1. 能够描述胚胎早期发育过程，胎膜的构成及其功能，胎盘的类型及其功能。

2. 能够利用相关知识，开展妊娠母体早期妊娠诊断操作，对是否妊娠做出准确判断。

3. 能够描述分娩的基本征兆，判断难产发生的基本特征，并根据这些变化，做好接产与助产工作。

单元一　妊娠与妊娠母体变化

妊娠是指从受精开始经过胚胎及胎儿的生长发育，到胎儿从母体中产出的整个生理变化过程。

一、妊娠期

妊娠期是母体妊娠全过程所需要的时间。妊娠期有两种划分法：一种是以卵子受精为起点，另一种是以受精卵在子宫内着床为起点。由于卵子的受精与受精卵的着床时间难以确定，通常以最后交配日期到分娩日期的这段时间为妊娠期。

妊娠期有一定的范围，并受品种、遗传以及环境条件的影响而有所不同。而且，母体的年龄、胎儿的性别、胎儿数量、季节和营养状况对妊娠期也有影响。一般来说，青年个体比老年个体的妊娠期长，怀异性胎儿的妊娠期比怀雌性胎儿的长。

犬的妊娠期一般为58~63d，在雌犬卵子成熟后进行交配的妊娠期为58d。猫的妊娠期为51~71d，平均63~66d。

二、妊娠母体的生理变化

妊娠后，母体因胎儿生长发育的刺激会发生一系列的生理变化，为了维持妊娠和胎儿的生长发育，卵巢和子宫等的功能非常活跃，子宫血液循环旺盛，而且母体在行为及代谢等方面也发生一系列的变化。

1. 行为的变化

妊娠期间，母体新陈代谢旺盛，消化能力提高，食欲增强，采食量明显增加，有时会出现孕吐现象，此时食欲有所下降，短期内即恢复正常。行动往往变得迟钝、懒散，行为谨慎、温驯、安静、嗜睡，喜欢温暖安静的场所。妊娠后期由于腹腔内压增高，使母体由腹式呼吸变为胸式呼吸，呼吸次数也随之增加，粪、尿的排出次数增多。

> **知识卡**
>
> 妊娠雌犬管理注意事项　妊娠期间，雌犬行动往往变得迟钝、懒散，这时犬的主人必须让雌犬进行适当户外活动、多晒太阳，绝对禁止让雌犬快跑、跳跃、上下跑楼梯和与其他犬打架等，以免发生流产。在妊娠初期一定要对妊娠雌犬进行驱虫，但切勿饲喂过量的驱虫药，以免发生流产。

2. 生殖器官的变化

（1）卵巢　配种没有受胎时，卵巢上的黄体退化。受胎后，卵巢上的妊娠黄体持续存在，中断发情周期，以维持母体妊娠。随着胎儿体积的增大，胎儿下沉到腹腔，卵巢也随之下沉，子宫阔韧带由于负重变得紧张并被拉长，以至于卵巢的位置和形状有所变化。

（2）子宫　随着妊娠的推进，子宫逐渐扩大以满足胚胎的生长需要。子宫的变化有增生、生长和扩展三个时期。

在胚泡附植之前，子宫内膜由于孕酮的致敏而增生，其主要变化为血管分布增加、子宫腺增长、腺体卷曲及白细胞浸润。子宫的生长是在胚泡附植之后，在孕酮和雌激素的协同作用下发生的，包括子宫肌的肥大、结缔组织基质的广泛增加、纤维成分及胶原含量增加。这些变化对子宫适应孕体的发展及产后子宫的复原过程有很大作用。

在子宫扩展期间，子宫生长减慢而内容物则加速增长。在妊娠前期，子宫体积的增长主要是子宫肌纤维的肥大及增长，在妊娠后期则是由于胎儿使子宫壁扩张，子宫壁变薄。

（3）子宫阔韧带　妊娠后，子宫阔韧带中的平滑肌及结缔组织增生，使其变厚。由于子宫的重量逐渐增加并下垂，所以子宫阔韧带伸长并且绷得很紧。

（4）子宫动脉　由于子宫的下垂和扩张，子宫阔韧带和子宫壁血管逐渐变直。为了满足胎儿生长发育所需营养，血管不但分支增加而且扩张变粗，使运往子宫的血液量增加。

（5）子宫颈　妊娠时，子宫颈内膜的腺管数量增加，并分泌黏稠的黏液，成为子宫颈栓塞。同时，子宫颈括约肌收缩得很紧，子宫颈管完全封闭。

（6）外阴部　怀孕初期阴唇收缩，阴门紧闭。怀孕后阴道黏膜颜色变得苍白，黏膜上覆盖有从子宫颈分泌出来的浓稠黏液。在妊娠末期，阴唇、阴道变得水肿而柔软。

3. 激素的变化

妊娠期间，母体内分泌系统发生明显的变化，这种改变使得母体也发生相应的生理变化，以维持母体和胎儿之间必要的平衡。这对母体来说，既适应了内外环境的变化，又为胎儿的发育创造了有利的发育环境。

妊娠需要一定的激素来调节，妊娠母体的卵巢长期存有黄体，持续分泌的孕激素对维持妊娠有重要作用。妊娠中，摘除卵巢，可导致妊娠中断，胎儿死亡。

妊娠母体的血液与尿中含有雌激素，雌激素虽然抑制卵泡的发育，但妊娠期间仍维持一定的水平，其来源并不仅限于卵泡，黄体和胎盘也能产生雌激素，分布于血和尿中。

妊娠期间，不仅黄体产生孕酮，肾上腺和胎盘组织也能分泌孕酮。孕酮直接作用于生殖系统，直到临近分娩时，孕酮数量才急剧下降或完全消失。孕酮维持子宫继续发育，降低子宫肌肉的活动，抑制催产素对子宫肌肉的收缩作用，使子宫内环境适宜胎儿发育。孕激素在体内生理效应的发挥必须有雌激素的配合。

妊娠期间,垂体分泌促性腺激素的功能受孕酮的负反馈作用逐渐降低。雌激素和孕激素可以增加子宫血管的分布,促进子宫内膜的分泌功能。游离的雌激素能阻止子宫分泌的 $PGF_{2\alpha}$ 向卵巢输送,在子宫形成 $PGF_{2\alpha}$ 贮存库,从而维持黄体的寿命。雌激素可以引起促黄体素的释放,刺激黄体使其合成并分泌孕激素。孕激素在体内的生理效应必须有雌激素的配合,这是因为雌激素可以促进孕酮的合成。

单元二 胚胎的早期发育、迁移和附植

一、胚胎的早期发育

早期胚胎发育过程,包括受精、卵裂、桑葚胚、囊胚、原肠胚、胚泡植入、三胚层形成及分化等过程。犬、猫等宠物属胎生动物,胚胎在母体子宫内发育。在胚胎发育过程中,通过胎膜和胎盘吸收母体营养,排出代谢废物。

1. 桑葚胚

如图5-1所示,卵子受精后成为受精卵(也称合子),合子形成后随之发生第一次卵裂,即普通的有丝分裂。分裂在透明带内进行,细胞仅限于分裂而没有生长,总体积并没有增加。这种分裂称为卵裂,卵裂所形成的细胞称为卵裂球。

图 5-1 受精与早期胚胎发育
1—卵巢;2—受精;3—卵裂开始;4—桑葚胚;5—囊胚
(梁书文主编,宠物繁殖,2008)

第一次卵裂,沿动物极(极体所在的一端)向植物极方向,将合子一分为二,分裂为两个卵裂球之后,继续进行卵裂,但卵裂并非完全同时进行。通常,较大的一个卵裂球首先进行第二次分裂,形成3个细胞的胚胎,然后较小的卵裂球进行分裂,形成4个细胞的胚胎。第二次卵裂与第一次卵裂方向垂直。4卵裂球完成第三次分裂形成8细胞胚胎,继而分裂为16细胞胚胎以至32细胞胚胎。犬、猫受精卵的发育如表5-1所示。

表 5-1 犬、猫受精卵发育及进入子宫的时间

动物种类	受精卵发育/h					进入子宫	
	2细胞	4细胞	8细胞	16细胞	桑葚胚	天数	发育阶段
犬	96	—	144	196	—	8.5~9	桑葚胚
猫	40~50	76~90	—	90~96	<150	4~8	桑葚胚

由于透明带的约束,卵裂的结果是,卵裂球数量不断增加,但卵裂球总的体积并不增

大。进行一定次数卵裂后形成一实心的胚胎，使细胞最大程度地接触，产生各种连接。由于16~32细胞在透明带内形成致密的细胞团，形似桑葚，故称为桑葚胚。而胚胎的这一发育阶段称为桑葚期。

2. 囊胚

桑葚胚形成之后，卵裂球之间出现小的腔隙，内部充满液体，而且腔隙中的液体越来越多，腔隙越来越大，形成一个有腔的胚泡，称为囊胚。此时细胞也开始分化，一部分细胞仍聚集成团，另一部分细胞逐渐变为扁平状围绕在腔的周围。

在桑葚胚和囊胚发育过程中，可以看到细胞定位现象。较大的、分裂不太活跃、核蛋白和碱性磷酸酶密集的细胞聚集在一极，位于囊胚腔的一侧，称为内细胞团（ICM），也称胚结，将来发育成为胚体和胚外部分；较小的、分裂活跃、富含黏多糖和酸性磷酸酶的细胞聚集在另一极，包围在胚泡外围，形成胚胎的外层，称为滋养层，将来发育成胎膜和胎盘；中央的腔称为囊胚腔，内细胞群为扁平状至盘状。囊胚初期细胞被束缚在透明带内，随后突破透明带，使体积增大，成为泡状透明的孵化囊胚或称胚泡、扩张囊胚。

囊胚一旦脱离透明带，即迅速增大，由于细胞的进一步分工而逐渐失去其全能性。

3. 原肠胚

胚胎进一步发育，内细胞团继续增殖分化，出现内、外两个胚层，此时的胚胎称为原肠胚。靠近表面滋养层的为外胚层，下面的位居胚泡腔顶端的为内胚层。原肠胚出现后，在内胚层和滋养层之间出现了中胚层，中胚层的细胞不断增殖，向胚盘的四周扩展，形成体壁中胚层和脏壁中胚层。

> **知识卡**
>
> 在胚胎发育过程中，内、中、外三胚层不断分化，形成不同组织器官，具体如下：外胚层形成神经系统及感觉器官上皮，肾上腺髓质部，垂体前叶，口腔、鼻腔的黏膜上皮，肛门、生殖道和尿道末端部分的上皮，皮肤的表皮及衍生物（爪、毛、汗腺、皮脂腺、乳腺上皮）；中胚层形成各种肌组织、结缔组织，心血管淋巴系统，肾上腺皮质部，生殖器官及泌尿器官的大部分，体腔上皮等；内胚层形成消化系统从咽到直肠末端的上皮及壁内、壁外腺上皮，呼吸系统从喉到肺泡的上皮，甲状腺、甲状旁腺和胸腺上皮等。

二、胚胎的迁移与附植

1. 早期胚胎的迁移

处于卵裂期的早期胚胎，沿着输卵管运行，6~9d进入子宫角，此时正处于桑葚胚或囊胚的早期。胚胎在脱出透明带之前，一直处于游离状态。胚胎发育所需要的营养，来自子宫内膜腺和子宫上皮所分泌的物质（子宫乳）。胚胎进入子宫后并不立即着床，而是在子宫内游离，胚胎在子宫内迁移的现象均有发生。由于子宫壁收缩，在迁移中可能使囊胚在子宫内的位置发生改变，以至于一侧子宫角的胚胎或一侧卵巢排出的卵子在受精后可能迁移至另一侧子宫角，然后在子宫定位，胚胎在子宫中均匀分布。孕体停止迁移后，在左侧或右侧子宫角占据一个位置。胚胎在子宫内的迁移和定位与子宫肌的活性有关。

不同的动物，胚胎在子宫腔内选择定位的位置不同，犬的胚胎常位于子宫角子宫系膜的对侧。当胚胎在输卵管以及子宫内处于游离状态时，采取冲洗技术，比较容易将早期胚胎冲出，供早期胚胎在体外培养和胚胎移植试验之用。

2. 胚胎的附植

随着发育胚泡囊状扩展，胚泡在子宫腔内的运动越来越受限制，位置逐渐固定下来。胚胎一旦在子宫中定位，便结束了游离状态，开始同母体建立紧密联系，这个过程称为附植或着床。囊胚的外层（滋养层）逐渐与子宫内膜发生组织及生理上的联合，胚胎始终存在于子宫腔内。

附植是胚泡与子宫的相互作用，胚泡附植之前除子宫内膜增殖外，子宫的分泌活动也增强，子宫组织内的糖原、脂肪储备以及各种酶类的活动也同时增强。胚胎附植是妊娠过程中最关键的阶段，很多胚胎损失就发生在这个阶段。

（1）附植部位 位于子宫系膜的对侧，即最有利于胎儿发育的地方。此处子宫血管分布稠密、营养供应充分；胚泡间距适当，可防止拥挤。多胎动物（如犬、猫）其在两子宫角平均分布。

（2）附植过程 附植是一个渐进过程。最初是在胎膜和子宫内膜相接触的部位发生反应，随着囊胚的扩展，接触面扩大，发生反应的部位也随之扩展。胚胎附植时子宫的变化，是在雌激素和孕激素的协同作用下进行的。首先，在雌激素的作用下，子宫内膜增生，然后在孕激素的作用下，子宫内膜明显增厚，子宫腺体增殖，分泌能力增强，子宫肌兴奋性受到抑制，发生所谓的前驱妊娠或着床性增生。此时，胚泡接触子宫内膜，开始着床。

（3）附植时间 犬的卵子受精发生在排卵后24～48h。之后，受精卵转移到输卵管中部，在排卵72h开始分裂，在排卵后96h、120h、144h、168h、192h，受精卵分别发育到2细胞胚、2～5细胞胚、8细胞胚、8～16细胞胚和16细胞胚，并转移到输卵管的子宫端，在排卵204～216h后桑葚胚进入子宫，在子宫中桑葚胚很快发育成囊胚，大约第9天开始定位，再经过大约7d的发育，即配种后17～22d胚胎附植在子宫内，与母体建立胎盘联系。

猫的卵子受精后不断分裂，同时向子宫方向移动，在配种后第6天进入子宫，此时已经发育成囊胚，第21天囊胚伸长呈椭圆形，第13天囊胚开始定位，胚极朝向子宫内膜，并在子宫上皮和胚胎之间形成连接复合物，第14天子宫上皮出现糜烂，胚胎附着侧显著水肿，然后定位附植，结束游离状态。

> **知识卡**
>
> 延迟附植 有些动物，特别是野生动物，胚胎发育到囊胚后并不立即附植，而是在子宫中游离很久才发生附植。延迟附植的胚胎发育处于相对静止状态。延迟附植分为专性延迟和兼性延迟两种。
>
> 专性延迟附植的动物有獾、海豹和貂等，是为了使动物的交配和分娩在最合适的季节进行，并随外界环境条件的不同而发生变化。兼性延迟附植的动物有大鼠和小鼠，这两种动物常出现产后发情。第二次妊娠发生在泌乳期，幼仔的吮吸抑制了体内胚胎（囊胚）的发育，胚胎着床延迟。母体停止哺乳后，子宫环境发生变化，重新激活囊胚的发育，妊娠期变长。

（4）子宫在附植期间的变化 附植前，胚胎进行卵裂和囊胚形成的同时，子宫也发生变化，为附植作准备。在此期间，子宫肌肉的活动和紧张度减弱，有助于囊胚在子宫内存留。同时，子宫上皮的血液供应增加，子宫内膜的腺体和表面上皮的分泌活动增强。附植期间，子宫液的氨基酸和蛋白质含量也有改变。如高分子蛋白质、碳水化合物、黏多糖等发生分解，而低分子衍生物则随同糖原和脂肪开始积聚，与细胞脱屑和外渗的白细胞共同组成子宫乳，是尿膜绒毛膜尚未形成前的早期胚胎的营养来源。

(5) 胚胎和母体环境间的关系　相对于母体来说，胚胎是免疫学上不相容的抗原，子宫排斥其他外源组织，但不排斥胚胎。胚胎的滋养层组织表面不仅有少量的组织一致性抗原，而且还覆盖一层涎性黏液的物理性屏障。滋养层细胞起透析膜作用，直接与子宫组织和血液紧密接触，使胚胎在子宫内建立起一种特许状态。此外，滋养层组织脱落的表面抗原可降低免疫识别，刺激母体产生保护作用，或防止抗原反应细胞的增殖而产生抗体。

(6) 影响胚胎附植的因素　附植是胚胎与子宫内膜相互作用而附植在子宫上的过程，包括复杂的组织和生理变化，影响因素也极其复杂。

① 母体激素。胚泡附植受体内激素的控制，需要雌激素和孕激素的协同作用，才能引起子宫内膜的一些变化，产生分泌性内膜。孕酮能刺激子宫腺上皮的发育，诱导子宫腺分泌子宫乳，孕酮及其代谢物能抑制妊娠母体的局部免疫反应，促进附植进行。可见，孕酮在附植中起主导作用。雌激素也可以产生一些有利于附植的变化，一定水平的雌激素可以抑制子宫上皮对异物的吞噬作用，使子宫产生接受性，引起基质细胞的细胞分裂等。

② 胚泡激素。胚泡能合成某些激素，对附植过程起重要作用。首先是促进和维持黄体的功能。附植早期，孕酮对于子宫具有抗炎剂的作用，抑制炎性反应。其次胚胎产生的雌激素，刺激孕酮化的子宫，使其反应性分泌胚体营养因子，来增加对胚胎黏着的敏感性，同时使局部毛细血管通透性增高，有利于胚泡在子宫内实现附植。

③ 子宫对胚泡的接受性。子宫并不是在任何情况下都允许胚胎附植，它仅在一个极端的关键时期产生接受性，允许胚泡附植。在雌激素和孕激素的相互作用下，才能使子宫产生接受性。除子宫对胚泡有接受性外，胚泡对子宫环境也具有依附性。子宫分泌液中的特殊蛋白，对胚泡的附植起着关键作用。如果子宫环境在附植时受到干扰和破坏，使胚泡发育与子宫环境变化不同步，则胚泡不能附植。如子宫特殊蛋白缺乏、子宫分泌物不能进入胚胎等都会使附植中断。

④ 胚激肽。母体子宫液蛋白、雌激素与 cAMP 都能促进子宫合成蛋白质、RNA、DNA。附植前后子宫液中含有多种蛋白质成分，其中以胚激肽（子宫球蛋白）最为特异，它对胚泡的发育具有刺激作用。它能控制附植时子宫腔与滋养层细胞蛋白溶酶的分泌量，并能和孕激素结合，使胚泡不受孕激素的毒性影响被分解，是附植不可缺少的关键因素。胚激肽的合成与分泌受孕酮和雌激素的控制。

⑤ 子宫内膜的分泌因子。在胚胎附植期间，子宫内膜分泌多种蛋白质因子，具有多方面的功能。目前主要分为三类：ⓐ营养因子，如子宫转铁蛋白，具有运输功能，将铁离子从子宫内膜运到胎儿体。ⓑ代谢调节因子，如酸性磷酸酶、葡萄糖磷酸酶等，参与调节胎儿的代谢活动。ⓒ其他调节蛋白因子，如类胰岛素生长因子（IGF-1）等，能促进早期胚胎发生形态变化，免疫抑制因子，阻止母体免疫排斥反应。

三、胎膜与胎盘

在胚胎发育早期出现胚外体腔，经过胚层复杂的分化，形成胎膜及其与子宫接触联系的胎盘，为胚胎提供营养，进行代谢，是胎儿生长发育的临时器官。

1. 胎膜

胎膜是胎儿的附属膜，是胎儿体外包被着胎儿的几层膜的总称，其作用是与母体子宫黏膜交换养分、气体及代谢产物，对胎儿的发育极为重要。胎膜主要包括卵黄囊、羊膜、尿膜、绒毛膜和脐带等几部分。

(1) 卵黄囊　卵黄囊由胚胎发育早期的囊胚腔形成，在胚胎发育的早期阶段起营养作用，相当于原始胎盘，通过它吸取子宫分泌物，供给胎儿生长发育需要的营养。随着尿膜的发生，形成尿膜脉络膜后，取代卵黄囊而发挥作用，卵黄囊才开始逐渐萎缩，最后埋藏在脐带内，成为无功能的残留组织——脐囊。

(2) 羊膜　羊膜是包裹在胎儿外的最内层膜，呈半透明状，由胚胎外胚层和无血管的中胚层形成。在羊膜和胚胎之间有一空腔为羊膜腔，内充满羊水，能保护胚胎免受震荡和压力的损伤，而且可避免胚胎干燥、胚胎组织和羊膜发生粘连，为胚胎提供了向各方面自由生长的条件。羊膜自形成后到分娩前能自动收缩，使处于羊水中的胚胎呈略微摇动状态，从而促进胚胎的血液循环。分娩时羊膜破裂，羊水连同尿囊液外流，能扩张子宫颈，润滑胎儿体表和产道，有利于胎儿通过产道而排出体外。

羊水清澈透明、无色、黏稠，呈弱碱性，在妊娠末期可达8~30ml，分娩时羊水带有乳白色，稍黏稠，有芳香气味。羊水由羊膜上皮细胞分泌，所含成分不很稳定，主要有蛋白质、脂肪、葡萄糖、果糖、无机盐、尿素等。羊水的分泌量比尿囊液少得多，初期大约为尿囊液的1/3，妊娠后半期约为尿囊液的1/4。随着胚胎胃肠的发育以及吞咽反射的建立，胚胎吞食羊水，消化残渣积蓄在肠内，形成胎粪。

(3) 尿膜　尿膜由胚胎的后肠向外生长形成，位于羊膜与绒毛膜之间，分为内外两层，其功能相当于胚体外临时膀胱，并对胎儿发育起缓冲保护作用。卵黄囊失去功能后，尿膜上的血管分布于绒毛膜，成为胎盘的内层组织。随着尿囊的扩大，尿囊向胎儿的长轴方向延伸，分成左右两支，最终延伸到羊膜囊上方。一部分尿膜与羊膜融合形成尿膜羊膜，而大多数与绒毛膜融合形成尿膜绒毛膜。尿囊不完全包围羊膜，所以除了有尿膜绒毛膜和尿膜羊膜以外，还有羊膜绒毛膜存在。

尿囊腔内贮存有尿囊液，来自胎儿的尿液和尿膜上壁的分泌物，或从子宫内吸收而来。尿囊液初期清澈、透明、琥珀色，呈水样，含有白蛋白、果糖和尿素，以后变成黄色至淡褐色，内含胎儿排泄的废物。

尿囊液有助于分娩初期子宫扩张。子宫收缩时，尿囊受到压迫即涌向抵抗力小的子宫颈，尿囊也就带着尿囊绒毛膜挤入颈管中，使其扩张开大。偶尔可发生尿水过多，此种情况称为尿囊积水，多数是尿膜血管受阻所致，性腺对尿囊液的容量也有影响。

(4) 绒毛膜　在羊膜发育的同时，滋养层和体中胚层共同形成体壁层，是绒毛膜形成的基础，成为胎膜的最外层膜，包围着整个胚胎和其他胎膜。绒毛膜上分布有绒毛，绒毛与子宫黏膜紧密联系，形成胎盘，可以通过渗透进行物质交换，进而使胎儿与母体建立联系。但是，犬的绒毛膜不与尿膜融合形成血管网，而是与卵黄囊融合形成卵黄囊绒毛膜胎盘。

(5) 脐带　脐带是胎儿和胎盘联系的纽带，起源于胚胎早期的体褶，随着胚胎的发育，逐步向腹部脐区集中缩细，被羊膜包围成长索状。脐带外膜的羊膜形成羊膜鞘，内含脐动脉、脐静脉、脐尿管、卵黄囊的残迹和黏液组织。

脐带中有动脉、静脉各两支，血管捻转程度不大。静脉接近胎儿时汇合成一条，脐动脉是胎儿下腹动脉的延续。脐带的血管系统和肺循环相似，胎儿通过脐动脉将体内循环的无营养静脉血导入胎盘，而脐静脉将来自胎盘处与母体进行气体交换的富含氧和其他成分的新鲜动脉血运送给胎儿。

脐带随胚胎的发育逐渐变长，使胚体在羊膜腔中自由移动。脐带很坚韧，不能自然断裂。脐带内的血管在肌肉层断裂时可剧烈收缩。因此，脐带被咬断（或切断时）出血少。初生仔犬腹部残留的脐带断端不需要包扎，经数天后逐渐干燥而自然脱落。

2. 胎盘

(1) 胎盘的类型　胎盘通常指由尿膜绒毛膜和子宫黏膜发生联系所形成的一种复合体，其中尿膜绒毛膜部分称为胎儿胎盘，而子宫黏膜部分称为母体胎盘。胎儿的血管和子宫血管分别分布到胎儿胎盘和子宫胎盘，并不直接相通，但彼此发生物质交换，从而构成完整的胎盘系统。因此，对胎儿来说，胎盘是一个具有很多功能并和母体有联系但又相对独立的暂时性器官。

根据绒毛膜表面绒毛的分布情况将动物胎盘分为4种类型，即弥散型胎盘、子叶型胎盘、带状胎盘和盘状胎盘。

犬、猫等肉食行动物的胎盘属于带状胎盘。带状胎盘绒毛膜上的绒毛聚集在绒毛囊中央，形成环带状，其余部分光滑，故称带状胎盘（图5-2）。

带状胎盘根据胎盘上绒毛带的完整性不同，又分为完全带状胎盘和不完全带状胎盘。狗和猫属于完全带状胎盘，而雪貂、狐狸、北极熊和褐豹等属于不完全带状胎盘。

图5-2 带状胎盘模式图
（梁书文主编，宠物繁殖，2008）

这种胎盘还有噬血器存在，它由母体血液的渗出物组成，与绒毛膜细胞紧密接触，似有吸收红细胞作用。由于绒毛膜上的绒毛直接与母体胎盘的结缔组织相接触，所以带状胎盘又称为上皮绒毛膜与结缔组织混合型胎盘。

> **知识卡**
>
> 哺乳动物胎盘类型　根据绒毛膜表面绒毛的分布情况将胎盘分为4种类型，即弥散型胎盘、子叶型胎盘、带状胎盘和盘状胎盘。
>
> 弥散型胎盘　如猪、马等。除尿囊绒毛膜两端外，绒毛或皱褶比较均匀地分布在整个绒毛膜表面。绒毛（马）或皱褶（猪）与子宫内膜相应的凹陷部分嵌合。
>
> 子叶型胎盘　如牛、羊等。胎儿绒毛膜上的绒毛在绒毛膜表面集合成群，构成绒毛叶或称子叶。子叶与子宫内膜上的子宫肉阜紧密嵌合。
>
> 带状胎盘　如猫、狗等。胎儿绒毛膜上的绒毛仅分布在绒毛膜的中段，呈一宽环带状。
>
> 盘状胎盘　如兔、鼠、人等。胎儿绒毛膜上的绒毛集中在一盘状区域内。

此外，根据母体和胎儿真正接触的细胞层次将胎盘分为上皮绒毛型胎盘、结缔组织型胎盘、内皮绒毛型胎盘和血绒毛型胎盘。犬、猫等肉食动物的胎盘属于内皮绒毛型胎盘，即只有子宫血管内皮、胎儿绒毛膜上皮、结缔组织（绒毛膜间充质）和胎儿绒毛膜血管内皮共4层组织将母体血液与胎儿分开，而子宫黏膜的上皮和结缔组织消失。这种胎盘，胎儿的绒毛深达子宫内膜的血管内皮，子宫内膜被破坏的组织较多，分娩时不仅母体子宫会发生出血现象，而且子宫内膜大部分或全部脱落，所以又称为蜕膜胎盘。

（2）胎盘的功能　胎盘是一个功能复杂的器官，具有物质运输、合成分解代谢、分泌激素和免疫等多种功能。

① 运输功能。胎盘的运输功能，并不是单纯的弥散作用，而是根据物质的性质及胎儿的需要，胎盘采取不同的运输方式。

a. 单纯弥散：物质自高分子浓度区移向低浓度区，直到两方达到平衡的运输方式。如二氧化碳、氧、水、电解质和游离脂肪酸等都是以此方式运输的。

b. 加速弥散：某些物质的运输率，如以分子量计算，超过单纯弥散所能达到的速度，是借助细胞膜上特异性载体，通过膜蛋白的变构，以极快的速度将结合物从膜的一侧带到另一侧。如葡萄糖、氨基酸及大部分水溶性维生素以此方式运输。

c. 主动运输：胎儿方面的某些物质浓度较母体高，该物质仍能由母体运向胎儿，是胎盘细胞内酶的作用，促使该物质穿越胎盘膜，从低浓度向高浓度运输。如氨基酸、无机磷酸盐、血清铁钙及维生素 B_1、维生素 B_2、维生素 C 等以此方式运输。

d. 胞饮作用：极少量的大分子物质，如免疫活性物质及免疫过程中极为重要的球蛋白可能借这一作用而通过胎盘。

② 代谢功能。胎盘组织内酶系统极为丰富。已知的酶类，如氧化还原酶、转移酶、水解酶、异构酶、溶解酶及综合酶，在胎盘中均有发现，而且活性极高。因此，胎盘组织有高度的生化活性，具有广泛的合成及分解代谢功能。胎盘能以醋酸或丙酮酸合成脂肪酸，以醋酸盐合成胆固醇，亦能从简单的基础物质合成核酸及蛋白质，并具有葡萄糖、戊糖磷酸盐、三羧酸循环及电子转移系统。这些功能对胎盘的物质交换及激素的合成功能都很重要。

雌激素和孕激素是胎盘酶系统的激活剂。在雌激素作用下，胎盘的三磷酸腺苷（ATP）含量可增高 1.5 倍，胎盘细胞代谢能力加强，因而核酸、蛋白质及脂肪的合成能力均有明显提高。雌激素对胎盘细胞内生物反应所需能量起调整和储备作用；而孕酮则促进能量释放，供应胎盘细胞，以利于其功能的进行。

③ 内分泌功能。胎盘像黄体一样，也是一种暂时性的内分泌器官，能合成和分泌雌激素、孕激素和促乳素，这些激素释放到胎儿和母体循环中，其中一部分进入羊水被母体或胎儿重吸收，在维持妊娠和胚胎发育中起调节作用。

④ 胎盘屏障。胎盘在遗传上与母体不一样，因此可以看做是一种异体移植物。胎盘虽然与母体组织紧密结合，但分娩期不会被母体排出。滋养层细胞本身就是免疫屏障，与纤维蛋白层不同，滋养层细胞围绕着每个胎儿形成完整的屏障，一般细菌、病原体是不能通过胎盘的。但是，某些病原可在胎盘上先形成病灶，然后再进入胚体。

胎盘对抗体的运输也具有明显的屏障作用。犬与猫只有少量的抗体可以由胎盘进入胎儿，成为母源抗体，大部分抗体是出生后从初乳中获得的。

⑤ 药物渗透作用。某些药物可以通过胎盘进入胚胎，如镇静剂、吸入性麻醉剂、抗生素等，会导致胎儿畸形。因此，在妊娠期应谨慎选用药物。

⑥ 排泄作用。胎儿的代谢产物如尿酸、肌酐等是由胎盘经过母体血液排出的。

单元三　妊娠诊断

妊娠诊断的目的是确定母体是否已经妊娠，以便按妊娠母体对待，加强饲养管理，维持健康，保证胎儿正常发育，以防止胚胎早期死亡或流产以及预测分娩日期，做好产仔准备。对于没有妊娠的母体，则应密切注意其下次发情时间，做好补配工作，并及时查找出其未孕的原因，采取相应措施，提高繁殖效率。

目前妊娠诊断方法，主要包括外部观察法、触诊法、超声波诊断法、X 射线诊断法等。

一、外部观察法

外部观察法是主要根据妊娠后母体的行为变化和外部表现来判断是否妊娠的方法。妊娠母体因体内新陈代谢和内分泌系统的变化导致行为及外部形态特征发生一系列的变化，这些变化是有一定规律可循的，掌握这些变化规律就可以判断母体是否妊娠及妊娠进展状况。

1. 行为变化

妊娠初期无行为变化。雌犬妊娠 20d 左右，表现出食欲增加，膘情改善，毛色光亮，性情温顺，行动迟缓。随着妊娠期的推移，上述变化明显，活动量减少，行动迟缓，小心翼翼，有时震颤，喜欢温暖场所。妊娠后期，排尿次数增多，容易疲劳，接近分娩时有做窝行为。个别犬有妊娠样呕吐和厌食现象。

2. 乳腺变化

妊娠初期乳腺变化不明显。妊娠2~3周后，第4对、第5对乳头变粗，颜色为粉红，乳房开始发育，基部显出"蓝晕"，甚至临近分娩前可以挤出乳汁。

3. 身体变化

妊娠初期，胎儿生长缓慢。犬在排卵后第30天，体重开始增加，到了35~40d，腹围开始明显增大，体重迅速增加，第50天后在腹侧可见"胎动"，在腹壁用听诊器可听到清脆、频率快、第二心音不明显的胎儿心音。猫在妊娠30d左右，腹部明显增大，轻压后腹部能够摸到胎儿的活动，体重迅速增加，乳房开始肿胀。

4. 外生殖器变化

发情结束后，母体外阴部仍然肿胀，如未妊娠经过3周左右逐渐消退，如果妊娠则外阴部持续肿胀。妊娠母体肿胀的外阴部常呈粉红色的湿润状态，分娩前2~3d，肿胀更加明显，外阴部变得松弛柔软。

雌犬阴道分泌大量黄色黏稠、不透明的黏液。配种后，无论是否妊娠，雌犬都间断性分泌黏液。但是，妊娠犬黏液变为白色稍黏稠而不透明的水样液体，临近分娩时分泌少量（1~3ml）非常黏稠的黄色不透明黏液。

此外，母体配种后因营养、生理疾病或环境应激造成的乏情有时也被误诊为妊娠，且上述表现在妊娠中、后期比较明显，早期难于准确判断。因此，此法只能作为早期妊娠诊断的辅助手段，应与其他诊断方法配合使用。

二、触诊法

触诊法是指隔着母体腹壁触诊胎儿及胎动的方法。凡触及胎儿者可判断为妊娠，但触不到胎儿时不能认定没有妊娠。此法多用于妊娠前期。

触诊时，雌犬应作站立姿势保定，胎儿的位置在脐孔与第4对乳头之间的腰椎和下腹部之间，左手掌紧贴下腹部，拇指位于右侧腹壁，中指位于左侧腹壁，当母体呼气、腹压降低时，以两手指向腹腔压缩，并作上下左右捻动以判定胎儿位置。若已经妊娠，可感觉到两子宫角松软无力并有硬物感，胎儿呈葡萄状硬块，有弹性，易游离。雌犬妊娠18~21d，胚胎绒毛膜囊呈半圆形膨胀囊，位于子宫角内，直径大约1.5cm，隔着腹壁很难摸到；妊娠20~23d，子宫角增粗，能隐约感觉到胎儿的存在；妊娠24~30d，可以清楚触摸到子宫角内胎儿的散性分布；妊娠28~32d，胚囊直径1.5~3.5cm，呈乒乓球大小，很容易触摸到；妊娠30d，胚囊体积增大、拉长、失去紧张度，胎儿位于腹腔底壁，很难摸到子宫角；妊娠45~55d，子宫膨大、拉长、接近肝部，子宫角尖端可以达到肝脏后部，胎儿位于子宫角和子宫颈的侧面和背面；妊娠55~65d，胎儿增大，很容易触摸到。

猫最适宜触诊的时间为妊娠后20~30d，因为此时胎儿间的分割最明显。触摸胎儿时，应在母体空腹情况下进行，检查操作中，动作应轻缓且勿用力过大，以免造成流产。此法需要有丰富的经验，才能做出较为准确的诊断。

三、超声波诊断法

超声波诊断法是利用线形或扇形超声波装置探测胚泡或胚胎存在诊断妊娠的方法，是利用超声波的物理特性和不同组织结构的特性相结合的物理学诊断方法。

> **知识卡**
>
> 超声波诊断技术 目前，兽医应用最多的超声波诊断仪是B型超声（B超）诊断仪，属于光度调制型，即以光点的亮暗反映信号的强弱，能够对机体作适时显像，清晰显示机体内部脏器和组织的动态变化、外形与毗邻关系，以及软组织的内部回声、结构、血管与其他管道的分布情况，广泛应用于妊娠监测、超数排卵、疾病诊断以及良种选育和育肥监测等领域。B超对机体无损害，图像为二维图像，所以，又称为适时超声断层显像诊断仪，成为四大医学影像诊断方法之一。

1. B超诊断法

B型超声波诊断法是通过荧光屏上显示子宫不同深度的断面图，观察到胚胎的外部结构（如子宫、孕囊、胎盘、胎膜和脐带）、胚胎外形（如胎儿轮廓、四肢、外生殖器和胎动）、胚内结构（如胎心搏动、内脏器官和骨骼）等，来判断胎儿的有无、存活或者死亡。

B超早孕的判断，主要根据子宫区内观察到圆形液性暗区的孕囊（直径1~2cm）以及子宫角断面增大、子宫壁增厚等指标进行，准确率高。犬一般在配种后15~20d可以用B超探测到孕囊，但此时的子宫角很细（直径不到1cm），几乎看不到管腔，很难探查到；23~25d可见胚体（在绒毛膜囊内出现强回声的光亮团块）；21~28d可观察胎心搏动；26~28d能分辨头和躯干；31~35d能辨认四肢和脑脉络丛；35~40d开始骨化，可以观察到胎儿的脊柱；40~47d出现视泡并可分辨内脏器官，可以清楚地观察到胎儿身体的发育情况，甚至可以鉴别胎儿的性别。

探查方法多为腹底壁或两侧腹壁剪毛后，探头及探测部位充分涂抹耦合剂，将探头与皮肤紧密接触，用5MHz或7.5MHz的线阵或扇形扫探头作横向、纵向和斜向三个方位的平扫切面观察，当出现1个或多个孕囊暗区时，即可判为已孕，准确率可高达100%。孕囊需要与积液的肠管或子宫积液相鉴别：当横切面和纵切面均为圆形液性暗区且管壁较厚、回声较强时则为孕囊；而横切面为圆形、纵切面为条形液性暗区且管壁较薄者则为管腔积液。

妊娠23d左右，可以根据孕囊和胚体的多少估测胚胎数；根据B超切面图可辨认的回声结构预测胎龄；根据胎心搏动和胚胎结构可鉴别死胎、气肿胎，判断胚胎吸收和流产。根据产中、产后子宫内部结构监护分娩，判断分娩是否结束，监测子宫产后复旧状况等。根据动物的怀胎数将其分成不同的组，并且据此制订相应的饲养计划，可降低饲养成本，保证幼仔正常发育和出生后的生长发育，还可避免因饲养不当引起的胎儿窒息死亡以及母体妊娠毒血症。

2. 多普勒诊断法

此法是根据子宫动脉、胎儿脐静脉或脐动脉的血流以及胎儿心跳搏动反射的超声波信号，将其转变为声音信号，从而判断母体是否怀孕。但是，多普勒诊断法不能发现胚胎的死亡，也不能准确判定胎儿的数量，比B超效果差。

探查方法多为两侧腹壁剪毛后，将探头触到稍微偏离左右乳房的两侧。子宫动脉在未妊娠时为单一的搏动音，妊娠时为连续的搏动音。胎儿的心音比母体快，类似蒸汽机的声音。胎儿心音与胎盘血流音只有母体妊娠时才出现。

此法的诊断率随着妊娠进程而提高，如犬妊娠23d就可以初步判定，妊娠36~42d准确率为85%，从妊娠43d到分娩前可以达到100%。猫在妊娠30d可以测到脐动脉血流、胎儿心跳或子宫动脉血流。

四、X射线诊断法

交配后前20d，X射线不能确定雌犬是否妊娠；交配后25～30d，受精卵开始着床，胚胎内潴留液体，通过X射线可以观测到膨大的子宫角。妊娠30～35d，可见子宫外形，在49d胎儿骨骼钙化，能充分显示出反差。在少数雌犬妊娠40d做X射线检查，胎儿的椎骨和肋骨明显可见。用此法检查时，必须根据母体的大小，向腹腔注射200～800ml空气进行气腹造影。

猫妊娠17d后，通过X射线透视，胚胎在子宫上形成一个个突起。观察突起的直径，可以近似推断出妊娠日期。

这种方法一般不作为早期妊娠诊断来使用，因为放射线对胎儿早期的发育影响较大。一般用于妊娠后期确定胎儿数量或比较胎儿头骨与母体骨盆口的差异，预测难产发生的可能性，而且要尽量避免重复使用。

五、血液检查法

妊娠期间母体的血液组成成分发生某些变化，根据这些参数的改变可以判断是否妊娠，并能有效区分真妊娠与假妊娠。在妊娠后期，血红蛋白浓度和血细胞压积均降低，但产后1周内恢复正常。这种血液学变化不能单独用于诊断母体是否妊娠，需要与其他检查项目结合来分析。下面将妊娠犬的血液变化介绍如下。

1. 红细胞变化

从妊娠21d起，红细胞开始下降，到妊娠的最后1周，70%的雌犬减少到500万/ml，红细胞体积减小40%。血红蛋白比率下降，特别是年轻和饲养不当的雌犬下降最多，血沉增加到最大值。从妊娠20d起，血红细胞容量持续下降，到临产前降到最低值30%，而非妊娠犬为45%。

2. 白细胞变化

从妊娠21d起，血小板增加，临产前达50万/ml，白细胞升高，在49d左右达到最大值，然后下降，但超过3000/ml时为正常。

3. 凝血因子变化

在妊娠28～42d，凝血因子Ⅶ、凝血因子Ⅷ、凝血因子Ⅸ和凝血因子Ⅺ浓度增加，直到分娩时才下降。妊娠期间纤维蛋白增加2～3倍。

4. 血清指标变化

妊娠21d时，血清肌酸酐水平下降25%～33%，经产雌犬平均0.8mg/L（范围0.6～0.9mg/L），初产雌犬平均1.1mg/L（范围0.9～1.2mg/L）；血清丙种球蛋白下降40%～45%，经产雌犬平均为648mg/L（范围440～1220mg/L），初产雌犬平均为1108mg/L（范围840～1460mg/L）。

六、尿液检查法

雌犬妊娠后5～7d，尿液中就可出现一种与人绒毛膜促性腺激素结构相似的激素，所以采用人工的"速效检孕液"可以测出犬尿液中是否有类似人绒毛膜促性腺激素的物质。检查阳性者，即为妊娠，阴性者未妊娠。据报道，用这种方法检查的准确率相当高，在交配后6d左右就可以检查出来。

七、腹腔镜检查法

利用腹腔镜检查时，事先要对动物进行常规麻醉，并用 CO_2 做腹腔造气。腹腔镜不但可以用于妊娠诊断，还可以用于检查子宫积脓、卵巢囊肿、宫外孕，以及结扎输卵管、腹腔取样等操作。在观察卵巢时，雌犬的卵巢被厚厚的脂肪所包围，很难看到卵泡的发育情况，需要用切割或烧灼用具将卵巢囊入口打开，否则看不到卵巢。腹腔镜检查不影响雌性的繁殖能力。

猫的检查方法：首先，按照 0.03mg/kg 体重的标准，肌内注射 846 合剂麻醉，将猫仰卧在手术台上，尾部抬高 30°，在腹中线旁 4~8cm 处，通过针头注入 5% 的 CO_2 进行气腹处理。切口部位在肚脐后 2~4cm 正中线上，术部清洗消毒后，切一个 1~2cm 的小口，将套管针连同套管成 30°插入切口，抽出套管针针芯，插入直径为 5~10mm 的腹腔镜（角度为 180°）。检查完毕，抽出腹腔镜和套管，用单线缝合切口，要求腹膜和皮肤要分别缝合。

单元四　分娩征兆与分娩

分娩指怀孕期满，母体将发育成熟的胎儿及其附属物从子宫内经产道排出体外的生理过程。

一、分娩征兆

随着体内胎儿的发育和分娩期的临近，妊娠雌犬、雌猫的生殖器官、外部形态和精神状态发生一系列变化，这种变化称为分娩征兆。根据分娩征兆可大致判断分娩的时间，从而有利于做好雌犬、雌猫分娩的接产准备。

雌犬、雌猫的分娩通常在凌晨或傍晚进行，分娩征兆主要表现在以下几个方面。

1. 生理变化

（1）乳房　分娩前乳房迅速膨胀增大，乳腺充实，底部水肿，乳头增大变粗，变为粉红色。有些雌犬在分娩前 2d 可挤出少量清亮胶状液体或乳汁，极少数雌犬在分娩前 1 个月就有乳汁分泌，而大部分雌犬则需要在分娩后 1h 才分泌乳汁。

（2）外阴　临近分娩前数天，雌犬外阴部和阴唇柔软、肿胀、增大，呈松弛状态；阴道壁松软，阴道黏膜潮红，阴道内黏液变得稀薄、滑润，子宫颈松弛。

（3）骨盆　临近分娩时，骨盆韧带及荐髂韧带松弛，荐骨活动性增大，臀部坐骨结节处明显塌陷，后躯柔软，骨盆血流量增多。

2. 行为变化

（1）精神状态　临产前雌犬表现为精神抑郁、徘徊不安、呼吸加快，越临近生产时不安情绪越明显，并伴以扒垫草、撕咬物品，发出低沉的呻吟或尖叫等行为。雌猫表现为不安，不停地变换姿势、鸣叫或者蹲在地上。初产雌犬、雌猫表现尤为突出。另外，雌犬、雌猫临产时出现造窝行为，对陌生人的敌对情绪增强。

（2）食欲状态　大多数雌犬、雌猫在分娩前 24h 食欲明显下降，只吃少量爱吃的食物，甚至拒食。个别雌犬、雌猫临产前食欲表现正常。

（3）排泄状态　分娩前粪便变稀，排尿次数增加，排泄量少。行为谨慎，安静离群。

3. 体温变化

分娩前雌犬、雌猫的体温有明显的变化。大多数雌犬在分娩前 3~4d，体温从 38~39℃ 开始下降，临产前 9h 体温会降到最低，比正常体温降低 1.5~2℃ 以上。当体温开始回升时，预示着即将分娩。雌犬分娩前体温的明显变化，是预测分娩时间的重要标志之一。有些雌猫临产前也出现肛门温度降低的现象。

二、分娩

1. 分娩机制

分娩是胎儿发育成熟的自发生理活动，引起分娩发动的因素是多方面的，是由机械性扩张、激素、神经及胎儿等相互联系、协调而促成的，胎儿的下丘脑-垂体-肾上腺轴对发动分娩有决定性作用。

（1）机械作用　随着胎儿的迅速生长，子宫也不断扩张，导致子宫肌对雌激素及OXT的敏感性增强，胎盘血液循环受阻，胎儿所需氧气及营养得不到满足，产生窒息性刺激，引起胎儿强烈反射性活动，而导致分娩。

（2）激素　对分娩启动有作用的激素很多，包括雌激素、催产素、孕激素、前列腺素、肾上腺皮质激素、松弛素等。这些激素共同作用启动分娩。其中，催产素能使子宫强烈收缩，对分娩起着重要作用。

（3）中枢神经　中枢神经系统对分娩并不起决定性作用，但对分娩过程具有调节作用。分娩多半发生在晚间，此时外界光线及干扰减少，中枢神经易于接受来自子宫及软产道的冲动信号。

（4）胎儿因素　胎儿的下丘脑-垂体-肾上腺轴对分娩的启动有决定性作用。

综上所述，当胎儿发育成熟时，它的脑垂体分泌大量促肾上腺皮质激素，使胎儿肾上腺皮质激素的分泌增多，后者又引起胎儿胎盘分泌大量雌激素，同时也刺激子宫内膜分泌大量前列腺素，溶解妊娠黄体，抑制胎盘产生孕酮，使子宫的稳定性降低；雌激素增强子宫肌对雌激素刺激的敏感性，同时卵巢分泌松弛素增加，使子宫颈软化；导致子宫肌节律收缩加强，发动分娩。

（5）免疫学机制　从免疫学的观点看，胎儿属于异体组织，能够刺激母体产生免疫反应。胎儿发育成熟时，胎盘发生老化、变性，胎儿与母体之间的联系以及胎盘屏障遭到破坏，胎儿就像异物一样被排出体外。

2. 分娩要素

分娩是母体依靠自身的力量通过产道将胎儿从子宫中排出来。分娩的正常与否，主要取决于产力、产道及胎儿三个方面。

（1）产力　产力是指胎儿从子宫中排出的力量，是由子宫平滑肌及腹肌有节律的收缩共同构成的。

子宫肌的收缩称为阵缩，是分娩过程中的主要动力，收缩方向是由子宫底部开始向子宫颈方向进行。阵缩是子宫肌在分娩时由血液中催产素的节律性释放产生的，具有间歇性特点，对胎儿的安全非常有利。当子宫肌收缩时血管受到压迫，血液循环与供氧量发生障碍，血液中的催产素减少，子宫肌的收缩减弱、停止。子宫肌收缩停止时，解除对血管的压迫，恢复正常血液的循环与供氧，如此循环，产生子宫阵缩。若子宫肌收缩无间歇性，胎盘上的血管受到持续性压迫导致血流中断，引起胎儿窒息死亡。两次阵缩之间有一定时间的间歇，有利于雌犬、雌猫恢复体力。阵缩间歇时，子宫肌收缩暂停，但并不迟缓。因为子宫肌除了收缩外，还发生皱缩。因此，子宫壁逐渐加厚，子宫腔也逐渐变小。

腹壁肌和膈肌的收缩称为努责，是伴随阵缩进行的随意性收缩，能使腹腔内压增大，从而加强对子宫的压迫，是分娩的辅助动力。当雌犬、雌猫横卧分娩时，努责更为明显。

（2）产道　产道是分娩时胎儿由子宫内排出所经过的道路，分为软产道和硬产道。

① 软产道。包括子宫颈、阴道、尿生殖道前庭和阴门这些软组织构成的通道。分娩时，子宫颈逐渐松弛，直至全开张，以适应胎儿的通过。分娩之前及分娩时，阴道、尿生殖道前庭和阴门也相应变得松弛、柔软和扩张。

② 硬产道。指骨盆腔，主要由荐骨、前3节尾椎、髋骨（髂骨、坐骨、耻骨）及荐坐韧带构成。雌犬骨盆的特点是入口宽大而圆，倾斜度大，耻骨前缘薄，坐骨上棘低，荐坐韧带宽，骨盆横径大，坐骨弓宽，因而出口大。

> **技能拓展**
>
> 分娩姿势对骨盆腔的影响　分娩时，雌犬、雌猫多采取侧卧姿势，偶见排粪姿势。侧卧时，胎儿更接近并容易进入骨盆腔，并且腹壁不负担内脏器官及胎儿的重量，使腹壁的收缩更有力，从而增大了对胎儿的压力。另外，侧卧可以使两后肢呈挺直姿势，促使骨盆韧带以及附着的肌肉充分松弛，从而使骨盆腔充分扩张，有利于胎儿通过。因此，通常表现为侧卧努责、后肢挺直的分娩姿势。

（3）胎儿　妊娠期内，胎儿在子宫内全身盘曲，四肢紧缩，形成一个椭圆形。分娩时，胎儿通过产道，必须改变为分娩姿势，才能顺利排出。

① 胎向。指胎儿身体纵轴和母体身体纵轴的关系，分为3种：纵向（胎儿纵轴和母体纵轴平行）、竖向（胎儿纵轴和母体纵轴呈上下垂直）和横向（胎儿纵轴和母体纵轴水平垂直，胎儿横卧于子宫内）。其中，竖向与横向都是反常胎向，可导致难产。犬、猫是多胎动物，妊娠时左、右侧子宫角较长，而且弯曲，甚至反转，所以胎向不能完全确定。

② 胎位。指胎儿的背部与母体背部的关系，分为3种：下位（胎儿仰卧在子宫内，背部朝下，靠近母体的腹部及耻骨，又称背耻位）、上位（胎儿俯卧在子宫内，背部朝上，靠近母体的背部及荐部，又称背荐位）和侧位（胎儿侧卧在子宫内，背部位于一侧，靠近母体一侧腹壁及髂骨，又称背髂位）。雌犬、雌猫胎儿的胎位没有规律性，分娩时，上位是正常胎位，下位和侧位是反常胎位。如果侧位倾斜不大，称为轻度侧位，仍可视为正常。

③ 胎势。指胎儿本身的姿势，即胎儿身体各部分之间的关系。雌犬、雌猫分娩时，胎儿在子宫内的正常胎势为体躯微弯，四肢屈曲，头俯向胸前，四肢屈于胸腹部。

> **知识卡**
>
> 前置　又称先露，指胎儿最先进入产道的部分，以此表示胎儿某一部分与产道的关系。如正生时前躯前置，倒生时后躯前置。常用"前置"说明胎儿的反常情况，如前腿的腕部是屈曲的，腕部向着产道，叫腕部前置；后腿的髋关节是弯曲的，后躯伸于胎儿自身之下，坐骨向着产道，叫做坐骨前置。

④ 分娩时胎向、胎位和胎势的改变。分娩时胎向为纵向，不发生变化，但胎位和胎势则必须发生改变，使胎儿纵轴变为细长，以适应骨盆腔而有利于分娩。这种改变主要靠阵缩压迫胎盘血管，胎儿处于缺氧状态，发生反射性挣扎所致。结果胎儿由侧位或下位转为上位，胎势由屈曲状态变为伸展状态。

雌犬、雌猫分娩时，胎向多是纵向，头部前置，常是正生、倒生交替产出。正生时，两前肢、头颈伸直，头颈放在两前肢上面；倒生时，两后肢呈伸直状态。这种以楔状进入产道的姿势，容易通过骨盆腔。

3. 分娩过程

整个分娩期从子宫颈开张、子宫开始阵缩到胎衣排出为止，一般分为 3 个阶段：开口期、胎儿产出期和胎衣排出期。

(1) 开口期　从子宫开始间歇性收缩，到子宫颈口完全开张，与阴道之间的界限完全消失为止。这一阶段持续的时间差异比较大，一般为 3~24h，其特点是：一般只有阵缩而不出现努责；行为上表现为起卧不安、举尾徘徊、食欲减退，常做排尿动作，有时也有少量粪尿排出，呼吸与脉搏加快。

雌猫喉咙还会发出呼噜呼噜的响声，但并不痛苦。此外，雌猫阴道有透明液体流出。一般初产个体由于恐惧，表现明显，经产个体表现相对安静。

由于子宫颈的扩张和子宫肌的收缩，迫使胎水和胎膜推向松弛的子宫颈，促使子宫颈开张。开始时阵缩的频率低，间隔时间长，子宫肌每 15min 收缩 1 次，每次持续 20s。但随时间的进展，收缩频率、强度和持续时间逐渐增加，到最后以每隔几分钟收缩 1 次。

(2) 胎儿产出期　从子宫颈口完全开张，到所有胎儿全部排出为止。产出期持续时间的长短取决于母体的状况和胎儿数目，一般为 6~12h。这一阶段的特点是：阵缩和努责共同发生而且强烈，努责是排出胎儿的主要力量，比阵缩出现得晚、停止得早。行为上表现为极度不安、痛苦难忍、回顾腹部、唉气、弓背努责。当第一只幼崽进入骨盆，阵缩与努责更加强烈，而且持续时间更长，更加频繁。同时会将后肢向外伸直，强烈努责数次，休息片刻继续努责，直至胎儿排出。

当胎儿要娩出时，首先看到的是阴门鼓出，然后是一层白色薄膜。当包着胎儿的胎膜出现在阴门时，母体会用牙齿撕破胎膜，露出胎儿。撕破胎膜可以润滑产道，有利于胎儿排出。胎儿产出后，母体会拽出并吃掉胎膜与胎盘，咬断脐带，并不停地舔舐幼崽全身，特别是鼻口处的黏稠羊水，确保呼吸畅通，并舔干全身被毛，同时还会舔舐自己外阴部，清洁阴门。

通常，雌犬在分娩出第一只仔犬后的 2h 左右，第二只仔犬就会娩出。当第二只仔犬娩出而产生阵缩时，雌犬会暂时撇开第一只仔犬，来处理第二只仔犬的出生。如此重复，直至所有仔犬出生。在分娩仔犬间隔，雌犬有站起来走动和喘气的习惯。当所有仔犬娩出，雌犬会安静下来，精心照顾和保护仔犬，并不停地用力舔舐仔犬的肛门及其周围，刺激胎粪的排出。

雌猫的分娩一般持续 1~6h，产仔间隔为 5min~1h。雌猫腹壁肌肉收缩的时间间隔逐渐缩短，从起初的每 15~30min 收缩 1 次，直到每 15~30s 收缩 1 次。通常，雌猫的产仔是两个胎儿为 1 组，然后再经过 10~90min 产出另一组两个胎儿。两侧子宫角交替排出胎儿，胎儿较多的一侧子宫角先排出胎儿，全部胎儿在 6h 内产出。一般雌猫产出 3~4 只仔猫，1h 内不出现努责，表明分娩结束。

(3) 胎衣排出期　从胎儿排出后到胎衣完全排出为止。这一阶段的特点是轻微阵缩，偶尔还配合轻度努责。胎盘与胎膜通常在幼崽娩出 15min 内排出，也有可能与下一只幼崽娩出时一起排出。胎盘具有丰富的蛋白质，雌犬、雌猫通常会吃掉胎盘和胎膜，用于补充能量，有利于分娩和催乳作用。但是，不要吃得太多，否则会引起胃肠消化障碍，一般食用 2~3 个即可，剩余的胎膜应该移走。

在分娩期间，雌犬、雌猫不会专注地哺乳，整个分娩结束后才会专心为幼崽哺乳。

单元五　人工助产与难产救助

雌犬、雌猫一般都能自然分娩，不要人工助产。由于某些因素的影响，有些个体不能独立完成分娩，需要人为帮助雌犬进行分娩，这个过程就是助产。发生分娩异常时，应及时助产，避免母体与幼崽受到危害。

一、助产前的准备

1. 产房的准备

产房应该宽敞明亮、清洁、干燥、通风良好，要求冬暖夏凉，温度保持在30℃，并有产床。应经过消毒和铺垫柔软干草，垫草要切得长度适中。根据配种卡片和分娩征兆，分娩前7d转入以熟悉环境。

2. 药品及用具的准备

肥皂、毛巾、刷子、绷带、消毒液（新洁尔灭、来苏尔、75%酒精和2%~5%碘酒）、催产素、产科绳、镊子、剪子、脸盆、诊疗器械及手术助产器械和热水。

3. 建立夜间值班制度

雌犬、雌猫多在夜间分娩，做好随时接产准备，并遵守卫生操作规程。助产人员穿好工作服及胶围裙、胶靴，消毒手臂，准备做必要的检查工作。

4. 分娩雌犬、雌猫的准备

分娩前用消毒液擦拭雌犬、雌猫的外阴及周围，并用温水擦洗。对于长毛品种，应该将肛门周围的长毛剪掉。

二、正常分娩的助产

正常分娩无须人为干预，助产人员的主要任务是监视分娩情况和护理幼仔，保证胎儿顺产和母体安全。出现下列情况要及时人为助产。

1. 雌犬、雌猫不能撕破胎膜

当胎儿唇部或头部露出阴门外，雌犬、雌猫不能主动撕破胎膜时，要及时将胎膜撕破，撕破胎膜要掌握时机，但不要过早，以免胎水过早流失，并将胎儿鼻腔内的黏液擦净，以利于呼吸。

2. 雌犬、雌猫产力不足

阵缩和努责是顺利分娩的必要条件，应注意观察。初产或年老的雌犬、雌猫，由于生理原因出现阵缩、努责微弱，无力产出胎儿。此时要使用催产素，同时用手指压迫阴道刺激母体反射性增强努责。必要时，在30~45min后注射5ml葡萄糖酸钙，以提高子宫对催产素的敏感性。

3. 胎儿过大或产道狭窄

出现这种情况，必须采取牵引术进行助产，方法是：消毒外阴，向产道内注入充足的润滑剂。先用手指触及胎儿，了解胎儿发育情况，再用手指夹住胎儿，随着母体的努责，将胎儿沿骨盆轴方向慢慢拉出，同时要从外部压迫产道帮助挤出胎儿，但要防止会阴撕裂。

4. 胎位不正

正常胎位一般不会难产，而且倒生也不一定发生难产。若发生胎位不正引起产出困难时，就要及时进行纠正，即将手指伸进产道，将胎儿推回，然后纠正胎儿。手指触及不到时，可使用分娩钳。

三、难产的助产

正常的助产如果没有效果，就可能发生难产，应及时做进一步处理，如药物（激素）处理，必要时进行剖腹产手术。

1. 难产的分类

对于产程超过 4～6h 或者阵缩持续 30～60min 以上，雌犬、雌猫出现明显的分娩表现仍没有胎儿娩出，可以视为难产。可分为产道性难产、产力性难产和胎儿性难产三种。

（1）产道性难产　是由于母体骨盆狭窄、子宫捻转、腹股沟疝、子宫颈或阴道发育不充分，分娩时产道不能松弛和开张而引起的难产。多见于配种过早或先天发育异常的犬、猫。如猫在 4～5 月龄第一次发情就配种，容易出现骨盆狭窄。

（2）产力性难产　是指妊娠雌犬、雌猫产程过长，身体消耗大，无力将胎儿娩出而引起的难产，多见于母体过肥（骨盆与阴门周围沉积大量脂肪）、运动不足、老年个体，或小型品种犬、猫，如吉娃娃犬、博美犬、北京犬、小鹿犬易发产力性难产和产道性难产。

（3）胎儿性难产　是指由于胎儿发育异常、胎儿过大、胎儿的胎位、胎势异常所引起的难产。常见于杂交或者妊娠后期营养过剩，以及某些特殊品种犬、猫，如吉娃娃犬、北京犬头型大而圆，容易出现头盆不符、胎儿过大而发生难产。此外，头颈侧弯、怪胎、先天性头部水肿以及畸形等，都会发生胎儿性难产。

2. 难产的救助

（1）药物助产　多在先行使用雌激素松弛子宫颈并使子宫肌层致敏的基础上，肌内注射或者静脉注射催产素，在母体阵缩的配合下将胎儿娩出。此法可以解决产道狭窄和产力不足而引发的难产。使用前，应采用 X 射线或超声波检查，了解胎儿数量、大小和胎势、胎位等情况。当产道狭窄或胎向、胎势、胎位不正时，盲目使用催产素会引起子宫破裂，影响繁殖。因此，药物助产要谨慎使用。此外，可以同时静脉注射一定量的葡萄糖溶液，来增强母体的体力，增加产力。

（2）手术助产　发生难产，而且经药物助产或其他必要的助产无效者，应立即进行剖腹产。剖腹产手术的原则宜早不宜迟。采取保守或强制的助产方法，母体体力下降严重，错过最佳手术时机而取胎，容易造成胎儿发育不良或窒息而不能全部存活。

① 保定与麻醉。给犬进行剖腹产手术时，多采用仰卧保定、全身麻醉配合局部麻醉来进行。保定可以采用先仰卧后侧卧的方法进行，有利于快速取胎和排出子宫内的残留物。全麻药物对衰弱的雌犬与胎儿的呼吸有较强的抑制作用。所以，根据临床表现可以局部麻醉代替全身麻醉。猫的麻醉可以用氟烷和一氧化碳吸入，或者结合插管，静脉注射 5～10mg 的水合氯胺酮及局部麻醉等。

② 术口位置的选择。腹壁的切口位置，通常有腹中线切口、腹中线左切口或右切口、乳腺左外侧切口或右外侧切口。小型个体以腹中线切口为佳，因在腹中线切口时，出血少、愈合早、不易为被毛污染，创口不易撕裂。犬的切口一般在 8～15cm 为宜，猫的切口在 6～8cm 为宜，过大容易引起感染，过小不容易牵拉与暴露子宫。

> **技能拓展**
>
> 子宫捻转　整个怀孕子宫或一侧子宫角或子宫角的一部分，沿着纵轴发生扭转并伴有子宫颈及前部阴道发生扭转，称为子宫捻转。当子宫发生严重捻转时，必须采用手术将胎儿取出，并对子宫施行子宫卵巢切除术。对于良种犬、猫，为了能使其继续繁殖，可以只切除受影响的一侧子宫角与卵巢，保留另一侧子宫角与卵巢，但治疗后的繁殖能力要明显低于未发生捻转个体的繁殖能力。

子宫切口位置，通常有子宫体切口、单侧或双侧子宫角切口、单侧或双侧子宫角基部切口。犬的切口在靠近术者一侧的子宫角接近子宫体的 3～4cm 处，做一纵向 6～10cm 的切口，猫的切口，同时要避开大血管，既有利于取出两侧子宫角内的胎儿，又容易取出子宫体内的胎儿。猫的切口在大弯处切开子宫 4～6cm。在子宫角基部切口也有利于雌犬、雌猫的下次妊娠，而其他部位切口容易引起不孕。

3. 难产的救助原则与预防

发生难产时，应该立即采取措施助产。助产时，除注意挽救雌犬、雌猫胎儿外，还要尽量保持雌犬、雌猫的繁殖力，防止产道损伤、破裂和感染。为了方便矫正和拉出胎儿，应向产道内注入大量润滑剂。矫正胎势时，应该在母体阵缩的间隙将胎儿推回子宫。在分娩过程中，要保持环境的安静，配备专人护理和接产。

难产不是常见病，但易引起幼仔死亡，处理不当，使母体子宫及软产道受到损伤或感染，轻者影响繁殖能力，重者危及生命。一般预防措施如下。

（1）切忌过早配种　过早配种，青年雌犬、雌猫在妊娠期间，生殖器官未发育成熟，骨盆狭窄，易发生产道性难产。在保证初配适龄配种的前提下，加强饲养管理，保证青年雌犬、雌猫的发育，以减少因其发育受阻而引起难产。

（2）加强饲养管理　妊娠期合理的饲养，既保证胎儿的生长和母体健康的营养需要，又可以减少发生难产的可能性。妊娠末期，适当减少蛋白质饲料，以免胎儿过大。

（3）适当运动　适当运动，提高母体对营养物质的利用，使全身及子宫肌的紧张性提高。分娩时，有利于胎儿的转位，防止胎衣不下及子宫复位不全等。

（4）做好临产检查和早期诊断　临产前及时对妊娠雌犬、雌猫进行检查、矫正胎位，掌握胎儿数量，是减少难产发生的有效措施。通过阴道检查可以了解子宫颈扩张程度和胎位是否正常、胎儿是否存活等状况，还可以通过 X 射线检查胎儿的数量、大小以及胎位、胎势等，以便有目的地助产。

四、产后护理

1. 新生幼仔的护理

新生幼仔是指从出生到脐带断端干燥、脱落这段时间的幼仔，3d 左右。新生幼仔的活动能力差，眼睛与耳朵完全闭合，随时有被压死、踩踏的可能，也可发生因受冻、吃不到初乳而挨饿等现象，需要加强人工护理。

（1）清除黏液　胎儿产出，雌犬、雌猫若不能舔舐幼仔时，要用卫生纸或柔软毛巾擦净鼻孔与口腔内的黏液，并将后肢提起，倒出鼻孔与口腔中的液体，确保呼吸畅通，防止窒息。对于假死个体，要在 1min 内进行抢救，轻压其胸部和躯体，抖动全身直至发出叫声并开始独立呼吸。

（2）处理脐带　胎儿产出后，脐带血管由于前列腺素的作用而迅速封闭。所以，处理脐带的目的不是防止出血，而是促进断端及早干燥，避免细菌侵入。母体若不会咬断脐带或者脐带过长，需要在距离幼仔腹壁基部 2cm 处剪断脐带，断端用 5%～10% 的碘酒涂擦，每天 1 次，很快干燥、脱落。结扎和包扎会妨碍断端中液体的渗出及蒸发，容易感染断端，不宜采用。若脐血管闭缩不全，有血液滴出，或脐尿管闭缩不全，有尿液流出，应进行结扎。

（3）擦干身体　若雌犬、雌猫不舔舐幼仔身体时，要用卫生纸或柔软毛巾擦干全身，尤其是被毛。对初产雌犬需注意，不要擦拭头颈和背部，应该让雌犬舔干，以增加对幼仔的关注，避免产生弃仔行为。外界环境变化会引起雌性强的雌猫将幼仔一个一个叼走，寻找新的安静的地方，异味也会引起雌猫弃乳甚至将幼仔咬死。

（4）吃足初乳　初乳是指产仔1周内所分泌的乳汁。初乳不仅含有丰富的营养物质、较多的镁盐（软化和促进胎粪排出），还具有轻泻作用。更重要的是含有母源抗体，可增加幼仔的抵抗力。因此，新生幼仔要在产出后24h内尽快吃上初乳。对于不能主动吃初乳的幼仔，应该及时让其吃上初乳。最好将几滴初乳滴在乳头上，然后轻轻将幼仔的口鼻部在乳腺上摩擦，并将乳头塞在幼仔口中，以鼓励幼仔吮吸。

（5）保温　新生幼仔体温调节能力差，体内能量储备少，对极端温度反应敏感，应密切注意防寒保温。如新生仔犬的体温为36~37℃，最低体温会降到33~34℃。1周龄仔犬的生活温度以28~32℃为宜。如采用红外线保姆箱（伞）、暖气片或空调等，应确保产房适宜温度。但环境温度也不要过高，过高会使机体水分排泄过多，容易脱水，以略低于健康仔犬的体温为宜。

（6）人工哺乳　产仔数过多或者母体乳汁不足甚至无乳时，应该进行人工哺乳或者寄养。但在进行人工哺乳前保证幼仔吃到初乳，以提高免疫力，增强抗病性。

人工哺乳一般采用牛乳，而且最好是鲜牛乳。开始时，按照牛乳体积加入1/3的水进行稀释，然后按照每500ml稀释乳加入10g葡萄糖和2滴维生素合剂。一定时间后，逐渐减少水的比例，提高牛乳浓度。饲喂次数与饲喂量应该根据幼仔的发育情况而定。

用牛奶或人用奶粉喂仔犬，会导致仔犬腹泻，尤其是名贵犬种，如果在出生后半个月以内喂牛奶或人用奶粉，多数会在1周内陆续死亡。原因是牛奶的成分不适合仔犬，犬奶中含有高蛋白、高脂肪、低乳糖，而牛奶与其成分相差太大，是低蛋白、低脂肪、高乳糖。而犬的消化器官对蛋白质和脂肪的消化能力极强，而对乳糖的消化能力很弱。所以，给予高乳糖的牛奶会导致消化道内异常发酵引起腹泻。另外，牛奶中蛋白质含量低（是犬奶的1/3），蛋白质的量远远不能满足仔犬生长发育的需要，会降低仔犬的生长发育速度。所以最好是选用犬用奶粉来进行人工哺乳。

也可以自配仔犬代乳品，其配方是：牛奶63%、奶油22%、蛋黄1个、骨粉5~7g、适量鱼肝油；混合后加热至42℃，再加入柠檬酸2~25g，对没有吃过初乳的仔犬，再增加一些丙种球蛋白。喂量1周内为体重的20%左右，2周为30%，3周为40%。

此外，也可以选择母性强、性情温顺的雌犬、雌猫充当保姆，进行寄养。保姆犬、猫需要满足两个条件：①与原雌犬、雌猫分娩时间基本接近；②有充足的乳汁。在进行寄养时，要将保姆犬、猫的乳汁或尿液涂抹在被寄养个体上，让其不能准确分辨。同时要密切观察，防止保姆犬、猫不接受并伤害幼仔。

新生幼仔不能自己排泄粪尿，必须由母体舔舐肛门进行清理。人工哺乳时，需要用棉球擦拭幼仔的肛门，并擦干头部与身上的乳水和其他污物等。同时对腹部进行轻度按摩，以便促进胃肠和膀胱的蠕动。

（7）预防疾病　由于遗传、免疫、营养、环境等因素，以及分娩的影响，幼仔常在出生后不久多发疾病，如脐带闭合不全、胎粪阻塞、低血糖、先天性震颤等。因此，产房一定要干净、卫生，注意新生幼仔的保温，防止感冒。如新生仔犬出现肠道感染，可在口中滴入几滴抗生素。

2. 产后雌犬、雌猫的护理

产后期指胎盘排出、母体生殖器官恢复到正常不孕阶段，是子宫内膜再生、子宫复原和重新开始发情周期的关键时期。

（1）生殖器官的恢复

① 子宫内膜再生。分娩后，子宫黏膜表层发生变性、脱落，由新生黏膜代替曾作为母体胎盘的黏膜。在黏膜再生过程中，变性、脱落的母体胎盘、白细胞、部分血液及残留的胎水、子宫腺分泌物等被排出，这种混合液称为恶露。恶露最初为红褐色，以后变为黄褐色，最后为无色透明，直至停止排出。正常恶露有血腥味，但无臭味，排出时间大概1周。如果恶露有腐臭味，或者排出时间延长没有停止的迹象，说明子宫内有病理变化，应该及时治疗。

② 子宫复原。随着子宫黏膜的恢复与更新，子宫肌纤维也发生相应的变化。子宫迅速缩小，这种缩短使妊娠期间伸长的子宫肌细胞缩短，子宫壁也随之变厚。随着时间的推移，子宫壁增生的血管变性，一部分被吸收，另一部分肌纤维变细，子宫壁重新变薄，恢复正常。但是，子宫的大小与形状不能完全恢复原来的状态，比空怀雌犬、雌猫的子宫大而松弛、下垂。

③ 卵巢。分娩后，卵巢上可能有卵泡开始发育。但是，犬、猫的卵巢是在下一个发情季节，临近发情时才恢复正常的卵泡发育与排卵。

④ 生殖道和骨盆（及其韧带）。分娩后4～5d，阴道、尿生殖前庭及阴门和骨盆及其韧带即可复原，但并不完全恢复产前大小。

(2) 产后期的护理

① 加强营养。分娩期间母体体能消耗过大，加上需要哺乳。因此，应该给予雌犬、雌猫提供质量好、易消化的饲料，特别是需要高品质的蛋白质，总量也要增加。同时，要补充维生素和矿物质，必要时还要补充钙质。分娩过程中，雌犬、雌猫失去大量水分，产后要提供足量的温水，同时应供给有利于泌乳的食物。

> **技能拓展**
>
> 食仔癖　多见于胎产仔数较多时，是雌犬、雌猫将有病或者虚弱的幼仔吃掉的行为。预防食仔现象的发生，首先要创造一个安静的环境，避免雌犬、雌猫受到惊吓；其次食物中补充鱼、肉等富含蛋白质类物质的比例，避免母体及幼仔营养不良。发现已吃掉幼仔时，立即给雌犬、雌猫催吐，如皮下注射藜芦素3～5mg或内服吐根0.5g，或在幼仔身上涂擦煤油、乳汁、尿液等，以防止继续吃仔。

② 加强卫生管理。产后母体机体变化明显，抗病能力明显降低，而且身体虚弱，容易受到微生物的侵袭。因此，要注意产后母体外阴部和乳房的清洁卫生。要经常用消毒液清洗外阴部、尾巴与后躯，然后用清水擦拭干净，避免幼仔吸入消毒药水，影响健康。

③ 适当运动。在气候适宜天气好时，每天让雌犬、雌猫到室外散步运动两次，每次0.5h左右，但要避免剧烈运动。

④ 保持安静。注意保持产房及周围环境的安静，避免噪声、强光等刺激。减少对雌犬、雌猫的干扰，以免影响雌犬、雌猫的哺乳与休息。

3. 加强疾病预防

产后雌犬、雌猫体质虚弱，容易感染疾病。因此，产后要检查恶露的排出量、颜色和排出时间的长短；生殖器官有无肿胀；乳房充盈程度、有无炎症、乳量多少等。每天测量体温1～2次，注意体温变化，查明原因，及时处理。哺乳期内的雌犬、雌猫用药时，应充分考虑药物的副作用，禁止使用影响乳汁分泌及幼仔生长发育的药物。

思 考 题

1. 犬、猫胚胎附植的时间和部位如何？
2. 妊娠诊断有哪些方法？比较说明每种方法的优缺点。
3. 简述犬、猫胎盘的类型以及胚胎的作用。
4. 妊娠雌犬的行为上有哪些变化？如何区别假孕现象？
5. 胎盘的作用有哪些？
6. 分娩是如何发动的？分娩前有何征兆？
7. 难产类型有哪些？应该如何救助？
8. 如何对产后雌性动物、新生幼仔进行护理？
9. 雌性动物的分娩主要包括哪些过程？如何判断难产的发生？
10. 如何预防雌犬、雌猫难产的发生？

项目六　其他宠物的繁殖

【知识目标】
  1. 通过对观赏鸟、观赏龟、观赏鱼生殖器官的学习，了解观赏鸟、观赏龟、观赏鱼繁殖器官的组成，掌握观赏鸟、观赏龟、观赏鱼的繁殖特点。
  2. 通过对观赏鸟、观赏龟、观赏鱼繁殖习性的学习，了解影响观赏鸟、观赏龟、观赏鱼繁殖的客观因素，掌握常见观赏鸟、观赏龟、观赏鱼的繁殖技术。

【技能目标】
  1. 能够根据观赏性鸟、鱼、龟的繁殖特点，开展常见观赏性鸟、鱼、龟的自然繁殖和人工授精操作。
  2. 能够利用所掌握的相关知识，对某些特殊的观赏性鸟、鱼、龟制订切实可行的繁殖方案，并探索人工授精操作的可行性。

单元一　观赏鸟的繁殖

观赏鸟的驯养，必须玩赏与繁殖并重，这对鸟类资源的保护和合理利用，维护生态平衡等，具有重要意义。因此，作为观赏鸟的饲养爱好者，不但要全面了解鸟类的饲养常识，而且需要掌握繁殖技术，以便建立观赏鸟类的优良种群，使良种鸟在人工饲养下大量繁殖。

一、观赏鸟的生殖器官

1. 雄性生殖器官

雄性鸟的生殖器官包括睾丸、附睾、输精管和交配器等几部分（图6-1）。

（1）睾丸　睾丸位于肾脏前叶腹面，左右各1个，呈卵圆形或球形，其质量、大小和颜色因观赏鸟的品种、年龄和性机能而异。幼鸟的睾丸很小，为淡黄色，到成年睾丸增大。特别是春季繁殖季节，睾丸精细管变粗，精子大量形成，睾丸颜色逐渐变白，而在非生殖季节萎缩，不易找到。

（2）附睾　附睾被睾丸膜覆盖着，主要由睾丸输出管构成。附睾较小，紧贴在睾丸的背内侧缘，附睾管很短，前端连接睾丸，后端与输精管相连。

（3）输精管　输精管是多弯曲的乳白色细管，左右各1条，沿腹腔背部由前至后逐渐变粗，其前端与附睾连接，末端形成射精管，呈乳头状，并与输尿管平行开口于泄殖腔。

（4）交配器　大多数鸟类不具备交配器官，是靠泄殖腔口相互吻合完成输精。只有少数鸟类（如鸵鸟、雁鸭等）的泄殖腔腹壁隆起，构成可伸出泄殖腔外的交配器官，用以输出精液。某些鹤形目和鸡形目的鸟类有残余的交配器痕迹，可作为鉴别雌雄的标志。

2. 雌性生殖器官

雌鸟的生殖器官包括卵巢和输卵管两大部分（图6-2）。

（1）卵巢　雌鸟在胚胎期有两个卵巢。但是，成鸟左侧的卵巢发育正常，右侧卵巢在早期发育过程中逐渐退化，仅留残迹。卵巢借助短的卵巢系膜悬挂在左肾前叶腹侧。幼鸟的卵

图 6-1　雄鸟的生殖器官
1—睾丸；2—肾脏；3—输精管；
4—输尿管；5—直肠；6—泄殖腔
（梁书文主编，宠物繁殖，2008）

图 6-2　雌鸟的生殖器官
1—卵巢；2—肾脏；3—输卵管；
4—子宫；5—直肠；6—泄殖腔
（梁书文主编，宠物繁殖，2008）

巢小，为扁平卵圆形，表面呈颗粒状，上面有小的卵泡。随着年龄的增长，卵泡不断发育生长，形成大小不等的葡萄状卵泡。卵巢在繁殖季节明显增大，呈结节状，卵泡逐个成熟排黄，非繁殖季节中的卵巢呈扁平状，贴于左肾前叶上，很难找到。

（2）输卵管　鸟类左侧输卵管发育完全，是一条长而弯曲的管道，但幼鸟的输卵管细而直。输卵管从卵巢向后一直延伸到泄殖腔，按其形态结构和功能的不同，分为喇叭部（漏斗部）、蛋白分泌部、峡部、子宫部和阴道部。卵巢上排出的卵黄通过喇叭口进入输卵管，并在喇叭部完成受精。卵子受精后，下行至蛋白分泌部时，被蛋白质包裹，当卵黄受输卵管的蠕动而旋转下行时，卵黄两端的浓蛋白层形成系带，将卵黄悬挂在中央。卵继续下行至峡部时，黏性纤维在蛋白外形成内、外壳膜，进入子宫部形成蛋壳，最后经阴道部通过泄殖腔口产出体外。

子宫部具有蛋壳腺，能够分泌碳酸钙、碳酸镁等矿物质而形成蛋壳。许多鸟类的蛋壳上有各种颜色的花纹，是子宫部的色素细胞在产卵前 5h 左右分泌形成的。

二、观赏鸟的繁殖习性

鸟类的性成熟差异较大，一般小型鸟为 8～12 个月，中型鸟为 2 年左右，大型鸟至少要在 3 年以上。在人工饲养条件下，由于环境因素和食物条件的改善，性成熟的时间有提前的趋势。

1. 季节

鸟类的繁殖有很强的季节性。大多数鸟类在春末、夏初进行繁殖。但也有些鸟类，由于地域不同，其繁殖季节各异。如原产在澳大利亚的鸟类，繁殖期为每年 3～10 月份，引进到我国广州，繁殖期为每年 10 月中旬至次年 3 月中旬；葵花凤头鹦鹉在澳洲南部繁殖期为 8 月至次年 1 月，而在北部繁殖期为 5～9 月份。引起鸟类繁殖季节差异的主要原因是光照周期的变化，调控鸟类生殖器官的发育，从而导致繁殖季节不同。

2. 求偶

鸟类求偶是发情的表现，也是性成熟的表现。求偶活动是鸟类生活中最优美的生态表现，不同鸟类的求偶活动，千变万化，多种多样。求偶行为大多发自雄鸟，雄鸟以羽色和鸣叫取悦于对方，有些雄鸟做出飞鸣、伸颈、突胸等特殊的动作。求偶期间，鸟类的羽色鲜艳，体态丰富，鸣声多变，有的婉转清扬，有的呢喃轻悠，有的高亢豪放。优美悦耳的鸣声大多发自雄鸟，雌鸟一般很少鸣唱或鸣声简短不畅，这是玩赏笼鸟以雄性为主的重要原因。

某些雄雌鸟羽色有差异的种类，雄鸟常以艳丽的羽衣和求偶的美态来取悦于雌鸟，以吸引对方注意和达到交配。在雄鸟的追求下，雌鸟动情中意后，两鸟或同鸣共舞、或交喙相吻、或互理羽毛，几次反复后，两鸟即行交配。对绝大多数观赏鸟来讲，并没有固定的终身配偶。进入发情求偶期的鸟类，雄鸟间常有争斗，故在此期间的笼养鸟类，需注意防范，以免造成伤亡。

3. 占区

在繁殖季节，留鸟和候鸟中的雄鸟会为自己找一块繁殖地点，作为占区。它们在占区内觅食、鸣叫，并伴有不同的求偶表现，以吸引雌鸟前来配对。在雄鸟占据的区域内，不准其他同种雄鸟进入，如有侵入，就进行顽强的争斗，直至弱者被驱出为止。鸟在繁殖季节内的觅食、孵卵、育雏等活动均在巢区进行，可以使营巢鸟类有均匀的分布，保证繁殖期间有足够的食物。

4. 营巢

鸟巢是鸟类产卵、孵化和育雏的重要场所。养鸟爱好者，要认真考察野生鸟类的营巢习性，研究各种鸟巢的结构特点，为人工饲养和繁殖笼鸟以及在野外设置巢箱提供依据。

笼养鸟的鸟巢或巢基的提供，以及营巢材料的供给适宜与否，都直接影响笼鸟繁殖的成败。不同种类的笼鸟，其巢的形态、大小、结构、营巢材料等均不相同，必须依据不同鸟类的需求供给，以达到繁殖的目的。

繁殖期间，已经配对的亲鸟，在营巢生活中有明确的分工，如织布鸟和几种常见的文鸟，多为雌鸟取运巢料，雌雄共同营巢；芙蓉鸟是雌鸟首先衔取巢材、徘徊于理想的营巢处，然后雌雄共同筑巢。营巢期间的笼鸟，亲鸟精神极度兴奋，活跃于巢区周围。雄鸟多以鸣叫、跳跃或飞舞向雌鸟求爱，并出现较频繁的交配。很多鸟类自营巢开始，经常是雌飞雄从，形影不离，即使夜晚也是双双同栖一处过夜。

5. 产卵

雌鸟在鸟巢筑好后数天就开始产蛋，产蛋数量差异较大，少者每窝1个，多者每窝达26个，通常每窝4~8个。产蛋间隔时间也不相同。每种鸟的产蛋数与食物、气候条件密切相关。在人工饲养时，可以采用供给充分营养、创造适宜环境的办法，使能够人工孵化、育雏的鸟多产蛋。

6. 孵化

鸟类的孵化多由雌鸟来承担，也有雌雄共同承担，只有少数由雄鸟承担（如啄木鸟），极个别由其他鸟承担（如杜鹃）。鸟类的孵化期长短不一，一般小型鸟13~15d，中型鸟21~28d，大型鸟更长（雀鹰31d，鸵鸟42d）。同一种鸟因气候环境条件的差异，孵化期也略有不同。

7. 育雏

根据胚胎发育的类型，鸟类可分为早成鸟和晚成鸟。早成鸟一出壳就能随亲鸟觅食，又称离巢鸟，多生活于地面或水面；晚成鸟出壳时全身几乎没有羽毛，不能行走，必须留在巢内由亲鸟哺喂，又称留巢鸟。留巢鸟留巢的时间大致与孵化期相同或略长，笼养时留巢的时间比野外长。

早成鸟的抚育由孵蛋的亲鸟承担；晚成鸟则不同，一般是雌鸟孵蛋，雄鸟育雏。双亲孵蛋的，则共同育雏。晚成鸟哺喂雏鸟的食物分以下三类：①嗉囊分泌的乳糜和经嗉囊软化的食物,如鹦鹉、鸽子等;②腺胃内的食物,如芙蓉鸟;③小昆虫及幼虫,如百灵、云雀等。

三、几种常见观赏鸟的繁殖

1. 芙蓉鸟的繁殖

我国芙蓉鸟有"山东种"与"扬州种"之分,前者较后者肥大、羽色淡、鸣声清脆悠长,为人们所喜爱。

(1) 雌雄鉴别 养鸟爱好者爱养雄性芙蓉鸟,主要欣赏其华丽的羽色和婉转的歌声。为了繁殖,需要挑选成鸟配对饲养。

① 幼鸟的雌雄鉴别 刚出生的芙蓉雏鸟,两性羽色相同,从外形上难以区别,但1~2月龄的幼鸟,可参考以下4个方面进行鉴别(表6-1)。

表6-1 芙蓉鸟的雌雄特征

项目	雄鸟	雌鸟
鸣叫	出壳后35~45d开始鸣叫,鸣叫时喉部鼓起,上下波动,鸣声婉转、双音	鸣声短促,喉部不鼓动,仅仅呈上下微微波动
体形	个体大而壮实、头部宽大呈方形、身体修长、羽毛紧贴,体型显得匀称而漂亮	头部略小,体形短圆,稍纤细,身体外观不及雄鸟匀称漂亮
泄殖腔	腹部狭长,泄殖腔处有一个小突起,呈锥状,其顶端长有一束小绒羽	腹部浑圆,泄殖腔略圆而大,较平坦,无锥状突起,其周围松散地长着一圈小绒羽
活动量与食量	性情活泼好动,敏捷而有神,活动量大,食量大	性情较文静,活动量与食量均小

② 成鸟的雌雄鉴别 成鸟比幼鸟容易鉴别,除了利用幼鸟的鉴别方法外,还可依据成鸟的羽色和鸣声加以区别。雄鸟的羽毛颜色丰富多彩、鲜艳美丽、光彩夺目,鸣声悠扬婉转、连续多变(呈双音)、音律十分悦耳动听,且鸣唱时喉部的羽毛会隆起,并为人助兴;雌鸟的羽毛色彩单调,且暗淡无光,鸣叫声为单音节,且短促、低细、不悦耳。

此外,在配对合笼后,观察有无双鸟求偶追逐、交喙、互理羽毛和交配等行为。如相互斗殴则为双雄,不斗殴而无亲昵行为则为双雌。

(2) 繁殖期 芙蓉鸟的性成熟期一般为7~8月龄,从9~10月龄开始繁殖。芙蓉鸟一般每年3月开始交配,如果饲养管理条件好、体格健壮的亲鸟可提前1~2个月繁殖,到6月底换羽时,停止产卵,繁殖期长达半年。

(3) 配对 在繁殖期到来之前,应在饲料中加入鸡蛋、小米,促使芙蓉鸟发情。在交配前1周,将雌雄鸟的笼子并挂在一起,相互熟悉。当发现两者隔笼交喙时,将它们一起放入繁殖笼内。

进入繁殖笼的雄鸟表现为情绪兴奋激昂,不停鸣叫,然后骑在雌鸟背上。交配是否成功,可观察两鸟的表情。交配成功的雄鸟在交配后即跳上栖木,头向上斜,羽毛松散,发出低微的"唧唧"声;雌鸟在窝内两翅震颤,头向前,也发出低微的"唧唧"声,两鸟的这种表情持续不到1min即恢复常态。

交配不成功者则无上述表现。有时雌鸟发情时听到雄鸟鸣叫声,主动在栖木上伏下,此时放入雄鸟,在栖木上进行交尾。一次成功的交配可使所有的卵都能受精。但为了保险起见,在雌鸟产下第1枚卵后,再放入雄鸟与其交尾1次,提高受精率。

亲鸟配对一般是一雄一雌配对,也可以一雄配二雌。若一雄配二雌,具体方法有两种:

一种是交替合笼，在产卵前，雄鸟在单双日分别与不同雌鸟合笼；产卵后，上午、下午分别与不同雌鸟合笼，否则会影响卵的受精。另一种是将雄鸟先与甲笼雌鸟合笼，等产卵完后再与乙笼雌鸟合笼。

(4) 营巢　鸟巢可分为开口巢（明巢）和闭口巢（暗巢）。用厚纸板制成，也可用麦秸或稻草编成草辫，再用针线缝好，形状似碗，开口直径约 11cm、深 5cm 左右，巢底中央必须凹陷，便于卵向中间聚集，有利于雌鸟孵化；也可将内径为 9～10cm 的楠竹锯成 7cm 长的竹筒，下面一端留一竹节作为巢底，经修整后作为鸟巢。同时，准备洗净、消毒、晒干的麻类纤维、羽绒毛、棕榈丝及切断的稻草、麦秸等营巢材料，以供芙蓉鸟自己选择衔取、铺填筑巢。当雌鸟衔叼羽绒毛、稻草、麦秸秆等物在巢的框架上徘徊，或在巢框里打旋时，这就表示亲鸟已开始营巢了。雌鸟经过不停的忙碌，将筑巢材料铺填在鸟巢中，不久雌鸟筑巢完毕。

(5) 产卵　雌鸟接受雄鸟交配 2～7d 后，便常伏在鸟巢里产卵。雌芙蓉鸟一般每窝产卵 3～4 枚，多者为 6 枚。第 1 窝卵开始时比较小，后生的卵较大，从第 2 窝以后大小基本相同。产卵多在清晨，规律性很强。健康雌鸟大多是每天 1 枚，也有的隔 1 天产 1 枚。雌鸟产第 1 枚、第 2 枚卵时不就巢，产第 3 枚、第 4 枚卵时才开始就巢。有些芙蓉鸟在产第 1 枚、第 2 枚卵时夜间就巢，白天则不就巢，往往使受精卵发育不良或夭折于蛋内。

为了使雏鸟同时出壳，雏鸟大小不至于差异太大，可采取用假卵（如圆形白果）替换真卵。具体做法：当雌鸟产下第 1 枚卵时，小心取出真卵，放在棉花上，钝端朝上，尖端向下，存放卵的房间的温度、湿度要适中，同时将假卵放入巢中，按照相同方法取出第 2 枚、第 3 枚，当第 4 枚卵产出后，将假卵全部取出，然后放入全部真卵，让雌鸟进行孵化。否则，早出壳的雏鸟发育较快，晚出壳的雏鸟因为饲喂不当越来越小，或被较大的雏鸟挤压而死。

(6) 孵化　孵化由雌鸟担任，孵化期为 14～18d（我国南方地区为 14～15d，北方地区为 16～18d）。一旦进入孵化状态，芙蓉鸟的恋巢和护巢行为非常强烈，只要外界没有危及生命安全，雌鸟决不会轻易弃巢离开，雄鸟主要负责觅食与警戒保卫工作。

绝大多数亲鸟在孵化期间，因为胸腹部与卵接触和摩擦时间较长，导致羽毛脱落、皮肤裸露，形成孵卵斑。同时，此处皮肤聚集了发达的毛细血管，可不断地散发体热，以满足卵中正常孵化。

在孵化期内，应对卵进行照检，观察卵是否受精。当卵孵化至 6～7d 时，取出卵，用左手拇指和食指夹住卵的两端，放在眼的正前方，右手持电筒从卵的后方探照。若见卵黄变大，并有黄豆粒大小的模糊胚胎，壳内有网状血丝，为受精卵，应立即放回巢内继续孵化；如果卵黄保持原样，表明是未受精卵，应取出弃之。当卵孵化到第 10～12d，再取卵复检 1 次，如见卵壳内全黑且蠕动，表明胚胎发育正常；如卵壳内明亮有气泡或呈水状，是未受精卵或死胎，应取出弃之。

有些芙蓉鸟自己不会孵卵、育雏，只能请义鸟（又称保姆鸟、替窝鸟）代替孵育。在南方经过 14d 的时间，雏鸟就可以出壳。雏鸟出壳时，卵壳在接近中间横线处破碎，雌鸟会将碎壳衔出窝外。如果雏鸟出壳有困难时，应及时进行人工助产，使其及时破壳而出。如果 14d 雏鸟未出壳，切不要再去检视了，此时卵壳很脆，稍一移动就会破裂，使雏鸟的身体受伤。

(7) 育雏　芙蓉鸟育雏的方法有自然育雏和人工育雏两种方法。

①自然育雏　经过约 14d 的孵化，雏鸟便破壳而出。芙蓉雏鸟属晚成鸟，出壳时全身裸露，只有几根稀疏的长绒毛，双目紧闭，不能站立，不能自己觅食。雏鸟怕冷，主要依靠雌鸟保温。如果雌鸟离开时间太长或不善育雏，雏鸟就会冻死。

全部出雏后，给亲鸟饲喂碎小米，亲鸟将吃进的饲料先经自身半消化后成糜糊状，再吐出来饲喂雏鸟。前期喂养主要由雌鸟负责，而雄鸟协助饲喂，雄鸟停在巢旁，以半消化食物先喂雌鸟，再由雌鸟喂给雏鸟。14d后的育雏任务主要是由雄鸟负担。

雏鸟3d羽管长出；7d后睁眼；10d可见铲形羽，以后全身羽毛渐渐丰满；20d左右站杠、练翅；25d可自己进食青菜、蛋黄；30d可进食粒料；35d即可分笼饲养。个别体质弱的可延长几天再分笼。雏鸟出壳20d左右雌鸟又开始交配产卵，这时可用灯泡保温雏鸟，并进行人工饲喂。

②人工育雏　若发现雌鸟不哺育雏鸟，必须进行人工育雏。4～5d以内的雏鸟饲养比较困难。人工育雏的饲料可用熟蛋黄5份加玉米粉1份，再加青菜泥4份调成细薄糊状，用小竹签挑蛋黄糊送入雏鸟口中，直至雏鸟吃饱为止。

开始时每1.5～2h喂1次，每天6～8次。随着日龄的增长，可逐渐增加玉米粉的比例，并相应减少饲喂次数，直至雏鸟可以自己采食为止。人工育雏时，如果雌鸟对幼鸟仍然保温，只是临时人工育雏，或者个别补料时，则不必考虑人工保温问题。如果喂料的次数太多，就要用灯泡保温，以免喂料时间太长而冻坏雏鸟。如果雌鸟因病死去或失去雌性，除了要进行人工饲喂雏鸟，还需要用灯泡保温。

2. 鹦鹉的繁殖

鹦鹉属于鹦形目、鹦鹉科，全世界有340多种鹦鹉，形态各异。有华贵高雅的粉红凤头鹦鹉和葵花凤头鹦鹉、雄武多姿的金刚鹦鹉、涂了胭脂似的玄凤鸡尾鹦鹉、五彩缤纷的亚马逊鹦鹉、小巧玲珑的虎皮鹦鹉、姹紫嫣红的折衷鹦鹉、形状如鸽的非洲灰鹦鹉。鹦鹉以其色彩艳丽的羽毛、善学人语的技能，为人们所钟爱。

（1）雌雄鉴别　笼养鹦鹉繁殖的关键在于雌雄配对。鹦鹉的雌雄大多表现为羽色的差异，尤其是产于亚洲和澳洲的种类。雄性鹦鹉羽毛、嘴、虹膜等的色彩比雌性的艳丽，并具有突出的饰物。但是，大多数的鹦鹉是雌雄同型的，单靠外观的差异很难判断，只能依靠鹦鹉平日的活动和"摸裆"进行鉴别。

雏鹦鹉雌雄不能依靠摸裆加以区别，4月龄以上的鹦鹉可以辨别。操作时，握住鹦鹉身体，一般用右手摸裆，即耻骨联合，感觉有尖状突起的为雄鹦鹉，扁平状则为雌鹦鹉。6月龄的鹦鹉感觉更为明显，雌鹦鹉的裆宽可容下一指，明显感觉为扁平状，没有突起。此外，从配对的表现看，雄鹦鹉一般都在巢外，雌鹦鹉在巢内，平日的攻击性较强，恋窝。

（2）繁殖期　大型种类的鹦鹉性成熟一般很晚，需3～4年的时间，小型种则1～2年即达性成熟。大多数鹦鹉在性成熟的第二年开始繁殖，而牡丹鹦鹉一般6～8月龄即达性成熟，并可配对繁殖。

在人工饲养条件下，鹦鹉繁殖的季节性不明显，只要条件适宜，一年四季均可繁殖。但夏季天气炎热，连续入巢孵化，不但影响成年鹦鹉的健康，而且育雏率也降低，雏鹦鹉体质亦不佳。所以，夏季一般停止繁殖。鹦鹉的繁殖旺期一般为4～5年，之后繁殖率逐渐降低。

（3）配对　鹦鹉的配对一般为一雄配一雌，并且配对关系能维持相当长的时间甚至终生。啄羊鹦鹉例外，它是一雄配多雌，且雄鸟不参与孵卵和育雏。

鹦鹉在交配前，可出现追逐和打斗现象，并有求偶炫耀的动作，雌鹦鹉的表现更为突出。发情的鹦鹉通常表现为低头躬、翅下垂、翅抖动、抬脚、尾上下抖动、相互交喙亲昵、互相理羽等。具有冠羽的凤头鹦鹉炫耀时，冠羽打开。一般情况下，雄鹦鹉比较主动，雌鹦鹉会用鸣叫和多种特有的体态来呼应。

为了提高繁殖力，将亲鸟分笼饲养，当雌鹦鹉进入发情盛期时，将其放入雄鹦鹉笼内。在追逐和打斗时，雄鹦鹉可利用熟悉的环境来征服雌鹦鹉，从而交配成功。在外界无干扰情况下，相互依偎，并相互亲嘴漱食，出现上述情况应马上安窝，准备产卵。

（4）营巢　中小型鹦鹉在人工饲养条件下容易繁殖，大型及某些中型鹦鹉繁殖较为困难。目前，除个别小型鹦鹉（如虎皮鹦鹉、牡丹鹦鹉）可人工孵化、育雏外，绝大多数是提供人工巢，让其自然繁殖。

常用的人工巢有木箱、竹筒、树洞等。虎皮鹦鹉的巢箱长为18cm、宽15cm、高为25cm，出入口直径4～5cm。巢箱一般用楼式巢箱（分上、下两室），也可用宽式巢箱（分左、右两室）或盒式巢箱。应根据笼养鹦鹉的种类及个体大小制作适宜的巢箱，无论哪种人工巢，内部光线宜暗。在繁殖期到来时，可在巢箱中铺垫一层3～5cm厚的锯末，并提供一些细软杂草，供鹦鹉铺巢备用。另外，也可用巢窝直接供给繁殖鹦鹉产卵和孵化，一般由小木条、竹丝、稻草及羽毛构成。育雏巢是用来进行人工育雏的器具，最常用的育雏巢是用稻草编制而成的，根据雏鹦鹉的多少，育雏巢可大可小。

（5）产卵　鹦鹉多为隔天产卵，每窝产2～5枚，有些小型鹦鹉甚至可产8枚。卵较小，多为圆形，纯白色。鹦鹉孵卵大多开始于产下第2枚卵后，少数种类鹦鹉是产完最后1枚卵才开始入孵。

（6）孵化　孵卵由雌鹦鹉承担，即雌鹦鹉伏在卵上用腹部紧贴卵，用体温保持卵合适的温度和稳定的环境条件，并且每天用嘴翻蛋数次，以使蛋受热均匀。雌鹦鹉就巢期间责任心很强，只在饮水、采食、排便时出巢，此时由雄鹦鹉进窝代孵，雌鹦鹉返回巢内时，雄鹦鹉离巢。有的雄鹦鹉甚至给坐窝孵卵的雌鹦鹉喂食，1天喂食雌鸟数次。

鹦鹉的孵化期因其种类、体形不同而异。一般情况下，小型鹦鹉大多为17～23d，大型可长达35～40d。孵化末期，亲鹦鹉会不断发出呼唤声，以刺激胚胎呼吸活动的加强，促使代谢旺盛，加速卵黄囊的吸收，从而导致雏鸟同步出壳。在人工孵化时，也可用亲鸟做巢时发出的呼声作为刺激因子，通过扬声器播放，也可达到同样的效果。

（7）育雏　孵化期满，雏鸟破壳而出。雏鹦鹉属于晚成鸟，出生时全身裸露，或仅在头顶或背部有稀疏绒羽，双眼紧闭，不能独立活动或采食，必须依靠亲鸟饲喂，继续在窝内完成发育过程。雏鹦鹉出壳后1d左右开始长绒毛，7～14d开始睁眼。雌鹦鹉将吃进体内经过半消化的糜状食物吐出，将嘴直接伸到雏鹦鹉喉部饲喂。最初的5～10d内，新生雏鹦鹉由雌鹦鹉单独喂养和保温，雄鹦鹉只是将食物带来喂给雌鹦鹉，再由雌鹦鹉直接喂雏鹦鹉。雏鹦鹉发育很慢，小型种类必须在巢中由双亲饲喂3～4周才能飞出，大型种类则需3～4个月。刚离巢的雏鹦鹉虽然可以出巢活动，但仍不能独立生活，需靠亲鸟继续饲喂，并且晚间由亲鸟带领入巢过夜，再经10～14d，雏鸟才能独立生活。此时，亲鸟可开始繁殖下一窝，一般每年可繁殖3～4窝。

3. 画眉的繁殖

由于画眉鸟鸣叫婉转、高亢，外貌雅致美观，故人们喜欢捕之笼养，视为宠物。目前，画眉鸟的人工繁殖比较困难，要求我们更注意保护物种，深入研究其繁育特性。

（1）雌雄鉴别　无论雏鸟还是成鸟，画眉的雌雄很难分辨，有"画眉不叫，神仙都不知道"的说法。富有经验的养鸟爱好者仔细观察发现：成年雄鸟一般有顶毛、颈毛和羽干，花纹明显富有光泽；嘴短，嘴锋钝圆，嘴须密长向外翻；鼻孔较长；腿、爪及后肢粗壮；排粪时两腿分开，俗称"蹲裆"。雄性雏鸟相对来说，眼睛明亮有神，活泼好动；鼻孔长，腿爪及后趾粗壮；嘴短厚，喉管频繁地发出咕噜声等。

（2）求偶　3月上中旬，由于日照逐渐延长，画眉鸟进入发情期。此时，雄鸟经常在其领地内婉转多变地高亢鸣叫，尤其是早晨七八点时更甚，以吸引雌鸟的到来。画眉的择偶性很强，当雄鸟鸣叫时，雌鸟飞来，可能雄鸟不理睬，雌鸟待一会儿即飞走；有时雌鸟飞来后，雄鸟发出柔和的叫声并抖动翅羽以示求爱，但雌鸟无动于衷。当两厢情愿时，雌雄两鸟便同时发出柔和、低微而带颤音的"唧唧"、"嘎嘎"声，并轻轻抖翅，相互追逐。一段时间后，雌鸟不断地翘尾露出泄殖孔以示接受雄鸟的交配。配对以后，就准备营巢产卵。

（3）营巢　3月中下旬，画眉鸟成对活动，选择巢址，准备筑巢。营巢主要是由雌鸟负责，雄鸟常在附近20～30m处的树上鸣叫以示警惕，有时雄鸟也衔回一些材料。巢呈碗状，巢口圆形，内径8～10cm，巢高8.5～17.5cm，巢深5.6～8.5cm。巢筑成后，雌鸟将巢内杂物清理干净，准备产卵。

（4）产卵　雌鸟筑巢并清巢后，3～4d内开始产卵。雌鸟在产卵前几天，每天黄昏前在巢中鸣叫2～3次。画眉每日产卵1枚，每窝产卵3～4枚。卵呈纯天蓝色，无斑点。画眉1年繁殖2次，早春第1窝卵蓝色较深，5月下旬以后的卵色稍浅一些。

（5）孵卵　当雌鸟产完最后1枚卵时，才开始孵卵，孵化期为16～18d。孵卵主要是由雌鸟完成。雌鸟孵卵时，雄鸟除取食外，常在离巢10～15m处活动，守护雌鸟，并间断鸣叫。在孵卵期间，画眉的警惕性极强，以防卵丢失或遭意外。

（6）育雏　刚孵出的雏鸟全身裸露，眼睛紧闭，头颈难于竖起，不时地发出"吱吱"的轻叫声。雏鸟孵出后，雌鸟伏在雏鸟身体上为其保温。雏鸟出壳的当日，亲鸟即开始喂食，每天2～3次，5d以内以雄鸟叼食为多。3d内雏鸟的翅前缘出现明显的黑色羽根；5d翅尖羽根长达6mm，头顶长出少量纤羽；8d开始睁眼，翅与颈部出现针状羽鞘；12d腹部与背部均长出黄色羽片，翅根已长齐，能跳出巢外并作短距离飞行；25d眼眶周围出现白色羽片，显示出画眉鸟的典型特征；48d接近成鸟，并开始大声鸣叫。育雏期间，亲鸟的护仔性很强，以防遭受敌害。

4. 八哥的繁殖

八哥因其聪明、善于模仿人语、容易饲养，还能仿效喇叭声，歌声悦耳、音调富有旋律，深为人们所喜爱。

（1）雌雄鉴别　八哥成鸟的雌雄鉴别主要依据鸣声，其次是形态上的差别。有经验的养鸟爱好者仅从泄殖腔的平突状态即可断定成鸟或幼鸟的雌雄（表6-2）。

表6-2　八哥的雌雄特征

项目	雄鸟	雌鸟
鸣叫	歌声优美而激昂	歌声较低沉且不悦耳
体形	头大而略扁，嘴略粗、较长，为玉白色，腿呈肉红色或黄色	头较小而圆，嘴细而短，为灰色，腿呈灰色或浅黄色
泄殖腔	泄殖腔呈小圆柱形突起，在突起的顶端长有束状的小羽毛	泄殖腔较平坦，周围松散地长着一圈小羽毛

（2）繁殖习性　每年春季（一般为4月份），八哥进入发情期，亲鸟先行配对，实行一雌配一雄。此时的雄鸟羽毛发亮，常因引颈高歌、以示威风，吸引异性与其配对。

八哥的繁殖有较明显的季节性，即每年的4～7月份。1年繁殖2次。一般雌鸟于4月份产下第1窝卵，连续产卵4～6枚，孵化期14～16d；6月份产第2窝，产卵数与孵化期同前，于7月份繁殖期结束。

单元二　观赏鱼的繁殖

繁殖是观赏鱼养殖过程中的一个重要环节，是获得和扩大养殖对象的重要途径。要进行观赏鱼类的繁殖，首先要了解鱼类生殖系统的形态、结构、机能及繁殖习性。

一、鱼类的生殖器官

鱼类的生殖器官由生殖腺和生殖导管共同组成。生殖腺由系膜悬系于腹腔的背壁、消化道的两侧。生殖细胞在生殖腺内发育成熟并经生殖导管排出体外，在体外水环境中完成受精过程。少数体内受精的种类，其雄性个体还有能将精子输入雌鱼生殖导管内的交接器。

1. 雄鱼的生殖器官

（1）精巢 精巢大多成对存在，但七鳃鳗类只有1个精巢。精巢未成熟时颜色微红，成熟时呈乳白色，表面光滑细腻。精巢多为长囊状，有的种类形态发生变异，如铲子鲟的精巢向一侧发出许多细支似流梳，两侧精巢也有合并现象，尤其是在精巢的后部。根据内部构造，鱼类的精巢可以分为壶腹型精巢和辐射型精巢两种类型。

①壶腹型精巢 又称草莓型精巢，由许多草莓状的壶腹（滤泡）所组成，这些壶腹不规则地充满精巢内部，精子的发育和成熟就在壶腹中进行。精巢的背侧有输精管，成熟时，壶腹彼此融合，壶腹与输精管之间出现孔洞，以便输送精子到体外。如金鱼、锦鲤、孔雀鱼等鱼类属此类型。

②辐射型精巢 精子成熟于呈辐射排列的叶片中，叶片壁由精巢膜构成。整个精巢的一侧具有纵裂状的凹穴，底部有输出管。丽鱼科的一些鱼类属于此类型。

（2）输精管 七鳃鳗类无输精管，成熟精子经腹腔由肛门后的生殖孔排出体外；鲨类的中肾管兼执行输精管的功能，由尿殖孔开口于体外；绝大多数观赏鱼的输精管与精巢相连，有的种类输精管与输尿管会合后形成共同的尿殖孔开口于体外，有的种类输精管与输尿管独立开口于体外，可见到肛门、生殖孔和泌尿孔3个开口。

2. 雌鱼的生殖器官

（1）卵巢 鱼类的卵巢大多成对存在，左右两侧各有1个，少数种类有两侧合一或一侧退化的现象。性腺在未发育成熟时，呈半透明的条状，成熟时则呈长囊状，颜色多为黄色，也有些种类因卵的颜色不同而呈现其他色泽。

鱼类的卵巢根据外包膜性质及有无与卵巢相通的输卵管等特点，可分为游离卵巢和封闭卵巢两种类型。

①游离卵巢 又称为裸卵巢，卵巢不被腹膜形成的卵巢囊所包围。卵巢不与输卵管直接相连，成熟卵粒直接排入腹腔，再经过输卵管腹腔口进入输卵管。这类卵巢属于原始类型的构造，如鳐、肺鱼、七鳃鳗等属于此类。具有游离卵巢的鱼类，很难通过外部挤压的方式将游离到腹腔中的成熟卵粒挤出，进行人工繁殖，尤其是人工授精操作不易成功。

②封闭卵巢 又称为被卵巢，卵巢被腹膜所形成的卵巢囊所包围，卵巢囊上有环肌和纵肌，收缩时可排卵，卵巢囊后部变狭成为输卵管，与体外相通。这类卵巢成熟后的卵子直接进入卵巢中的卵巢腔内，不排入腹腔内。封闭卵巢属于高级类型的卵巢结构，绝大多数观赏鱼类卵巢属于此类型。

（2）输卵管 除少数鱼类外，大多数鱼类具有输卵管。大多数鱼类的输卵管是由卵巢囊后部变细形成的短管，在后部与输尿管会合，以尿殖孔口开口于体外。所以，在鱼的腹部可见肛门、尿殖孔两个开口，如锦鲤等。少数鱼类的输卵管与输尿管各自开口于体外，腹部从前到后可见肛门、生殖孔和泌尿孔3个开口，如罗非鱼等。

3. 生殖开孔

鱼类的生殖导管向体外的开孔，在不同种类或雌雄个体间存在差异。

（1）生殖孔 生殖导管单独开口于体外的孔，就是生殖孔。许多鱼类的雌鱼以及某些鱼类的雌雄个体，都以这种方式开孔，即在臀鳍前面有3个开孔，由前向后依次为肛门、生殖孔和泌尿孔。

(2) 尿殖孔　尿殖孔是输尿管与生殖导管的共同开孔，因而在这些鱼类的臀鳍前只有2个开孔，从前向后依次为肛门和尿殖孔。

二、鱼类产卵与排精

在繁殖期，鱼类的性腺发育成熟后，会出现雄鱼追逐雌鱼的兴奋现象。往往雄鱼头顶雌鱼腹部，使雌鱼侧卧水面，腹部和尾部激烈收缩运动，卵球即由生殖孔一涌而出，同时雄鱼紧贴雌鱼腹部而排精。有时可看到雌鱼和雄鱼扭在一起产卵、排精。通常，亲鱼开始产卵后，每隔几分钟到几十分钟产卵1次，雄鱼同时排精，大约经过一段时间，才能完成产卵、排精过程。整个产卵、排精过程持续时间的长短，因鱼的种类、生态条件等而有差异。

在进行观赏鱼人工繁殖过程中，除要了解鱼类产卵、排精活动现象和过程外，还应了解鱼类的生殖细胞特性和受精过程，才能有针对性地采取相应措施，进而保证人工繁殖能够获得成功。

1. 精子的发生

(1) 精子的发生　由精原细胞到精子的发育需要经过繁殖生长期、成熟期和变态期3个阶段。

① 繁殖生长期　原始生殖细胞经过多次的有丝分裂，形成足够数量的精原细胞，直至分裂停止。细胞核内染色质发生螺旋化，形成初级精母细胞，为成熟期的分裂做准备。

② 成熟期　此时期的精母细胞连续进行两次成熟分裂：第一次为减数分裂，每个初级精母细胞分裂成2个次级精母细胞；接着进行第二次均等分裂，每个初级精母细胞各形成2个精子细胞。经过两次成熟分裂，每个初级精母细胞分裂成4个精子细胞。

③ 变态期　精子细胞经过一系列复杂的过程形成具有活力的精子。

(2) 精子的生物学特性　鱼类精液中含有大量精子，每毫升精液约含有5亿个精子。

① 精子的寿命　精子在精液中是不动的，遇水后20～30s才开始激烈运动，不久便死亡。精子寿命长，与卵粒结合几率增加，受精率高，反之则低。一般鱼类精子寿命介于数十秒钟至数分钟之间。如锦鲤精子寿命可达60s左右，中华鲟精子寿命达5～40min。

精子在水中活动时，大部分能量消耗在调节渗透压方面，用于运动方面的能量较少。

② 影响鱼类精子活动和寿命的因素　影响鱼类精子活动和寿命的主要外界因素有盐度、pH值、温度、光线等。

水的盐度对精子活动和寿命的影响是通过渗透压而实现的。如锦鲤精子在淡水中存活时间在60s左右，在盐度0.5%的盐水中（接近其生理盐度）寿命最长可达90s，随盐度的增高，其存活时间逐渐下降。

各种鱼类精子都要求一定的适宜温度。温水性鱼类的精子寿命在水温22℃时最长，温度过高或过低都会使其存活时间下降。鱼类精液中精子寿命随温度下降而延长，如锦鲤精子的寿命在26～29℃、22～23℃、0～2℃条件下分别为6～9h、14h和15h，故低温保存精液可取得较好的效果。

鱼类精子在弱碱性水中活动力最强、寿命最长。如锦鲤精子在pH值7.2～8.0水中，活动力最强、寿命最长；金鱼的精子在pH值6.8～8.0时受精率最高。

鱼类精子在缺氧和富二氧化碳的条件下活动受抑制，但寿命延长。干法受精就是利用精子这一生理学特点，使精子在无水缺氧条件下均匀分布于卵表面而延长了寿命，当加水后精子便强烈运动钻进卵中，从而可提高受精率。

阳光的紫外线和红外线对精子有杀伤作用。锦鲤精液经阳光直接照射 10～15min 后精子死亡率达 80%～90%，但白天的散射光对精子无不良影响。

2. 卵子的发生

（1）卵子的发生　从卵原细胞开始，发育为成熟卵子要经历卵原细胞的繁殖期、卵母细胞的增长期和卵子的成熟期 3 个阶段。

① 卵原细胞的繁殖期　此期，卵原细胞进行有丝分裂，细胞数目不断增多，经过若干次分裂后，分裂停止，开始长大逐渐向初级卵母细胞过渡。

② 卵原细胞的生长期　此期可分为小生长期和大生长期两个阶段，生长期的生殖细胞为卵母细胞。

在小生长期，由于原生质不断增加，初级卵母细胞体积显著增大，后期卵膜外面长了一层扁平的滤泡上皮细胞。鱼类性成熟以前的个体，其卵巢均长期地停留在此期，卵巢上以初级卵母细胞为主。

在大生长期，初级卵母细胞积累营养物质。根据卵黄积累情况和程度，又分为卵黄开始积累阶段和卵黄充满阶段。前者主要特征是初级卵母细胞体积增大，细胞内缘出现滤泡，卵膜增厚，出现放射带；后者的主要特征是卵黄在滤泡处积累，充满全部细胞质。

③ 卵子的成熟期　初级卵母细胞大生长期完成后，其体积不再增大，而进行核的成熟变化，称为成熟期。此期的主要特征是细胞核极化，核膜溶解，处于这种状态的卵母细胞称生长成熟。此时，亲鱼性腺已发育成熟，能够进行催产。

（2）卵子的生物学特性　大多数鱼类的卵子属于端黄卵，有一定极性，动物极的原生质较多，并有核和极体，植物极富含卵黄，由于卵黄重于原生质，所以在水中时，一般植物极在下面。

鱼类成熟卵产到水中，其卵膜很快吸水膨胀使受精孔封闭失去受精能力。所以鱼卵入水后随着时间的推移，受精力逐渐减弱直至死亡。鱼卵在原卵液或在等渗液中寿命则可明显地延长。大多数鱼卵是在排卵后 30～40min 受精率较高。因此，进行人工授精时，多在亲鱼发情 30～40min 捕鱼挤卵，才能提高受精率。卵在卵巢腔中停留超过 40min 便会过熟，受精力很差，甚至失去受精力。

> **知识卡**
>
> 卵膜与卵黄外周的原生质具有调节渗透压的机能，而且这个调节作用是单向的。淡水鱼卵的含盐量 0.5%，可在盐度 0.01‰～0.02‰ 的淡水中发育，但不能防止卵中水分流失，故不能在高渗液的海水中发育；海水鱼卵的含盐量 0.7%～0.75%，可在盐度为 3% 的海水中发育，但不能防止水分进入卵中，故不能在低渗液的淡水中发育。

3. 影响受精率的因素

鱼类与其他脊椎动物一样，卵子是在第二次成熟分裂中期接受精子，并完成受精作用。精子从受精孔入卵，一般只有头部进入，尾部留在受精孔外，这种现象属于单精入卵受精。影响鱼类受精效果的因素包括精子与卵子的质量和外界环境条件。

（1）精子、卵子的质量　是决定受精率的主要因素。优质的精液呈乳白色，较浓，入水后很快扩散；未成熟精液挤出后呈牙膏状，遇水不扩散；过熟精液呈灰白色，浓度低，遇水扩散慢。优质卵子饱满，大小均匀，颜色一致，具有较好的黏附性，入水后膨胀快，卵膜弹性强；过熟的卵子颜色暗淡，无光泽，黏附性差，入水后膨胀慢，卵膜弹性小；未成熟的卵子透明度小，色素不够鲜明，卵径小且不均匀，入水后膨胀慢，卵膜弹性也较差。

优质精液和卵子的受精率高,一般达95%以上,胚胎发育正常,孵化率高达90%以上;过熟卵和未熟卵的受精率和孵化率都较低,具体效果根据过熟或未熟的程度而异。

(2) 外界环境条件　水溶液的pH值、日光、温度、盐度等外界环境因子对受精率的影响是通过对精子、卵子的作用而间接实现的。

4. 影响胚胎发育的因素

胚胎的发育主要依靠卵黄营养,不从外界摄取食物,所以影响胚胎发育的主要外界条件是水温、溶氧、pH值和敌害生物等。

(1) 水温　鱼类的受精卵只有在一定水温范围内才能正常进行胚胎发育。在适温范围内,水温高,发育速度快,而水温低,发育速度则慢。水温不仅影响胚胎发育速度,也影响其发育质量和成活率。胚胎发育对温度的适应程度可分为存活温度(适应温度)、适宜温度和最适温度。金鱼胚胎发育的存活温度为10~30℃,适宜温度为15~25℃,最适温度为20~22℃。水温低于10℃或高于30℃,或突然下降5℃以上,胚胎发育会出现畸形并大量死亡,而在其他条件正常和最适水温条件下孵化率和成活率可高达90%以上。

(2) 溶氧　水中溶解氧量对鱼类胚胎发育的影响程度并不亚于温度。浮性受精卵与漂流性受精卵的发育对水中溶氧量的适应力比黏性受精卵和沉性受精卵低。鱼类胚胎发育各个时期的耗氧量有一定差异,各期耗氧量的规律一般是随胚胎发育的进展而增加,但到孵化期和仔鱼期耗氧量增加显著,明显高于孵化前各个时期。

保持水中溶解氧量4mg/L以上,不会对鱼类胚胎发育产生不良影响。尤其是在孵化期和仔鱼期要提供充足的溶解氧,可以通过人工增氧的方式进行补充。

(3) pH值　鱼类胚胎发育的适宜pH值为7.0~9.0,最适pH值为7.5~8.5。pH值低于6.4和高于9.5,会因卵膜早溶而引起大量死亡。采取循环水孵化受精卵时,常出现两种倾向,水中有机物质逐渐积累降低pH值,或是采用敞水池具有一定数量浮游植物的水源,在日光充足情况下光合作用强烈,致使水中pH值迅速增高,有时pH值超过9.5~10.0以上,造成胚胎大量或全部死亡。因此,在可能的情况下,孵化用水一般不要采用循环水方式。

(4) 敌害　对鱼类胚胎发育与存活产生危害的常见敌害生物有水蚤、摇蚊幼虫、虾苗、蝌蚪、小鱼和细菌、真菌等。水霉菌是金鱼、锦鲤等胚胎发育的主要敌害。水霉菌在水温低于20℃时大量繁生危害鱼类胚胎,应采用药物进行消毒防治或通过缓慢提高孵化水温的方式进行杀灭。此外,要对孵化用水进行严格过滤,避免水蚤、摇蚊幼虫、虾苗、蝌蚪和小鱼等进入孵化容器中,因它们的进入都会伤害或吞食受精卵和孵出的仔鱼。

三、鱼类的繁殖方式

类的繁殖方式有以下4种类型。

1. 卵生

绝大多数鱼类属于这种类型,繁殖时雌性亲鱼将卵直接产于水中,鱼卵在体外受精和发育。也有少数鱼类是体内受精、体外发育。卵生繁殖鱼类根据其产卵习性及对产卵的要求,可分为以下几种生态类型。

(1) 草上产卵类型　所产卵粒遇水后在卵的表面会产生黏性物,卵一经产出即分散附着在水草茎叶上,要求产卵场所有水草等附着物,以免卵粒落入水底死亡。

(2) 水层产卵类型　所产卵粒多为浮性卵或漂浮性卵,在静水或有一定水流条件下,卵会长时间漂浮于水层中，卵在水中处于悬浮流动状态下发育。

（3）石砾产卵类型　所产卵粒多为沉性卵或黏性卵。产沉性卵者要求产卵场所为石砾底，水质清澈；产黏性卵鱼类的卵黏附于水底沙砾及岩石的间隙处孵化。

（4）营巢产卵类型　亲鱼在产卵前先筑巢，在巢中完成产卵行为，并由亲体之一守护，对巢进行修补和通气。筑巢的材料多种多样，有石砾、沙土、植物茎叶及鱼自身产生的气泡均可。

（5）体表产卵类型　受精卵附于亲鱼体表、皮肤、额前或口腔、鳃部、孵卵囊内发育。

（6）特殊产卵类型　少数种类有着特殊的产卵习性，有些鱼类雌鱼有产卵管，可将卵产于软体动物的外套腔中或产于贝类的空壳内。

2. 卵胎生

卵胎生鱼类的特点是雄鱼有特殊的交接器，雌鱼与雄鱼交配后，卵子在体内受精，受精卵在雌鱼输卵管内发育，但胚胎发育是以自身的卵黄囊内营养物质为营养源，与母体没有关系，或母体仅提供水分和矿物质等部分营养物质。

3. 胎生

胎生鱼类行体内受精，体内发育，与卵胎生鱼类不同，其胚胎发育所需的营养来源于母体。雌鱼的输卵管发育为类似子宫的构造，其壁上有许多乳状突起，卵在体内受精后，胚胎与这些突起相连，形成类似胎盘的"卵黄胎盘"，使胚胎与母体建立营养上的联系。

4. 单性生殖

同种或近源种雄鱼的精子，与卵子相遇后只起到刺激卵子发育的作用而不受精，并不参与遗传物质的传递，育出的后代均为雌性，只具有母系性状。

四、几种常见观赏鱼的繁殖

1. 金鱼的繁殖

金鱼鱼苗经过1年的培育，即可达到性成熟期。金鱼多数只在春季产卵、排精1次，如果饵料供应充足，加强金鱼的产后饲养管理，鱼体发育良好，也可产卵、排精2次。在我国南方地区，由于光照时间长，能够促进卵细胞的成熟，少数鱼在秋季还能产卵1次，但产卵量较少，在气温适宜时，卵也有孵化的可能。

（1）繁殖习性　金鱼是鲫鱼的变种，繁殖习性与鲫鱼相同，是典型的草上产卵型鱼类，卵一经产出即黏附在水草等物体上，喜欢在江河、湖泊、水库沿岸水流平缓、水浅多水草的地段产卵。虽然金鱼可以在静水中产卵，但水流能够刺激其发情产卵，人工繁殖时，可以通过流水方式刺激亲鱼性腺发育成熟和进行产卵繁殖活动。

金鱼的产卵季节通常在每年的4~6月份，产卵期适宜水温在14~22℃，大约隔1~2周产1次卵，可产2~3次。通常1年龄鱼即开始性成熟，成熟亲鱼规格大小依培育水温高低而有差异。培育期水温高，成熟早、个体小，相反则个体大。金鱼卵粒呈橙黄色或淡黄色，直径1.5mm左右，金鱼的孵化期一般为3~7d。

金鱼多在清晨产卵，有时也延续到下午。开始雄鱼会偶尔追着雌鱼游一段，之后追逐频繁，有时雄鱼用追星（鳞片上的角质化突起）摩擦雌鱼腹部，有时用头部紧紧顶着雌鱼腹部，这表明亲鱼即将临产，即发情。当雄鱼、雌鱼追逐达到极度兴奋的状态，雌鱼钻到鱼巢上，边用尾鳍击水，边产卵，卵子均匀地黏附在鱼巢上，雄鱼也立即射精，精、卵在水中完成受精过程。金鱼卵属于黏性卵，产出的卵遇水后膨胀产生黏性，黏到鱼巢上。

（2）雌雄鉴别　在非繁殖季节，金鱼的雌雄性状差异微小，幼鱼则更难以区分。通常以看体型、摸鱼腹部的方法进行金鱼的雌雄鉴别（表6-3）。进入繁殖期后，雌雄金鱼的性状逐渐明显，可以通过看、摸、挤的方法来鉴别雌雄亲鱼。

表6-3 金鱼的雌雄特征

项目	雄鱼	雌鱼
体形与体色	体形狭长,尾柄粗壮,体色鲜艳	体型粗短、后部膨大,尾柄细,色泽较淡
腮盖与胸鳍	胸鳍较长窄而尖,繁殖期胸鳍第一鳍条与鳃盖上有乳白色追星出现,手摸有粗糙感	胸鳍较宽而圆,繁殖期不出现追星
腹部	腹部膨大不明显,触摸感觉较硬	腹部膨大明显,手摸柔软而有弹性
泄殖孔	小而狭长,两端尖,呈瘦枣状,中间微膨大,略向内凹,无明显颜色变化	稍大而圆,呈梨形,梨柄端向前,略向外凸,略微红肿
游动方式	游动活泼,常主动追逐其他金鱼	游动较慢,反应不如雄鱼灵敏

此外，在临近产前，将亲鱼捞出，用手轻轻挤压亲鱼腹部，雄性会有白色精液流出，而雌性会有少量卵粒流出。

（3）繁殖方法 在金鱼的繁殖中，以人工选择亲鱼、自然繁殖的方法为主，人工授精的方法为辅。

① 自然繁殖 大规模的金鱼养殖场多采用自然繁殖的方法。将精心培育、认真筛选的亲鱼，按照雄雌比1∶3或2∶3放入产卵池（多为玻璃缸、水泥池等）内。产卵池内加设鱼巢，鱼巢的材料一般用金鱼藻、轮叶黑藻、狐尾藻、水浮莲、凤眼莲、棕片丝、窗纱等。如果不设鱼巢，鱼卵将散布在池底或缸底，底部易缺氧，不利于卵的正常发育，影响孵化率和出苗率。

> **技能拓展**
>
> 促熟措施 为保证亲鱼性腺成熟时间同步，或使亲鱼在人为设定时间段内进行繁殖。生产上，多采用升高培育水温、加注新水、流水刺激和异性刺激等方式，促进亲鱼性腺的快速成熟，此外，人为注射外源激素，或在产卵池加入卵子附着物（如鱼巢）都可促进亲鱼产卵。

② 人工授精 人工授精前，要对亲鱼进行刺激，促进性腺进一步成熟。将选出的亲鱼按雌雄比1∶1放入产卵池中，并放置鱼巢，观察雌鱼、雄鱼追逐情况。当亲鱼有较明显的追逐现象时，先检查雌鱼，用左手的拇指、食指和中指夹住雌鱼的尾柄，使其不能左右摆动挣扎，然后用右手拇指和食指由前向后轻压腹部两侧，如有大量卵子流出，用敞口容器收集。并用同样的方法轻轻挤出雄鱼的精液，用干净的羽毛轻轻拌匀，让精子、卵子充分接触。容器中的水要浸过全部鱼卵，以保证稀释的精液能全部浸过鱼卵。5～6min后，换水冲洗干净受精卵，完成受精。受精后的卵子可倒在鱼巢上，让其自然孵化。注意在整个过程中，用水要干净，温度要恒定，用后的亲鱼也应管理好，以备下次产卵。

（4）孵化 鱼卵的孵化是金鱼繁殖中的重要阶段。孵化用盆（池），需预先刷洗干净，注入新水晾晒1d后，即可放入金鱼卵进行孵化。孵化盆（池）的水深20～25cm为宜，将附着受精卵的鱼巢置于距水面2～3cm处，易于接受充足的阳光，有利于孵化。

受精卵遇水后，卵膜很快吸水膨胀。正常的受精卵呈淡黄色，稍微透明，2～3d经过多次细胞分裂，透明度逐渐减少，出现黑色眼点时（眼球的黑色素），表明此受精卵可孵化出鱼苗。再过2～3d，此黑点周围形成肉色圆团，这是金鱼的胎体。

孵化期的水温要恒定，一般在16～20℃之间，当水温低于5℃或高于30℃时，胚胎发育紊乱，易出现怪胎、死胎或畸形胎。孵化时水温高，孵化时间短，反之则长。当水温15～16℃时，孵化期7d左右；水温18～19℃时，孵化期约4～5d；水温为20℃时，3d即可孵出幼鱼；水温20～25℃时，53h左右孵化即可破膜孵出仔鱼。但理想水温为16～18℃，经6～7d孵化出生的仔鱼体质最佳。

> **技能拓展**
>
> 在孵化过程中，如果受精卵变成不透明的乳白色、外部长满白毛，说明受精卵感染了水霉菌，要及时清除，以免扩大感染。当仔鱼脱膜后，卵膜常在水中互相黏结，分解产生有机酸，破坏水质，影响仔鱼的生活及发育。因此，要及时清除卵膜，其做法是用稀薄布巾沿水面慢慢拉卷，将水面上的卵膜及脏沫拉干净，动作宜轻慢，勿引起水体大的波动，勿碰伤仔鱼的体表。

（5）苗种培育　刚孵出的幼鱼呈细长针状，长0.3～0.5cm，各鳍尚未发育，仍附在水草或盆壁上，不吃不动，主要靠吸收自身卵黄囊的营养维持生长发育。

3～4d后，幼鱼开始水平游动，可投喂熟蛋黄颗粒。蛋黄每天投喂1次，数量宜少。1周后可投喂一些较小的鱼虫。幼鱼孵出后，不能立即将鱼巢从孵化缸中取出，一般要等到1周后取出。因为刚孵出的幼鱼对环境的适应性较差，仅依靠嘴尖挂附在鱼巢、孵化缸壁或浮在水面上。如果此时取出鱼巢，会导致大量幼鱼沉落水底而死亡。在幼鱼苗孵化过程中一般每15d左右换1次水，换水时要注意添加新水的温度和原水温度一致，温差控制在1℃以内，并且保留一部分原池中的上层老水。

经过20d，幼鱼长到2cm，能辨别出尾鳍特征时，应及时进行筛选，淘汰单尾、畸形鳍鱼苗，留下左右对称的双尾鳍鱼苗继续培育。经过30d，鱼苗长到3cm以上，背鳍特征明显，针对不同金鱼的品种特征，优中选优、逐级筛选、提纯复壮，培育商品金鱼。

2. 锦鲤的繁殖

（1）繁殖习性　锦鲤的性腺成熟年龄，雄鱼为2龄，雌鱼为3龄。性腺成熟后即开始产卵繁殖，其后每年性腺成熟1次，繁殖1次。锦鲤的繁殖季节在每年的3～6月份，一般水温在16℃时产卵，产黏性卵。产卵时间从黎明前开始，到中午为止。因此，每年3月份后就要准备水草、柳树根须、棕丝或网片作为鱼巢，经消毒、结扎后放置在产卵箱、产卵池或产卵塘的水中，以供锦鲤受精卵的附着和孵化。

当发现亲鱼有相互急促追逐现象时，表明即将产卵，立即放置鱼巢于产卵池内。产卵一般在清晨4时左右开始，到上午10时左右停止。1次的产卵量为20万～40万粒，还有的在产卵约1个月以后，会再产出前次未产尽的余卵。锦鲤的卵径为2.1～2.6mm，受精后吸水膨大，黏附于鱼巢上孵化。

繁殖年龄，雌鱼以4～10龄，雄鱼3～6龄为宜。因为，上述年龄段的雌鱼体质健壮、生殖腺发育良好、产卵量多、卵粒大、活力强，受精率和孵化率都较高，雄鱼体质健壮，生殖腺饱满。

（2）雌雄鉴定　非繁殖期，锦鲤雌雄亲鱼的性别特征不太明显，较难区别，不可单凭腹部大小来区别。锦鲤雌雄亲鱼的鉴别特征可列于表6-4。

此外，在繁殖期轻轻挤压腹部，雌鱼有卵粒流出，雄性有白色精液流出。

（3）繁殖方法

表 6-4　锦鲤的雌雄特征

项目	雄鱼	雌鱼
体型	头大而体狭长	头小而体高
腮盖与胸鳍	胸鳍较长窄而尖,繁殖期胸鳍第一鳍条与鳃盖上有乳白色追星出现,手摸有粗糙感	胸鳍较宽而圆,鳃盖表面光滑,繁殖期体表分泌黏液多,不出现追星
腹部	腹部狭长,触摸感觉较硬	腹部膨大明显,手摸柔软而有弹性
泄殖孔	小而狭长,两端尖,呈瘦枣状,中间微膨大,略向内凹,无明显颜色变化	稍大而圆,呈梨形,梨柄端向前,略向外凸,略微红肿
游动方式	游动活泼,常主动追逐其他雌鱼	游动较慢,反应不如雄鱼灵敏

① 自然繁殖　雄雌亲鱼按照 1∶3,1∶2 或 1∶1 的比例。雌雄亲鱼数量的比例,还要视鱼体大小灵活掌握,繁殖时要尽量避免雌雄亲鱼大小差别悬殊,如采取人工授精时可视具体情况而定。

在我国北方地区,4 月下旬至 6 月中旬是锦鲤的繁殖季节,当温上升到 16~18℃时,即可将选择好的亲鱼移入产卵池。产卵池一般都采用小型水泥池,鱼池面积为 4m×4m 方形池或 4m×5m 的长方形池较为适宜。鱼池不宜过大,过大不便于管理,过小又影响亲鱼的产卵活动。水深 30~40cm,以含氧量充足、微碱性(pH7.2~7.4)、硬度低的清洁水质为好。锦鲤卵属于黏性卵,因此产卵前要在产卵池内加入鱼巢,使受精卵黏附其上。鱼巢一般采用经过蒸煮浸泡的狐尾藻或棕树皮,扎成小束做成。

技能拓展

促熟措施:生产上,采用"晒背"和冲水相结合的办法进行催产。具体方法是将池水排出一部分,保持水深约 17cm,使亲鱼背部露出水面,日晒半天,待傍晚时再注入新水,达到原来的水位,这样连续 1~2d,就可促使亲鱼产卵。

当亲鱼产完卵后,将附有受精卵的鱼巢取出,用 5%~7% 的食盐溶液浸 5min 消毒,然后再移入孵化池中孵化。消毒对预防水霉病的发生有一定效果。

②人工授精　先取雌鱼,用毛巾或纱布擦干鱼体,一人用左手轻握其尾柄,使其不能左右摆动,右手轻握鱼头,另一人用拇指由胸鳍处卵巢前端轻压雌鱼腹部,即有卵粒从生殖孔流入消毒洗净的容器中,连续积压数次,直至基本排空。采用同样的方法处理雄鱼,将精液迅速挤入盛卵的器皿中,用消毒的羽毛轻轻搅拌,使之受精。隔 2~3min 后,将受精卵均匀地倒入预先置于浅水脸盆中的鱼巢上。静置 10min,当卵黏固后,用清水洗去精液,即可进行孵化。

(4) 孵化　首先要准备孵化池,可用面积为 3m×3m、水深 0.30m 的水泥池。锦鲤孵化时间的长短与水温关系密切,当水温 18℃ 时需 5~7d;水温 22℃ 时需 3~4d;水温 25℃ 时需 2~3d。水温一般控制在 18~24℃ 内,此种情况下,孵化时间为 3~4d,孵化率高达 90% 以上,孵出的仔鱼体质最佳,且优质鱼的数量最多。

(5) 鱼苗的培育　受精卵经过 3~7d 孵出仔鱼。刚孵化的仔鱼,不食不动,依靠吸收腹部卵黄囊的营养物质以维持鱼体生存需要。待卵黄吸收完毕后,仔鱼便开始自由游动并开口摄取食物,这时投喂较小轮虫、草履虫、变形虫和单细胞藻类等活饵料,也可喂煮熟的鸡蛋黄。投喂方法:用两层纱布将蛋黄包好、捻碎,然后将此纱布包在鱼巢和池边水面上轻轻拍动,使蛋黄颗粒通过纱布孔隙呈云雾状均匀悬浮在水中供仔鱼摄食。一般每天喂1次,投饵量以喂后1h内基本吃完为宜。

为保持清新水质,投蛋黄时应及时清污。7~10d后仔鱼长到1cm以上时,取出鱼巢,投喂小鱼虫、大轮虫等,鱼苗池内应不断保持有鲜活的饵料。鱼苗长至2~3cm时,每5~7d清污换水1次,加水时应沿容器壁缓慢加入,以免损伤幼鱼,投喂水蚯蚓、黄粉幼虫及适口的配合颗粒饵料。

鱼苗的培育过程也是一个择优去劣的过程,挑选幼鱼是饲养过程中获得优质锦鲤最重要的一个环节。仔鱼孵出后20~30d,鱼体长到3cm左右时,便开始进行挑选,一般在孵化后的3个多月内需进行3~4次挑选。主要是选留体质健壮、游动活泼、色彩鲜艳、图案斑纹清晰、品种特征明显的个体。锦鲤在喂养过程中淘汰率较高,1尾亲鱼一般产卵20万~40万粒,孵化后经数次挑选,最后只能留下约5000尾成鱼。

3. 热带鱼的繁殖

热带鱼品种较多,来源较广。不同品种的热带鱼,因原始栖息地的气候不同,生活习性各异、繁殖方式也迥然不同。热带鱼的繁殖方式有卵胎生和卵生两大类。繁殖用水以微酸性为宜。

(1) 亲鱼的选择　在自然条件下,通过生存竞争、优胜劣汰,热带鱼世代延续自己的优良特性。在人工繁殖条件下,为了保持热带鱼的优良特性,必须在遵循自然规律的基础上,根据热带鱼的评价标准,有目的、有选择地进行选育。选择亲鱼时应在同龄鱼中选择个体较大、身强体健、色彩鲜艳、性腺发育良好、第二性征突出和品种特性明显的个体;对于自择配偶的鱼类,要顺应鱼类自己选择,同时避免近亲交配。

热带鱼的品种不同,成熟期也不相同。中小型鱼一般半年成熟,可选6~8月龄鱼做亲鱼;大型鱼一般1~1.5年成熟,可选1.5~2年鱼做亲鱼。一般雄鱼比雌鱼成熟晚1~1.5月。雌雄搭配的比应根据雄雌体的大小,以(1:1)~(1:3)为宜。

(2) 卵胎生鱼类的繁殖　卵胎生鱼类的饲养和繁殖都相对简单,成活率高。当卵胎生鱼类交尾时,雄鱼用臀鳍蜷曲成圆筒形的交尾器(或在雄鱼的臀鳍与腹鳍之间另生出一根尾器),迅速插入雌鱼的泄殖腔,进行体内受精。

受精卵依靠自身卵黄营养在母体内进行一系列胚胎发育。孵化时,将仔鱼产出体外的瞬间,似球状的仔鱼破胚膜,仔鱼扭直身躯即可游动觅食。由于卵胎生鱼类的受精卵在雌鱼腹腔内发育,受到母体的保护,因此怀卵量较卵生鱼类少,而仔鱼的成活率相对高。但是,卵胎生鱼类中许多种类的亲鱼会吞食仔鱼。为了避免亲鱼误食鱼,应在仔鱼产下后及时采取防范措施,用网片或塑料片将亲鱼与仔鱼分开,或将亲鱼捞出单独饲养。

孔雀鱼就是卵胎生鱼类的代表种,其他常见的卵胎生鱼类还有剑尾鱼类、摩利鱼类、月光鱼类、食蚊鱼类等。这些鱼雌雄易鉴别,一般以臀鳍为主要辨别特征,雄鱼的臀鳍呈尖条状,而雌鱼呈扇状;并且一般雄鱼体色艳丽,体形苗条;雌鱼较肥胖,颜色较暗淡,性成熟时更明显。此鱼受精临产前,腹部膨大,前端日渐发黑,在臀鳍处出现黑色胎斑,此时即可小心将亲鱼放入产卵缸护理待产。

① 孔雀鱼的繁殖　孔雀鱼别名百万鱼、彩虹鱼。孔雀鱼体形小巧、细长。雄鱼尾大,体色艳丽,体型比雌鱼小,体长仅有2.5cm;雌鱼体大,体长达5cm,肚鼓,颜色单调。孔雀鱼尾鳍宽而长,花纹多样,有时如同孔雀开屏一样美丽,因此得名孔雀鱼。

孔雀鱼饲养比较容易,繁殖比较简单,水温在24℃左右,pH为6.5~8较为适宜。成熟雌雄鱼混养在一起,繁殖时雄鱼热烈追逐雌鱼,进行体内受精,受精卵在母体内发育。当雌鱼腹部膨大且出现黑胎斑时,表明即将临产,可单独饲养。

刚产出的仔鱼长约 8～9mm，可独立生活。此时要把雌鱼自缸内取出另养，避免吞食仔鱼。孔雀鱼一般 20～30d 产仔 1 次，每次产 30～50 尾，多者达 80～100 余尾。如果水温正常，食物丰富，1 亲对鱼 1 年能产近 1000 尾仔鱼，故有"百万鱼"之称。幼鱼以喂小型水蚤或熟蛋黄等食物为宜，3～3.5 月龄即可达性成熟。

② 剑尾鱼的繁殖　剑尾鱼又名剑鱼、清剑，原产墨西哥南部及危地马拉。剑尾鱼体形呈长纺锤形、侧扁，体长可达 12cm。雄鱼体细长，有剑尾，背鳍有红点，尾鳍转化为交尾器；雌鱼体肥大，无剑尾，背鳍无斑点，无伸出的交尾器，泄殖孔较明显。

剑尾鱼的繁殖力很强。6～8 月龄进入性成熟期。繁殖时，选 5cm 以上的亲鱼，以雄雌比 1∶1 或 1∶2 混养，缸底多铺一些柔软的水草，喂足活饵。当雄鱼开始追逐雌鱼时，以交尾器与雌鱼交配，完成体内受精。

雌鱼受胎后，腹部开始膨大并出现深色胎斑，此时捞出雄鱼，受精卵在雌鱼体内孵化成仔鱼排出体外。剑尾鱼每胎初产仔鱼 20～30 尾，以后多达 200 余尾。仔鱼出生 3 个月内，水温最好保持在 24℃ 左右。水温在 20～28℃ 时，剑尾鱼每隔 5～8 周产仔 1 次，适宜繁殖的水质硬度为 6～9 度，pH 为 7～7.2。

(3) 卵生鱼类的繁殖　热带观赏鱼中绝大多数为卵生鱼类，体外受精。与卵胎生鱼类不同的是在产卵过程中雌雄鱼互相陪伴，性成熟时雌雄鱼择偶配对，临产时相互追逐发情，然后雌鱼排卵体外，而雄鱼尾随射精于卵子上使其受精。

在受精孵化过程中，有些鱼如普通神仙鱼及五彩神仙鱼、七彩神仙鱼会时常守在鱼卵附近，并经常用 1 双胸鳍不停扇动卵子表面水流；而非洲凤凰、红龙、金龙、罗非鱼等将受精卵含在口腔内进行口孵；各种斗鱼、吻嘴鱼、蔓龙、蓝三星鱼、珍珠鱼等则把受精卵产于产卵前在水面吐泡营造的鱼巢中孵化。

卵生鱼一般体型大，多呈侧扁平状，产卵量比卵胎生鱼产仔量多，如猪仔鱼每次产卵多达 1000 余粒。卵生鱼雌雄特征鉴别比较复杂和困难，只有在亲鱼成熟发情、互相追逐、自由恋爱配对时或到产卵期时才较有把握区分雌雄。卵生型热带观赏鱼的繁殖习性不同，繁殖时所需要的环境条件也不相同，主要包括产卵缸、集卵物、水质等。对于产浮性卵的鱼，产卵缸的面积要大一些；产黏性卵的鱼要准备水浮莲、金鱼草、植物叶片或人造水草、网衣等。

① 虎皮鱼的繁殖　虎皮鱼原产于印度尼西亚及马来西亚的内陆水域，是一种小型淡水热带观赏鱼。虎皮鱼体型为典型的纺锤形，侧扁，长 5～7cm，浅黄色的体表上等距离分布有四条垂直的浓黑色条纹，第 1 条穿过眼圈，最后 1 条位于尾柄末端，似虎纹，故名虎皮鱼。

在 24～26℃ 下，经过 6～8 个月的养殖，体长达 4cm 以上，此时虎皮鱼达到性成熟，可捞至产卵缸进行繁殖。用塑料丝或金丝草做产床，雌鱼 1 次能产 400～500 枚卵。虎皮鱼产微黏性卵，所产出卵都黏在箱底塑料丝或金丝草上。在 27～28℃ 下，受精卵经 24h 左右孵出小鱼，3～4d 自由游动。雌鱼初次产卵 70～80 粒，以后每次产卵约百粒，产卵间隔时间为 10～15d。

② 神仙鱼的繁殖　神仙鱼是一种珍贵的淡水热带观赏鱼，属于丽鱼科神仙鱼属，原产于南美洲亚马逊河流域。神仙鱼体态妩媚，性情温顺，缓慢游动，时升时降，婀娜多姿，犹如神仙般悠闲，故称为神仙鱼。神仙鱼性成熟之前，雌雄特征不明显，难以鉴别。性成熟时泄殖孔可见向外突出的输卵管或输精管。雄鱼的输精管较细且尖；雌鱼的腹部较圆凸，输卵管短且圆钝。

神仙鱼的繁殖行为是雌雄择偶配对的，因此繁殖之前可在 1 只水族箱（100cm×50cm×

35cm）中放养 10~15 条 6 月龄的神仙鱼。当这些亲鱼长受 8cm 左右时，就会有 1 对或数对亲鱼结伴，十分亲昵、形影不离，在水族箱一隅占据地盘。此时若有别的鱼试图插入其间，便会遭到配对亲鱼的驱逐。此时，可将配对亲鱼双双置于另一繁殖水族箱中，进行产前饲养。繁殖水族箱中水温控制在 27~30℃，pH 为 6.6~7.4，硬度为 9~11。

神仙鱼对产卵鱼巢选择不严格，可在水族箱内放一些阔叶亚马逊剑草作鱼巢，或在其一角放一块绿色玻璃或光滑瓦片均可。产卵前，雌雄亲鱼用口舔产卵板或水族箱玻璃。临产前，雌雄亲鱼的输卵管和输精管下垂，雌亲鱼呼吸急促，并用生殖乳突接触鱼巢，产卵产于其上，雄鱼紧随射精。受精卵为黏性，呈米黄色。通常每尾雌鱼产卵 300~1200 粒，产卵时间间隔两周左右，1 年可产卵 3~4 次。神仙鱼的雌雄亲鱼有护卵的习性，用胸鳍在鱼卵附近不停地轻微扇动，给卵增氧。卵受精后，约经 2~3d 孵出，刚孵出的仔鱼不会游动，7d 后才开始游泳觅食，可喂些刚孵化的丰年虫、小型枝角类等。在给仔鱼喂饵时，应尽量保持水族箱水体清洁。

单元三　观赏龟的繁殖

一、龟的生殖系统

1. 雄性生殖器官

观赏龟的雄性生殖系统由精巢、附睾、输精管和阴茎等器官共同组成。

（1）精巢　即睾丸，位于腰区背壁，肾脏前内侧面，为 1 对淡蓝色、略呈椭圆形的球状体，由精巢系膜所固着，与肾脏系膜汇合。精巢是精子发生和成熟的器官。

（2）附睾　紧贴精巢后端，连接着一些盘曲迂回的管子，并堆集成紫黑色的球状体。附睾由中肾管演化来的输精管膨大所致，与其他高等脊椎动物的附睾一样，亦有贮存和活化精子的功能。

（3）输精管　是附睾后端延伸的细管，其开口在泄殖腔腹面近端，正位于阴茎基部的尿生殖乳突处，连通于阴茎沟。

（4）阴茎　为龟、鳖类的交接器，是泄殖腔腹面的组成部分，背面呈黑色，近端基部向腹腔内折叠一小段，远端膨大为伞形的龟头。阴茎与泄殖腔的长度之比为 1.5∶1。

阴茎腹面龟头近端有两条阴茎牵引肌附着，此肌起于第八胸椎腹面的横突，斜行而下，贴走于耻坐骨内肌、髂骨肌的腹面，髂尾肌的背面，到达止点。阴茎背面正中有一条纵沟，称为阴茎沟。阴茎沟在近端稍宽，周围为尿生殖乳突；阴茎沟向远端通到龟头，此处为一凹陷，内有不同程度的隆起，最明显的为两个锥形乳突，前为向中线处延伸的旋形隆起，后为"V"形隆起连通。

交配时，龟头从泄殖腔孔翻出，可见其龟头末端分为两叉，一般龟类分三叉，鳖类分五叉，精液从叉隙中导入雌性泄殖腔内。阴茎的结构由深层的纤维体和表层的海绵体组成，其内富含血管。当性兴奋时，阴茎海绵体充血膨胀，泄殖腔壁收缩，致使阴茎龟头从泄殖腔孔翻出体外，完成交配后，通过阴茎牵引肌的收缩，退回泄殖腔内。

（5）泄殖腔　为直肠远端的膨大部分，由肌性外壁围成的腔隙，该腔由腹面的阴茎共同构成。泄殖腔内壁发生皱褶，使肛道与尿生殖道的开口趋于分离，最前方与直肠通连的称粪道，中间有输尿管及生殖导管开口的为泄殖道，最后的腔称肛道，即泄殖腔孔。

2. 雌性生殖器官

观赏龟的雌性生殖系统由卵巢、输卵管及阴蒂等器官组成。

（1）卵巢　呈疏松囊状，由黑色卵巢系膜牵附于体腔背壁，是卵粒发生和成熟的器官。性成熟雌龟，卵巢上存在着发育不同期的卵粒，可见到数目繁多的未脱离卵泡囊的小型卵粒，亦有进入腹腔的大型成熟卵。大型卵卵黄明显堆集，外被卵膜，表面有清晰可见的毛细血管分布。

（2）输卵管　为两端均开口的1对管子，前端开口于体腔，称喇叭口，后端开口于泄殖腔腹面近端两侧，称输卵管口。整个输卵管前大部比较细长，由输卵管系膜牵附，折叠弯曲，后小部近泄殖腔段比较粗短，为"子宫"。成熟卵于输卵管中受精，并被包上由输卵管腺分泌的钙质卵壳后产出体外。

（3）阴蒂　阴蒂为泄殖腔内壁腹面的一个黑色膜质突起，但不甚明显。

二、龟的繁殖习性

1. 产卵期

大多数龟在4～6年以上方能性成熟，如野生三线闭壳龟雌体6～7龄、体重1.25～1.5kg时达到性成熟，雄性4～5龄、体重0.7～1.0kg时达到性成熟。在较好的饲养条件下，性成熟时间可提前1年。红耳彩龟一般在4～5龄性成熟，雄性比雌性略早些，体重略小些。

生活在热带地区的龟可全年产卵；我国长江流域的龟在5月上旬～10月上旬产卵，6～9月是产卵高峰期；三线闭壳龟于6月中旬开始产卵，7月处于产卵盛期；乌龟于4月产卵，一直持续到8月底，盛期在6～7月；黄喉拟水龟的产卵期与乌龟相似。每只成熟雌龟在生殖季节产卵3～4次，每次间隔时间10～30d，每次产卵4～7枚，少者2枚，多者可达10枚以上。

2. 交配行为

每年4～10月份是龟类交配繁殖期。不同生活习性的龟种，其求偶、交配方式各有差异。水栖龟类求偶是在水中进行的，交配前，雄龟在雌龟前方游动，并抖动双肢或伸长头颈，上下抖动以挡住雌龟前进，向雌龟发出求爱的信号，雌龟原地不动时，则表明接受了雄龟，此时雄龟便绕到雌龟的后部，爬到雌龟的背甲上，前肢爪钩住雌龟背甲的前缘，然后开始交配，交配时间一般为5～10min。

海龟类的求偶交配与水栖龟类相似，大都在海洋水面上进行，此刻也是最容易被捕捉的时候。陆栖龟类的求偶交配方式与水栖龟类有所区别。对比之下，陆龟科成员的求爱方式就显得比较粗暴。交配前，雄龟追逐雌龟并发出呼呼的强烈求偶信号，雄龟一旦追上雌龟，不是反复咬雌龟的前腿，就是爬到雌龟的背甲上，以它的腹甲撞击雌龟，直至雌龟接受它的求爱趴在那里一动不动为止。

3. 产卵习性

龟类是卵生动物，繁衍后代均在陆地上，产卵大多在夜晚进行。产卵前雌龟不厌其烦地多次上岸挑选产卵地点，一旦选中某块地方，就用两个后肢轮换挖土打洞，若遇上质地坚硬的土壤，就排尿润湿后再挖，挖掘8～20cm深的洞穴，洞穴呈锅底状，上大下小。

雌龟产卵时，尾对准洞口，头颈伸长，嘴微张，有趣的是，为防卵产出落入洞穴中摔破，当卵产出体外时，便用后肢掌把卵托着，轻轻地将卵放落到洞的底部，然后用后肢扒一些微量土填盖上，接着产第2枚卵，如此反复，整个产卵过程需要8h左右。待卵全部产完后，就用两个后肢以土填封洞口，然后用腹甲将土压平、压实后离去。龟没有守巢的习性，产卵后，龟仅用后肢扒沙将卵掩盖，离开产卵地，不再关心所产的卵。

世界上已知240多种龟，所产的卵都呈白色，但卵的形状、质量因种类差异有所区别。

海产龟类的卵有羊皮膜似的外壳，具有韧性，呈圆球形，直径达 3cm 左右，卵重 15~20g。其余龟类的卵具有钙质外壳，有的为软壳，有的为硬壳，形状有圆形（如蛇鳄龟）、纺锤形、长椭圆形和短椭圆形 4 种。质量大的卵达 70g 左右，小的只有 4g 左右。不同种类的龟，产卵量不同，少则 1 枚，多则达 200 余枚（海产龟类），且产卵的数量随着雌龟年龄的增加而增加。部分龟类的产卵性能见表 6-5。

表 6-5　部分龟类的产卵性能

习性	品种	主要原产地	成熟年龄	产卵季节/月份	产卵气温/℃	产卵数量/枚	孵化期/d
水栖龟类	乌龟	中国	5~6	5~9	25~30	5~40	57~75
	三线闭壳龟	中国、东南亚	5~6	5~10	24~35	3~20	67~90
	红耳彩龟	美国、墨西哥	4~5	5~9	25~32	5~40	60~80
	黄耳彩龟	美国	4~5	5~9	25~32	5~40	60~80
	中华花龟	中国	4~6	5~8	24~30	3~20	60
	眼斑龟	中国	4~5	5~8	26~32	2~6	75
	四眼斑龟	中国、越南、老挝	5~6	5~6	5~30	5~6	89~122
	黄喉拟水龟	中国、越南	5~6	6~9	25~32	5~40	62~75
	大鳄龟	美国	6~8	4~10	25~32	10~120	100~140
	蛇鳄龟	美国、南美诸国	3~4	4~10	25~32	10~150	55~125
	西氏长颈龟	新几内亚	4~5	5~7	25~30	5~20	187~272
	丽锦龟	美国	4~5	5~7	28~31		—
	安布闭克龟	东南亚各国	4~6	4~6	28~30		45~90
	锦龟	墨西哥、北美	4~5	6~7	28~30	2~22	72~80
	里海拟水龟	俄罗斯、中东	4~5	6~7	26~32	4~6	—
	菱斑龟	美国	4~6	4~7	26~30	4~18	90
	地理图龟	美国	4~5	5~7	26~30	6~10	65~70
	钢盔侧颈龟	撒哈拉沙漠南部	4~5	5~8	28~32	10~16	75~90
	黄头南美侧颈龟	中美洲诸国	4~5	6~9	28~30	10~20	—
	白吻动胸龟	墨西哥	4~5	5~8	28~30	2~5	126~148
半水栖息龟	黄额盒龟	中国、越南、缅甸	4~5	4~8	24~30	1~5	65~77
	中国平胸龟	中国	4~6	6~9	25~30	2~5	—
	黄缘盒龟	中国	5~6	4~9	24~30	3~30	—
	泰国平胸龟	泰国	3~5	4~8	25~32	3~6	—
	地龟	中国、日本	4~5	6~7	26~30	3~8	50
陆栖龟类	印度陆龟	印度、印尼	3~5	2~8	25~33	2~15	96~140
	豹龟	非洲、美国	4~5	3~10	25~32	5~15	300~450
	印度星龟	印度	4~6	4~10	25~32	2~10	147
	缅甸陆龟	南亚诸国	4~5	6~8	25~32	1~5	—
	缅甸星龟	缅甸	3~4	2~4	25~32	2~5	60
	凹甲陆龟	中国、缅甸、越南	4~5	4~6	28~30	2~5	—
	苏卡达陆龟	非洲中部	5~7	8~12	30~33	5~12	210
	纳米比亚珍陆龟	纳米比亚	4~6	7~12	30~33	4~12	50~60

三、观赏龟的繁殖方式

1. 龟的雌雄鉴别

雌雄龟在外形、体色上虽存在一些差异，但鉴定性别通常以泄殖腔孔与腹甲后部边缘的距离远近进行判断。雄性的泄殖腔孔在腹甲后部边缘之外；雌性的泄殖腔孔在腹甲后部边缘之内。另外，雄海龟尾巴比雌性的长，半水栖龟雄性个体小、爪长。龟的腹甲形态也显示性别的差异，雄性的腹甲凹陷，而雌性平坦。常见龟的雌雄鉴别特征见表 6-6。

表 6-6　常见龟的雌雄鉴别特征

种类	雄龟	雌龟
黄喉拟水龟	背甲较长;腹甲凹陷,个体大者比较明显;尾较长	背甲宽短;腹甲平坦;尾短小
三线闭壳龟	腹甲的两块肛盾缺刻浅;尾细且短,尾基部粗;肛孔距腹甲后缘较远;背甲较窄	腹甲的两块肛盾缺刻深;尾粗且长,尾基部细;肛孔距腹甲后缘较近;背甲较宽
黄缘盒龟	背部隆起较高,顶部尖;腹甲后缘略尖;尾长;泄殖腔孔距尾基部较远	背部隆起较低,顶部钝;腹甲后缘略呈半圆形;尾粗短;泄殖腔孔距尾基部较近
凹甲陆龟	背甲较长且窄;肛孔距腹甲后部边缘较远	背甲宽短;尾不超过背甲边缘或超出很少;肛孔距腹甲后部边缘较近
红耳彩龟	四肢的爪较长;尾较长;泄殖腔孔在背甲后部边缘之外	腹甲平坦;泄殖腔孔在背甲后部边缘之内
蛇鳄龟	体大尾长,尾长度是腹甲长度的 86%;泄殖腔孔位于背甲边缘的后部	尾短,尾长小于腹甲长的 86%
果龟	腹甲中央凹陷明显;肛孔距腹甲边缘较远	腹甲中央平坦,无凹陷;肛孔距腹甲边缘较近,一般不超过腹甲边缘
放射陆龟	尾部细长;腹面有"V"形凹槽;喉盾较突出	体大;尾部短,腹部无凹槽;喉盾不突出,且平
平胸龟	腹甲较宽,中央略凹,尾较粗,泄殖腔距腹甲后缘较远,距尾基部为 2.6cm	腹甲较宽,中央平坦,泄殖腔距腹甲后缘较近,距尾基部为 1.5cm

如果经过上述特征比较,仍不能鉴别雌雄,可将龟四肢朝天置于掌心,用另一只手的大拇指和食指分开龟前腿窝,用力向后端挤压两腿,此时雄性交接器可从肛孔中伸出。

2. 亲龟的选择

亲龟的个体大小、年龄、体质与产卵的数量与质量密切相关,因此,亲龟的选择应重点考察以下几个方面。

(1) 亲龟年龄　观赏龟的体重达到 300g 以上,就达到性成熟,可以繁殖后代。为了保证受精卵的质量和孵化率,建议选择 400g 以上的雌龟和 300g 以上的雄龟为亲龟。生产上,热带龟宜选择 3 年左右的龟为亲龟,寒冷地区应选择 6 年左右的龟为亲龟。

(2) 体质健壮　亲龟应体质优良,外形正常,活泼健壮,体肤完整无伤。龟体表的病、伤情况用肉眼观察到。有内病、内伤的龟不爱下水,常在晾风台上活动,用手捏住龟的两个后脚窝,有一只后腿下垂,不上去,如用手扶上去又会垂下来。畸形龟,如少腿、缺尾巴等,这些龟都不宜作种龟用。

(3) 雌雄配比　雄雌亲龟的比例以 1:2 为宜。雌雄龟交配后,精子可在雌龟体内存活较长时间,能满足其半年繁殖需要;又因雄龟数量过多,在交配期相互间会出现撕咬、打斗现象,而导致亲龟受伤。

> **技能拓展**
>
> 龟苗的选择:挑选观赏龟的最佳季节为每年的 5~9 月份,此时雏龟刚出壳,冬眠的龟已经苏醒,活动比较正常,能够主动进食,并能观察到龟的健康状况,容易区别病龟。选购龟苗时,一般选 15~50g 最佳,因为 10g 以下的龟苗虽然逗人喜爱,但适应力弱,抗病、抗寒能力差,不宜选购。

3. 亲龟的培育

(1) 放养前的准备　池塘底泥是龟的主要生活环境,底泥的净化对亲龟的生长发育十分重要。由于龟的粪便、残饵及其他水生动植物残骸残留于池底腐败分解,使池底酸性化,并产生大量的有毒气体,严重妨碍着龟的生长发育。因此,必须对龟池池底进行清塘改良。

亲龟池的清塘可每3年1次,时间宜在秋后进行。清塘时,先将池水排干,将亲龟放入暂养池暂养,然后挖出脏物及部分底泥,塘底晾晒数日,接着按1亩(667m²)池用生石灰100~150kg化浆泼洒全池,同时添补一些新泥沙,过15d左右注入新水使用。

(2) 放养密度　一般以每平方米水面放养2~3只为宜。

(3) 饲养管理

① 饵料及其投喂　饵料是培育优良亲龟的物质基础。要使亲龟性成熟早,年产卵数多且质量好,就要充分满足亲龟的营养需要。泥鳅、黄鳝、蚯蚓、螺蛳、河蚌、蜗牛、黄粉虫、蝗虫、畜禽的内脏、蚕蛹、豆饼、麦麸、米饭、玉米粉等,都是乌龟爱吃的食物。动物性与植物性饲料的比例应为7∶3。动物性饲料在投喂前要剁碎。饲料分2次投喂,上午1次,下午1次(在高温季节,等太阳光离开龟池时再喂)。

除上述精饲料外,还可适量投喂新鲜的瓜、菜等,以增加食物中的维生素含量。龟的饲料要新鲜,不要喂腐烂发臭的食物。产卵前、产卵期间要多投喂蛋白质含量高、维生素丰富、脂肪含量低的饵料。

为防止饵料中的脂肪和蛋白质被氧化,最好在饵料中加入一定量的维生素E,具体投喂方法如下。

开春后,水温上升到15~16℃时,开始投饵诱食,每隔3d用新鲜的优质饵料诱食1次,以促使亲龟早开食。水温达18℃以上时,可正式投喂。一般春秋比较凉爽的季节,每天于上午10时左右投喂1次。春末秋初及夏季(6~9月),按"四定"原则投饲:a. 定时,1天2次,上午8~9时、下午4~5时各1次;b. 定量,投饵量为亲龟总体重的5%~10%,或保证饵料在2h吃完为度。6~9月要多喂,5月、10月要少喂,11月~次年4月为冬眠期可不喂;c. 定质,饵料要新鲜、营养丰富,体积较大的饵料如内脏等要绞碎或剁碎,然后加入占饵料总量5%的骨粉、1.5%~2%的畜用生长素、2%的酵母及0.5%的食盐;d. 定位,饵料要投放在食台上。

② 水质管理　一般来说,池水可见深度要求在25cm左右,池水颜色以淡绿色或茶褐色为宜。春秋季水位控制在0.8m左右,夏冬季控制在1~1.2m。池内适当放些鳙鱼、鲢鱼可改善水质。另外,亲龟池每月用生石灰20~30kg化浆泼洒全池1次,可中和酸性、改良水质、预防疾病。

四、观赏龟的人工繁殖

1. 清整产卵坑

龟产卵前,要将产卵坑的沙翻松,清除杂草,使沙土保持湿润。若沙干燥,则应喷水,使沙土以手捏成团、松手即散为宜。目前,生产上多设置沙盘来满足雌龟产卵所必需的生态条件。沙盘大小一般为100cm×35cm×18cm,盘内装满细沙。沙盘应设置于坐北朝南、背风向阳的地方,其附近可种植一些高秆阔叶植物,以创造一个寂静、隐蔽的环境让龟产卵。沙盘的多少,可视亲龟放养量而定。

2. 卵的收集

在整个生殖季节,应每天早上巡塘1次,仔细检查产卵场是否有雌龟产卵痕迹。检查时间以太阳未出、露水未干时为宜。如发现亲龟已产卵,不要随意翻动或搬运卵粒,待卵产出后8~30h,其胚胎已固定,动物极(白色)和植物极(黄色)分界明显,动物极一端出现圆形小白点，此时方可采卵。一般在头天早上发现有卵后，先做好标志，到第 2d 早上再采卵。

采卵时，用收卵箱盛卵。收卵箱长 45cm、宽 45cm、高 8cm，四周底部有滤水孔。收卵前，先在箱底铺一层 2cm 厚的细沙。同时准备 1 根长 20cm、宽 1.5cm、厚 0.3cm 的竹片，作为开洞拨土工具，1 把长镊子做取卵工具。

收卵前，将收卵工具清整干净，然后进入产卵场，根据标志依次将洞口泥沙拨开，用镊子取出洞内全部卵粒。取卵时应注意其受精与否和发育情况，如果卵壳顶上有一白点，边缘清晰圆滑，卵粒颜色鲜亮呈粉红色或乳白色，卵大而圆，即为受精发育良好的卵；反之，如卵壳外表无白点，颜色基本一致，或卵壳白点呈大块不整齐的白斑，即为未受精或受精发育不良的卵。

收卵时，应剔除未受精卵、受精不良卵、畸形卵、壳上有黑斑的卵或壳破裂卵。装箱时应将受精卵的动物极（有白点和气室的一端）朝上，整齐排列在收卵箱中，移入孵化场孵化。收卵完毕，应整理好产卵场，天旱时适量喷些水，以便让龟再次产卵。

3. 人工孵化

在自然界中，龟卵的孵化完全依赖于太阳、雨水带来的温度和湿度。龟卵的孵化期与气温有着密切的关系，一般孵化期需要 55～65d 左右。若天气暖热，孵化期短，若天气凉爽，则孵化期相对长一些。

> **知识卡**
>
> 温度对龟性别的影响　如红海龟，如果雌龟将卵产在 30℃ 左右的沙土中，孵化出后代的雌雄性别比例为 1∶1。如果雌龟将卵产在温度较低的阴凉沙土中，孵化出的雄龟多一些；如果产在温度较高的沙土中，孵化出的雌龟多一些。所以，人工孵化过程中要注意环境温度的控制。

龟卵发育时，要求温度控制在 24～30℃ 之间，空气相对湿度在 80%～82% 之间，沙子要通气良好，含水适宜，若满足这些条件，卵孵化率可达 95% 以上。

（1）孵化设施

① 室外孵化池　室外孵化池应选在地势较高、通风干燥的地方。其大小视生产量的大小而定，一般为 1m²，可供孵化 4500～5500 枚龟卵使用。

室外孵化池多为长方形，长边东西向，短边南北向，长宽比为 2∶1。池长边壁高 35cm，其中地上 10cm，地下 25cm。池底外侧设排水孔，池底平面向排水孔倾斜 5°～10°，以防积水。外壁四周的地面设宽 8～10cm、深 5cm 的防蚁沟，沟内浇水。池的两个短边壁用水泥和砖砌成中间高两端低的"八"字形或北高南低的倾斜状，顶端用梁架起并固定，再用玻璃和木框作成窗户状的顶盖。玻璃窗框的一边用合叶固定在顶端的木梁上，以便开启或关闭。

② 室外孵化场　室外孵化场应选择在地势较高、通风干燥的地方，其面积根据生产量的大小而定。一般为 2～3m²。长、宽之比为 2∶1，周围砌上高约 1.2m 的围墙，墙的四周有排水孔和通气孔。孵化场内地基从上至下应倾斜 5°～10°，在最底层先铺上碎石或粗沙 10cm 厚，以增加孵化场的滤水性，然后再在上面铺 5cm 厚细沙作孵化床，并在最低处埋设一个小缸或水盆，其缸口略低于沙平面或与沙面平齐，缸里装少量清水。围墙上面搭上钢筋

或竹木架，以便需要时覆盖芦席或帆布。

③ 室内孵化池　室内孵化池与室外孵化池所不同的是不用防雨水，只需加水平盖以防止老鼠危害。室内孵化池要建在地面上，以利于提温。

2. 卵的排列

① 准备工作　主要准备沙石，并进行消毒。

a. 孵化用沙石　小卵石粒径0.5～1.0cm，粗沙粒径0.1～0.2cm，细沙粒径0.5～0.6mm。使用比例为小卵石：粗沙：细沙为1：2：3。

b. 消毒　用漂白粉溶液对孵化设施和沙石进行消毒。也可在阳光下摊开沙石暴晒，然后用凉开水将沙石调至适宜湿度后备用。

c. 布卵　用0.5～1cm粒径的小卵石在孵化池底铺2～3cm厚，再用粒径0.1～0.2cm的粗沙在小卵石上盖2cm厚，然后将卵的动物极向上，逐个安放在粗沙上。卵排3层后，在卵的上面盖1层厚2～3cm粒径为0.1～0.2cm的粗沙，再在粗沙上铺1层厚5～7cm粒径为0.5～0.6mm的细沙。沙子湿度为10%～15%。排卵时，当天产的卵，要当天下午排放在一处，并用木板隔开，插上标记，记上产卵日期和数量，以后以此类推。

(3) 孵化管理

孵化期间主要应管理好温度、湿度和通气。

① 温度　温度最好控制在26～32℃，不得高于34℃，不得低于25℃。

② 湿度　空气湿度最好控制在80%～82%。沙子含水量最好控制在7%～8%，不得低于5.3%，不得高于27%。孵化期间，应每天定期检查沙子的湿度。检查时，可用手轻轻扒开沙子，观察含水沙层离表面的深度。如果直到靠近卵才出现湿润沙层，则用喷雾器在沙子表面喷洒凉开水，使细沙层略带湿润即可，切不可在高温下大量洒水。如果沙子表面以下1cm的沙层出现湿润，即使表面沙子干得发白也不必洒水，否则，必须及时洒水。洒水后10min左右，用手将细沙层松一下，这样既可防止板结和闭气，又切断了毛细管，能防止水分蒸发。扒动沙层时，不得振动下面的卵，以免影响孵化效果。一般每1～3d洒1次水，每次洒水以使细沙层湿润为度。

③ 通气　晴天温度高时，应通风降温，否则应保温。沙内通气，主要通过安排砂石的比例来进行。孵化期间，应防砂石表层板结。

④ 除害防病　孵化期间要严防蛇、鼠、蚂蚁等的危害。

(4) 稚龟的收集

孵化开始50～60d后临近结束时，应经常观察，并用小耙疏松表层沙土，以利稚龟出穴。出壳的稚龟有趋水习性，这时要在孵化池一端预先安置的1个脸盆中注入半盆水，盆底铺厚约2～3cm的细沙，盆口外沿略低于沙土表层或与沙层平齐，以便于稚龟爬入盆中。

刚出壳的稚龟重3～7g，背部带土黄色，腹部橙红色，体形近圆形，类似古代铜钱。待稚龟脐孔封闭、卵黄吸收完后（一般孵化后12～24h），可放入用清水湿润的细沙中暂养，饲喂精料，3～5d后放入稚龟池饲养，此期为龟苗。

龟苗经过一定时间养殖后，个体体重达到51～500g时称为龟种，当达到500g以上时称为成龟。

思 考 题

1. 如何对芙蓉鸟、鹦鹉进行雌性鉴别?
2. 叙述芙蓉鸟、鹦鹉、画眉鸟的繁殖特点。
3. 观赏鱼雌雄鉴别的一般方法有哪些?
4. 热带观赏鱼的产卵繁殖方式有哪些? 各有什么特点?
5. 鱼类的常用人工授精方法有哪几种? 如何操作?
6. 环境因素对鱼类性腺的发育有何影响?
7. 叙述金鱼、锦鲤的繁殖要点。
8. 锦鲤人工繁殖中的注意事项有哪些?
9. 如何对锦鲤进行人工催产注射?
10. 影响鱼类受精卵发育的因素有哪些?
11. 促进观赏鱼进行产卵繁殖的方法有哪些?
12. 如何进行观赏龟的雌雄鉴别?
13. 观赏龟受精卵的采集要求有哪些?
14. 如何进行观赏龟受精卵的排布?
15. 观赏龟受精卵孵化时对环境条件有哪些要求?
16. 鸟类的生殖系统由哪些部分组成?
17. 观赏鸟的繁殖习性有哪些?

项目七　宠物育种的遗传学基础

【知识目标】
1. 通过观察细胞、染色体与 DNA 的模型与图片，理解细胞、染色体与 DNA 之间的关系，掌握细胞、染色体与 DNA 的形态结构和生理功能。
2. 通过观察细胞分裂的组织切片与挂图，理解细胞分裂周期及染色体变化过程，掌握有丝分裂、减数分裂的基本过程。
3. 通过对生命性状表达的观察与分析，理解遗传三定律的基本内容及其发展，掌握遗传三定律在宠物选种、育种实践中的应用。
4. 通过对性状变异的观察与分析，理解变异的类型与发生原因，掌握不同变异在宠物选种、育种实践中的应用。

【技能目标】
1. 能够在显微镜下识别染色体的形态，并根据减数分裂过程中的主要特征判断其变化。
2. 能够解释宠物主要性状的遗传方式，预测后代可能出现的类型。
3. 能够解释宠物性状变异产生的类型，区别遗传与表型变异对宠物选种、育种上的差异。

单元一　性状的物质基础

一、细胞

自然界中，除病毒、噬菌体、立克次体等少数低等生物外，绝大多数生物是由共同的结构单位——细胞所构成的。构成生物体的细胞在形态、结构和特性上存在一定的差异。但是，细胞内所含的物质却大致相同，主要由核酸、蛋白质、类脂、碳水化合物、无机盐和水等组成。

高等动物的细胞有明显的细胞核和完整的细胞结构（细胞膜、细胞质、细胞核），属于真核细胞（图 7-1）。

1. 细胞膜

细胞膜是一层嵌有蛋白质的类脂双分子层结构膜（图 7-2），是细胞与外界环境的界膜。细胞膜的中间是磷脂双分子层，是细胞膜的基本骨架。在磷脂双分子层的外侧和内侧，有许多球形蛋白质分子，以不同深度镶嵌在磷脂分子层中，或者覆盖在磷脂分子层的表面。这些磷脂分子和蛋白质分子大都是可以流动的。因此，细胞膜具有一定的流动性。

许多细胞的细胞膜还含有少量的糖类，形成糖脂和糖蛋白。存在于细胞膜上的糖蛋白（即抗原）参与细胞的识别与免疫，可以作为某些特殊品系的选育指标。如具有抗原 B^{21} 的鸡群对马立克病有抵抗力，而具有抗原 B^2 的鸡群对淋巴细胞性白血病具有抵抗力。因此，通过对表面特异性抗原的选择，可以培育出特定的抗病品系。

图 7-1　电子显微镜下的细胞结构

图 7-2　细胞膜的模式图

细胞膜的主要功能是维持细胞的正常形态，保持内环境的相对稳定，不断与外界环境进行物质交换、能量和信息的传递，对细胞的生存、生长、分裂和分化都至关重要。此外，细胞表面也是一些生化反应的场所。

2. 细胞质

细胞质是细胞膜内与细胞核外的物质，包括基质、细胞器和内含物等。其中，基质是细胞内进行生化反应的内环境，是未分化的细胞质，呈均质的半透明液态，包括参与反应所需的酶类、底物和离子；内含物是细胞质内非细胞器成分的有形部分，是细胞的代谢产物或贮存的营养物质，如糖原、脂类和色素等；细胞器是细胞质内具有一定形态特点和功能的结构颗粒，具有一定的折光性，是高度专门化的细胞成分。

高等动物体细胞内的主要细胞器有以下几种。

（1）内质网　内质网是相互通连的扁平囊泡状膜性管道系统，与细胞膜或核膜的外膜相连。依据表面是否附着核糖体而分为粗面内质网与滑面内质网两种。粗面内质网主要参与蛋白质的合成与运输，滑面内质网与脂类合成及糖原代谢有关，也参与细胞内物质运输。

（2）高尔基体　高尔基体是位于细胞核周围或内质网附近的扁平网状或袋状结构（也包

括散布在周围的小囊泡结构）。高尔基体表面光滑，本身不能合成蛋白质，但对新合成的蛋白质具有贮存、加工和浓缩作用。当高尔基体内积存分泌物时，呈现球状，从而转变为浓缩分泌泡。

（3）线粒体　线粒体呈线状、棒状或粒状，为内、外两层膜所构成的囊状结构。内膜向内折叠形成褶脊，褶脊上存在多种生物酶的颗粒，以氧化酶最多。线粒体是细胞内物质（如葡萄糖、脂肪酸、氨基酸等）氧化磷酸化和合成三磷酸腺苷的场所，素有"细胞动力站"之称。

线粒体是动物细胞核外唯一含有 DNA 的细胞器。线粒体 DNA 的功能受核 DNA 的调节，但是，线粒体 DNA 构成了独立的核外遗传体系——母系遗传，为研究生物的起源、进化提供了可靠的理论依据。近年来，有人试验用"线粒体互补法"进行生物育种工作，即将两个亲本的线粒体从细胞中分离出来并加以混合，如果测出混合后的呼吸率比两亲本高，证明杂交后代的杂种优势强，应用此方法，能增强育种工作的预见性，缩短育种年限。

（4）溶酶体　溶酶体是细胞内呈球状的小囊泡，由一层单位膜覆盖，内含多种消化酶（如蛋白质酶、核酸分解酶、糖苷酶等），具有细胞内消化作用（消化细胞内的物质和外来颗粒）以及细胞自溶作用（自体消化受损细胞或衰老细胞）。巨噬细胞内的溶酶体数量特别多且体积大，与其行使特殊消化作用——吞噬作用有直接关系。

（5）核糖体　核糖体又称核糖核蛋白体，是由核糖核酸（RNA，占 60%）和蛋白质（占 40%）构成的略呈球形的颗粒状小体，是细胞内合成蛋白质的主要场所。根据核糖体是否附着在内质网上，分为固着核糖体和游离核糖体。固着核糖体所合成的蛋白质是供给膜上及膜外蛋白质，主要是运输到细胞外的分泌物，如抗体或蛋白质类激素等；游离核糖体合成的蛋白质是供给膜内蛋白质，不经过高尔基体浓缩、加工，直接在基质内酶的作用下，形成细胞质中或供细胞本身生长所需要的蛋白质。

（6）中心体　中心体是由靠近细胞核的两个互成直角的圆筒状结构（中心粒）及其周围透明的、电子密度高的物质组成，位置相对固定，具有极性结构。中心体与有丝分裂有密切关系，主要参与纺锤体的形成和染色体分离，此外，还参与细胞纤毛和鞭毛的形成。

细胞质中除上述结构外，还有微丝和微管等结构，其主要功能不只是对细胞起骨架支持作用以维持细胞的形状，如在红细胞微管成束平行排列于盘形细胞的周缘，又如上皮细胞微绒毛中的微丝；而且也参加细胞运动，如有丝分裂的纺锤丝，以及纤毛、鞭毛的微管。

3. 细胞核

细胞核是细胞内的一个重要组成部分，由更加黏稠的物质所构成。一般真核生物细胞内只有一个细胞核，但也存在两个或多个细胞核的细胞。如肌细胞内有多个细胞核，蟾蜍的肝细胞有 2 个细胞核，而鼠和兔肝细胞的细胞核达 10 个左右。极少数高度分化的细胞没有细胞核，如哺乳动物成熟红细胞无细胞核，但是家禽红细胞都含有细胞核。

（1）核膜　核膜是由内、外两层单位膜所构成的多孔状双膜结构，与内质网相通，是细胞核与细胞质进行物质交换的通道之一。如信使 RNA（mRNA）和核糖体 RNA（rRNA）就是通过这些孔道由细胞核进入细胞质的。原核生物相当于核的部分没有核膜，有形成细胞核的主要物质存在。

（2）核质　核质是核膜与核仁之间的物质，由核液和染色质组成。当细胞固定后，用碱性染料（醋酸洋红、甲基绿、苏木精等）染色时，核内非染色或染色很浅的基质为核液，是细胞行使各种功能的内环境；被碱性染料着色的嗜碱性物质为染色质，是主要由 DNA 和蛋白质组成的核组蛋白，是合成 RNA 的场所。

> **知识卡**
>
> 染色质 细胞分裂时，染色质蜷缩成一定数目和形态的染色体，染色体具有自我复制功能，在生物性状的遗传与变异上具有极其重要的作用。在细胞分裂间期，染色质呈纤维状结构为染色质丝，经过固定后呈现深浅不同的两种区域：着色深的区域为异染色质（功能不活跃区域；染色质螺旋程度高）；着色浅的区域为常染色质（功能活跃区域，染色质呈解螺旋状态）。

（3）核仁 核仁是细胞核内圆球形或形状不规则的致密结构，由蛋白质和 DNA 组成。核仁最主要的功能是合成核糖体 RNA，并与核糖体的生物合成有关。此外，核仁与个别染色体的次缢痕相联结，形成核仁组织区或核仁组织中心，与核仁组织者的 RNA 保持密切联系。

二、染色体

染色体是细胞核中载有遗传信息的物质，主要由 DNA 和蛋白质组成，在细胞分裂过程中易被碱性染料着色，因此得名。染色体最大的特点是具有自我复制的能力，在生物性状的遗传与变异上具有极其重要的作用。

当细胞处于分裂期，核内细长的染色质逐渐变短、变粗，高度螺旋化，形成一定数目和形态的染色体。当细胞分裂结束时，染色体又逐渐恢复为染色质状态。因此，染色体与染色质是同一物质在细胞分裂周期的不同阶段所表现的不同形态。

1. 染色体的形态

染色体原指真核生物处于细胞分裂中期具有一定形态特征的染色质，现在扩大到包括原核生物及细胞器在内的基因载体的总称。

真核生物的染色体一般呈圆柱形，外有表膜，内有基质。在基质中有两条平行相互缠绕的染色线，染色线上常出现有一定排列顺序且容易着色的颗粒，称为染色粒。同一染色体上的染色体大小不等，以不规则的间隔排列，结构如图 7-3 所示。

（1）主缢痕 染色体上有一个缢缩且不易着色的区域，为主缢痕（即着丝点），是纺锤丝附着处，与细胞分裂时染色体移动有关。

（2）次缢痕 某些染色体上有一个与主缢痕类似的结构，为次缢痕，次缢痕的位置也是固定的。

（3）随体 某些染色体末段有一根染色体细丝相连的圆形或长形的突出物，为随体。

（4）核仁组织区 极少数染色体的次缢痕处有一个染色很深的核仁组织区（NOR），与核仁形成有密切关系。

（5）端粒 端粒是线状染色体末端的一种特殊结构，主要由 DNA 重复序列组成。端粒可以防止染色体间末端连接，保护染色体不被核酸酶降解，具有稳定染色体末端的功能，并可补偿滞后链 5′末端在消除 RNA 引物后造成的空缺。

在体细胞中，随着细胞分裂次数增多，染色体的端粒磨损越多，长度逐渐变短，寿命越短。通常情况下，运动加速细胞的分裂，运动量越大，细胞分裂次数越多，因此寿命越短。

不同染色体在长度、形态上存在差异。因此，鉴定染色体形态

图 7-3 染色体的形态结构

的标准是主缢痕的位置、次缢痕和随体的存在与否和位置。根据主缢痕的位置将染色体分为4类：中部着丝点染色体（M）、近中部着丝点染色体（SM）、近端着丝点染色体（ST）和末端着丝点染色体（T）。

图7-4 染色体四级结构模型

2. 染色体的显微结构

染色体主要是由DNA和蛋白质所组成的核组蛋白，呈高度螺旋化状态。

染色体的每条染色单体是由一条DNA分子和组蛋白相结合的纤丝，其上有许多组蛋白组成的圆珠（称核小体）。

不同核小体之间由DNA分子缠绕相连，形成一条以DNA为骨架的DNA蛋白纤丝，即绳珠模型；这种纤丝螺旋化形成的线圈结构称为螺旋体；螺旋体进一步螺旋化形成的圆筒称为超螺旋体；超螺旋体的高度折叠和螺旋化形成四级结构——染色体（图7-4）。

根据四级结构模型，从DNA双链螺旋化到染色体，先后经过四级压缩的倍数分别为7倍、6倍、40倍和50倍，即染色体中的DNA双螺旋最初长度被压缩近万倍。

3. 染色体的数目和核型

在真核生物中，每一物种都有特定的染色体数目，如猫有38条、犬有78条。绝大多数高等动物都是二倍体（$2n$），即每一体细胞有两套同样的染色体，这两套染色体分别来自于两个亲本。来自亲本单一配子的一套染色体称为一个染色体组（n）。因此，高等动物的染色体数目在体细胞中为$2n$，在性细胞中为n。

对于同一物种来说，体细胞内的染色体数目恒定不变，这对维持物种的遗传稳定性具有重要意义。其中，染色体数目最少的生物是线虫，只有2条；染色体数目最多的是真蕨纲瓶尔小草属植物，染色体数目多达800~1200多条。部分动物的染色体数目见表7-1。

表7-1 部分动物的染色体数目

动物	染色体数	动物	染色体数	动物	染色体数
黄牛	60	猪	38	鸭	80
瘤牛	60	狗	78	鸽	80
牦牛	60	猫	38	鸡	78
水牛	48	兔	44	火鸡	82
山羊	60	家鼠	60	水貂	30
马	64	豚鼠	64	黑猩猩	48
驴	62	果蝇	8	人	46

各种生物体细胞中的染色体通常成对存在，即在一个体细胞中相同的染色体各有两条。遗传学上，将分别来自于父方或母方且长度、直径、着丝点位置和染色粒排列都相同的一对染色体称为同源染色体。其中，有一对大小、形状、作用不同而且与性别发育有关的染色体称作性染色体（如X、Y和Z、W），而其他成对的染色体统称为常染色体，用符号A表示。

4. 染色体的核型分析

将某一物种细胞核内所有染色体按照相对长度、长短臂的比率、着丝粒的位置以及随体的有无等特征进行分析，称为染色体组型分析，简称核型分析。在有丝分裂中期，首先对细胞进行适当的处理、染色并制片，然后进行镜检和显微拍照，并将照片上的染色体逐一剪下来，按照一定的顺序排列，并予以编号（性染色体排在最后）。

如犬的染色体为 39 对（2n＝78），其核型如图 7-5，可简记为♂：78，XY；♀：78，XX。

图 7-5　犬的染色体以及核型

染色体组型分析广泛用于动物染色体数目和结构变异的分析、染色体来源的鉴定、通过细胞融合得到的杂种细胞的研究以及基因定位研究中特定染色体的识别等方面，在动物分类和生物进化研究中得到广泛的应用。

采用染色体分带技术（如荧光带型分析、姬姆萨带型分析等）对染色体核型进行检查，观察染色体是否出现异常，可以甄别染色体畸形所造成的遗传性疾病，如肿瘤的临床诊断、预后及药物疗效的观察，及时进行淘汰。通过对羊水中的胎儿脱屑细胞或胎盘绒毛膜细胞的染色体组型分析，有助于对胎儿的性别和染色体异常的产前诊断。

5. 染色体的化学组成

染色体的化学成分主要是 DNA 和蛋白质结合而成的核蛋白，其中蛋白质（组蛋白和非组蛋白）占 48.5%，DNA 占 48.0%，RNA 占 1.2%，类脂及无机物占 2.3%。

组蛋白是带正电荷的蛋白质，易与带负电荷的 DNA 结合形成核小体，即由各两个分子的组蛋白 H_2A、H_2B、H_3 和 H_4 形成八聚体的核心组蛋白，再与 H_1 蛋白结合，之后进一步压缩，在核内组装成染色体。非组蛋白带负电荷，是专一性基因调节的作用物。

三、细胞分裂

生物体内的细胞要不断更新，即原有细胞衰老、死亡，新细胞产生、成长，这些都是通过细胞增殖来实现的。细胞有多种增殖方式，产生体细胞的过程为有丝分裂，产生性细胞的过程为减数分裂。

通常，将细胞从一次分裂结束到下一次分裂结束之间的期限称为细胞增殖周期或细胞周期，可以细分为间期（I）和分裂期（M）两个阶段。

1. 间期

细胞从一次分裂结束到下一次分裂开始之间的期限称为细胞间期或生长期，根据 DNA 的复制情况可以分为 3 个时期，即复制前期（G_1 期）、复制期（S 期）和复制后期（G_2 期）。

（1）G_1 期　细胞体积增大，RNA、结构蛋白和细胞生长所需要的酶类合成，为 S 期做准备。

(2) S 期　DNA 在此期进行生物合成，含量增加一倍，共分为两个阶段：首先在常染色质中复制，然后在异染色质中复制。

(3) G_2 期　RNA、组蛋白、非组蛋白、微管蛋白等物质的合成，为细胞分裂做准备。

这三个时期的时间长短因物种不同差异很大，其中 G_1 期差异最大，而 S 期和 G_2 期相对差异较小。

2. 分裂期

细胞分裂的方式可以分为无丝分裂、有丝分裂和减数分裂三种，但是它们的分裂过程并不相同。

(1) 无丝分裂　方式简单，细胞体积增大，细胞核延伸和细胞质同时缢裂成两部分，形成两个子细胞，也称直接分裂。无丝分裂多见于原核生物，真核生物的某些组织和细胞也采取这种分裂方式，如肿瘤细胞、愈伤组织、某些腺体、神经细胞等。此外，蛙的红细胞增殖也是这种分裂方式。

(2) 有丝分裂　为细胞的主要分裂方式，包括两个过程：一是核分裂，二是质分裂（细胞分裂）。依据细胞内物质形态变化特征分为前期、中期、后期与末期四个时期（图 7-6）。

图 7-6　动物细胞的有丝分裂模式图

① 前期。细胞核膨大，染色质高度螺旋化，形成由着丝点相连的两条染色单体，中心体一分为二，并向两极移动，周围出现纺锤丝。核仁逐渐消失，核膜开始破裂而消失。

② 中期。核仁和核膜完全消失。染色体有规律地排列在赤道平面上，形成赤道板，但未发生联会现象。染色体的两条姊妹染色体连在一起而未分离，染色体也缩短到比较固定的状态，适宜进行染色体形态和数目的观察。

③ 后期。由于着丝点的分裂，染色单体形成独立的子染色体，并由纺锤丝牵引向细胞的两极运动。由于着丝点的位置存在差异，所以染色体呈现"V"、"L"或"I"形。

④ 末期。染色体分别在细胞的一极聚集，逐渐变成染色质丝，纺锤丝逐渐消失，核仁、核膜重新出现，细胞质分裂形成两个子细胞。

(3) 减数分裂　宠物到达一定年龄后，生殖腺体上的性原细胞先以有丝分裂方式进行若干代增殖，产生大量的性原细胞，这一段时间为增殖期。最后一代的性原细胞不再进行有丝分裂，而进入生长期（此处生长期不同于细胞周期中的生长期，而是指性细胞形成过程的一个阶段），细胞质增加，细胞体积增大。经过生长期后，精原细胞（卵原细胞）称作初级精母细胞（初级卵母细胞），并开始进行减数分裂。

减数分裂包括连续的两次分裂，分别叫做减数第一次分裂（用MⅠ表示）和减数第二次分裂（用MⅡ表示）。在两次分裂中，也各分为前期、中期、后期、末期四期（图7-7）。

图 7-7 动物细胞的减数分裂模式图

① 减数第一次分裂（Ⅰ）

a. 前期Ⅰ。此期复杂，进一步分为5个时期。

Ⅰ. 细线期。染色质浓缩呈细线状盘绕成团，染色线上染色粒表现明显。染色体已经复制，但很难区别，看不出双重性。

Ⅱ. 偶线期。同源染色体发生严格的配对现象，称为联会。配对时，同源染色体相互接触的染色粒在大小、形状上相同。

Ⅲ. 粗线期。染色体缩短变粗，每条染色体分裂为两条单体，但着丝点未分离，共享一个着丝点。配对的同源染色体叫二价体，每条二价体有4个染色单体，所以又称为四分体。

在同源染色体中，同一条着丝点上的两条染色单体互称姊妹染色体；非同一着丝点上的两条染色单体互称非姊妹染色体。此时，非姊妹染色单体之间发生DNA片段互换，即基因交换，其结果导致基因重组。

Ⅳ. 双线期。染色体继续缩短，周围出现基质，组成二价体的两条同源染色体开始分离。非姊妹染色体在某些部位互相连接在一起的现象称为交叉现象。随着双线期的进行，着丝点分开且交叉点减少，交叉向两端移动并达到末端，这个过程称为交叉端化。

Ⅴ. 终变期。染色体变得更粗短，染色体继续盘旋，基质增加，染色体外廓明显，是染色体辨别鉴定和记数的最佳时期。二价体开始向赤道板移动，纺锤丝开始出现。

b. 中期Ⅰ。核膜、核仁消失，二价体的着丝点排列在赤道上的两侧。但是，由于存在交叉现象，交叉点位于赤道板上。两个配对染色体的着丝点逐渐向两极分离，是识别染色体的适当时期。

c. 后期Ⅰ。由于纺锤丝的收缩，同源染色体向两极移动，姊妹染色体仍共享一个着丝点，未分开。

d. 末期Ⅰ。纺锤丝开始消失，核膜、核仁重新形成，细胞质分裂，形成两个子细胞，但着丝点仍未分裂，染色体数目实现减半。哺乳动物形成两个次级精母细胞或一个次级卵母细胞和一个极体。

第一次分裂末期之后，经过很短的时间即进行第二次分裂。

② 减数第二次分裂（Ⅱ）。染色单体排列在赤道板上，着丝点分裂，姊妹染色单体分别向两极移动，最后形成两个新核，细胞质也随之分裂，形成两个子细胞（即两个精子或一个卵子和一个极体）。

因此，一个初级精母细胞经过两次连续分裂，可以形成4个精子；而一个初级卵母细胞经过两次连续分裂，可以形成1个卵子和3个极体。

四、遗传物质

生物个体的性状随个体生命的终止而结束，但从物种的繁衍来看，生命连续的实质就是遗传物质的传递。所以，遗传物质必须具有下列条件：①具有高度的稳定性与一定的可变性；②能够贮存、表达和传递遗传信息。此外，遗传物质必须具有自我复制的能力和以自己为模板控制其他物质新陈代谢的能力。

1. 核酸是遗传物质

通过试验分析，染色体主要由蛋白质、脱氧核糖核酸（DNA）和核糖核酸（RNA）所组成，究竟哪一种物质是遗传物质呢？

针对上述疑问，许多科学家做了大量的科学工作。1928年，格里费斯（Griffith）对小家鼠进行了肺炎双球菌的感染试验，结果表明：灭活的S型菌中的某些转化因子能使非致病的R型菌转化成致病的S型菌，具有繁衍功能。

1944年，艾弗里（Avery）等人证明该转化因子是DNA，而非蛋白质。1952年，赫尔谢（Hershey）和索斯（Chose）通过噬菌体对细菌的侵染实验，也证明了遗传物质是DNA，而非蛋白质。

某些病毒如烟草花叶病毒，只含有蛋白质和RNA，没有DNA，那它的遗传物质是什么呢？

将烟草花叶病毒的蛋白质外壳和RNA分离后，分别感染烟草，结果表明，蛋白质不能使烟草形成病斑，而RNA可以使烟草形成病斑，而且病斑形状与完整的病毒所引起的病斑一样，证明RNA也是遗传物质。

通过以上三个试验可以确定，蛋白质都不是遗传物质；细胞内具有DNA的生物，遗传物质是DNA；只含有RNA而不含DNA的生物，遗传物质是RNA。

2. DNA结构

1872年，米希尔（Miescher）发现核酸的存在。但是，科学家认为它是细胞的正常成分之一，没有引起足够的重视。艾弗里（Avery）等人的纯化转化实验结果，证明DNA是遗传物质，促进了人们对核酸的深入研究。

1953年，沃尔森（Watson）和克里克（Crick）通过X射线衍射法，研究和总结同时代其他研究者的研究成果，提出了DNA双螺旋构造模型，大致如下。

DNA分子是一个右旋的双螺旋结构，是由两条核苷酸链以互补配对原则所构成的高分子化合物。每个核苷酸由一个五碳糖连接一个或多个磷酸基团和一个含氮碱基所组成，不同的核苷酸以"糖-磷酸-糖"的共价键形式连接，形成DNA单链。两条DNA单链以互补配对形式，5′端对应3′端形成DNA双螺旋结构。其中，两条DNA链中对应的碱基A-T以双键形式连接，C-G以三键形式连接，"糖-磷酸-糖"形成的主链在螺旋外侧，配对的碱基在螺旋内侧（图7-8）。

图 7-8　DNA 与 RNA 结构模式图

在 DNA 分子中，每一碱基对受严格的配对规律限制，配对碱基只能是 A 与 T 以及 G 与 C，所以这两条链是互补的。但碱基的前后排列顺序则不受规律限制，一个 DNA 分子所含的碱基通常不下几十万或几百万对，四种碱基以无穷无尽的排列方式出现，导致 DNA 的多样性。

> **知识卡**
>
> 　　**基因**　基因是指携带遗传信息的 DNA 或 RNA 序列，是控制性状的基本遗传单位。基因通过指导蛋白质的合成来表达自己所携带的遗传信息，从而控制生物个体的性状表现。其中，位于同源染色体上，位点相同，控制着同一性状的基因为等位基因。按照功能划分，编码 RNA 或蛋白质的基因为结构基因；参与调控其他结构基因表达的基因为控制基因；对性状表达具有明显作用的主基因，能够增强或削弱主基因对表型作用的微效基因为修饰基因等。

3. 中心法则

生物的各种性状都与蛋白质有关。一个细胞可以含有几千种不同的蛋白质分子，不同蛋白质各有一定成分和结构，执行不同的功能，引起一系列复杂的代谢变化，最后呈现出不同的形态特征和生理性状。然而，各种蛋白质是在 DNA 控制下形成的，即以 DNA 为模板在细胞核内合成 RNA，然后转移到细胞质中，在核糖体上控制蛋白质的合成。也就是说，DNA 先把遗传信息转录给 RNA，然后再翻译为蛋白质，这就是分子生物学的中心法则（图 7-9）。

中心法则自 1958 年提出以后，科学家又陆续发现，那些只含有 RNA 而不含 DNA 的病毒（如植物病毒、噬菌体以及流感病毒），在感染宿主细胞后，RNA 与宿主的核糖体结合，形成一种 RNA 复制酶，在此酶的催化作用下，以 RNA 为模板复制出 RNA。

近年来，科学家又发现 RNA 病毒复制的另一种形式。路斯肉瘤病毒（RSV）是单链环状 RNA 病毒，存在反转录酶，侵染鸡细胞后，能以 RNA 为模板合成 DNA（反转录），并

图 7-9 遗传信息的中心法则

整合到宿主染色体的一定位置上，成为 DNA 前病毒。

前病毒可与宿主染色体同样复制，并通过细胞有丝分裂，传递给子细胞，并成为肿瘤细胞。某些肿瘤细胞可以前病毒 DNA 为模板，合成前病毒 RNA，并进入细胞质中合成病毒外壳蛋白质，最后病毒体释放出来，进行第二次侵染。反转录酶的发现，不仅具有重要理论意义，而且对肿瘤机制的研究，及在遗传工程方面都有重要作用。

迄今为止，科学家只发现 DNA 或 RNA 中所包含的遗传信息单向流向蛋白质，不存在蛋白质的信息逆向流向核酸。这种遗传信息的流向，就是中心法则的遗传学意义。

单元二 遗传基本定律

分离定律、自由组合定律和连锁与互换定律是遗传学的三个基本规律，是生物界普遍存在的遗传现象，是研究畜禽质量性状表达的基本规律。

> **知识卡**
>
> 遗传三定律的发现 奥地利神父孟德尔（G. Mendel）通过 8 年（1856~1864 年）的豌豆杂交试验，研究与分析了 7 对不同性状的遗传现象，于 1865 年发表《植物杂交试验》一文，提出遗传单位是遗传因子的论点，并揭示遗传学的两个基本规律——分离规律和自由组合规律，为遗传学的诞生和发展奠定基础。孟德尔将生物学与数理统计学结合起来，论文的表达方式是全新的，使得同时代的博物学家很难理解论文的真正含义，并没引起足够重视。
>
> 1900 年，荷兰植物学家德弗里斯（De Vries）、德国植物学家科伦斯（C. Correns）、奥地利植物学家丘歇马克（Tschermak）通过各自独立的植物杂交实验，几乎同时验证了孟德尔论文的正确性。科学史上将这一重大事件称为孟德尔定律的重新发现。1910 年，美国学者摩尔根（Morgen）根据对黑腹果蝇的研究，提出了遗传学第三个定律——连锁与互换定律。至此，遗传三大定律就逐渐完善起来。

一、一对相对性状的表达

1. 分离现象

科克猎犬被毛颜色有黑色和棕色两种，是一对相对性状，将具有这对性状的两个个体杂交，观察其后代被毛颜色的变化情况，具体如图 7-10 所示。

图 7-10 科克猎犬毛色的正反交结果

从毛色的表达来看，正、反交结果大致相同。子一代（F_1）为黑色个体，无棕色个体出现，说明黑色为显性性状，棕色为隐性性状；将子一代互交，所产生子二代（F_2）既有黑色个体，又有棕色个体，比值为3∶1。遗传学中，将这种出现性状分离的现象称为分离现象，后代比值呈现3∶1数量关系的规律性称为分离定律。

> **知识卡**
>
> 基因型与表现型　基因型又称遗传型，可反映生物体性状的遗传构成，是肉眼看不到的，需要通过杂交试验才能鉴定。表现型是指生物体所有性状的总和，是可以被直接观测到的外在表现，如犬的毛色、长短等。对于犬的毛色来说，棕色就是表现型，代表棕色的bb就是基因型。可见，当显性完全时，基因型一致，表现型就应当一致，如bb全是棕色；表现型一致，基因型未必一致，如黑色个体可能有Bb或BB两种基因型。两者之间的关系为：基因型决定表现型，表现型反映基因型。

对于本实验杂交结果，可以采用孟德尔的"遗传因子"进行解释：相对性状黑色或棕色分别由相对遗传因子B或b控制，两者在体细胞中成对存在，保持独立性，并不融合；成对的遗传因子分别来自两个双亲，形成配子时彼此完全分离；显性纯合子（BB）和隐性纯合子（bb）只能产生一种配子，即B配子或b配子；杂合子（Bb）产生不同类型配子（B和b）的数目相等；所有异性配子结合的概率相等，而且结合具有随机性。

2. 分离定律的扩展

科克猎犬的毛色在子一代只出现显性性状，子二代表现出3∶1的分离比，属于完全显性作用。自然界中，生物体的大部分性状不是简单的显隐性关系。某种情况下，等位基因之间的显隐关系并不那么严格，有些等位基因的显性作用仅仅是部分的、不完全的，这时情况就不同了，具体可以分为下列几种情况。

（1）不完全显性　指性状的表达不是完全显性，存在中间类型的现象。

① 镶嵌型显性。镶嵌型显性是指子一代的表型是两个亲本的相对性状的分别表现，而且表现出非等量的显性。如牛的毛色、犬的毛色、鞘翅瓢虫的色斑遗传等，都属此类不完全显性。

如犬的毛色有黑褐色（RR）和白色（R'R'）两种，都能真实遗传。将黑褐色犬与白色犬杂交，后代既不是白毛，也不是黑褐色，而是沙毛（黑褐色毛与白色毛相互间杂）。若 F_1 代沙毛犬相互交配，F_2 代有1/4黑褐色毛（RR），2/4沙毛（RR'），1/4白毛（R'R'），性状分离比呈1∶2∶1，而不是3∶1，似乎与分离规律不符，其实是更加证明了分离规律的正确性。

② 中间型显性。中间型显性是指子一代的表型是两个亲本的相对性状的综合表现，无完全的显隐性区别。安达鲁西鸡的羽色、家蚕的体色、马的皮毛、金鱼身体的透明度等，都属此类不完全显性。

如地中海的安达鲁西鸡，羽毛有黑羽和白羽两个类型，都能真实遗传。将白羽鸡与黑羽鸡杂交，后代既不是白羽，也不是黑羽，而全部是蓝羽个体。若 F_1 代自群繁殖，F_2 代中1/4是白羽，2/4是蓝羽，1/4是黑羽。这说明，F_1 代并非两亲本性状的简单融合，而是综合成新的性状表现。由于基因的显性作用不完全，所以 F_2 代的性状又发生了分离。

> **知识卡**
>
> **性状表达与环境的关系** 同一性状显、隐性表达也不是完全绝对的,受环境条件影响。如兔子的脂肪受一对基因白色(Y)与黄色(y)控制,其中 Y 基因合成黄色素分解酶,将青草中黄色素分解掉,而 y 基因不能合成该酶类,不能分解黄色素。所以,白脂肪兔子无论吃青草还是干草,脂肪都是白色;而黄脂肪兔子,当吃青草时表现为黄脂肪,吃干草时(黄色素已被破坏)为白脂肪。此外,喜马拉雅兔(八黑)的被毛为白色,将背部毛除去后,在高温下长出的新毛为白色,在低温下长出的毛为黑色。上述两个现象的遗传物质没有变化,只是环境不同影响了性状的正常表达。

(2) 等显性性状　等显性是指子一代的表型是两个亲本的相对性状的共同表现,彼此无显隐性的关系。如人的 MN 血型和镰刀型贫血都是等显性性状。

如人的 MN 血型是由一对基因 L^M 和 L^N 控制,基因型 $L^M L^M$ 的人是 M 型,基因型 $L^N L^N$ 的人是 N 型,基因型 $L^M L^N$ 的人是 MN 型,是共显性作用的结果。基因 L^M 和 L^N 之间没有显隐性之分,作用相同。

3. 致死基因

1907 年,法国学者库恩奥(Cuenot)发现小家鼠中黄色鼠不能真实遗传,其后代分离比为 2∶1。现列举两个交配方案及其后代表现的材料(综合许多作者的资料)结果如下。

方案一　黄鼠×黑鼠→黄鼠 2378 只∶黑鼠 2398 只≈1∶1;

方案二　黄鼠×黄鼠→黄鼠 2396 只∶黑鼠 1235 只≈2∶1。

从第二种交配结果来看,黄鼠很像杂合子,因为后代出现黑鼠。若黄鼠是杂合体,则黄鼠与黄鼠交配,后代的分离比应该是 3∶1,与实际观测的 2∶1 不符。同时发现,黄鼠与黄鼠交配产生的后代,每窝小鼠数要比黄鼠与黑鼠交配产生的后代少 1/4 左右。

假设黄鼠与黄鼠交配本应产生 1/4 纯合黄色,2/4 杂合黄色,1/4 非黄鼠三种组合。其中,1/4 纯合黄色组不能生存(即纯合时有致死作用),因而分离比为 2∶1。这种假设被试验所证明,黄鼠与黄鼠交配产生的胚胎,部分在胚胎早期死亡,大约占 1/4。故存活的黄鼠为杂合体,基因型用 $A^Y a$ 表示,黑鼠基因型为 aa。这个 A^Y 基因就叫做致死基因,即其发挥作用时可以导致个体死亡的基因。

无尾猫是一种观赏猫,为了繁殖无尾猫,让无尾猫自交多代,每一代都会出现 1/3 的有尾猫,2/3 的无尾猫,说明无尾性状是显性致死现象。

4. 复等位基因

大量研究结果表明,一个群体内,基因不是只有显性或隐性两个,存在多个基因共同占据同一位点的现象。将群体中,占据同源染色体上同一位点的三个或三个以上的基因定义为复等位基因。同一群体内的复等位基因无论有多少种,但宠物的体细胞内最多只有其中的任意两个。

复等位基因的表示方法是用一个字母作为该位点的基础符号,不同的等位基因就在这字母的右上方作不同的标记;作为基础符号的字母可大写和小写,分别表示显性和隐性。

(1) 等显性的复等位基因　人的 ABO 血型系统有四种常见的血型:O 型、A 型、B 型和 AB 型,由三个等位基因 I^A、I^B 和 i 所决定,即 AB 型($I^A I^B$),A 型($I^A I^A$,$I^A i$),B 型($I^B I^B$,$I^B i$),O 型(ii),其中 I^A 和 I^B 作用相同,记为 $I^A = I^B > i$。

(2) 显性等级的复等位基因　在家兔中有毛色不同的四个品种:全色(全灰或全黑),

银灰（青紫蓝色），喜马拉雅型（八黑性状），白化（白色、眼色淡红）。通过杂交试验，发现家兔的毛色之间存在等级关系：全色＞银灰＞八黑＞白化，记做 C_＞c^{ch}_＞c^h_＞cc。藏獒的毛色有 A（黑色）、Ay（金色）与 at（铁包金色）的区别。

> **知识卡**
>
> **延迟显性** 有一些常染色体显性遗传病，杂合子（Aa）在初期表现正常，直至个体发育较晚期才表现发病，这种情况称为延迟显性。如人的家族性多发性结肠息肉、遗传性共济失调和亨氏舞蹈症就是延迟性显性遗传的例症。亨氏舞蹈症的致病基因位于 4 号染色体短臂上（4p16），杂合子（Aa）青春期无任何临床表现，在 30～40 岁以后才开始发病（致病基因来自父亲的个体发病年龄小，来自母亲的个体发病年龄大），多数以舞蹈动作为首发症状，先是头部、胸部和身体不由自主的颤动，以后症状不断进展，一般在舞蹈动作发生后神经系统退化、丧失体力、智力衰退，发病后存活 15～18 年。由此可见，某些显性致病基因所决定的相应性状，年龄可作为一种修饰因子，使显性致病基因所控制的性状出现延迟表达。

二、二对相对性状的表达

1. 自由组合定律

波斯猫的毛色有白色和黑色（受 B 和 b 控制），长度有短毛与长毛之分（受 W 和 w 控制），将纯种的白色短毛与黑色长毛的波斯猫进行交配，观察后代性状的变化情况，具体如图 7-11 所示。

图 7-11 波斯猫毛色的正反交结果

从性状的表达来看，正、反交结果大致相同。其中，F_1 代都是白短性状；F_2 代出现多样性现象：白短占 9/16，白长占 3/16，黑短占 3/16，黑长占 1/16。

不难看出，就单一性状而言，白∶黑＝3∶1，短∶长＝3∶1，符合分离定律。F_2 代的四种性状表型比 9∶3∶3∶1，可以看做两个性状的（3∶1）互乘。

对于本实验也可以采用"遗传因子"来解释。假设，雌、雄配子的种类与比例都相同，F_2 代应该出现 9 种基因型，表现型经过合并后为 4 种，比例符合 9∶3∶3∶1。

2. 基因互作现象

生物的性状不是孤立的，而是受到多个基因的相互作用。这些非等位基因在控制某一性状上所表现各种形式的相互作用，称为基因互作。基因互作现象是贝特生（Bateson）和彭乃特（Punnett）在研究鸡的冠型遗传过程中发现的。

家鸡的冠型有豌豆冠、玫瑰冠、胡桃冠和单冠等类型（图 7-12）。玫瑰冠白温多特鸡与豌豆型冠科尼什鸡交配，F_1 代全为胡桃冠，而 F_2 代表现为 4 种：胡桃冠、玫瑰冠、豌豆型冠、单冠，比例为 9∶3∶3∶1。其中，胡桃冠和单冠是新冠型，而不是亲本类型。

假定控制玫瑰冠的基因是 R，控制豌豆冠的基因是 P，且都是显性，则玫瑰冠的基因型

图 7-12 鸡的冠型
1—单冠；2—玫瑰冠；3—豌豆冠；
4—复合冠；5—胡桃冠

是 RRpp，豌豆冠的基因型是 rrPP。两者杂交得到的 F_1 代是 RrPp。由于 R 与 P 有相互作用，出现了新性状胡桃冠。F_1 代的公、母鸡都可以形成 RP、Rp、rP 和 rp 四种配子，则 F_2 代出现 4 种表型，胡桃冠（R_P_）、豆冠（rrP_）、玫瑰冠（R_pp）和单冠（rrpp），其比例为 9∶3∶3∶1。

(1) 互补作用　在控制同一性状的两个基因位点中，若是一个或两个位点存在隐性纯合时，表现为相同的表型，而两个位点都存在显性基因（纯合和杂合）的情况下，由于其互作用而表现为另一个表型的遗传现象。

鸡的抱性就是互补现象。鸡有抱性和非抱性两种，其中具有抱性的纯合个体的基因型为 AACC，非抱性的纯合个体的基因型为 aacc，两者杂交，F_1 代全部具有抱性，F_2 代出现抱性（9A_C_）与非抱性（3A_cc、3aaC_、1aacc），比例为 9∶7，这就是互补作用。

(2) 上位作用　在控制同一性状的两个基因位点中，其中一对基因抑制或掩盖了另一对非等位基因的作用，这种非等位基因间的抑制或遮盖作用称为上位作用，起抑制作用的基因称为上位基因，被抑制的基因称为下位基因。如果起上位作用的基因是显性基因时称为显性上位，如果起上位作用的基因是隐性基因时称为隐性上位。

① 显性上位。犬的毛色遗传是显性上位作用的结果。犬有一对基因 ii 与形成黑色或褐色皮毛有关。当 ii 存在时，具有 B 基因的犬的皮毛呈黑色；具有 bb 基因的犬的皮毛呈褐色。显性基因 I 能阻止任何色素的形成，所以，当 I 基因存在时，皮毛呈白色，而不呈现其他颜色。若褐色犬（bbii）与白色犬（BBII）杂交，F_1 代都是白色犬（BbIi）。F_1 代雄、雌犬互交，F_2 代出现白色（12__I_）、黑色（3B_ii）、褐色（1bbii）三种类型，比例是 12∶3∶1。

② 隐性上位。家鼠毛色遗传属于隐性上位作用。实验表明：将能真实遗传的灰色鼠与能真实遗传的白色鼠杂交，F_1 全部是灰鼠。F_1 代互交，F_2 出现 9 灰鼠（C_A_）∶3 黑鼠（C_aa）∶4 白鼠（cc__）的比数。其中，隐性上位基因 c，当其纯合时，能抑制非等位基因 A 的作用，而表现出白色；灰色是黑色 C 与白色 A 互作的结果，而白化个体必须纯化时才表现。

(3) 重叠作用　两对显性基因都能分别对同一性状的表现起作用，即只要其中的一个显性基因存在，此性状就表现出来，这类具有相同作用的非等位基因叫做重叠基因。在这种情况下，隐性性状出现的条件必须是两个隐性基因都是纯合的，即双隐性。

猪阴囊疝的遗传缺陷出生时不表现，但 1 月龄以后开始表现。进行这种遗传缺陷研究相当复杂，因为阴囊疝只在公猪表现，母猪不表现，但不等于母猪没有这种缺陷的遗传基础，而且母猪的基因型只能凭后裔测验才能推断。有人将阴囊疝公猪同纯合体的正常母猪交配，F_1 外表都正常，F_2 出现性状分离现象。若同时考虑公母个体，阴囊疝公猪（$h_1h_1h_2h_2$）∶正常猪（非 $h_1h_1h_2h_2$）为 1∶31；若只考虑公猪的遗传分离比为 1∶15。

(4) 抑制作用　在控制同一性状的两个基因位点中，当一对显性基因存在时，它能抑制另一对显性基因的表现，但自身不控制性状的表现，这类基因称为抑制基因。

鸡的白色羽毛遗传就是抑制现象。设 CC 为有色羽基因，II 是一对非等位抑制基因，当 I 存在时，抑制 C 的作用，使 C 不能呈现羽色，因此 F_1 代全部是白羽，F_2 代出现四种基因型，只有 iiC_，没有 I 存在，才出现有色羽，从而构成白羽：有色羽为 13∶3 的比率。此外，家蚕的白茧与黄茧也是这种遗传方式。

(5) 累加作用　指在控制同一性状的两个基因位点中，当两种显性基因同时存在时，产生一种性状，单独存在时分别表现出相似的性状，而同时不存在时又表现出另一种性状。

杜洛克猪有红、棕、白三种毛色，若用两种不同基因型的棕色杜洛克猪杂交，F_1 代产生出全部红毛后代，F_2 代有三种表型：红毛（9A_B_），棕毛（3A_bb 和 3aaB_），白毛（1aabb），比例为 9∶6∶1。

> **知识卡**
>
> 多因一效与一因多效　互作现象说明，基因与性状之间并不是简单的"一一对应"关系，即"一个基因一种酶，控制某一性状"的说法存在局限性，存在多因一效与一因多效现象。多因一效是指多个基因共同控制某一性状的表达，如果蝇的眼睛颜色至少受 40 个不同位点基因的影响，而翅膀的大小受 34 个不同位点基因的作用。"一因多效"是指单一基因存在多方面的表型效应，如人的镰刀状细胞贫血症基因不仅红细胞的形状，而且引起机体抗疟疾能力的差异；长毛品种的白猫如波斯猫，控制蓝色眼睛的基因不仅引起眼睛颜色，而且多表现为聋子，是典型的一因多效现象。

三、连锁与互换现象

一系列的实验论证了染色体就是基因的载体，但是，生物的染色体数目是有限的，而基因数目很多。因此，每个染色体上必然携带多个基因，位于同一染色体上的基因不能进行独立分配，必然随着这条染色体作为一个共同行动单位而传递，从而表现了另一种遗传现象，即连锁遗传现象。美国学者摩尔根通过果蝇的杂交试验，探明了连锁遗传的机制，并对此现象进行了解释。

1. 连锁与互换遗传现象

果蝇的灰身（B）对黑身（b）是显性，长翅（V）对残翅（v）是显性，灰身长翅（BBVV）和黑身残翅（bbvv）杂交后代如图 7-13 所示。

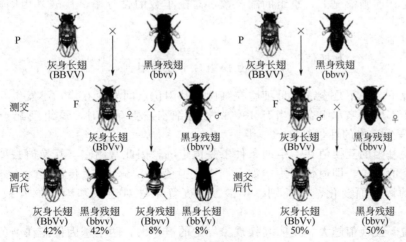

图 7-13　果蝇的连锁与互换现象

可以看出，F_1代全部为灰身长翅，说明灰身和长翅都是显性性状。当F_1代雄性个体与雌性亲本测交时，F_2代中只出现灰身长翅和黑身残翅个体，无灰身残翅和黑身长翅个体，说明控制这两个性状的基因位点在配子形成过程中，未出现自由组合现象，这种现象就是连锁现象；当F_1代雌性个体与雄性亲本测交时，F_2代中出现灰身长翅、黑身残翅、灰身残翅和黑身长翅，说明控制这两个性状的基因位点在配子形成过程中，出现自由组合现象，这种现象就是互换现象。

假设上述两个基因B和V位于同一个染色体上，则b和v对应地位于另一条同源染色体上，那么连锁现象就可以得到比较圆满的解释。若采用"—"代表一条染色体，则位于同一条染色体上的B和V表示为"BV"，位于另一条染色体上的b和v则表示为"bv"；采用"="代表两条同源染色体，则基因型BbVv的个体（即杂合子F_1）可以表示为$\frac{BV}{bv}$。

F_1代雄果蝇形成配子时，同源染色体进入不同的配子中，只能形成BV和bv配子，与双隐性亲本测交时，后代只有BbVv和bbvv两种基因型，表现为灰身长翅和黑身残翅，比例1∶1；而F_1代雌果蝇形成配子时，同源染色体发生交叉与互换，形成BV、bv、Bv、和bV配子，与双隐性亲本测交时，后代出现BbVv、bbvv、Bbvv和bbVv四种基因型，表现为灰身长翅、黑身残翅、灰身残翅和黑身长翅，比例42∶42∶8∶8。其中灰身长翅、黑身残翅为亲本型，数量较多，灰身残翅、黑身长翅为重组型，数量比较少。

> **知识卡**
>
> 完全连锁与不完全连锁 遗传学中，将同一染色体上控制同一性状的非等位基因称为拟等位基因，拟等位基因通常不发生分离而被一起传递到下一代，表现为野生型。类似雄果蝇，杂合子只能形成比例相同的亲本型配子，测交后代只有亲本型的现象为完全连锁；而类似雌果蝇，可以产生四种数量不同的配子，测交后代既有亲本型又有重组型的现象为不完全连锁。目前，自然界中只发现雄果蝇与雌家蚕是完全连锁，其他生物都出现不同程度的互换，属于不完全连锁现象。

2. 基因定位和基因连锁图

互换值是在连锁情况下，重组的配子数占总配子数的百分率，代表基因间的连锁强度，计算公式如下：

$$互换值(\%) = \frac{互换组合}{非互换组合+互换组合} \times 100\%。$$

多数情况下，并不是全部性母细胞在某两个基因位点间发生互换，不发生互换的性母细胞形成的配子都属于亲本组合。当有40%的性母细胞发生互换时，重组型配子占总配子数的20%，即发生互换的性母细胞的一半。

由于连锁基因的互换值在一定的条件下是恒定的，因此常用它（互换值去掉%）表示基因间相对距离的单位，即遗传图距。如上例中互换值为8%，则遗传图距为8。但交换率也受内外条件的影响而变化，如性别、年龄、温度等条件对连锁基因间的互换值都会产生影响。

一般来说，互换值越大，说明互换现象发生的概率大，两个基因位点在染色体上的距离越远，反之距离较近。可以通过测交的方法，了解基因间的位置关系，即将同源染色体上基因的次序、相对距离在一条直线上标示出来，这样的示意图叫作连锁图。

> **知识卡**
>
> 连锁群 位于同一染色体的所有基因构成一个连锁群。对一个有 n 对同源染色体的个体,就有 n 个连锁群和 n 个染色体的遗传连锁图。如犬有 39 对同源染色体,完整的犬遗传连锁图就包括 39 个连锁群;猫有 19 对同源染色体,就有 19 个连锁群。

制作连锁图通常采用的方法为两点测验法和三点测验法。前者需要进行三次杂交和三次测交,手续烦琐,后者通过一次杂交获得三对连锁的等位基因的杂合体,与三个隐性等位基因的个体进行一次测交,同时测定三对基因在染色体上的位置和次序,但计算时要考虑双互换现象,避免出现错误。

> **知识卡**
>
> 非孟德尔遗传现象 许多性状的遗传方式不遵循孟德尔法则,称为非孟德尔遗传,主要包括母体效应、剂量补偿效应、基因组印记和核外遗传 4 种。其中前 3 种是细胞核染色体作用的结果,而核外遗传是细胞质内线粒体、叶绿体、质体等控制的遗传性状,后代只表现母本的某些特征,如人的老年性痴呆、遗传性视神经病、线粒体脑疾病就遵循母系遗传。椎实螺的外壳旋转方式是母体效应的实例,右旋(D)对左旋(d)是显性,子一代(Dd)外壳的旋转方向与母体方向一致,自交的子二代全为右旋,子三代才与自身基因型一致,延迟表达,也叫前定作用。

单元三 性别决定与伴性遗传

宠物是雌雄异体,性别的差异不仅反映在性征上,而且也反映在生产力和繁殖力上。个体雌雄的比例接近 1:1,类似孟德尔的测交比数,即一性别是纯合体,另一性别是杂合体,说明性别与染色体及染色体上的基因有关。

一、性别决定

1. 性染色体决定性别

前面提到,在染色体组型中,有一对特殊的性染色体,是决定动物性别的基础。通常,决定动物性别的性染色体构型可分 XY、ZW、XO、ZO 四种类型。

(1) XY 型 凡是雄性具有两个异型性染色体(大一条的用 X 表示,小一条的用 Y 表示),雌性具有两个同型性染色体,称为 XY 决定型,即雌性为 XX 型,雄性为 XY 型。XY 型性别决定较为普遍,很多昆虫、某些鱼类(硬骨鱼类)、某些两栖类以及所有哺乳动物的性别决定,都属于 XY 型。

(2) ZW 型 凡是雌性具有两个异型性染色体,雄性具有两个同型性染色体,称为 ZW 决定型,即雌性为 ZW 型,雄性为 ZZ 型。显然这种性别决定与 XY 型相反,为了与 XY 型相区别,命名为 ZW 型。属于 ZW 型性决定的有鸟(禽)类、某些爬行类以及家蚕和鳞翅目昆虫。

(3) XO 型 XO 决定型中,雌性为 XX,雄性为 XO 型,即缺乏 Y 染色体。属这一类型性的生物主要是昆虫,如蝗虫、虱子和蜚蠊等。

(4) ZO 型 ZO 决定型中,雄性有两条 ZZ 性染色体,而雌性只有一条 Z 染色体。如鲱形目鳀科的短颌鲚,雄性 ZZ, $2n=48$,雌性 ZO, $2n=47$。

> **知识卡**
>
> 性染色体的多态性 通常，在一个动物群体中只有两种性染色体，但是在一种新月鱼类中存在着三种染色体，即X、Y和W。据研究，X染色体上带有弱效、隐性雌性基因f，W染色体上带有强效、显性雌性基因F，Y染色体上带有雄性基因M。在该鱼类中发现了下列几种性染色体的组合，雌性：X^fX^f，W^FX^f，W^FY^M；雄性：X^fY^M，Y^MY^M。

性染色体理论被大量实验所证实，但动物的性别决定远比上述复杂。

2. 性别发育与环境

（1）营养与性别 蜜蜂有雄蜂、工蜂和蜂王3种。其中，雄蜂（$n=16$）由未受精卵孤雌生殖产生；而受精卵（$2n=32$）经过21d的发育，可形成具有繁育能力的蜂王和没有繁育能力的工蜂，两者的区别是形成蜂王的幼虫比形成工蜂的幼虫吃蜂王浆时间长（分别为5d和2~3d）。此外，蚂蚁、黄蜂和小蜂的性别决定与蜜蜂相似，是营养条件对性别的分化起着重要作用。

（2）温度与性别 蛙的性染色体构型为XY型，其性别分化受水温影响较大。幼体蝌蚪在20~25℃条件下发育的后代雌雄比为1∶1；而在30~35℃条件下雄性的比例为74%，在18℃以下雄蛙比例为35.1%。温度依赖型性别决定的鳄鱼、蜥蜴、龟类也与蛙类相似，染色体构型未发生改变，只是环境（温度）改变的表现型。蜥蜴卵在26~27℃下孵化成为雌性，在29℃下孵化成为雄性；鳄鱼卵在33℃下孵化全为雄性，在31℃下孵化全为雌性。

（3）生物学特性与性别 海洋蠕虫生物后蟥的性别发育很特别，幼虫无性别区别，若自由生活则发育成雌性；若幼虫落在雌体吻部，则定向发育成雄性，最后寄生于雌虫的子宫内。但是，将发育未完全的幼虫从雌体吻部移出，则发育成中间性，畸形程度视在雌虫口吻上时间的长短而定。这是由于雌虫的吻部有一种类似激素的化学物质，影响幼虫的性别分化。

（4）性反转现象 许多动物在胚胎期能形成雌雄两种生殖腺。如果胚胎发育成雌性，则雌性生殖腺分泌雌性激素维持雌性性腺发育，同时抑制雄性性腺发育。反之，如果胚胎发育成雄性，则雄性生殖腺分泌雄性激素维持雄性性腺发育，同时抑制雌性性腺发育。

黄鳝的性别很特殊，从胚胎期到第一次性成熟时为雌性，产卵后卵巢开始退化，起源于细胞索中的精巢组织开始发生，逐步分支和增大，性腺向雄性方向发展，这一阶段处于雌雄间体状态。之后卵巢完全退化消失，精巢组织充分发育，产生精原细胞，直到形成成熟的精子，第二次性腺成熟时为雄性，此后终生为雄性。所以，达到性成熟的黄鳝群体中，较小的个体是雌性，较大的个体主要是雄性，中间个体为雌雄间体。

> **知识卡**
>
> 牝鸡司晨 鸡也可能出现性反转现象。通常，母鸡依靠左侧卵巢（右侧卵巢在胚胎期退化）维持第二性征，如果卵巢发生病变并丧失排卵和分泌激素的功能，那么左侧退化成痕迹的性腺具有向两性发育的可能。若发育成精巢，则逐渐转变为雄性，并逐渐具有雄性的特征，如尾羽变大、羽毛鲜艳、鸡冠发达，并出现报晓现象，这种现象就是牝鸡司晨现象。

（5）自由马丁现象 高等动物的两性结构同时存在，性别的分化取决于有无Y染色体上的睾丸决定基因、雄性激素及其受体，即性腺分泌的性激素对性别分化的影响十分明显。

在异卵双生牛犊中，雄犊可发育为有生育能力的公牛；而雌犊卵巢退化，子宫和外生殖器官发育不全，长大后不发情，也不能生育，外形有雄性表现，称为自由马丁。这种双生犊虽然是不同性别的受精卵发育而成，但是由于胎盘的绒毛膜血管互相融合，胎儿有共同的血液循环，而且睾丸比卵巢先发育，睾丸激素比卵巢激素先进入血液循环，抑制雌性犊牛的卵巢进一步发育，最后形成中间性。在多胎动物，如犬、猫、兔等雌雄同胎，由于胎盘不融合，或有融合但血管彼此不吻合，故不发生此类现象。

3. 性别畸形

（1）雌雄嵌合的开米拉（Chimaera） 同时存在雌、雄两种生殖腺体的个体为雌雄嵌合体。核型可能为 46，XX/46，XY、46，XX/47，XXY、46，XX/45，XO 等。Y 染色体具有很强的雄性化特性，促使雄性性腺的形成。前两种嵌合体 X、Y 染色质检查都是阳性，其第一和第二性征是两性的混合型，不同个体的表型视哪一种细胞系占优势，而倾向于雄性或雌性。体内生殖腺多为一边是睾丸，一边是卵巢，或两者并存，原因是两个合子同时受精合并于一体的结果。46，XX/45，XO 嵌合体形成的原因是合子有丝分裂时发生不规则分裂，生成 XO 型（丢失一个 X 染色体）和 XX 型（正常）两类子细胞，前者发育成雄性性腺，后者发育成雌性性腺，从而形成雌雄嵌合体。

（2）人类的间性 人类有多种染色体构型出现异常所引起的性畸形，列举如下。

① 睾丸退化征（克莱恩费尔特综合征，Klinefelter's syndrome）。染色体组型为 47，XXY 或 48，XXXY。患者外貌为男性，略高于普通男性，由于细胞内存在一个巴氏小体，有女性化的乳房，智力一般较差，睾丸发育不全，不育。

> **知识卡**
>
> 巴氏小体 1949 年，美国学者巴尔（M. L. Barr）等发现雌猫的神经细胞间期核中有一个深染的小体而雄猫却没有的结构，称为巴氏小体。后来巴氏小体被证实是异固缩的 X 染色体，又称 X 小体。在哺乳动物体细胞核中，只有一条 X 染色体具有生物活性，其余的 X 染色体浓缩成巴氏小体，位于核膜边缘。1961 年，英国女遗传学家莱昂（Mary Lyon）提出莱昂假说来解释上述现象。现在已经知道，失活的 X 染色体上并非全部基因都发生莱昂化失活，仍然存在非莱昂化基因而发挥作用。巴氏小体可很容易地从刮下的口腔黏膜细胞中检测出来，对性别的诊断是很有价值的。

② 卵巢退化征（特纳综合征，Turner's syndrome）。染色体组型为 45，XO，外貌像女性，第二性征发育不全，身材矮于普通女性，先天性心脏病。由于 X 染色体失活，无巴氏小体存在，卵巢发育不全，无生殖细胞，原发性闭经，不育。

③ 多 X 女人。染色体组型为 47，XXX 或 48，XXXX，为超雌个体，身材略高于正常个体，智力正常发展水平，但是智商（IQ）比同龄人低 10～15，部分人出现语言、行动障碍。由于细胞内只存在一个活性的 X 染色体，其余失活为巴氏小体，表现为体型正常，有月经，能够生育，子代可能出现 XXY 综合征。

④ 多 Y 男人。染色体组型为 47，XYY，外貌为男性，正常，身材高大，肌肉也会比较发达，有的个体智力差，有的个体智力高于一般人。这种人性情粗暴，常有反社会行为，富攻击性，偶尔可见隐睾、睾丸发育不全并有生精过程障碍和生育力下降、尿道下裂等，但大多数男性可以生育。

> **知识卡**
>
> 三色猫 猫的毛色遗传中,有一种黑、白、橙的三色猫,腹部白色,背部与头部散布黑色、橙色的斑块。橙色由 X^b 基因控制,能产生橙色素,非橙色由基因 X^B 控制,能产生黑色毛斑。用橙色雌猫 ($X^b X^b$) 和非橙雄猫 ($X^B Y$) 杂交,子代雄猫都呈橙色 ($X^b Y$),所有雌猫 ($X^B X^b$) 表现为三色猫。这是由于雌性体细胞中,只有一个 X 染色体具有活性,另一条失去活性,而且失活是随机的。对于 $X^B X^b$ 型雌猫,若 X^B 失活,以此分裂形成的体细胞 X^B 都是失活的,表现出 X^b 的活性,故毛色为橙色;若 X^b 失活,则表现为黑色毛斑。所以,杂合雌猫为三色猫,而雄猫没有三色猫。若三色猫为雄性,则有多余的 X 染色体(XXY,XXXY 等),不能生育。

二、与性别有关的遗传

1. 伴性遗传

伴性遗传是指处在性染色体上的基因所控制的性状,表现为雌雄均可发病的遗传现象。

下面以芦花鸡为例,说明伴性遗传现象。芦花鸡的雏鸡绒羽黑色,头上有一黄斑,可与其他品种黑色鸡相区别。芦花鸡的成羽有黑白相间的横纹,控制条纹的基因在 Z 染色体上。我们采芦花鸡与洛岛红鸡进行正反交,结果如图 7-14 所示。

```
正交        ♂                    ♀              反交        ♂                    ♀
P      洛岛红($Z^b Z^b$) × 芦花($Z^B W$)         P      芦花($Z^B Z^B$) × 洛岛红($Z^b W$)
                    ↓                                              ↓
F₁     芦花($Z^B Z^b$) : 非芦花($Z^b W$)          F₁     芦花($Z^B Z^b$) : 芦花($Z^B W$)
              1    :    1                                    1    :    1
                    ↓互交                                          ↓互交
F₂   芦花 : 非芦花 : 芦花 : 非芦花              F₂   芦花 : 芦花 : 非芦花 : 非芦花
   ($Z^B Z^b$)($Z^b Z^b$)($Z^B W$)($Z^b W$)        ($Z^B Z^B$)($Z^B Z^b$)($Z^B W$)($Z^b W$)
     1   :   1   :   1   :   1                    1   :   1   :   1   :   1
```

图 7-14 芦花鸡正反交结果

由此可见,伴性遗传的特点为:正反交结果不一致,出现隔代遗传(交叉遗传);性状分离比在两性间不一致;染色体异型隐性基因($Z^b W$)也表现其作用,出现假显性。

人的血友病、红绿色盲和 γ-球蛋白贫血症是常见的伴性遗传病。伴性遗传的具体应用主要在性别的早期识别,如鸡的伴性性状(慢羽对快羽、芦花羽对非芦花羽、银色羽对非银色羽)和家蚕中油蚕的伴性性状(皮肤正常对皮肤油纸样透明),都得到广泛应用。

2. 从性遗传

从性遗传又称性影响性状,是指常染色体上某些基因控制的性状,由于内分泌等因素的影响,其性状只在一种性别中表现,或者一性别为显性,另一性别为隐性的遗传方式。如人类的青年时期秃顶,男性多见,女性少见,男性中秃顶对非秃顶为显性,而在女性中则为隐性,所以杂合体男性表现秃顶,女性则正常。

绵羊按照角的有无可以分为3类:雌雄均有角,如陶塞特羊;雌无角而雄有角,如美利奴羊、小尾寒羊;雌雄均无角,如雪洛浦羊和塞福克羊。将有角的陶塞特羊与无角的塞福克羊进行正反交,结果如图 7-15 所示。

不难看出,从性遗传的特点为:正反交结果表型完全一致;后代的分离比例与性别有关,在杂合子中呈颠倒的显隐性关系。

3. 限性遗传

限性遗传是指只在一个性别才表现的性状,控制该性状的基因可以在常染色体上或在性

	正 交	♂	♀		反 交	♂	♀

P　　塞福克(hh)×陶塞特(h^+h^+)　　　　　P　　陶塞特(h^+h^+)×塞福克(hh)

F_1　　雄性有角(h^+h)：雌性无角(h^+h)　　　F_1　　雌性无角(h^+h)：雄性有角(h^+h)
　　　　　　　1　　　　：　　　　1　　　　　　　　　　　　　1　　　　：　　　　1
　　　　　　　　　　↓互交　　　　　　　　　　　　　　　　　　　↓互交

F_2 雌性无角：雄性有角：雄性有角：雄性无角　　F_2 雌性无角：雄性有角：雄性有角：雌性无角
　　（hh $2h^+h$）（h^+h^+）（h^+h^+ $2h^+h$）（hh）　　　　（hh $2h^+h$）（h^+h^+）（h^+h^+ $2h^+h$）（hh）
　　　　3　　　：　1　　：　　3　　：　1　　　　　　　3　　：　1　　：　　3　　：　1

图 7-15　从性性状正反交结果

染色体上。如山羊的间性，山羊性情粗暴，公羊有角易伤人，所以饲养者有目的地选留无角山羊繁殖。但是，山羊的角受一对基因控制，是显性纯合疾病，无角（PP）雄性正常而雌性呈中间性；杂合体 Pp 或与隐性纯合体 pp 雌雄均正常。所以，在山羊生产实践中，应该采取无角配有角，而不能采用无角配无角的繁殖方式。

在限性性状中，有的是单基因控制的简单性状，如单睾症、隐睾症；有的是多基因控制的数量性状，如泌乳性状、产蛋性状、产仔数等。某些限性性状，如泌乳性状、产蛋性状等虽然只限于雌性个体，但是该性状属于多基因性状，控制基因可能位于常染色体上，雄性个体对后代的性能影响也很大。在奶牛育种实践中，通常采用公牛指数作为评价公牛对后代泌乳性状影响的指标，就是这个道理。

单元四　变异现象

变异是指同一生物类型（主要是同一物种）之间显著的或不显著的个体差异。变异是生物界普遍存在的现象，是生物的共同特征之一。

一、染色体畸变

在细胞分裂过程中，染色体活动异常，在数量和结构上发生变化，称为染色体畸变。引起染色体畸变的因素有自然因素和理化因素（如紫外线、X 射线、γ 射线、中子和化学药剂）两大类。按畸变的性质，可以分为数目畸变和结构畸变两种。

1. 染色体数目畸变

染色体数目畸变是指体细胞中的染色体，以染色体为单位发生数目上的变化。这种变化又可归纳为两种类型，即整倍体变异和非整倍体变异。

（1）整倍体变异　指以染色体组为单位，发生数目增加与减少的现象。

① 单倍体。单倍体也称一倍体，指体细胞含有一个染色体组，一般高度不育。原因是减数分裂时同源染色体不能发生联会，产生正常配子的概率很小。自然界中，存在单倍体现象。如雄蜂是未受精卵经过孤雌生殖而形成的正常单倍体。高等动物的单倍体出现频率很低，很难发育成独立个体。

② 多倍体。凡是体细胞含有 3 个或 3 个以上染色体组的个体，统称为多倍体。多倍体中，根据染色体组的种类又可分为同源多倍体、异源多倍体、同源异源多倍体、节段异源多倍体等。

a. 同源多倍体。染色体组起源于同一物种的多倍体为同源多倍体。若 A 代表一个染色体组，则二倍体为 AA，三倍体为 AAA，四倍体（染色体已复制而细胞质未分裂）为 AAAA。减数分裂时，同源多倍体的染色体联会发生混乱，产生染色体数目不均衡的配子，繁殖力降低。

b. 异源多倍体。染色体组起源于非同一物种的多倍体为异源多倍体。若 A 和 B 代表两个不同物种的染色体组，杂交产生的子一代为 AB，用秋水仙素等处理后，染色体加倍后形成四倍体 AABB。异源多倍体一般繁殖力正常。如我国培育出的异源四倍体小黑麦、异源八倍体小黑麦，取得了可喜的成绩。

c. 自然界的多倍体。植物中普遍存在，大约占 65% 以上，禾本科植物占 75% 以上。如普通小麦就是六倍体。动物中的多倍体极少，仅发现马蛔虫（$2n=4$）和金仓鼠（$2n=4X$，44）分别是同源多倍体和异源多倍体，这是动、植物发育及繁殖方式不同所致。动物大多数为雌雄异体，不能进行营养繁殖，配子发生非正常分裂的概率低，染色体稍有不平衡，就会导致不育。所以，动物一般以二倍体存在。

（2）非整倍体变异　非整倍体变异是指在正常体细胞的基础上发生个别染色体的增减现象，按照其变异情况又分为以下几种：

① 单体（$2n-1$）。大多数生物的单体不能存活，但多倍体植物的单体可以存活且可以繁殖。在动物中，主要是缺失一条性染色体。如蝗虫、蟋蟀、某些甲虫的雌性个体核型为 XX 型，雄性为 XO 型。又如，先天性卵巢发育不完全的女子（核型 45，XO）不能生育。

② 三体（$2n+1$）。三体可以存活，甚至可以生育。三体主要是多一条性染色体，如多 X 女人（核型 47，XXX）。此外，人类中也发现了常染色体的三体，分别是三体 21、三体 18 和三体 13。21 三体综合征俗称唐氏综合征（Down's syndrome），是一种常染色体三体综合征，发病率为 1/650，患者在幼儿期就有异常表现，特别是智力低下。染色体分带技术证明，唐氏综合征实际是最小的染色体即第 21 染色体的三体造成的，由于历史原因，现在仍将第 21 染色体定为最小的染色体。

③ 其他非整倍体。除了单体、三体外，还有缺体（$2n-2$）、四体（$2n+2$）、双三体（$2n+1+1$）等现象。

2. 染色体结构畸变

在减数分裂过程中，由于染色体断裂并以不同的方式重新粘连起来，导致染色体上的碱基排列顺序异常，称为染色体结构畸变。

（1）染色体结构畸变的类型　染色体结构畸变主要是染色体发生片段的丧失、添加和位置的改变，具体表现为以下几种类型。

① 缺失。缺失指染色体某一片段及其带有的基因一起丢失的现象。可以细分为中间缺失与顶端缺失两种。将一条染色体正常而对应同源染色体有部分缺失的个体称作缺失杂合体，其生活力比较低。

动物中发现的染色体缺失多为缺失杂合体，如人的普拉德-威利综合征（Prader-Willi's syndrome，PWS）表现为小孩肥胖，小手小足，外生殖器发育不良，脊柱侧弯，生长迟缓，个子矮小，致病原因是 15 号染色体中间微小缺失（核型 46，15q11-q13），缺少该区域的父源基因。此外，人的猫叫综合征（cri du chat syndrome），是一条 5 号染色体短臂完全缺失（核型 46，5p$^-$），哭声似猫叫，有多种临床异常特征，如生长缓慢、智力低下、小头等。

缺失的遗传效应是：可以改变正常的连锁群，影响基因间的交换与重组，甚至引起某些隐性基因由于没有同位基因的存在，而出现假显性性状。

② 重复。重复指正常染色体上增加了相同的某一片段的现象。可以细分为顺接重复与反接重复两种。将一条染色体正常而对应同源染色体有重复的个体称作重复杂合体，其生活力虽然受到一定的影响，但是要比缺失杂合体的生活力高。

如果蝇眼色有朱红色和红色两种，分别由 V 和 V$^+$ 基因所控制，V$^+$ 为显性。V$^+$V 个体的眼色是红的，可是一个基因型为 V$^+$VV 的重复杂合体，其眼色却与 VV 基因型一样是朱红色，即 2 个隐性基因的作用超过了显性等位基因作用，表现出剂量效应。

重复的遗传效应是：由于存在重复结构，所以产生位置效应、剂量效应，同时也破坏了连锁群，影响交换率。

③ 倒位。倒位指染色体某一片段正常排列顺序发生 180°颠倒的现象。可以细分为臂内倒位（不包括着丝点的倒位）和臂间倒位（包括着丝点的倒位）。将一条染色体正常而对应同源染色体发生倒位的个体称作倒位杂合体。

倒位的遗传效应是：由于改变基因序列和相邻基因的位置，在表型上发生位置效应；同时也破坏了连锁群，影响交换率。当大片段染色体倒位时，倒位杂合子表现高度不育，倒位纯合子生活力无影响，可以引起生殖隔离，从而促进物种进化。

④ 易位。易位指两对非同源染色体之间发生片段转移的现象。其中，染色体某一片段单向连接到另一条染色体上的现象为单向易位；两条染色体各自交换了某一片段为相互易位。相互易位与基因交换有本质的区别：基因交换发生在同源染色体上，相互易位发生在非同源染色体上。相互易位染色体的个体产生的配子 2/3 是不育的；易位杂合子与正常个体杂交，子一代一半是不育的。

易位的遗传效应是：可以改变正常的连锁群，实现连锁遗传与独立遗传的相互转换，建立新的连锁群。

⑤ 罗伯逊易位。通常端部着丝点的两条非同源染色体，在着丝点处连接并融合为具有中部或亚中部着丝点的染色体的现象为罗伯逊易位。相反，一条非端部着丝点染色体的着丝点分裂为两个着丝点，从而可以形成两个端部着丝点染色体（如马鹿与梅花鹿）。

此现象对家畜染色体变化非常重要，对研究家畜起源、近源种之间的亲缘关系和家畜育种也有十分重要意义。

(2) **染色体结构畸变的原因** 染色体的每一种畸变都是一条或多条染色体发生了一个或多个断裂的结果。一个断裂可以形成两个断口，如果断裂在断口处重新连接，则染色体恢复正常状态；如果断裂末端未能按照原来的顺序连接，可以形成倒位或者染色体片段丢失现象。

当染色体发生断裂产生一个含有着丝点的片段和一个不含有着丝点的片段时，前者形成染色体缺失现象，后者无着丝点牵引而不能定向移动而丢失。当染色体发生断裂产生三个片段时，中间的片段扭转 180°后重新连接形成倒位现象。若断裂发生在两条同源染色体的不同位置，重新连接后形成染色体重复或缺失现象。若断裂发生在两条非同源染色体上，重连接后形成染色体易位现象。

二、基因突变

基因突变就是一个基因变为它的等位基因，是染色体上某一基因位点内发生化学结构的变化，所以也称为"点突变"。基因突变在生物界中是很普遍的，而且突变后所出现的性状与环境条件间看不出对应关系。如獭兔的毛色变异，野生型细菌变为对链霉素的抗药型或依赖型，以及短腿安康羊等，这些在形态生理和代谢产物等方面表现的相对性差异，都是发生基因突变而形成的。

1. 基因突变的原因

基因突变是由于内外因素引起基因内部的化学变化或位置效应的结果，也就是 DNA 分子结构的改变。染色体或基因的复制通常是十分准确的，但是在生物进化过程中，有时也会发生改变，并且会进一步发展改变它的遗传结构。换言之，一个基因仅是 DNA 分子的一个小片段，如果某一片段核苷酸任何一个发生变化，或在这一片段中更微小的片段发生位置变化，即所谓发生位置效应，就会引起基因突变。

如人的镰刀型细胞贫血症是人类发现的第一个分子病，是以红细胞呈新月状为特点的一种慢性溶血性贫血。其发病的分子基础是：正常血红蛋白的β链上DNA分子的一个碱基发生了改变，即A→T，导致第6位编码谷氨酸的密码子GAG被编码缬氨酸的密码子GUG替代，即GAG→GUG，从而造成异常血红蛋白，产生镰刀状细胞贫血症。

2. 基因突变的种类及其影响因素

基因突变可分为自然突变和诱发突变两种。凡是在没有特殊的诱变条件下，由外界环境条件的自然作用或生物体内的生理和生化变化而发生的突变，称为自然突变。而在专门的诱变因素，如各种化学药剂、射线、温差剧变或其他外界条件影响下引起的突变，称为诱发突变。

引起自然突变的因素，一般认为除了自然界温度骤变、宇宙射线和化学污染等外界因素以外，生物体内或细胞内部某些新陈代谢的异常产物也是重要因素。

引起诱发突变的因素：一是物理诱变因素，包括电离辐射、中子流等，非电离辐射，包括紫外线、激光、电子流及超声波等；二是化学诱变因素，有烷化剂，如乙烯亚胺（EI）、硫酸二乙酯（DES）、亚硝酸、亚硝基甲基脲等，5-溴尿嘧啶（5-BU）、2-氨基嘌呤（2-AP）等某些碱基结构类似物，还有能引起转录和翻译错误的吖啶类染料等。

3. 基因突变的特性

（1）突变的频率　突变的频率是指生物体在每一世代中发生突变的概率，也就是在一定时间内突变可能发生的次数。不同生物以及同种生物不同基因的突变频率是不同的，一般高等动、植物中的基因突变频率平均为$1\times10^{-8}\sim1\times10^{-5}$；细菌和噬菌体的突变率为$4\times10^{-10}\sim1\times10^{-4}$。

（2）突变发生的时期和部位　从理论上讲，突变可以发生在生物个体发育的任何时期，在体细胞和性细胞中都可以发生。实验表明，生殖细胞的突变频率较高，而且在减数分裂晚期、性细胞形成的前期为多。性细胞的突变可以通过受精作用而直接遗传给后代。体细胞的突变，如果是显性突变，往往能形成嵌合体，其嵌合体范围的大小取决于突变发生时期的早晚；如果是隐性突变，形成突变细胞由于受到显性基因的掩盖而不能有效表达。此外，突变的体细胞在生长能力上往往不如周围的正常细胞，受到抑制而得不到发展。体细胞突变在生物育种或进化上都是没有意义的。

（3）突变的特点　基因突变具有以下几个特点。

① 突变的多向性。基因突变可以向多方向进行，一个基因可以突变为多个等位基因，即复等位基因。如人类的ABO血型就是复等位基因的典型例证之一。

一个基因突变的方向虽然不定，但不是可以发生任意突变，这是由于突变的方向首先受到构成基因本身的化学物质的制约，同时受内外环境的影响，所以它总是在同样的相对性状范围内突变。如家兔的毛色变异，C控制全色，c^{ch}控制青蓝紫色、c^h控制喜马拉雅白化、c为白化。

② 突变的重演性。同种生物中相同基因突变可以在不同的个体间重复出现，称为突变的重演性。如20世纪在挪威重新出现过短腿安康羊，果蝇的白眼突变也曾经发生过很多次。一般情况下，无论是非等位基因间，还是等位基因间，突变都是独立发生的。

③ 突变的可逆性。突变一般是双向发生的，过程是可逆的。显性基因可以突变为隐性基因，如A→a，称之为正突变；反之，隐性基因突变为显性基因，如a→A，称为反突变。突变的可逆性从事实上表明基因突变是以基因内部化学组成变化为基础的，作为遗传物质的DNA分子中一个碱基的改变，就可以导致一个基因发生突变。

④ 突变的利与害。大量事例表明，大多数突变不利于生物的生长发育。因为每种生物都是进化过程的产物，与环境条件已取得了高度协调。如果发生突变，就可能破坏或削弱这种均衡状态，甚至阻碍生物体的生存或传代。基因突变是引起遗传病的主要原因，如松狮犬的胃癌、萨莫耶德犬的糖尿病、猎兔犬的凝血异常、杜宾犬的嗜眠症、金毛猎犬的淋巴癌、小型硬毛达克斯猎狗的癫痫以及斑点犬的耳聋，这类遗传病只有在致病隐性基因纯合时才表现。

也有少数突变能促进或加强某些生命活动，有利于生物生存，如抗病性、早熟性以及微生物的抗药性等。有些突变虽对生物本身有害，而对人类却有利，宠物猫的无尾突变就是一例。所以突变的利或害是相对的。

⑤ 突变的平行性。亲缘关系相近的物种因遗传基础相近，常发生相似的基因突变，这种现象称为突变的平行性。如犬出现白色个体，狼也有白色个体。根据这个特性，如果一个种、属的生物中产生了某种变异，可以预测与之相近的其他种、属可能存在或产生相似的变异。

4. 基因突变的应用

人工诱变能提高突变率，扩大变异幅度，对改良现有品种的某一性状常有显著效果；诱变性状稳定较快，可缩短育种年限；诱变的处理方法简便，有利于开展广泛的育种工作。因此，在动植物中，人工诱变已作为一项常规育种技术广泛应用，而且已在生产上取得显著成果。在微生物选种中，现在已广泛应用诱变因素，来培育优良菌种。如青霉菌的产量最初是很低的，生产成本也很高。后来交替应用 X 射线和紫外线照射，以及用芥子气和乙烯亚胺处理，再配合选择，结果得到的菌种，不仅产量从 250IU/ml 提高到 3000IU/ml，而且去掉了黄色素。

在动物方面，诱变试验首先是以果蝇为材料，以后对家蚕、兔、皮毛兽等也做了一些试验，证明诱变有一定效果。但宠物犬、猫因身体结构复杂，生殖腺在体内保护较好，所以诱发突变比较困难，至今尚未取得理想的结果。

思 考 题

1. 基因互作的种类有哪些？基因互作与自由组合定律有哪些区别？
2. 连锁与互换定律的特点是什么？为什么重组类型总是低于 50%？
3. 性别决定的遗传基础是什么？通过何种方式决定性别？
4. 试述伴性遗传、从性遗传和限性遗传的区别。
5. 论述自发突变的原因，同时讨论降低自发突变率的可能性。
6. 性细胞与体细胞内基因发生突变后，有什么不同的表现，是否可以遗传给后代？

项目八　宠物的选种

【知识目标】
1. 通过对品种概念的学习，理解品种应具备的条件，观察国内外主要犬、猫品种特点，掌握宠物的分类方法。
2. 通过对生长发育概念的学习，掌握研究生长发育的方法，理解宠物生长发育的一般规律及其影响因素。
3. 通过学习质量性状与数量性状的选择，掌握宠物的选种方法，做好种用价值评定。

【技能目标】
1. 能够根据宠物的分类标准、选种依据准确区分犬、猫品种类别，并做好鉴定、选种工作。
2. 能够进行体尺测量，采取科学的措施避免宠物生长发育受阻，纠正宠物发育受阻并做好补偿工作。

单元一　宠物品种

一、品种

1. 品种的概念

（1）物种（species）　动物分类学将自然界中的动物按界、门、纲、目、科、属、种进行分类，是生物学分类系统的一个基本分类单位。物种是生物进化过程中由量变到质变的结果，是具有一定形态、生理特征和自然分布区域的生物类群，是自然选择的历史产物。一个物种中的个体一般不与其他物种中的个体交配，即使交配也不能产生具有生殖能力的后代。由于物种内部分群体的迁移、长期的地理隔离和基因突变等因素，会导致物种的基因库发生遗传改变，从而形成亚种或变种。

（2）品种（breeed）　品种是人工选择与自然选择共同作用的产物，是指具有一定经济价值，主要性状的遗传性比较一致的一群动物群体，能适应一定的自然环境以及饲养条件，在产量和品质上符合人类要求，是人类的一种生产资料。品种是畜牧学上的分类单位。如德国牧羊犬和北京犬同属于一个物种（家犬种），但却是不同的品种。据统计，世界上大约有850多个犬品种。在有些品种中，还有称为品系的类群，它是品种内的结构形式。有些品种是从某一品系开始，逐渐发展形成的。一个历史很久、分布很广、群体很大的品种，也会由于迁移、引种和隔离等因素，形成区域性的地方品系。

（3）品系（strain，line）　品系属品种内的一种结构形式，是指起源于共同祖先的一个群体，可以是经自交或近亲繁殖若干代以后所获得的，在某些性状上具有一定的遗传一致性的后代，也可以是源于同一系祖的群体，具有与系祖类似的特征和特性，并且符合该品种的标准。如我国所培育的昆明犬有青灰、草黄、黑背3个品系。

2. 品种应具备的条件

（1）来源相同　凡属同一个品种的群体，绝不是一群杂乱无章的动物，而是有着基本相同的血统来源，即具有共同的祖先。个体彼此间有着血统上的联系，故其遗传基础也非常相似。这也是构成一个"基因库"的基本条件。如波斯猫有9个颜色系列，但是它们均来自同一类型的猫。

（2）性状相似　作为同一个品种的群体，在体形结构、生理功能、重要经济性状、对自然环境条件的适应性等方面都很相似，构成了该品种的基本特征，据此很容易与其他品种相区别。没有这些共同特征也就谈不上是一个品种。

（3）遗传性能稳定　品种必须具有稳定的遗传性，才能将其优良的性状、典型的特征遗传给后代，使得品种得以保持与延续。此外，一个品种必须具有较高的种用价值，当它与其他品种杂交时能起到改良作用，这是品种与杂种最根本的区别。

（4）一定的结构　在具备基本共同特征的前提下，一个品种可以分为若干各具特点的类群，如品系或亲缘群，而不是一些个体的简单组合。品种内的遗传变异有相当的比例被系统化，表现为类群间的差异，这样才能使一个品种在纯种繁殖情况下得到持续的改良提高。这些类群可以是自然隔离形成的，也可以是育种者有意识培育而成的，它们构成了品种内的遗传异质性。这种异质性为品种的遗传改良和提供较高的经济价值、观赏价值提供了条件。

（5）足够的数量　数量是决定能否维持品种结构、保持品种特性、不断提高品种质量的重要条件，数量不足不能成为一个品种。只有当个体数量足够多时，才能避免过早和过高的近亲交配，才能保持个体的足够的适应性、生命力和繁殖力，并保持品种内的异质性和广泛的利用价值。如果其他条件都符合，仅在数量上不符合要求，则只能称为品群。

（6）权威机构承认　作为一个品种必须经过政府或品种协会等权威机构进行审定，确定其是否满足上述条件，并予以命名，只有这样才能正式称为品种。

综上所述，品种是人类劳动的产物，是一个具有较高经济价值、来源相同、性状相似、遗传性稳定、种用价值高、有一定结构和足够数量的动物群体。

3. 品种的分类

品种分类的目的是为了更好地掌握品种特性，以便在组织育种工作时正确地选择和利用品种资源。较常应用的分类方法是按培育程度和生产力类型进行分类。

（1）按培育程度分类

① 原始品种。原始品种是在生产力水平较低，长期选种选配水平不高，饲养管理粗放的条件下所形成的品种。原始品种的特点是：晚熟、体格相对较小；体型结构协调，生产力低但较全面，生长发育慢；体质粗糙，耐粗耐劳，适应性好，抗病力强。原始品种虽有不少缺点，但也有优点，如母性强、适应性好，这是培育既适应当地条件而又高产的新品种所必需的原始材料。如我国的藏獒就是大型犬的原始品种，广泛分布于青藏高原。藏獒数量较多，但是真正优秀的个体却很少。河曲藏獒由于高海拔、低气压、强辐射及气候寒冷湿润的生存条件的优胜劣汰，成为青藏高原藏獒中的佼佼者。

改良提高原则：首先，改善饲养管理，这是改良提高的基础。其次，加强品种内的选种、选配，以巩固其优点，改正缺点。最后，在不失去原始品种特性的前提下，采用杂交来改良提高原始品种的性能。

② 培育品种（育成品种）。培育品种（育成品种）是经过有明确目标的选择和培育而成的品种。由于人类付出了巨大的劳动，因而种用价值较高，在宠物性能的提高中起着重要的作用。培育品种的特点是：生产力高且专门化；早熟，体型较大；饲养管理条件要求高，分布广泛；品种结构复杂，育种价值高。昆明犬就是我国选用优良狼种犬杂交，自行培育的优

良犬种，是我国唯一具有自主知识产权的军、警工作用犬，在我国和东南亚国家得到了广泛推广和应用。

改良提高原则：首先，保持较高的饲养管理条件，充分发挥生产力水平。其次，开展品系繁育，充分利用优秀个体，不断提高其品种。

③ 过渡品种。过渡品种是不够培育品种的标准，但又比原始品种培育程度高的品种。性能遗传还不十分稳定，如进一步选育，则进而成为培育品种；如停止选育，则退化为原始品种，因而它有可能是在新品种培育过程中产生的。例如杜宾犬，具有平滑、流线型体格和惊人的体重及力量，主要担当警卫工作。为了抑制其潜在的攻击性，饲养者应用心训练，让其充分运动，可成为搜索犬、狩猎犬和牧羊犬。

改良提高的原则：坚持育种方向，改善饲养管理，加强选种、选配和选育，使之成为培育品种。

（2）按生产力类型分类

① 专用品种（专门化品种）。由于长期选择和培育，使品种的某些特性获得显著发展或某些组织器官产生了突出的变化，从而出现了专门的生产力，形成专用品种。如阿拉斯加雪橇犬，是最古老的雪橇犬之一，体格硬壮，属于尖嘴犬种，力道比西伯利亚雪橇犬强，不仅能载运重物，而且能背负重物行走极远的路程，十分适合役用。

② 兼用品种（综合品种）。兼用品种即兼有两种以上生产力方向的品种。属于这类品种的有两种：一种是在生产水平较低的情况下形成的原始品种，生产力虽然全面但较低；另一种是专门培育的兼用品种。例如拉布拉多猎犬，被广泛应用为警卫犬及导盲犬，同时也是优秀的水、陆两用猎枪犬。此外，拉布拉多猎犬嗅觉优异，第二次世界大战时被用来寻找地雷，现在则用作警犬，嗅闻找出非法药物。

二、品种的分类方法

1. 猫品种的分类方法

养猫始于中东，至今已有 6000 年的历史。虽然人类驯养猫的时间较长，但对猫品种的改良工作做得较少，猫的繁育及进化在很大程度上未受控制，猫的品种远没有其他畜禽的品种多。目前，分布在世界各地的猫与其祖先相比，体型与体重几乎没有太大的改变。据报道，现今世界上猫的品种大约有 100 多种，常见品种有 30~40 种。

> **知识卡**
>
> CFA 是美国爱猫者协会（The Cat Fanciers' Association）的缩写，是一个非盈利性团体，是世界最大的爱猫组织，创立于 20 世纪初，并于 1906 年开始举办猫展，其规章、条款十分严谨且复杂，成为世界上最大的纯种猫注册组织。据报道，现今 CFA 注册的纯种猫品种已达到 100 余种。CFA 举办的宠物猫展严格按照品种的特征进行分组，并且对参展个体予以评分，评分标准就是品种的标准。所以，世界各地基本以该组织确定品种标准为依据。

19 世纪中叶，随着英国伦敦首度猫展的诞生，人们头脑中已开始有了猫品种的概念。纯种猫是由种猫培养人从自然家猫中培育出来的。随着时间的推移，由于爱猫的旅行者陆续发现了稀有的猫品种，品种不断更新。宠物爱好者也一致认为并不一定要养纯种猫才引以为傲，非纯种猫绝不是次等猫。一切猫都具有猫的特征、猫的可爱和猫的优雅。非纯种猫的身上具有纯种猫不具备的优点，非纯种猫的种类在不断增加，品种质量也在不断提高。

我国驯养猫历史较长，《礼记》、《吕氏春秋》等书中有一些关于猫的记载，并有"相猫经"、"猫苑"等古籍文献流传后世。唐代也有海州毛、射阳猫、简州猫等各种记载。我国对猫品种鉴定与命名尚未开展，即使有品种的初步分类，也缺乏科学依据。目前，猫的品种分类大致有以下几种方法。

(1) 依据生存环境分类　主要分为家猫与野猫。

① 野猫。野猫是家猫的祖先，生活在沙漠、山林、沟壑、荒野等野外环境中，未经人类驯化饲养的猫。历史上最早出现猫的踪影在1200万年前。

② 家猫。家猫是由野猫经过人类驯化饲养的猫。但它并不是过分依赖于人类，仍保留独立生存的本能，一旦脱离人的饲养，很快发生野化。

(2) 依据地域分类　猫有欧洲家猫和亚洲家猫之分。一般认为欧洲家猫起源于非洲山猫；亚洲家猫则由印度的沙漠猫驯化而成。

(3) 依据品种培育分类

① 纯种猫。纯种猫指经过数年、数代的时间，由人们精心培育而成的猫种，并严格控制其繁殖程序，以避免品种退化。这类猫的遗传特性很稳定，后代与亲本之间具有相似的特性，而且每只猫都有血统纪录，包括性别、品种、体态特征及其祖先等相关资料。

② 杂种猫。杂种猫指未受人为控制，任其自行繁衍的品种。这类猫的遗传特性很不稳定，即使在同窝仔猫中，也可能出现不同的毛色。

(4) 依据被毛长短分类

① 长毛猫。长毛猫最受人们喜爱的群体。如布偶猫、喜马拉雅猫、波斯猫及索马里猫等品种。

② 短毛猫。品种较多。如暹罗猫、美国短毛猫、日本短尾猫、俄罗斯蓝猫、异国短毛猫、阿比西尼亚猫及苏格兰弯耳猫等。

(5) 依据用途分类　分为捕鼠猫、玩赏猫、皮用猫、肉用猫、表演猫、实验猫。

① 捕鼠猫。以豹猫最为理想，豹猫形似豹，体型较小，被毛短，行动敏捷，极善捕鼠，大多为玳瑁色。

② 玩赏猫。中长毛品种以波斯猫为代表；短毛类品种繁多，如泰国暹罗猫、埃塞俄比亚的阿比西尼亚猫、全身无毛的斯芬克斯猫、曼岛无尾猫、苏格兰弯耳猫等。

③ 皮用猫。主要指裘皮用猫，以虎猫为主，裘皮非常珍贵，保暖性能极好。

④ 肉用猫。以狸猫为主，狸猫花色较杂，但以花面狸为最好，这种猫肉鲜味美，营养价值很高。

(6) 依据毛色分类

① 单一毛色。如黑色波斯猫、白色波斯猫、黑色英国猫、巧克力色哈瓦那猫、白色日本猫等。

② 渲染毛色。此类品种有绒鼠色、阴影色和朦胧色。

③ 虎斑色。美国短毛猫额头的M形标记为典型特征，还有阿比西尼亚猫、埃及猫等。

④ 斑毛色。如海豹色斑巴曼猫、海豹色斑暹罗猫、蓝斑巴厘猫，以暹罗猫为最佳。

⑤ 部分毛色。如波斯猫、龟甲波斯猫、日本短尾猫、黑白外围短尾猫。黑色底色套乳白色、橘色毛色、巧克力蓝紫丁香色和肉桂色均属于本类。

此外，还有圆脸猫、尖脸猫，以及按眼睛颜色分类的，但由于不是常用分类方法而被人们忽略。

猫品种的名称大多依据体态特征或者取其国名、地名。如埃及猫、缅甸猫、波斯猫，短尾猫、弯耳猫、无毛猫、卷毛猫等。我国常用毛色特征来给猫分类和命名，如白猫、黑猫、狸花猫等。有的命名还很有诗意，如"锦上添花"，是指全身为黑、黄、白、灰色，而在这些毛色中又分散有其他毛色花片；"龙凤恋"，指除头面是一种清晰的毛色外，其他部位则全是如花纹缠绕的毛色。

我国的猫绝大部分都是短毛品种。在城市里，也有人饲养波斯猫等长毛品种，但多为不同程度的混血种，且数量较少。我国猫的主要品种有：云猫（Pardofelis marmorata），又叫石猫、石斑猫、草豹、小云豹、小云猫、豹皮、椰子猫、棕榈猫；山东狮子猫；狸花猫（Dragen-Li）；四川简州猫。国外猫的主要品种有：波斯猫（Persian）；暹罗猫（Siamese），又名泰国猫；英国短毛猫（British Shorthair）；异国短毛猫（Exotic Shorthair），又名加菲猫（Garfield）；喜马拉雅猫（Himalayan），又名重点色波斯猫；日本短尾猫（Japanese Bobtail）。

2. 犬品种的分类方法

犬与人类相伴历史悠久，10000～35000 年前即与人类共同生活，并被驯化。早期对犬的选择主要是协助狩猎与防卫功能，或者满足肉与毛皮的需要。目前，优秀犬品种除少数是古老品种外，绝大多数是 19 世纪后人工选择的产物。通过对犬选择性繁殖，改进或强化其某些特点，创造了众多的犬品种。犬的品种繁多，种间差异较大，并不是因为适者生存，而是人们的兴趣所致。造成犬品种众多的原因有以下几点：①古代狼的品种多达 45 种，为繁殖不同犬品种提供了丰富的遗传物质；②世界各地生态环境差别较大，而犬的形态、结构和行为与其栖息地密切相关；③人类对犬的利用是多方面的，因此对犬进行选择和培育的目的存在很大差异。

我国驯养犬历史较长，在《周礼·秋官》、《吕氏春秋》中有明确记载，并按照"田犬"、"吠犬"和"食犬"将犬做了大致分类。我国培育出的部分犬种世界闻名，但是被外国机构正式认可的仅有 10 个，分别是北京犬（Pekingese），俗称"京巴"；中国沙皮狗（Chinese Shar-pei）；中国冠毛犬（Chinese Crested Dog）；松狮犬（Chow Chow）又名"巧巧犬"；西施犬（Shih Tzu）；巴哥犬（Pug），俗称"哈巴狗"；藏獒（Tibetan Mastiff）；拉萨狮子犬；西藏獚；西藏狮子犬。

> **知识卡**
>
> FCI　FCI 是国际养犬联盟（Federation Cynologique International）的缩写，成立于 1911 年，最初由比利时、法国、德国、奥地利、荷兰五国联合创立，是目前世界上最大的养犬组织，包含有 84 个成员机构，日本的 JKC、法国的 SCC、中国台湾的 KCT 等机构都是其成员机构。FCI 的主要职责是制定国际犬展规则，监察其会员机构举办种犬展；制定协会成员国血统记录，统一犬种原产国的标准；组织、评审以及颁发冠军犬的头衔。总之，FCI 致力于发展繁殖优良的纯种犬，完善纯种犬的管理繁殖理念，促进纯种犬的管理和繁殖系统化、优越化。

在西方，犬的驯化和培育历史都相对较短，但所培育出的犬品种却非常丰富。主要有：美国可卡犬（American Cocker Spaniel）；腊肠犬（Dachshund）；拳师犬（Boxer）；大丹犬（Great Dane）；意大利灵　（Italian Greyhound），又名意大利格力犬、意大利灰狗；圣伯纳犬（Saint Bernard）；萨摩犬（Samoyed）；杜宾犬（Doberman）；雪纳瑞犬（Schnauzer）；马尔济斯犬（Maltese Dog）；蝴蝶犬（Papillon）；博美犬（Pomeranian）；约克夏（Yorkshire Terrier）；吉娃娃犬（Chihuahuas）；日本狆（Japanese Chin）；斗牛犬（Bulldog）；贵宾犬（Poodle）；大麦町犬（Dalmatian）；德国牧羊犬（Germen Shepherd

Dog)。

世界上一些国家（如美国、英国等）对部分犬品种进行了分类，并制定了相应的品种标准。但是，犬的形态以及血统相对复杂，分布范围主要在原产国和临近地区，并没有形成统一的品种分类方法。对犬的准确分类有一定的难度，根据实际需要，犬通常有以下几种分类方法。

（1）赛犬分类法 该分类法是以传统的分类法为基础，根据犬的用途和繁殖目的将犬分为工作犬、狩猎犬、枪猎犬、狸犬、玩赏犬、家庭犬 6 种。

（2）体型分类法 世界犬类按体型可以分为超小型犬、小型犬、中型犬、大型犬、超大型犬 5 种。

① 超小型犬。超小型犬是体形最小的一种犬，是指成年体重不超过 4.0kg，体高不足 25cm 的犬类。体型小巧玲珑，格外受人宠爱，是玩赏犬中的珍品，也称"袖犬"、"口袋犬"等。超小型犬有吉娃娃犬、拉萨狮子犬、法国玩具贵宾犬、博美犬、腊肠犬、马耳他犬等。

② 小型犬。小型犬指成年体重不超过 10kg，身高在 40cm 以下的犬类。小型犬体型适中。小型犬有北京狮子犬、西施犬、哈巴狗、冠毛狗、西藏狮子犬、小曼彻斯特犬、猎狐犬、威尔斯科基犬、可卡犬等。

③ 中型犬。中型犬指成年体重在 11～30kg，身高在 41～60cm 的犬种。中型犬体型大，天性活泼，有着像羊般卷曲的体毛，活动范围较广，勇猛善斗，通常作狩猎之用，并多用链条拴着或关着。这类犬分布广，数量最多，对人类的作用也最大。中型犬有沙皮狗、松狮犬、昆明犬、潮汕犬、斗牛犬、甲斐犬、伯瑞犬、比利牛斯牧羊犬、拳狮犬、威玛拉娜犬、猎血犬、波音达犬等。

④ 大型犬。大型犬指成年体重在 30～40kg，身高在 60～70cm 的犬。大型犬体格魁梧，不易驯服，气大勇猛，忠于主人，常被用作军犬和警犬。大型犬的饲养要求非常高，由于选种严格、淘汰率高、价格不菲，一般都在专用部门中养殖，难以在普通家庭中推广。大型犬有日本秋田犬、英国猎血犬、斗牛犬、老式英国牧羊犬、德国洛威犬、杜伯文警犬、阿拉斯加雪橇犬、大麦町犬、昆明犬等。

⑤ 超大型犬。超大型犬指成年体重在 41kg 以上，身高在 71cm 以上的犬种，是最大的一种犬。数量较小，多用来工作或在军中服役。如大丹犬、大白熊犬、圣伯纳犬、纽芬兰犬等。

（3）按照行为学分类 按犬的行为来分，可分为 7 种类型。

① 高反应性－低可训练性－中攻击性：按顺序包括拉萨犬、博美犬、马尔济斯犬、可卡犬、波士顿犬、北京犬、比格犬、约克夏犬、魏玛犬、巴哥犬、爱尔兰雪达犬。

② 低反应性－低攻击性－低可训练性：按顺序包括英国斗牛犬、古代英国牧羊犬、挪威猎麋犬、寻血猎犬、巴塞特犬。

③ 低反应性－高攻击性－低可训练性：按顺序包括萨摩耶犬、阿拉斯加马拉穆特犬、哈士奇犬、圣伯纳犬、阿富汗猎犬、拳师犬、斑点犬、大丹犬、松狮犬。

④ 高可训练性－高反应性－中攻击性：按顺序包括喜乐蒂犬、西施犬、迷你贵宾犬、玩具贵宾犬、比熊犬、标准贵宾犬、英国史宾格犬、威尔士柯基犬。

⑤ 低攻击性－高可训练性－低反应性：按顺序包括拉布拉多犬、匈牙利维兹拉犬、布列塔尼犬、德国短毛指示犬、纽芬兰犬、切萨皮克海湾巡回犬、凯斯猎犬、柯利犬、金毛犬、澳大利亚牧羊犬。

⑥ 高攻击性－高可训练性－低反应性：按顺序包括德国牧羊犬、秋田犬、杜宾犬、罗威纳犬。

⑦ 高攻击性－高反应性－中可训练性：按顺序包括凯恩㹴、西部高地白梗犬、吉娃娃犬、猎狐犬、苏格兰犬、腊肠犬、迷你雪纳瑞犬、丝毛犬。

(4) 美国 AKC 对犬的分类　世界各地对于犬的分类各有不同，美国的分类法是被广为接受的一种。美国养犬俱乐部（American Kennel Club，AKC）按犬的原始用途将犬分为以下 7 类。

① 枪猎犬（sporting dogs）。又称"黄"，主要用于猎取鸟类，因此有时又称鸟猎犬，多数从狩猎犬演变而来。枪猎犬一般体型较小，性格机警、温顺、友善，能首先寻找猎物，从隐藏处逐出鸟供猎人射击，有的更能通过头、身躯和尾巴的连线指示鸟的位置，并具有衔回被击落猎物的能力。然后奔向主人指示猎物的位置，进而将猎物惊起，供猎人射击，待猎物被射落后，再把猎物衔回到主人身边。枪猎犬属运动型犬，天生活泼好动，且警觉性高，能接受很多任务，如指示捕猎目标、追踪猎物、拾回猎物等。

枪猎犬又可细分为以下 5 类：a. 波音达犬型或指示猎犬型（pointer），代表品种有英国波音达犬（英国指猎犬）、德国波音达犬（德国指猎犬）、维兹拉犬等；b. 雪达犬型或塞特犬型（setter），代表品种有英国雪达犬（英国塞特犬）、爱尔兰雪达犬（爱尔兰塞特犬）等；c. 衔物犬型或拾猎犬型（retriever），代表品种有拉布拉多拾猎犬、金毛拾猎犬、卷毛拾猎犬等；d. 猎鹬犬型（spaniel），代表品种有可卡犬、英国史宾格犬（英国激飞猎鹬犬）等；e. 水猎犬型（water spaniel），代表品种有爱尔兰水猎犬、美国水猎犬等。

② 狩猎犬（hounds dogs）。又称"提"、"猎犬"，是指用于狩猎、寻找猎物、阻止猎物逃跑的犬。狩猎犬都有一个古老的狩猎特性，有很强的嗅觉能力并能据此追踪猎物，而且拥有很快的奔跑速度。这类犬体型大小不等，但都机警，视觉、嗅觉敏锐，不但能发现猎物的踪迹，并衔回被击中的猎物，而且具温和、稳健的气质。由于这类犬体长大于身高，腹部基本上收，因此有时也称为细狗类。狩猎犬主要用于帮助人类狩猎兽类，但不像枪猎犬那样容易与人合作，服从主人指挥，而喜欢单独狩猎或与其他猎犬一起狩猎。

根据提类狩猎时的特长，可分为视觉提和嗅觉提两类。视觉提是指凭借其优秀的视觉和优良的脚力追捕猎物，代表品种有东非猎犬、灰猎犬（灵提）、萨卢基猎犬。嗅觉提是指凭借其灵敏的嗅觉捕获猎物的气味而跟踪追捕猎物，代表品种有寻血猎犬（血提）、巴塞特猎犬（巴吉度犬）等。

根据捕捉对象，狩猎犬还可以细分为以下几类：a. 用来一般狩猎的有阿富汗提、凯恩犬、沙乐基犬、威玛拉娜犬等；b. 用来猎狐的有美国猎狐犬、英国猎狐犬、瑞士猎狐犬、边界犬等；c. 用来猎熊的有美国猎浣熊犬、卷毛猎犬、德国腊肠犬等；d. 用来猎鹿的有挪威猎鹿犬、苏格兰猎鹿犬等；e. 用来猎兔的有比格犬、英国猎兔犬、葡萄牙猎兔犬等；f. 用来猎狼的有爱尔兰猎狼犬等；g. 用来猎鸭的有切萨皮克海湾寻回犬、苏格兰猎鸭寻回犬等。

③ 工作犬（working dogs）。指专门从事狩猎以外的各种劳动作业的犬，主要从事的工作有警卫、拉雪橇、导盲、缉毒、搜索、救援、运输等。工作犬一般体型高大，耐力持久，忠于职守、机警聪明，具有惊人的判断力和独立排除困难的能力，是对人类贡献最大的一类犬，常在军中服役。如雪橇犬、拖曳犬、救助犬、导盲犬、护卫犬、军犬、警犬等。大部分工作犬都是接受人类长期的选育培养之后才诞生的，都属于服从性和工作能力很强的犬种。虽然工作犬的智商都很高，但是它们更适合经验丰富的主人，否则是很难控制的。代表品种有秋田犬、拳师犬、杜宾犬、大丹犬、圣伯纳犬、雪橇犬等。

工作犬还可以细分为：用来斗牛的有斗牛犬、牛头犬、斗牛獒、西藏獒、拳师犬等；用来导盲或救难的有圣伯纳犬等；用作赛跑的有中国小细犬、格雷犬、塞特犬、惠比特犬等；用作拉车的有大麦町犬、大白熊犬、雪橇犬等；用作警犬的有德国牧羊犬、杜伯文警犬、猎血犬、昆明犬、马士迪夫犬等。

④ 㹴（terriers）。原产地不列颠群岛，善于挖掘地穴，专用于驱逐小型野兽，是一类用于狩猎穴獾、狐、野兔、水獭等穴居小动物的小猎犬。由于多数㹴犬是捕鼠高手，故又称捕鼠犬。㹴犬嘴尖灵巧，嗅觉、感觉敏锐，大胆、机敏，行动迅速而富有耐性，多属于小型犬。除少数几种㹴（如迷你雪纳瑞）外，绝大部分产于英国。此类犬很活跃，好奇，精力充沛，体态一般较小，样子很有特色，惹人喜欢。如澳洲㹴、迷你雪纳瑞、西部高地白等。有些品种体格健壮，甚至可与牛、狮等决斗。如万能犬、边界犬、波士顿犬、牛头犬、凯恩犬、丹第丁蒙犬、爱尔兰犬、苏格兰犬、日本㹴等。

现在许多㹴犬已演变为玩赏犬，比较著名的有小曼彻斯特犬、威尔斯㹴、丝毛㹴、约克夏㹴、亚雷特㹴、西藏㹴、波士顿㹴等。

⑤ 玩赏犬（toy dogs）。最早源于我国宫廷，主要作宠物饲养和做伴，有"犬国中小孩"之称。此类犬的共同特点是体型娇小，姿态优雅，被毛华美，极具魅力，聪明伶俐，逗人喜爱，而且善良忠实，是人类根据自己的愿望经过长期改良从小型犬培育出来的。如现在非常流行的博美犬、玩具贵宾犬都是由体型较大的犬改良而来的。适合于室内饲养，如果加以适当训练，则可表演多种动作，是人们的好伴侣。如中国冠毛犬、吉娃娃犬、日本狆、马尔济斯犬、马耳他犬、迷你杜宾犬、蝴蝶犬、北京犬、博美犬、猴脸狗、巴哥犬、西施犬、约克夏、意大利灵提等。

⑥ 牧羊犬（herding dogs）。牧羊犬始创于1983年，这类犬最初是从工作犬中划分出来的，主要协助牧人进行牧羊、牧牛等。这类犬忠诚、聪明、体格强壮，耐力持久而且擅长追赶牲畜，兴奋时嚎叫不止，并有驱赶畜群的欲望。牧羊犬虽没有像猎犬般古老，但在保护牲畜、管理牧群方面也有几千年的历史。这类犬反应灵敏，聪明，并且有很好的体力。如澳洲牧牛犬、德国牧羊犬、威尔斯科基犬、比利时牧羊犬、波索犬、苏格兰牧羊犬、玛伦牧羊犬、老式英国牧羊犬、比利牛斯牧羊犬、挪威牧畜犬等。

⑦ 伴侣犬（non-sporting dogs）。这类犬性情好，喜欢与人在一起，对人有感情，不乱走动，且易于训练，对主人忠心耿耿，热情而又任劳任怨地为主人效命，尽管不承担狩猎、拉拽等繁重工作，但也能给人们增添许多生活的乐趣。伴侣犬没有什么共同特点，也没有相似的长相，面容、体态及毛色都没有共同点。通常有很多的外来犬种，无法按照常规方法分类，所以就被列入伴侣犬。这类犬是一些不属于前述六大类犬的总合，没有一个统一的特征。如卷毛比熊犬、斗牛犬、松狮犬、大麦町、贵宾犬、沙皮狗等。

> **知识卡**
>
> FCI对犬的分类　目前，FCI共承认世界上337个犬品种，并将其认可的犬种分为10个组别，每个组别又按产地和用途划分出不同的类别。具体如下：①牧羊犬和牧牛犬组（11种，不含瑞士高山牧牛犬）；②宾莎犬、雪纳瑞类、獒犬、瑞士山地犬和瑞士牧牛犬组（20种）；③㹴犬组（16种）；④猎獾犬（腊肠犬）组（1种）；⑤尖嘴犬和原始犬种组（9种）；⑥嗅觉猎犬及相关犬种组（5种）；⑦短毛大猎犬组（4种）；⑧寻回猎犬、搜寻犬和水猎犬（7种）；⑨伴侣犬和玩具犬组（16种）；⑩灵提组（6种）。

除此之外，还有一些纯种犬是未被AKC承认的犬种。如著名的藏獒、高加索犬。它们还不能参加正规的比赛，更准确地说是可以比赛（如敏捷性比赛、服从性比赛），但是没有资格争夺冠军。随着某个犬种的发展，到一定程度时，就很有可能被登记承认，AKC也在不断地登记承认新的犬种。

犬品种的命名原则一般有以下几种情况：a. 根据该品种最初的起源地命名，如罗特威勒尔犬（罗威纳犬）；b. 根据该品种最初培养者的名字命名，如杜伯文犬；c. 根据该品种的外貌特征命名，如蝴蝶犬、沙皮犬；d. 根据该品种的行为特征命名，如拳师犬；e. 根据该品种的工作特性命名，如寻血猎犬。

单元二　宠物的外貌评定

外形是指宠物的外表形态，不仅标志品种的特征，而且在一定程度上反映宠物的体质和健康状况。通过观察外形，可以从各个部位的协调性上推测其体质和生长发育情况。

体质就是人们通常所说的身体素质，是宠物个体的外部形态、生理功能和经济特性的综合表现，主要指与一定生理功能和经济特性相适应的身体结构状况，即被毛、皮肤、脂肪、肌肉、骨骼和内脏等部分组织在整个有机结构中的相应关系。只有在有机体各部分间、各器官间以及整个有机体与外界环境间保持一定协调的情况下，宠物才能很好地发育和繁殖，才能充分发挥其生产性能。

一、体质外貌鉴定

1. 体质类型的分类

在育种工作中，常用的体质分类法是库列硕夫分类法，即根据皮肤的薄厚和骨骼的粗细，将体质类型分为五种类型。

（1）细致紧凑型　这种类型的宠物外形清瘦、轮廓明显，头清秀；皮薄有弹性，皮下结缔组织少，不沉积脂肪，肌肉结实有力；骨骼细致而结实；足爪致密有光泽，反应灵活，动作敏捷，新陈代谢旺盛。如大麦町犬、吉娃娃犬、德国杜宾犬等。

（2）细致疏松型　这种类型的宠物体躯宽广低矮、四肢比例小，全身丰满；结缔及脂肪组织发达，肌肉松软，骨细皮薄；代谢水平较低，早熟易肥；反应迟钝，性情安静。肉用犬、猫多为此种体质，如大丹犬、圣伯纳犬及其杂种后代、狸猫等。

（3）粗糙紧凑型　这种类型的宠物体躯魁梧，头粗重，骨骼粗壮结实，四肢粗大，肌肉、筋腱强而有力，皮肤粗厚，皮下结缔组织和脂肪不多。适应性和抗病性较强，神经敏感程度中等。如藏獒、斗牛犬等。

（4）粗糙疏松型　这种类型的宠物骨骼粗大，结构疏松，肌肉松软无力，易疲劳，皮厚，毛粗，反应迟钝，繁殖力和适应性均差。如沙皮犬等。

（5）结实型　这种类型的宠物体躯各部位协调匀称，皮、肉、骨骼和内脏发育适度。骨骼坚实而不粗，皮紧而富于弹性，厚薄适中，皮下脂肪不太多，肌肉相当发达。外形健壮结实，性情温顺，对疾病抵抗力强，生产性能表现也好。

结实型是一种理想的体质类型，对种用个体应当要求具备这样的体质。应该注意，各种不同生产方向的宠物具有不同的结实型标准。

2. 外形鉴定

外形鉴定的方法很多，且在继续发展和补充中，但大体可概括为肉眼鉴定、评分鉴定测量鉴定，它们各有优缺点，可以相互补充，应用于不同情况。

（1）肉眼鉴定　肉眼鉴定即通过肉眼观察宠物的整体及各个部位，并辅助以触摸等手段以判断其个体优劣的鉴定方法。

在鉴定步骤及程序上应掌握"先粗后细，先远后近，先整体后局部，先静后动，先眼后手"的原则。鉴定时，人与宠物保持一定距离，一般以 3 倍于宠物的体长为宜，并由其前面、侧面和后面进行一般观察，得其全貌，借以了解其体型是否与生产方向相符，体质是否健康结实，结构是否协调匀称，品种特征是否典型，个体大小与营养好坏，有何主要优缺点。获得一个大致认识后，再接近宠物，详细审查其全身各重要部位，最后根据观察印象，综合分析，得出结论或定出等级。

有时为了避免遗忘，应在鉴定时将所得印象用文字简要记载下来，以供备查。此外，也可采用图示法，即在宠物轮廓图上，用相应符号将各部位的优缺点标出，一目了然。肉眼鉴定具有悠久的历史，沿用已久，至今还广泛应用。

（2）评分鉴定　评分鉴定时，应首先抓住关键部位，如是否有单睾或隐睾，如果有严重失格表现，就不必再进行评定了。

这种方法有一定的缺点，因为它所得出的总分是以各个具体部位得分累加而得，对整体结构不能有明确反映。同时由于是分割相加，总分往往偏高，产生偏差。另外，此法又较为烦琐，其结果只有分数，而没有指明外形具体的优缺点。

为克服以上缺点，现在对评分表进行了改进与简化，对鉴定部位不再分那么细，而是较为概括。与肉眼鉴定相同的是，这种方法要求有较熟练的鉴定技术。否则，因其伸缩性大，易出偏差。

（3）测量鉴定　测量鉴定是指通过测量宠物的某些体尺数值并计算体尺指数，以反映各部位的发育及其相互关系和比例，用于说明其体型结构及特点的一种外形鉴定方法。这种方法可以避免肉眼鉴定带有的主观性，它有具体的数值，而且方法也较为简单。使用此法最主要的是可定量描绘外形特征。

测量鉴定使用的工具通常有测杖、卷尺、钢尺和圆形测定器、测角计等。测量鉴定用途广泛，除可掌握个体外形变化、生长发育情况外，品种调查、引种、改良进展等都可通过它来予以反映。

二、犬的品种标准

品种标准是针对某一特定品种理想成员的描述，由该品种的产地或被国家承认的某一品种专门俱乐部制订，并得到广泛认可的文字材料。品种标准不仅是犬展或竞赛时裁判的标尺，而且还是犬育种的方向和目标。一个国家对一个品种只有一个标准，繁育时必须按照这个标准进行选种选配，淘汰带有明显缺陷的个体，使种群性能不断提高。

在制订品种标准时必须有一个科学的、统一的标准格式和评定项目。美国养犬俱乐部品种标准的评定项目包括：整体外貌，大小、比例和骨骼，头部（表情、眼、耳、颅部、吻部、咬合），颈、背线及躯干（颈、背线、躯干、尾），前躯，后躯，被毛，毛色，步态和性格等，要分别评定，综合打分。

1. 犬品种标准的相关术语

（1）耳　品种不同，耳的大小不同，形状不一。有的直立，有的下垂，有的按标准修剪成一定的形状。犬的耳形如图 8-1 所示。

① 蝙蝠耳：根部宽、尖端较圆的钝三角形竖耳，似蝙蝠的耳，如法国斗牛犬。

② 纽扣耳：在耳朵中部向头盖骨方向扭转，形似裤腰上的裤钩。

③ 直立耳：耳呈尖长三角形，完全挺立于头上，如德国牧羊犬的耳型；另一种是原为垂耳或半垂耳，经人工剪截后呈窄尖的三角形竖立，如大丹犬、拳师犬等。

④ 半立耳：耳根竖立，耳尖向前方折曲，如苏格兰牧羊犬、喜乐蒂牧羊犬等。

⑤ 垂耳：整个耳朵在头部侧面下垂，如贵宾犬、波音达犬、八哥犬、藏獒等。

图 8-1 犬的耳朵形状

⑥ 玫瑰耳：耳尖向后翻转，露出耳的内部，似玫瑰花瓣，如灵猩。

(2) 颅部 指颈部到额段所形成的角之间的部位，即位于颅腔周围的部分。

(3) 眼 品种不同，眼的形状、大小、凹凸也各有差异。犬眼的颜色可分为黄色、红色、褐色、白色等。犬的眼型是指犬眼睛的形状，依上下眼睑的状态来决定，一般分为杏形、椭圆形、圆形和三角形，如图 8-2 所示。

① 杏仁眼：眼型呈杏仁状，绝大多数犬属于此眼型，如德国牧羊犬。

② 三角眼：一般比较少见，仅出现于日本狆。

③ 圆眼：眼睛圆而不突出，如西施犬、吉娃娃犬。

④ 凸眼：眼大而圆，眼球突出，如八哥犬、马尔济斯犬。

(4) 额段 又称额鼻阶，是额骨与鼻骨相接部位的凹处，不同的品种在此形成不同程度的阶梯状，故此而得名。

(5) 鼻镜 鼻是额段到吻尖之间的部位，在吻尖无毛湿润的肉质部即为鼻镜，周围有色素沉着。

(6) 吻 又称口鼻部，是眼前面的头部，由鼻和上、下腭组成，不同的品种吻长短不同。

(7) 咬合 指上、下腭闭合时，上下齿的相对位置关系。品种不同咬合方式有所差异，分为钳式咬合、剪式咬合、上超咬合、下超咬合，如图 8-3 所示。

(8) 唇 指上、下腭覆盖牙齿的肉质部，有的品种唇干净，有的品种唇比较松弛，形成特有的垂唇。

图 8-2　犬的眼睛形状

（9）面部　位于口腔和鼻周围，是头部的前面部位，由鼻、眼、口、颊和唇组成。

（10）颈部　从肩胛至头骨的部位，前接头部，后连躯干，因品种不同可长可短，但绝大部分犬的颈长与头长相等，但短吻品种（如北京犬）除外。

（11）鬐甲　肩的最上部，是测量肩高（体高）的上线点。绝大部分品种的鬐甲要高于背线。

（12）背　颈背侧的延续，主要以胸椎为基础，根据品种不同，背可呈平直、凹陷或拱起，但大部分品种的背部要求平直（图 8-4）。

图 8-3　犬的咬合方式　　　　图 8-4　犬的背部形状

（13）背线　指犬的身体从肩胛后角至尾的外形线。

（14）胸　是躯干的重要组成部分，被肋骨包围。胸腔的大小关系着心、肺的发育，因此一般要求胸宽而深。

（15）腰　是背部的延续，主要以腰椎为基础。腰是连接前躯和后躯的部位，犬在奔跑转动时，主要靠腰部发力。因此，一般要求腰宽广、平直而肌肉发达。

（16）腹　是指胸部和骨盆之间、腰椎横突腹侧的软腹壁部分。因品种不同，有的犬腹大而圆，有的犬腹上收，有的犬腹小而窄。

（17）臀　是指位于荐部两侧的部位，其解剖基础是荐椎。品种不同要求臀的长、宽、平和角度也不同。

（18）尾　是品种特征之一，其形状和姿态因品种不同而有差异，少数品种按标准断尾。犬尾的形状如图 8-5 所示。

图 8-5 尾巴的形状

① 卷尾：整个尾巴卷曲于背上或背的两侧（有左卷和右卷之分），如北京犬、秋田犬、藏獒等。
② 镰刀尾：尾从中部向上或向背部弯曲，但不卷曲，似镰刀状，如比格犬。
③ 松鼠尾：从尾根处弯向背部，但不卷曲，比镰刀尾更接近于背部，如爱尔兰水獭猎犬。
④ 钩状尾：又称弯曲尾。尾的末端有似钩形的弯曲，如大丹犬、伯瑞犬等。
⑤ 直立尾：尾直立向上，多为经过截尾手术而成，如拳师犬、罗威纳犬等。
⑥ 剑状尾：尾较直，稍有弧度，静态时自然下垂，如德国牧羊犬、哈士奇犬。
⑦ 旗状尾：尾不卷曲，尾上有长饰毛，使尾巴呈三角旗状，如爱尔兰雪达犬。
⑧ 水平尾：尾长中等，尾毛短，尾根粗壮，尾端细，跑动时尾巴与身体水平，如腊肠犬。
⑨ 螺旋尾：尾较短，稍有扭曲，如斗牛犬、波士顿㹴等。
⑩ 无尾：这种尾型分为生来无尾与被断尾后留下极短的尾巴两种，如英国古代牧羊犬。

（19）前肢　犬的前肢主要包括肩部、上臂、肘部、前臀部、腕部、掌部和指部。一般前肢以挺直为佳。犬的前肢形状如图8-6所示。

图 8-6　犬的前肢形状　　　　图 8-7　犬的后肢形状

（20）后肢　犬的后肢主要包括大腿、膝部、小腿部、跗部、飞节、跖部和趾部。一般要求后肢发达，弯曲角度良好。犬的后肢形状如图8-7所示。

（21）膝关节　是由大腿骨远端和小腿骨近端之间所形成的单轴复关节。

(22) 飞节　即跗关节，是内小腿骨远端、跗骨和跖骨近端所形成的单轴复关节。

(23) 脚　前脚由腕部、掌部和指部组成，后脚由跗部、跖部和趾部组成。一般要求脚的指（趾）部拱起、紧凑、呈圆形或椭圆形。犬的趾型大致分为以下四种，如图 8-8 所示。

① 猫型：这种趾型以小而圆者最为理想，是工作犬常见的趾型。

② 兔型：这种趾型呈椭圆形，乍看犹如兔爪，是较理想的趾型。玩赏犬多见，如八哥犬要求一定为兔爪型。

③ 伸张型：这种趾型脚趾之间缝隙过大，外形不甚美观，外出时脚趾中间常会夹住泥沙。

④ 平型：这种趾型的脚趾薄如纸张，爪尖发育不良，难以支撑身体的重量。

猫型(圆形)　　兔型(椭圆形)

平型(低蹬形)　　伸张型(趾展形)

图 8-8　犬脚的外部形态

(24) 被毛　覆盖在犬体表的毛称为被毛，大致可分为 3 种类型：外毛、底毛和饰毛。外毛的特点是直、硬而粗糙，主要作用是保护身体免受伤害；底毛的特点是软而浓密，主要作用是保持体温；饰毛的特点是修长、华美艳丽，主要生长在四肢部、尾部、腹下部和头颈部，是根据人类的喜好人工选育而成。大部分犬是双层被毛，即只有外毛和底毛，分层明显；部分犬被毛柔软，毛型不明显；也有少部分品种的犬被毛短、粗、硬，无明显的分层；部分品种的犬有发达的装饰毛。

(25) 毛色　指被毛的颜色。犬的毛色多种多样，常见的有黑色、白色、红色和黄色。有时毛色可以为单色、双色或三色。

(26) 体尺

① 体高：即肩高，是指鬐甲（马肩隆）顶点到地面的垂直距离。所考查的内容主要是肩胛骨和前肢骨的状况，用测杖量取。

② 体长：肩胛骨前缘（臂骨前突）到坐骨结节的直线距离。所考查的内容主要是中轴骨的状况，用测杖量取。

③ 胸深：沿两侧肩胛后角（大约鬐甲后两指）量取鬐甲被线至胸骨下缘的垂直直径。所考查的内容是胸部发育状况，用测杖测量。

④ 管围：在左前肢管部上 1/3 最细处量取的水平周长。所考查的内容是管部的发育状况，用软尺测量。

⑤ 荐高：荐骨的最高点到地面的垂直距离。所考查的内容是荐部和后肢部的发育状况，用测杖测量。

⑥ 胸围：沿肩胛后角（大约鬐甲后两指）量取胸部的周径。所考查的内容是胸部的发育状况，用软尺测量。

⑦ 胸宽：肩胛后角左右两垂直切线间的最大距离。所考查的内容是胸部的发育状况，用测杖测量。

⑧ 头长：额顶至鼻镜的直线距离。所考查的内容为头部的发育状态，用卡尺或直尺测量。

⑨ 腰角宽：两侧腰角外缘间的距离。所考查的内容为骨盆的发育状态，用卡尺测量。

2. 体尺资料的整理与计算

对测得的体尺资料，应根据研究目的及时整理，需要进行统计分析。有时要计算各种体尺指数，有时用来编制体尺图解。

(1) 单项体尺　在没有和其他体尺联系以前，只能代表一个部位的生长发育情况，而反映不了整体的体型结构，因而有必要通过指数计算加以深化。所谓体尺指数，即一种体尺与另一种体尺的比率,用于反映家畜各部位发育的相互关系和比例。常用的体尺指数有下列几种。

① 体长指数 = $\dfrac{体长}{体高} \times 100\%$

它表示体长和体高的相对比率,此指数在成年前随年龄增长而增大,它反映犬是长方形或正方形的体型。

② 胸围指数 = $\dfrac{胸围}{胸高} \times 100\%$

此指数对鉴定役用犬有重要意义,该指数也随年龄增长。

③ 管围指数 = $\dfrac{管围}{体高} \times 100\%$

它反映骨骼的发育情况,此指数也随年龄而增大。

④ 体躯指数 = $\dfrac{胸围}{体长} \times 100\%$

它表示体量发育程度,雄性大于雌性。

(2) 绘制外形图解 这是外形鉴定的一种辅助方法。当比较两个或两个以上品种在体质外形上的差异时,往往采用图解法,使比较者间的差异更显而易见。图解时,先利用任何一组体尺作为比较的标准,而后计算其他组相应体尺与标准体尺间的比率。

$$体尺比率 = \dfrac{对比组体尺}{标准体尺} \times 100\%$$

作图时,先绘一直角坐标。在横坐标上作等距点,并标出体尺名称,纵坐标则表示对比组与标准体尺的比率。在横坐标上的适当距离选一水平线作为 100,此即标准组的体尺。大于此数的便在上面作点,相反则在下面作点,最后将点连成曲线,即成体尺图解。

无论是体尺指数计算,还是外形图解,它们都属于测量鉴定的组成部分,这种方法的优点是:可以避免肉眼鉴定的主观性,结果比较准确;用数字或图表来反映体型特点和各部位的协调性,明确、具体。缺点:太机械,仅从数字上分析;不能提供整体轮廓;不能形成一个活的印象。

外形鉴定方法,有时还需要对典型个体进行摄影或录像,这样可以将真实外形记录下来,并能长期保存,使我们在较长时间内还能去了解,研究对比和鉴定。一张良好的照片或一段清晰的录像对外形鉴定是大有帮助的。

单元三 宠物的生长与发育

一、生长发育的概念

任何一种动物都有它自己的生命周期,即从受精卵开始,经历胚胎、幼年、青年、成年、老年各个时期,一直到衰老死亡。生命周期是遗传物质与其所处的环境条件的相互作用下实现的。整个生命周期就是生长发育的过程,也是一个由量变到质变的过程。

生长和发育是两个不同的概念。生长是宠物达到体成熟前体重的增加,即细胞数目的增加和组织器官体积的增大,它是以细胞分裂增殖为基础的量变过程。发育是宠物达到体成熟前体态结构的改变、各种功能的完善,即各种组织器官的分化和形成,它是以细胞分化为基础的质变过程。两者互相联系、互相促进、不可分割。生长是发育的基础,通过各种物质积累为发育准备必要条件,而发育又反过来促进生长,通过细胞分化与各种组织器官的形成又促进了机体的生长,并决定生长的发展方向。

二、研究生长发育的方法

对宠物生长发育的研究,由于宠物机体结构、功能与环境的复杂关系,很难在短时间内,根据单方面的观察得出正确结论,要通过多方面的综合观察,采用多种方法。目前常用的是观察测量法和计算分析法。

(1) 观察测量法　在长期的生产实践中,人们积累了很多关于宠物生长发育方面的经验,如根据出牙、换牙、牙齿的脱落、外形颜色、齿峰及磨损程度(如牙冠没有磨损的犬肯定是当年的幼犬)来鉴别犬、猫的年龄大小和发育阶段;也可根据被毛的生长情况和毛的颜色变化情况大致鉴别犬、猫的年龄。老龄犬被毛粗糙、无光泽、毛色浅、褪色、下颌有白毛,上颌有变黄的毛,眼睛无光,行动迟缓,灵活性差。年轻犬则正好相反,被毛柔滑,富有光泽,眼睛有神,行动灵活。但这些都是对质量性状的描述,没能用量化指标来反映生长发育的准确情况,必须以称重和体尺测量的数据来说明生长发育变化规律。

(2) 计算分析法

① 测量时间和次数。称重和体尺测量的时间与次数,应根据犬、猫的种类、用途、年龄不同而异。对于育种群和幼龄犬、猫多称测几次,对其他类的则可以减少测定次数。以科研为目的应该更加细致准确,可多测几次;而以生产为目的可少测几次,以减少应激。

② 测量工具和测量方法。体尺测量是指把犬、猫的体尺指标量化成数据,使之更为直观。犬、猫常用的体尺测量工具有测杖、软尺、直尺、测角计。

犬、猫的体尺测量需要3人完成。1人保定,使其在正常姿势下保持稳定的站立姿势,供其他人量取数据,人要与犬、猫熟悉,不能给其造成恐慌心理;1人测量,按规定量取各体尺数据,技术要熟练,测量部位要准确,动作要轻柔,避免造成紧张情绪;1人记录,记录所测的数据,要翔实。

③ 主要测量指标。前面已经阐述,见本项目单元二相应内容。

④ 测量注意事项。犬、猫的体尺测量要求数据相对准确。因此,操作的准确性是至关重要的。一般在测量时要注意测量人员的操作技术和测量工具的精确程度。体重和体尺测量,是从不同角度研究分析宠物生长发育情况,一般称重和测量体尺应当同时进行,测得的数值一定要精确可靠,应全面认真考虑,如犬、猫本身的生理状态;是否妊娠;管理与饲养情况;饲喂前后;排粪前后;测量时站立姿势;测具的使用方法等。在群体较大时,可采用随机抽样的办法,测量部分个体,用其平均数来代表整个群体生长发育情况。为真实地反映犬、猫生长发育状况,必须保证饲养管理条件正常。在营养不良的情况下,犬、猫的体重较轻,但躯体长度等方面仍有增长,这样就会造成体重和体尺发育的不协调。

(3) 常用的生长计算与分析方法　对生长发育进行研究,其理论依据:一是从动态观点来研究宠物整体(或局部)体重、体尺的增长,二是研究比较各种组织(器官)随着整体增长而发生比例上的变化。通常采用的计算方法有以下几种。

① 累积生长。累积生长是指宠物某一时期生长的最终重量或大小。任何一个时期所测得的体重或体尺,都代表该个体被测定以前生长发育的累积结果。它是评定个体在一定年龄时生长发育好坏的依据。以图解方法表示,将年龄作为横坐标,体重或体尺作为横坐标,其曲线呈"S"形。但实际测定的生长曲线常因品种和饲养管理的不同而有所差异。

② 绝对生长。绝对生长是指在一定时间内体重或体尺的增长量,用于说明某个时期宠物生长发育的绝对速度。绝对生长用 G 代表,计算公式如下:

$$G=\frac{W_1-W_0}{t_1-t_0}$$

式中　G——绝对生长；

　　　W_0——始重，即前一次测定的体重或体尺；

　　　W_1——末重，即后一次测定的体重或体尺；

　　　t_0——前一次测定时的月龄或日龄；

　　　t_1——后一次测定时的月龄或日龄。

例如：甲、乙两只犬的初生重同为 0.12kg，1 个月以后，甲犬体重为 0.5kg，乙犬体重为 0.3kg，在 1 个月内，甲犬增长了 0.38kg，日增重 12.7g；乙犬增长了 0.18kg，日增重 6g。

在生长发育早期，由于动物幼小，绝对生长不大。以后随着年龄的增长逐渐增加，到达一定时间后又逐渐下降，在理论上呈抛物线形。绝对生长速度在生产上使用较普遍，是用来检查供给宠物的营养水平、评定品种优劣、制定各项生产指标、评定肉用品种肥育性能等的依据。

③ 相对生长。相对生长是指宠物在一定时间内的增重占始重的百分率，是反映生长强度的指标。绝对生长只反映生长速度，没有反应生长强度。相对生长用 R 代表，计算公式如下：

$$R=\frac{W_1-W_0}{W_0}\times100\%$$

上面的公式是以始重和末重为基础的，没有考虑到新形成部分也参与机体的生长发育过程。因此，可改为用始重和末重的平均值相比，其公式如下：

$$R=\frac{W_1-W_0}{(W_1+W_2)/2}\times100\%$$

例如：有两只犬，其中一只为 2kg 的幼犬，日增重 0.05kg，另一只为 11kg 的成年犬，日增重也是 0.05kg，从绝对生长速度来说两只犬相同，但用相对生长来比较，幼犬的生长强度较大。

相对生长随年龄的增长而逐渐下降，最初阶段下降快，以后逐渐减慢。所以，相对生长呈现 L 形曲线。在育种实践中，通过相对生长计算，可以比较不同品种和不同生长阶段宠物的生长发育情况。现将累积生长、绝对生长、相对生长曲线合成典型的对比图，如图 8-9 所示。

图 8-9　生长曲线对比图

④ 生长系数。生长系数是指开始时和结束时测定的累积生长值的比率，也即末重占始重的百分数，它也是相对生长的一种，以 C 代表生长系数，其计算公式为：

$$C=\frac{W_1}{W_0}\times100\%$$

在计算生长系数时，一般习惯于以初生时的累积生长为基准。当其与结束时的累积生长值相差过大时，往往采用生长加倍次数（n）表示其强度，其公式为：

$$W_1=W_0\times2^n \qquad n=\frac{\lg W_1-\lg W_0}{\lg 2}$$

⑤ 分化生长。分化生长是指家畜个别部分与整体相对生长间的相互关系。公式为：

$$Y = bX^a$$

式中 Y——所研究器官或部位的重量和大小；

　　X——整体减去所研究器官后的重量和大小；

　　a——所研究器官或部位相对生长和整个机体相对生长之间的比率，即分化生长系数；

　　b——所研究器官或部位的相对重量和大小，为一常数。

在实际应用上，a 的数值只能根据两次或两次以上的测定资料才可求得，如第一次测定个别器官的重量为 Y_1，除去该器官重量后的体重为 X_1，其公式为：$Y_1 = bX_1^a$。取对数，即 $\lg Y_1 = \lg b + a \lg X_1$

第二次称重后分别得 Y_2 和 X_2，同理，$\lg Y_2 = \lg b + a \lg X_2$，解方程得：

$$a = \frac{\lg Y_2 - \lg Y_1}{\lg X_2 - \lg X_1}$$

通过分化生长可以说明局部和整体在生长过程某一阶段的规律。当 $a=1$，表示局部与整体的生长速度相等；当 $a>1$，说明局部生长速度大于整体生长，该局部为晚熟部位；当 $a<1$，说明该局部生长速度小于整体生长，该部位为早熟部位。

⑥ 生长发育模型。在宠物育种和生产中，需要研究生长发育的规律。利用曲线拟合技术，建立理想环境中的生长发育（曲线）模型，有利于判断与分析饲养和管理的合理与否，比较不同品种、不同亲缘关系遗传品质等。

建立生长发育模型分为模型的选取、参数的估计与模型确定三个步骤。生长曲线是描述体重随年龄增长变化规律的，一般表现为"S"形曲线，所以我们主要选用"S"形曲线函数。用观测数据对每个模型的参数进行估计，不同模型与标准曲线的符合程度不同。通过比较模型估计值与观测值间的误差大小，最后把估计误差最小的模型确定为该畜禽的生长曲线模型。

三、生长发育的一般规律性

研究生命现象时，发现生物之间有一些共同的规律。如细胞的基本结构、生理生化过程，不论是植物、动物还是人类都大致相同。但是，每种生物又有其自身的系统发育和个体发育的特殊性。在研究宠物生长发育规律时，发现其具有阶段性和不平衡性两大规律。

1. 生长发育的阶段性

在宠物生长发育的全过程中，可以观察到几个比较明显区分的时期。每一个时期宠物的结构和生理生化过程都有一定的特点，而且只有完成一定的生长时期后，才转入另一个生长时期，这个时期被称为生长发育阶段。宠物生长发育阶段多以出生前、后作为分界线，将整个生长发育过程分为胚胎时期和生后时期。然后根据不同特点及其与生产实际的关系，再划分为几个时期。

（1）胚胎时期　从受精卵开始到出生时为止。精子和卵子经过重新组合、卵裂、囊胚形成、原肠胚形成、细胞分化和器官形成，这是宠物生长发育中细胞分化最强烈的时期。在这个时期，受精卵经过急剧的生长发育过程，演变为复杂且具有完整组织器官系统的有机体。根据胚胎在母体子宫所处环境条件以及细胞分化和器官形成的时期不同，一般把胚胎时期又划分为以下三个时期。

① 胚期。从受精卵开始到胚胎固定时为止。受精卵移行到子宫角内初期，依靠自身贮备的营养进行卵裂。当进入囊胚期时形成滋养层，直接与子宫接触（胚胎着床），以渗透方式获得营养。

② 胎前期。主要特征是胎盘完全形成，并且通过绒毛膜牢固地与母体子宫壁建立联系。

③ 胎儿期。主要特征是体躯及各种组织器官生长迅速，体重增加快，同时形成了被毛与汗腺，品种特征可明显区分。此期生长极快，初生重的3/4约在后期长成。因而营养需要量急剧增加，若营养不足，则易造成生前生长发育受阻。

在胚胎发育的前期和中期，绝对增重不大，但分化很强烈。因此，对营养主要是质的要求，而在量上母体能满足其需求。胚胎发育后期，由于胎儿增重迅速，母体也需要储备一定的营养以供产后泌乳。所以，此阶段对营养的需要量急剧增加。如果供应不足，将会直接造成胎儿发育受阻或产后缺奶。胚胎时期是发育最强烈的阶段，特别表现在细胞分化上，从而产生了有机体各部分的复杂差异。

（2）生后时期 即从初生到衰老直至死亡的阶段。此阶段生长发育的特点与胚胎时期差别较大，许多生命活动方式也随之变化。生后时期较长，根据生理功能特点将此阶段划分为哺乳期、幼年期、青年期、成年期和老年期。

① 哺乳期：从初生到断乳。这是幼仔对外界条件逐渐适应的时期，生长发育快，条件反射相继形成，增重及适应能力不断提高。其特点表现为：一是各种组织器官的构造和功能变化显著。具体表现为，由依靠母体血液供氧转变为独立气体代谢，呼吸系统功能迅速适应新的条件。原来依靠母体脐带供应营养，出生后消化系统则迅速生长发育，功能日臻完善。二是母乳是主要的营养来源。出生时，初乳中的蛋白质和维生素含量比常乳高出许多倍。初乳还含有大量抗体，保证幼仔早期较强的抗病能力。母乳营养全面，最适宜初生幼仔的消化系统。随着消化功能的逐渐完善，对母乳的依赖也日益减少，幼仔开始吃饲料，而且采食量慢慢增加，最后完全断乳。三是体尺、体重生长迅速。四是对环境的适应能力较差。随着年龄增长，才能逐渐增强对新环境的适应能力，因此在出生初期必须加强饲养与护理。

② 幼年期：从断乳到性成熟。宠物体内各种组织器官逐渐接近成年状态，性功能开始活动，此阶段是定向培育的关键时期，其特点如下。一是消化能力增强。由依赖母乳过渡到自己食用饲料，食量不断增加，消化能力大大加强。二是各种组织器官增长迅速。骨骼和肌肉迅速生长，各种组织器官相应增大，特别是消化器官和生殖器官的生长发育强度最大。三是体重增长逐渐达高峰。绝对增重逐渐上升，奠定了以后生产性能和机体外形的基础。

③ 青年期：从性成熟到体成熟。机体生长发育接近成熟，体型基本定型，体躯结构渐趋固定，生殖器官发育成熟，能繁殖后代，其特点是：各类组织器官的结构和功能日趋完善；绝对增重达到最高峰，并开始下降；生殖器官发育完善，雌性的乳房生长强度加快。

④ 成年期：从体成熟到开始衰老。此期生产性能达到稳定状态，其特点是各种组织器官发育完善，生理功能完全成熟，各种性能完善，抗病能力较强，代谢水平稳定；生产力水平达到最高峰，性功能活动最旺盛；增重停止，体型完全定型，脂肪沉积能力强。

⑤ 老年期：从开始衰老到死亡。整个机体代谢水平开始下降，各种器官的功能逐渐衰退，饲料利用能力和生产能力开始下降。一般在经济利用价值开始降低时，就可能已经被淘汰，除少数优良个体外，绝大部分都应淘汰。

以上各个生长发育时期的划分是相对的，各时期的长短可人为控制，使其在一定范围内加快或延缓。

2. 生长发育的不平衡性

成年宠物不是幼仔的放大，幼仔也不是成年宠物的缩影。在宠物生长发育过程中，表观部位和组织器官、部分和整体、不同时期的绝对生长或相对生长，都不是按相同比例增长的，而是在不同的生长发育时期有快有慢，有规律地表现出高低起伏的不平衡状态，这就是不平衡性。其主要体现在以下几个方面。

（1）骨骼生长的不平衡性 骨骼是外形的基础，是全身的支架。如体高的大小与四肢骨的长短成正比；而体躯的长短、深浅和宽窄，则与体轴骨骼的生长程度关系较大。因此，为深入了解宠物外形部位的差异，必须先了解各种骨骼在不同时期的生长规律。

① 骨骼和体重之比的不平衡。骨骼在不同时期的生长强度不同，初生前生长较快，初生时骨重占体重的18%～30%；生后则生长强度逐渐下降，成年时骨重仅为体重的7%～13%。

② 四肢与体轴骨增长之比的不平衡。宠物全身骨骼可分为体轴骨和四肢骨两大类。出生前四肢骨生长明显占优势，故初生时四条腿特别长，尤其是后肢；出生后不久，转为体轴骨生长强烈，四肢骨的生长强度开始明显下降，故成年时体躯加长、加深和加宽，四肢相对变粗变短。

③ 体轴各骨之间生长强度之比的不平衡。体轴各骨发育的迟早与距离头骨的远近有关。出生前头骨生长最旺盛，出生后生长强点依次转移到颈椎、胸椎、荐椎和骨盆。

④ 四肢各骨之间生长强度之比的不平衡。四肢各骨生长速度快慢的顺序是由下而上，出生前指骨和管骨生长较快，出生后生长强点依次转移到前臂骨（桡骨和尺骨）、肱骨、胫骨，最后肩胛骨和股骨强烈生长。

⑤ 各骨骼本身发育的不平衡。如管状骨，长度先发育，然后厚度增加。

体轴骨生长顺序是由前向后依次转移，而四肢骨是由下而上依次转移，体轴骨和四肢骨的生长强度有顺序依次移行的现象，称为生长波或生长梯度。宠物骨骼有两个生长波：一个是主要生长波，即从头骨开始，生长强度向后依次移行到腰荐部；另一个是次要生长波，从四肢下端开始，依次向上移行到肩部和骨盆部。其基本规律是：距离生长波起点较近的部位，发育较早，但随年龄增长而生长强度逐渐变小；距离生长波起点较远的部位，虽发育较迟，但随年龄增长而生长强度逐渐增大。两个生长波汇合的部位称为生长中心。

(2) 外形部位生长的不平衡性　不同时期的外形部位变化，与全身骨骼的生长顺序密切相关。一头幼仔从小到大的演变过程是：先长高，后加长，最后变得深而宽，体重加大，肉脂增多。个体发育虽在一定程度上是系统发育的重演，但由于遗传基础的差异，不同种类的犬、猫出生时所处的生长发育状态不同。如3月龄以前的幼犬，主要是增长躯体和增加体重；从4月龄开始到6月龄，则主要增长体长；7月龄后主要增长体长和增重，至9月龄发育为成犬。

(3) 体重增长的不平衡性　犬、猫出生后，体重随着年龄的增长而增长，到一定日龄达到最高峰，不同品种的宠物，绝对增重最高峰出现的时间不同。成年后绝对体重增重很少。年龄越小，生长强度愈大；胚胎时期比生后时期生长强度大；幼年比成年生长强度大。各种宠物的体重相对增长是胚胎期远远超过出生以后，不同生长发育时期的加倍次数不同，胚胎期加倍次数高于生后时期。详见表8-1。

表8-1　犬、猫不同生长发育时期重量加倍次数

种类	合子重/mg	初生重/kg	成年重/kg	怀孕期/月	胚胎期		生后期		全期	生后生长期/月
					加倍次数	占全期/%	加倍次数	占全期/%	加倍次数	
犬	0.40	0.2	11	2.10	19.09	78.26	5.09	20.85	24.39	24
猫	0.60	0.08	3.8	1.87	17.07	74.67	5.79	25.32	22.86	18

以家猫为例，家猫刚出生，最初体重和体量增长情况见表8-2和表8-3。由表可知幼猫初生体重为75～100g，雄猫体重稍比雌猫重些。幼猫体重增长比较快，30d时体重为初生体重的3.8～4.6倍，平均日增重8～9g，至152日龄时平均日增重12.3～17.8g，可看出随着日龄、月龄增加，平均每日增长数也逐渐增加，而且雄猫增长数要比雌猫高些。

表 8-2 初生猫体重变化情况　　　　　　　　　　　　　　　单位：g

编号	性别	初生体重	30d体重	平均日增长数	53d体重	平均日增长数	67d体重	平均日增长数
1	♂	90	345	8.5	—	—	—	—
2	♂	75	344	8.9	830	14.2	—	—
3	♂	80	335	8.5	750	12.6	1050	14.4
4	♀	79	320	8.0	700	11.7	900	12.2
5	♀	79	350	9.0	—	—	—	—

表 8-3 幼猫体重增长情况　　　　　　　　　　　　　　　　单位：g

编号	性别	81d体重	平均日增长数	91d体重	平均日增长数	122d体重	平均日增长数	152d体重	平均日增长数
3	♂	1325	15.3	1450	15.0	2150	17.0	2800	17.8
4	♀	1150	13.2	1250	12.8	1700	13.2	1950	12.3

家猫初生体长和尾长见表 8-4。由表可看出幼猫初生体长为 125～130mm，尾长为 60mm。幼猫体重增长较快，81d 时体重为 1150g，为初生体重的 12.6 倍，而体长和尾长增长较慢，81d 时分别为 340mm 和 160mm，为初生体长和尾长的 2.7 倍。成年猫的体重，雄猫可达 5500～5700mm，雌猫可达 3000～3200g。体长，雄猫可达 510mm，雌猫可达 440mm。尾长，雄猫可达 260mm，雌猫可达 240mm。

表 8-4 初生猫的体长和尾长

项目	1♂	2♂	3♀	4♂	5♀	6♀
体重	100g	90g	91g	92g	82g	90g
体长	130mm	130mm	130mm	130mm	125mm	125mm
尾长	60mm	60mm	60mm	60mm	60mm	60mm

（4）组织器官生长发育的不平衡性　宠物机体不同组织发育的迟早与快慢的顺序是：先骨骼和皮肤，后肌肉和脂肪。各器官随年龄的增长，生长速度也不一样。将各种器官按其生前和生后生长发育强度的不同，可划分为三个级别，见表 8-5。

表 8-5 不同生长发育时期各组织器官生长强度

胚胎时期	级别	生后时期		
		1	2	3
	1	皮肤、肌肉	骨髓、心	肠
	2	血液、胃	肾	脾、舌
	3	睾丸	肝、肺、气管	脑

由表 8-5 可见，皮肤和肌肉在胚胎时期和生后时期，生长强度都占优势，处于第一级；而脑则相反，生前和生后生长比较缓慢；肠在出生前生长强度大于生后时期；睾丸则生后大于胚胎期。各器官生长发育的迟早和快慢，主要决定于该器官的来源及其形成的时间。在系统发育中形成较晚的器官，在个体发育中出现得较早、发育较慢、结束较晚；反之，系统发育中出现较早的器官，在个体发育中出现较晚、生长发育较快、结束较早。如脑和神经系统等是维持生命的主要器官，在系统发育中是较老的，在胚胎期很早就形成，但发育缓慢，结束也较晚；那些与生产性能密切相关的器官，如乳房，形成较晚、发育较快、结束较早。

研究结果表明，各种组织的正常生长优势排列顺序为：大脑→骨骼→肌肉→脂肪。若营养缺乏时，各组织所受到的影响则反向相反，经济价值较大的肌肉和脂肪损失较大。

3. 发育受阻及其补偿

在生产实践中，由于饲养管理不良或其他原因，引起宠物生长发育停止、体重停止增长或减轻，外形和组织器官也会停止发育，这种现象叫做发育受阻或发育不全。随着年龄的增长仍保持开始受阻阶段的特征的现象，称为稚态延长。

(1) 发育受阻的类型　发育受阻根据时间与外形表现的不同可分为以下几种。

① 胚胎型。胚胎后期四肢骨生长最为旺盛，如果此时母体营养不良，则此部分的受阻程度最大。直到成年时仍具有头大体矮、尻部低、四肢短、关节粗大等胚胎早期的特征。性功能方面可能正常，但较早期发育的器官，如心脏和消化系统，也可能出现程度不同的发育受阻。

② 幼稚型。生后由于营养不良，使体躯的长度、深度和宽度发育受阻，成年后仍具有躯短肢长、胸浅背窄等幼龄时期的特征。若营养不足延续到性成熟，性功能就会受到阻抑。

③ 综合型。生前生后都营养不良，使以上两种特征兼而有之。特点是体躯短小、体重不大、晚熟、生产力低。

(2) 发育受阻的补偿　发育受阻后，能否得到完全或部分补偿，取决于受阻发生的时期和持续时间。受阻的时间越早，延续受阻的时间越长，得到完全补偿的可能性就小。如在胚胎发育后期或初生时期，生长发育受阻时间长，有的可能已是永久性影响，通过改善饲养，得到完全补偿的可能性就小。相反，如果受阻出现的时间越晚越短，则受阻的程度越轻，完全补偿的可能性就越大。

四、影响宠物生长发育的因素

宠物生长发育受多种因素的影响，深入探讨影响生长发育的主要因素将更有效地控制各类性状的改进和提高，其主要因素如下。

(1) 遗传因素　宠物的生长发育与其遗传基础有着密切联系，不同品种有其本身的发育规律。对控制宠物身体各部位遗传基础的研究表明，有三类基因影响体型部位：①一般效应的基因，其影响全部体尺与体重；②影响一组性状的基因，如只影响骨骼的大小，不影响肌肉的生长；③影响某一特定性状的基因，如只决定胸围、腹围的大小等，影响骨骼生长的特定基因系统，只决定体高、体长、胸深和体重，但不影响腹围；影响肌肉发育的一些基因，对胸深、胸围、腹围也有影响。

进一步研究表明，同一组性状，如体高和体长之间的遗传相关，随年龄的增长而提高；不同组的性状，如体高和腹围之间的相关，则随年龄的增长而降低；同一个体各性状间的表型相关，年龄小比年龄大相关高；不同组织的性状，如骨骼和肌肉的表型相关，随年龄的增长而大大降低。遗传相关和表型相关也随着年龄的增长而变化，这表明对生长有一般效应的那些基因系统，在幼龄时期影响较强，而对特定的一组性状以及对特定的单一性状可能产生影响的基因系统，则随年龄的增长而变得更重要。

(2) 母体大小　母体大小和胚胎生长强度有密切关系，母体愈大，胎儿体重愈大。母体对胚胎大小也有影响。随着胚胎的生长发育，胎盘也快速增长。由于某种生理原因限制了母体胎盘的生长，就会使胎儿生长受阻。胎盘大小和初生重之间有着密切关系。另外，胚胎数量和密度对胚胎生长也有影响。每窝的胚胎数量过多，胎儿在子宫内相邻位置过近，同窝胎儿之间过度竞争养分，就会导致胚胎生长发育速度降低。

(3) 饲养因素　饲养是影响宠物生长发育的重要因素，包括营养水平、饲料品质、日粮结构、饲喂时间与次数等。实验证明，合理全价的营养水平能保证宠物正常的生长发育，使经济性状的遗传潜能得以充分表现。采用不同的营养水平饲养宠物，可以调控各种组织和器官的生长发育。若在不同生长期改变营养水平，可控制宠物的体型和生产力。

（4）性别因素　性别对体重和外形有两种影响：一是雄性和雌性间遗传上的差异；二是由于性激素的作用，雌雄两性的生长发育差别较大。由于雄、雌体躯各部位和组织的生长速度不同，故雄、雌各发育阶段的体格大小也不一样。去势对犬、猫的生长发育影响显著，如30周龄的猫每天只需能量 0.42MJ/kg 体重就可以维持基本生命活动需要，如果去势后不控制食量就会很容易发胖。

（5）环境因素　在集约化饲养的条件下，诸多环境因素均会影响宠物的生长发育。

① 光照。光线通过视觉器官和神经系统，作用于脑下垂体，影响脑下垂体的分泌，进而调节生殖腺与生殖功能。

② 气温。在炎热干燥的地区，外形和组织器官均会受到影响。如皮毛色泽变深、汗腺发达、体表面积增大、体躯较小、育肥能力差；在寒冷潮湿地区，皮下结缔组织发达、毛密而长、育肥能力增加。

③ 海拔。地势和海拔过高，气压的变化引起氧气不足，导致生长发育受阻，繁殖能力降低。而适应高海拔环境的宠物，呼吸系统发达，胸部长而突出，骨骼变粗，血液浓度增加，血红素和铁质含量也相对增高。

上述各种因素，对宠物生长发育的影响途径是多方面的，引起的变化也是多种多样的，应将各种因素进行综合考虑，为优良品种的培育提供最合适的条件。同时，应创造最佳的环境，以便获得最大的经济效益。

单元四　宠物的选种方法

一、质量性状与数量性状

1. 质量性状与数量性状的概念

宠物的性状可以分为两大类：一类是质量性状，另一类是数量性状，两者的不同如表8-6。质量性状是指那些在类型间有明显的界限、变异不连续的、用言语所描述的性状，如宠物的被毛颜色、耳形、眼睛的颜色、尾的长短、有无等。这些性状由少数基因控制，不容易受到外界环境因素的影响，相对性状间差异大，大多数有显隐性的区别，一般遵循孟德尔遗传定律。数量性状是指那些在类型间没有明显的界限、变异为连续的、用数字描述的性状，如泌乳量、产毛量、初生重、断奶重、日增重等。这类性状是由多基因位点控制，很难区别每个基因的作用，性状间的差异小，而且受外界环境因素的影响大，不表现为简单的显隐性关系。

表 8-6　质量性状与数量性状的比较

比较项目	质量性状	数量性状	比较项目	质量性状	数量性状
主要类型	品种特征、外貌特征	生长发育、繁殖性状	环境影响	不敏感	敏感
遗传基础	单个或少数主基因系统	微效多基因系统	研究水平	家系	群体
变异表现	间断性、呈二项式展开	连续性、近似正态分布	研究方法	系谱分析、概率	生物统计
考察方式	语言描述	数字度量			

对于宠物而言，数量性状的重要性相对质量性状要小得多，因为宠物更注重以表型性状为主进行选育。除了表型性状之外，某些数量性状同样也不可忽视，多是与生殖健康有关的性状，如个体的生产力、繁殖力、交配能力、产仔数、成活率等，此外，毛皮的质量、毛的密度与长度也是数量性状。所以，研究数量性状的作用机制，对宠物育种工作具有重要

意义。

2. 数量性状的一般特征

数量性状是指那些需要度量的性状，大多表现为群体性而缺乏个体性，并只能用称、量、数等方法对其加以度量。因此，数量性状的观察结果都是一系列的数字资料，只有对这些数字资料采用生物统计方法进行分析，估算一些遗传参数，才能反映其遗传变异的特点，洞察其中的规律。数量性状的特点可归纳为以下几点：①数量性状呈连续性变异，具有度量性；②数量性状的表现受环境影响；③数量性状遗传受多个基因控制；④数量性状呈正态分布，即中间程度的个体最多，而趋向两极的个体越来越少，曲线呈钟形。

3. 数量性状的遗传方式

（1）中间型遗传　在一定的条件下，两个不同品种或品系杂交，子一代的平均表型值介于两亲本的平均值之间，这种现象为中间型遗传。群体足够大时，个体性状的表型呈正态分布，子二代的平均表型值与子一代相近，但是变异范围比子一代更大。产生这个现象的原因是，控制数量性状的基因位点很多，所形成的基因型种类也很多。由于基因间存在加性效应，不同基因型杂合子的表型存在一定的差异，都是多个基因位点效应的总和。

> **知识卡**
>
> 多基因假说　1908年，瑞典遗传学家尼尔逊·埃尔（Nilsson-Ehle）通过对小麦子粒颜色的遗传研究，提出了数量性状的多基因假说。该假说的主要要点为：①数量性状的表现是由许多彼此独立的基因共同作用的结果；②每个基因对性状表现的效应微小，表现为不完全显性或无显性，但遗传方式仍服从孟德尔遗传定律；③不同基因间的作用相等，是可以累加的，故也称为加性基因。数量性状的中间型遗传正是多基因相互作用的结果。

（2）超亲遗传　两个品种或品系杂交，子一代表现为中间类型，而以后的世代中可能出现超过原始亲本的个体，这种现象为超亲遗传。产生这种现象的原因是，参与杂交的两个亲本不是基因型最优秀的个体，杂交之后，基因发生重组，可出现最佳组合，也可能出现最差组合，产生超亲遗传现象。这种重组可以通过选育措施保持下来，给选育新的类型提供了有利条件，促进了新品种的形成。

> **知识卡**
>
> 回归现象　100多年前，英国的高尔顿爵士（Galton）注意到，当父亲身高很高时，其儿子身高一般不会比父亲更高；当父亲身高很矮时，其儿子也一般不会比父亲矮，两者会向一般人的均值靠拢，这种现象称为回归现象。高尔顿的学生皮尔逊（Pearson）继续对身高进行研究，测量了1078对父子的身高，采用微积分知识，得到儿子身高（y）与父亲身高（x）的关系函数，即 $y = 34.22 + 0.51x$，解释了身高回归现象。但是，为什么现代人的身高逐代变高呢？原来，高尔顿与皮尔逊只分析了父亲与儿子身高的变化关系，儿子的身高还受到母亲的影响，是对双亲身高的回归。

（3）杂种优势　当两个不同品种或品系杂交，子一代出现产量、繁殖力、生长势、抗病力等方面超过双亲的平均值，甚至比单一亲本纯种繁育都高的现象，这种现象称为杂种优势。但是，子二代的平均值会向双亲本的均值回归，杂种优势下降，以后各世代的杂种优势逐渐消失。产生这个现象的原因是，参与杂交的双亲由于遗传上存在差异，基因间会产生互作现象，出现上位效应或超显性效应，导致子一代表型值偏高，而子二代及以后世代个体由于部分基因发生纯合，部分上位效应或显性效应消失，所以表型值发生回归，直至消失。

需要指出的是：超亲遗传与杂种优势不同，超亲遗传是基因重组的结果，杂种优势主要是基因的非加性效应造成的，随着基因的纯化，其杂种优势也逐渐消失。因此，很难通过选育工作保持下来，但给经济杂交提供了有利条件。

4. 数量性状的表型值剖分

（1）表型值的剖分　一个数量性状的表现都是遗传与环境共同作用的结果。因此，性状的表型值（P）可以剖分为遗传因素造成的基因型值（G）和环境因素造成的环境偏差（E）两部分，即

$$表型值(P)=遗传值(G)+环境偏差(E)$$

从育种角度来看，这样剖分还是不够的，因为遗传部分还包括三部分：一是由基因的加性效应造成的，这一部分不但能遗传，而且通过育种工作能被保持下来，称为育种值（A）；另一部分是由基因的显性效应造成的，为显性偏差（D）；最后一部分是基因的上位效应，为上位偏差或称互作偏差（I）。显性偏差与上位偏差也是由于遗传因素造成的，但是不能真实遗传，在宠物育种中意义不大。因此，将这两部分与环境偏差归在一起，通称剩余值（R），即除育种值以外，剩余那部分表型值。这样，表型值的剖分就成为：

$$P=G+E=A+D+I+E=A+R$$

（2）表型值方差的剖分　在一个大群体中，虽然环境一致，由于个体之间存在差异，表型值就存在变异。方差是度量群体表型值变异的一个指标，方差分析是估计各种变异因素在总方差中的组成分量，是反映变异的来源。根据方差的可加性与可分性，表型方差可作如下剖分。

① 当遗传和环境间有互作时，表型方差可剖分为三部分：

$$V_P=V_G+V_E+V_{GE}$$

式中　V_P——表型方差；

　　　V_G——遗传方差；

　　　V_E——环境方差；

　　　V_{GE}——遗传与环境互作所引起的方差。

② 当遗传和环境间没有相关时，表型方差可剖分为两部分：

$$V_P=V_G+V_E$$

由于遗传方差 V_G 还可以剖分为育种值方差 V_A、显性方差 V_D 和上位方差 V_I 三部分，而环境方差 V_E 是由一般环境方差 V_{Eg} 和特殊环境方差 V_{Es} 组成的，则：

$$V_P=V_G+V_E=V_A+V_D+V_I+V_{Es}+V_{Eg}$$

这里，一般环境方差是指影响个体全身的、时间上是持久的、空间上是非局部的条件造成的环境方差。如在胚胎时期或幼年期，由于营养原因，使幼犬生长发育受阻，虽然这不是遗传原因造成的，但在成年后是无法补偿的，因而影响是永久性的。而特殊环境方差是指由暂时的或局部的环境条件所造成的环境方差。如哺乳雌犬由于营养条件差而泌乳量减少，但以后环境有了改善，其产量仍可恢复正常，不是永久性的。

（3）遗传参数　研究数量性状的遗传必须采用生物统计方法。为了说明某种性状的特性以及不同性状之间的表型关系，可以根据表型值计算平均数、标准差、相关系数等，这些统称为表型参数。为了估计个体的育种值和进行育种工作必须用到的统计常量（参数）叫遗传

参数。常用的遗传参数有 3 个，即遗传力、重复力和遗传相关。

① 遗传力。遗传学中，将育种值方差（V_A）与表型值方差（V_P）的比值定义为遗传力（用符号 h^2 表示），即育种值对表型的决定程度，用公式表示就是：

$$h^2 = \frac{V_A}{V_P}$$

遗传力是最重要的一个遗传参数，在育种实践中具有重要价值，应用广泛，主要表现在：a. 预测选种时的选择效果；b. 确定选择方法与繁育方法；c. 估计个体的育种值；d. 制订综合选择指数；e. 用于最佳线性无偏预测（BLUP）分析。

常用的估测遗传力的方法有：a. 亲子相关法或回归法；b. 同胞相关法。

② 重复力。同一个体、同一性状常常度量很多次，每次都有度量记录，将各次度量值之间的相关叫做重复力（用符号 r_E 表示），即遗传方差和一般环境方差占表型方差的比率，用公式表示就是：

$$r_E = \frac{V_G + V_{Eg}}{V_P}$$

重复力不仅受遗传方差影响，而且也与一般环境方差有关。在动物选种中的作用：a. 用于检验遗传力估计的正确性；b. 确定性状需要度量的次数；c. 估计个体可能达到的平均生产力；d. 用于评定个体的育种值。

③ 遗传相关。数量性状的遗传相关有两类：一类是亲缘相关（用 r_A 表示），主要研究个体间的血缘关系，如亲子关系、同胞关系等；另一类是表型相关（用 r_P 表示），主要反映同一个体不同性状间内在联系的程度，是进行早期选种的理论基础。

按照数量遗传学的研究，性状 x 与 y 的表型相关、遗传相关、环境相关的关系如下式：

$$r_{P(xy)} = h_x h_y r_{A(xy)} + e_x e_y r_{E(xy)}$$

式中，$e_x = \sqrt{1 - h_x^2}$，$e_y = \sqrt{1 - h_y^2}$。

性状间的遗传相关系数，主要用于下列几个方面：a. 进行性状的间接选择；b. 比较不同环境下的选择效果；c. 进行早期选种；d. 制定综合选择指数。

二、质量性状的选择

控制质量性状的基因一般都有显性和隐性之分，可以根据孟德尔定律进行遗传分析。由于选择可引起基因频率的改变，当选择分别作用于隐性个体、显性个体或杂合体时，就会使群体某一特定基因的频率发生变化，进而使质量性状各种类型的比率发生变化。

1. 对隐性基因的选择

对隐性基因的选择实际上是对显性基因的淘汰过程，通过对显性个体和杂合子的淘汰可以完成，这项工作相对比较容易。若显性基因的外显率是 100%，而且杂合子与显性纯合子的表型相同时，则可以通过表型鉴别，一次性将显性基因全部淘汰。

在宠物育种实践中，育种目标一般涉及多个性状，而且主要的目标性状可能是有重要经济意义的数量性状，不能仅考虑选择隐性性状，即对隐性基因的选择不一定非要一代完成。

2. 对显性基因的选择

对显性基因的选择，意味着淘汰隐性基因。在生物进化中，许多隐性有害基因在自然选择下得以保存。因此，在宠物育种中，需要对隐性有害基因进行淘汰。如果采用人工授精繁殖后代，对群体影响更大，应当确保雄性不是隐性有害基因的携带者。

淘汰隐性基因，首先是鉴定出隐性纯合个体，并将其淘汰。但是，由于显性杂合子也携带隐性基因，所以仍有隐性基因留在群体中，要把全部隐性基因淘汰，必须把隐性纯合子和显性杂合子全部淘汰，仅保留显性纯合个体。

（1）根据表型淘汰隐性纯合个体　淘汰所有可识别的隐性纯合个体，开始能较快地降低群体中隐性基因的频率，但是下降趋势将逐渐变缓，而且很难将其降低到 0。甚至当杂合子在群体中具有表型优势并被优先选留时，隐性基因的频率还可能增高。

（2）测交鉴定显性杂合子　淘汰全部隐性纯合个体，同时鉴定出显性杂子并予以淘汰，这样可更快地在群体中清除隐性基因。

（3）利用亲属信息　为了检测显性杂合子，系谱信息可以用于协助鉴定。如果某个体表型为显性，其任一个亲本是隐性纯合子，它必是杂合子。对于隐性基因的可疑携带者，可以通过一次有计划的测交方案的实施，观察其后代是否出现隐性纯合个体，从而判断被测个体是否为隐性基因携带者。

（4）测交检验　假设怀疑某头雄性个体是隐性基因的携带者，假设基因型为 A_，对其进行测交的检测效率可能有多种情况，主要取决于与配雌性的基因型。

① 与隐性纯合子交配。此方法所需测交雌性头数最少，前提是隐性基因基本无害，即隐性纯合子能正常出生和生长发育，各种功能正常。当雄性产生 1 个后代时，应有 1/2 概率是携带显性基因的表型，在产生 n 个后代时，可能出现全部都是携带显性基因的个体的概率为 $(1/2)^n$。

当要求置信水平为 95% 时，至少需要检测 5 个或 5 个以上的后代；当要求置信水平为 99% 时，至少需要检测 7 个或 7 个以上的后代。这在多胎的犬、猫中很容易实现。

② 与已知杂合子交配。某些隐性基因是致死基因，使纯合子在胎儿期间，或出生后不久就死亡，或者成年存在致命缺陷，不能繁殖。因此，只能与已确认为杂合子的雌性交配。

当要求置信水平为 95% 时，至少需要检测 11 个或 11 个以上的后代；当要求置信水平为 99% 时，至少需要检测 16 个或 16 个以上的后代。

③ 与已知杂合子的女儿交配。有害的隐性基因，在群体中的基因频率往往很低，而在杂合子的后代的基因频率是很高的。杂合子的女儿中，隐性基因频率可达 0.25。

当要求置信水平为 95% 时，至少需要检测 23 个或 23 个以上的后代；当要求置信水平为 99% 时，至少需要检测 35 个或 35 个以上的后代。

④ 与自己的女儿或与全同胞交配。这种交配方式是高度近交，测交几乎可以同时检测所有的隐性有害基因。因此，这种近交方式是检测个体基因型的有效途径。

当要求置信水平为 95% 时，至少需要检测 23 个或 23 个以上的后代；当要求置信水平为 99% 时，至少需要检测 35 个或 35 个以上的后代。

⑤ 与一雌性群体随机交配。雄性与一个经选择的雌性群体进行随机交配，也是一种检测隐性基因的测交方法。但是，测交结果受群中隐性基因频率的影响。总的来说，其测交效率低于上面的几种方法。

3. 对杂合子的选择

由于等位基因间存在互作，杂合子一般都比纯合体表现好。杂合子不能真实遗传，选种时主要选留纯合子而非杂合子。在某些情况下，纯合体不能成活或性状不理想，也可以选留杂合体。如有一种无尾的宠物猫，深受人们青睐，决定无尾的基因呈显性（致死基因），有尾为隐性。在这种情况下，为了繁殖无尾猫，只能逐代选择无尾的杂合子作种用，与有尾猫测交，繁殖无尾猫。

4. 对伴性基因的选择

绝大多数的伴性基因仅被携带在一条性染色体上，而且表达的性状是等级分明的质量性状。因此，对某一伴性基因的选择，主要是通过对个体表型的辨别来实现。

5. 采用生化遗传或分子遗传标记检测

（1）生化遗传检测技术　首先通过生化手段诱导某一性状表达，从而通过表型判断个体的基因型。如猪应激敏感综合征（PSS）的检测，就是利用氟烷法来淘汰应激敏感基因（$PSSn$）隐性纯合子。但是，氟烷测定不能识别携带 $PSSn$ 的杂合子，隐性纯合子外显率不完全，会引起误判，人们又发展了 CK（肌酸激酶）测定法。通过人工对猪体施以刺激，测定某些生化指标，如 CK 活性急剧升高，以此推断个体的基因型。

（2）分子遗传学检测方法　分子生物学技术的发展，分子克隆及 DNA 重组技术的完善，特别是 PCR 技术和新的电泳技术的产生，通过分子遗传标记来识别 DNA 分子的变异性，进而检测个体的基因型。如猪已建立了应激敏感基因的 PCR-RFLP 技术，不仅可以检出隐性纯合子，而且还可以准确地检出杂合子，效果显著。

三、数量性状的选择

1. 单性状选择的方法

宠物育种工作中，需要选择提高的性状很多，如犬、猫需要提高初生重、成活率、断乳重、毛长、毛密等许多性状。在一定时间内只针对某一个性状所进行的选择，叫做单性状选择。其方法如下。

（1）个体选择　指根据个体表型值的高低进行选种的方法。个体选择常采用择优选留法，即根据个体表型值与群体平均值离差（离群均差）的大小进行依次选留，直到满足留种数量的要求为止。一般来说，在同样的选择强度下，对遗传力高的性状，如胴体性状，采用个体表型选择都能获得较好的选择效果。因为在这种情况下，按个体表型值排队顺序与按其育种值的排队顺序是接近的。但是对于遗传力低的性状，如繁殖性状，因为环境因素影响大，表型值不能反映育种值的高低，不宜采用个体选择法。

（2）家系选择　家系选择是以整个家系作为一个选择单位，根据家系平均表型值的大小进行选种的方法。其具体做法是依据选种的要求，把家系平均表型值最高的家系的全部成员都选留下来，把平均表型值低的家系的全部成员都淘汰。性状遗传力低、家系大、共同环境造成的家系间差异小，是进行家系选择的基本条件。如选择繁殖性状，进行家系选择，就能够得到较好的选择效果。

（3）家系内选择　根据个体表型值与家系平均表型值的差值，即家系内偏差的大小进行选择，叫做家系内选择。具体做法是：在每个家系中挑选个体表型值高的部分个体留种。性状遗传力低、共同环境造成的家系间差异大、家系内个体间表型相关高，是家系内选择的基本条件。家系内选择实际上就是在家系内所进行的个体选择，主要用于小群体内选配、扩繁和小群体保种方案。

（4）合并选择　前三种选择各有优缺点，为了将不同选择方法的优点结合，可以采用同时使用家系均值和家系内偏差两种信息来源的方法，即合并选择。具体做法是：根据性状的遗传力和家系内的表型相关，分别给予这两种信息不同的权重，合并成一个指数，根据指数大小进行选择。合并选择充分考虑亲属资料的作用，准确性要优于上述三种方法，可以获得理想的遗传改进效果。

（5）估计育种值　个体某性状表型值的高低与育种值的高低有直接关系。在一个群体中，某性状育种值高的个体多，则群体该性状的平均生产性能也必然高。所以选择只作用于育种值的部分才是最为有效的，即根据育种值进行选择，选择效果最好。但是，育种值不能直接度量，要根据表型值与育种值之间的回归关系来间接估计育种值，根据选择原理可列出如下公式：

$$\hat{A}_X = (P_X - \overline{P}) \times b_{AP} + \overline{P}$$

式中 $\hat{A}_X$——被测个体某性状的育种值；

b_{AP}——育种值 A 对表型值 P 的回归系数；

P_X——被测个体某性状的表型值；

$\overline{P}$——某性状群体平均表型值。

从狭义遗传力定义来理解，$b_{AP} = h^2$

$$\hat{A}_X = (P_X - \overline{P}) \times h^2 + \overline{P}$$

这就是估计个体某性状育种值的基本公式。

（6）单性状 BLUP 育种值估计法 即最佳线性无偏预测（best linear unbiased prediction）法，该方法能显著提高遗传进展，特别是对于低遗传力性状和限性性状，其效果更加明显。使用 BLUP 方法时，首先要根据资料性质建立适当模型，如公畜模型、公畜-母畜模型、外祖父模型等，然后进行个体育种值的估计。BLUP 法具有估计值方差最小、可消除因选择和淘汰等原因造成的偏差等特性，获得的个体育种值具有最佳线性无偏性，是最理想的遗传评定方法。但是，由于在动物模型中包含所有的信息个体，计算量、计算费用高，限制了其应用。

> **知识卡**
>
> BLUP 法介绍 该方法是美国遗传学家 C. R. Henderson 提出的估计育种值的新方法。C. R. Henderson 自 1949 年就开始潜心研究对不平衡资料应用混合模型方程组的原理估计固定效应和预测随机效应问题。20 世纪 60 年代中期，动物育种中普遍使用的育种估计方法出现了明显的不足，参加评定的种畜并非来自一个同源总体，而且因年龄、年度的差异影响了评定的准确性。于是 C. R. Henderson 将混合模型应用在育种值估计上，就形成了 BLUP 法。该法在奶牛育种与猪育种等方面得到广泛应用，为重要经济性状的遗传改良做出了重大贡献。

2. 多性状选择的方法

上述几种选择方法都是单性状选择方法，可是在一个群体里，需要提高的性状常常不是一个，而是多个，如体重、体长、体高、产仔数、断乳重等。对多个性状常用下列方法进行选择。

（1）顺序选择法 是对所要选择的性状，依次逐个进行选择的方法。这种选择法的优点是对所选的某一性状来说，遗传进展快、选择效果比较好；缺点是所需时间长，对一些负相关的性状，会顾此失彼，不能同时提高。为了克服顺序选择法的不足，可以将要提高的性状分在若干个品系中同步选择，然后进行系间杂交，从而实现多个性状同时提高的目的。这种选择方法只适用于市场急需的情况，育种实践中很少采用。

（2）独立淘汰法 将所要选择的性状分别确定一个最低的标准，凡是要留种的个体必须所有性状都达到标准，否则就淘汰。这种方法同时考虑了多个性状的选择，但是，选留结果往往留下了各个方面不太突出的个体，即"中庸者"，而将那些某个性状没有达到标准，但其他方面都优秀的个体淘汰。另外，同时选择的性状越多，中选的个体就越少，不易达到留种率。为了达到一定的留种率只有降低选择标准，造成大量"中庸者"中选，对提高整个群体品质十分不利。

（3）综合选择指数法　就是将要选择的多个性状，按照遗传特点和经济意义，综合成一个便于比较的指数，按指数的大小进行选择。综合指数法比顺序选择法、独立淘汰法优越，在多性状选择中能够获得较快的遗传进展，现阶段是一个较为客观、全面而有效的选择方法。制订综合指数时，要注意以下几个问题：①要突出主要经济性状，性状总数不要太多，以 2~4 个为宜；②性状便于度量，有利于推广使用；③尽可能选择早期性状；④对于负相关的两个性状，最好整合成一个性状来选择。

（4）多性状 BLUP 育种值估计法　BLUP 法吸收了综合选择指数法的优点，并且考虑了多种固定环境效应、随机遗传效应等，为不同环境条件下的个体评定提供了可行方法，多性状 BLUP 法逐渐取代综合选择指数法，成为多性状选择的常用方法。

3. 间接选择

在育种实践中，有些经济性状的遗传力很低，直接选择效果不佳；有些性状是限性性状，只在一个性别表达；有些性状活体测量困难或者不能测量；有些性状只有达到一定年龄才能表现。对于这些性状可以采用间接选择，提高选择效果。通过对辅助性状的选择，间接对目标性状选择。辅助性状要具有以下几个条件：①辅助性状要有高的遗传力，与目标性状有高的遗传相关；②辅助性状是一个早期可以观察的性状，操作简单；③辅助性状的选择强度有加大的可能。

4. 影响数量性状选择效果的因素

除了选种目标、选种依据和选种方法外，还要考虑遗传力、选择差与留种率、世代间隔及性状间的相关性等因素。

（1）遗传力　遗传力的高低可以直接影响选择效果。遗传力越高，表型值中能遗传的部分越大，选择反应越大，选择效果越好；反之，选择效果较差。高遗传力性状根据个体表型选择，就能得到较好的选择效果。性状的遗传力高低还影响选择的准确性，因为遗传力是反映性状的育种值和表型值间的相关。因此，性状的遗传力越高，根据表型值进行选择的准确性越大，选择效果也就越好。

（2）选择差与留种率　选择差是留种个体的表型均值与群体表型均值的离差。在遗传力相同的情况下，选择差越大，选择反应也越大；选择差越小，选择反应也就愈小。此外，选择差与留种率和性状的标准差有关。一般来说，留种率越小，所选留个体越好，选择差也就越大。性状标准差的大小表明群体中个体间的变异程度。在留种率相同的情况下，性状的标准差越大，选择差也就越大。而在标准差相同的情况下，留种率越小，则选择差愈大。

（3）世代间隔　世代间隔是指繁殖一个世代所需要的时间。世代间隔的长短受许多因素的影响，如留种胎次、畜群的年龄组成等都能影响世代间隔。选择反应是某个性状经过一个世代的遗传改进量，即后代提高的部分。但是，在制订育种计划时多以年为单位，比较某个性状的年改进量。为了提高年改进量，必须加大选择反应和缩短世代间隔。但加大选择反应比较困难，多采用缩短世代间隔的办法。具体方法是：改进留种方法，尽可能头胎留种；加快群体周转速度，减少老龄个体比例，加快改良速度。

（4）选择性状的数目　对宠物进行选种时，不能只考虑一个性状，因为生产性能是由多个性状所决定的。但同时选择的性状不宜过多，因为一次选择的性状较多，力量分散，每个性状实际取得的改进量就会降低。如选择单一性状时选择反应为 1，同时选择 n 个性状，每个性状的反应只有 $1/\sqrt{n}$。所以在选择时应突出重点性状，不宜同时选择太多。

（5）性状间的相关性　在确定选择性状时，要考虑性状间的相关性，利用性状的相关性可以进行间接选择或早期选种，也可进行综合选择，这样才能取得较好的选择效果。

（6）近交　理论上，近交对基因的加性效应是没有影响的。所以在育种工作中，一旦发现优秀个体，希望通过近交增加基因的纯合性，巩固优良特性。但是，近交产生退化，选择效果有不同程度的降低。实际上，许多重要经济性状即使在纯种繁育时，其基因型值也不能完全排除非加性效应，因此还是要受近交影响，导致生活力、适应性下降，也能间接影响经济性状。

（7）环境　数量性状的表型值是遗传与环境共同作用的结果。环境条件的改变必然导致表型值的改变。选种实践证明，在优良条件下选育出来的优秀个体，到了较差条件下，其表现反而不如原条件下较差的个体。这就说明某些基因型适合于一定的环境条件，另一些基因型却适合于另一种环境条件，这种现象叫作基因型（或遗传）与环境的互作。

近年来，国内外关于遗传与环境互作的研究表明，遗传与环境互作的情况因性状的不同而异。遗传与环境互作的原因，可能是一个性状往往受一系列生理生化过程的制约，在一种环境条件下，控制某个生理生化过程的基因起主要作用，而在另一种环境下，控制另外一个生理生化过程的基因起主要作用。

单元五　种用价值的评定

选种就是选优去劣，有计划、有目的地将基因型优秀个体留下作种用。选留优秀个体时，首先要求自身生产性能高、体质外形好、生长发育正常，还要求繁殖性能好、合乎品种标准、种用价值高，这六个方面都要进行评定，缺一不可。前五个方面根据个体的自身表现和记录资料就可评定，而种用价值的评定就是对其遗传型的鉴定。

一、性能测定

1. 性能测定的概念

性能鉴定又称成绩测验，是根据自身成绩的优劣决定选留与淘汰，是育种工作的基础。性能测定所能得到的进展，取决于被选择性状的基因型与表现型间的相关程度。遗传力高的性状，它们的相关程度就高，性能鉴定的效果就好。

性能测定的基本形式，根据测定场地可分为测定站测定与场内测定；根据测定个体和评估对象间的关系可分为个体测定、同胞测定和后裔测定；根据测定对象的规模可分为大群测定和抽样测定。

2. 性能测定的方法

性能测定的目的就是要选择出理想的个体来改良其他个体。因此，一个个体的性能观测值的高低以及对群体的改良作用，要通过与群体性能均值比较才能确认。所以，性能鉴定的基本方法是与群体均值进行比较。

（1）性状比值法　这种方法主要用于单性状的性能测定。在特定试验中，测定个体的某一性状观测值，并计算该观测值与其所在群体均值的百分比，这个百分比就是性状比值。

（2）指数选择法　这种方法主要用于多性状的性能测定。将不同性状比值按照经济权重，制订一个综合指数，指数值越大，其种用价值亦越大。

3. 性能测定的可靠程度

性能测定的可靠程度是指个体性能表型值与其育种值间的相关程度。相关程度高表明性能测定的可靠程度大，其效果亦好；反之，则可靠程度小，效果亦差。但这种相关程度的高低主要取决于性状遗传力。性状遗传力高，这种相关程度亦高；反之，则相关程度低。

二、系谱鉴定

1. 系谱鉴定的概念

系谱是系统记录一头优秀个体的双亲及其各祖先的编号、名字、生产成绩及鉴定结果的记录文件。系谱上的各种资料是日常的原始记录资料经统计分析后的结果。查看一个系谱，除了解血统关系外，还要查看该个体祖先的生产成绩、育种值、生长发育情况、外貌评分，以及有无遗传疾病、外貌缺陷等，用于推断该个体种用价值的大小。

系谱鉴定不仅是早期选种的依据之一，而且还可以了解祖先的亲缘关系和选配情况，是制订选配计划的重要参考。所以一个完整的系谱除应记录祖先的名字、编号外，还应附有以上记录，并力求记录完整，科学可靠，否则会导致选种乃至整个育种计划的错误。

2. 系谱的形式

（1）竖式系谱　个体的编号或名字记在上端，下面是亲本代，再向下是祖父代……每一代祖先中的雄性写在右侧，雌性写在左侧。正中画一垂线，右半为父系，左半为母系（图8-10）。

种畜的畜号与名字

I	母				父			
II	外祖母		外祖父		祖母		祖父	
III	外祖母之母	外祖母之父	外祖父之母	外祖父之父	祖母之母	祖母之父	祖父之母	祖父之父

图8-10　竖式系谱

在各祖先的位置上记载着生产成绩，供选种时查阅比较。如果在系谱中，父系和母系出现相同个体，根据共同祖先所在的代数用罗马数字标明共同祖先出现的位置，以表示双亲间的亲缘关系。

（2）横式系谱　个体的编号写在左侧，历代祖先依次写在右侧，父在上，母在下。系谱正中可划一横虚线，上半为父系，下半是母系（图8-11）。

系谱审查与鉴定多用于个体尚处于幼年或青年时期，本身尚无记录，更无后裔鉴定材料时使用。通过查阅和分析各代祖先的生产性能、发育表现以及其他材料，可以估计该个体的近似种用价值。

图8-11　横式系谱

系谱审查不是针对某一性状，它比较全面，但着重缺点方面，如查看其祖先中有无遗传缺陷者、有无质量特差者、有无近交和杂交情况等。

系谱鉴定往往是有重点的，一般重点是祖先的外形和生产性能。

三、后裔鉴定

1. 后裔鉴定的概念

后裔鉴定就是以后裔的平均成绩为依据，估计个体的育种值高低，来确定对亲本的选留与淘汰。后裔鉴定所需时间长，耗费较多，因此多用于雄性分析，尤其多用于以主要生产性能为限性性状的个体分析。事实上，雄性比雌性对后代的影响面大，作用深远。目前有了冷冻精液技术，更有利于发挥后裔鉴定的作用。

2. 后裔鉴定方法及分析

（1）女母对比法　这种鉴定方法多用于雄性。具体做法是，用雄性所生女儿的成绩和其与配雌性（即女儿的母亲）的成绩相比较。凡女儿成绩超过母亲者，雄性是"改良者"；女儿成绩与母亲无大差异者，雄性是"中庸者"；女儿成绩低于母亲者，雄性是"恶化者"。这种鉴定方法的优点是简单易行，缺点是母亲与女儿所处年代不同，胎次也不同，存在生活条件以及生理上的差异，会给平均值造成一定的影响。

（2）公牛指数法　假定双亲对后代具有同等影响，因此女儿的表型值等于双亲表型值的算术平均数，即 $D=1/2\times(F+M)$，所以

$$F=2\times D-M$$

式中　D——女儿的表型值；
　　　F——父亲的表型值，即公牛指数；
　　　M——母亲的表型值。

此方法将某些限性性状在雄性个体上进行量化，根据量化差异进行选种。在饲养管理基本稳定的群体中，不失为一种简便易行又比较正确的方法。

（3）不同后代间的比较　此种方法可用于鉴定雄性和雌性。鉴定雌性时，让多只被鉴定的雌性在同一个时期与同一雄性交配，后代在同一条件下进行饲养，同一季节生长发育，通过比较后代的性能差异，来判断各雌性的优劣。

3. 后裔鉴定的原则及注意事项

（1）后代的品质决定于亲本双方　母亲不仅给后代以遗传影响，而且还直接影响后代胚胎期与哺乳期的发育。所以，当应用后裔鉴定比较几只雄性时，多采用随机交配的方法来减少雌性间的差异，也可以选用几个相似的雌性群体与雄性交配。

（2）后代的品质受生后期条件的影响，所以后代应该在相似的环境条件下饲养。在保证遗传特性得以充分表现的条件下，还应该将不同雄性后代的性能根据出生季节差异进行校正，以利于比较。

（3）统计资料时，将每只雄性的所有后代都包括在内，若有意识地选择部分优秀后代进行比较，会造成评定错误。

（4）后代数量越多，所得结果越正确。但是往往受到条件的限制，采用随机留种，消除差异，多胎动物还可适当多一些。

（5）后裔鉴定时，除突出后代的一项主要成绩外，还应全面分析，如体质外形、适应性、生活力以及遗传缺陷和遗传病等。

四、同胞鉴定

1. 同胞鉴定的概念

同胞鉴定是指根据一个个体兄弟姐妹的表型均值来确定该个体的种用价值。有全同胞鉴定、半同胞鉴定以及全-半同胞混合家系鉴定。

全同胞遗传相关是 0.50，半同胞遗传相关是 0.25，全-半同胞混合家系的遗传相关大约是 $\dfrac{d+1}{4d}$（d 为雌性个体数）。当雌性数量越多时，这个混合家系的遗传相关愈接近于半同胞遗传相关，即趋向于 0.25。

2. 同胞鉴定的用途

同胞鉴定主要用于某些自身难以测定的性状，如育肥性状和胴体性状，也用于限性性状。同胞鉴定不需要一个世代的等待期，当代就可以对雄性进行鉴定。虽然同胞测定的可靠

程度远不如后裔鉴定，多用于青年个体的鉴定。

五、选择指数

选择指数大体有两种，一种叫合并选择指数，一种叫综合选择指数。一般习惯将由同一性状各种亲属的资料合并成的指数叫做合并选择指数，将多个性状的资料综合成的指数叫做综合选择指数。

合并选择指数法是利用来自个体本身表型值与个体亲属的遗传信息，进行适当的加权处理，制订出一个合并选择指数，进行育种值的估计。综合选择指数法是将要选择的多个性状，按照遗传特点和经济意义，综合成一个便于比较的指数，按指数的大小进行选择。

六、育种值估计

通常选种所依据的记录资料有 4 种：本身记录、祖先记录、同胞记录和后裔记录。育种值可根据任何一种资料进行估计，也可根据多种资料作出复合育种值评定。

1. 单项资料育种值的估计

前面介绍过，个体的估计育种值 $\hat{A}_X$，可以通过下列公式进行估计

$$\hat{A}_X = h^2 \times (\overline{P}_X - \overline{P}) + \overline{P}$$

由于多个比较个体之间本身所测定的次数不同，这就存在着组内相关系数差异而直接影响该性状遗传力加权值的不同，需要进行适当校正。

2. 多项资料复合育种值的估计

多项资料复合育种值的估计是在单项资料育种值估计的基础上发展的一种方法，即利用同一性状的各种资料综合起来估计育种值。由于亲属间存在不同的遗传相关，遗传效应不能直接相加，要用偏回归系数给予不同的加权，而计算偏回归系数的过程相当复杂。因此，合理简化计算过程，可方便其在生产中实际的应用。

由于不同资料（本身、祖先、同胞、后裔）在选种上的可靠程度不同，因此，在复合育种值时不能给予同等重视。为了计算方便，并使 4 项加权系数之和为 1，可把 4 个加权值分别定为 0.1、0.2、0.3、0.4，这样复合育种值的公式是

$$\hat{A}_X = 0.1 \times A_1 + 0.2 \times A_2 + 0.3 \times A_3 + 0.4 \times A_4$$

复合育种值充分利用了所有可能获得的资料，并将不同资料的个体置于共同基础上进行比较，因而选择效果要比根据单项资料的育种值好。简化复合育种值虽然比较粗糙，但毕竟还是充分利用了各方面的遗传信息，提高了估计的可靠性。

> **技能拓展**
>
> 种犬的实用选种标准　雄犬应选择雄性强（如配种时紧追雌犬、频频排尿），生殖器官发育正常，阴囊饱满，精力充沛，性情温顺的个体。性交时，1 只雄犬可以交配 6～7 只雌犬，生殖器官有缺陷的雄犬不留种，在配种时，不排尿、不爬跨雌犬、交配无力、交配时间短的个体不作种用。选择雌犬时重点看产仔多少，乳房发育情况（一般 4～5 对乳头），泌乳能力和母性强。母性强的雌犬表现为分娩前觅窝，产后能定时给仔犬哺乳，很少离开窝巢，经常舔舐仔犬等。1 个月后能吐食物喂仔犬，当仔犬爬出窝外能衔回。此外，有吃仔或在窝内排大小便的雌犬，不能留作种用。

思 考 题

1. 何谓遗传参数？主要的遗传参数有哪些？这些遗传参数在宠物育种中有何用途？
2. 何谓超亲现象？结合所学的知识，解释为何出现超亲现象？
3. 如何进行犬的品种分类？简述不同类型品种的特点及其改良提高的原则。
4. 生长发育的概念是什么？怎样计算并绘制个体的生长发育曲线？
5. 什么是外形、体质？各种不同生产用途的犬的主要外形特征是什么？
6. 系谱鉴定有何作用？熟练掌握几种系谱的编制方法和评定方法。
7. 后裔鉴定方法有哪几种？在宠物育种值评定中有何意义？
8. 如何利用单项资料和多项资料进行育种值的估计？

项目九 宠物的选配与育种

【知识目标】
1. 通过对选配概念的学习,理解选配的作用,掌握选配的分类和选配的方法。
2. 通过对近交概念的学习,熟悉近交系数的计算过程,掌握防止近交衰退的措施。
3. 通过对杂交概念的学习,熟悉产生杂种优势的杂种方法和杂交育种的方法,掌握提高杂种优势的措施和杂交育种的步骤。

【技能目标】
1. 能够计算近交系数,判断个体的近交程度。
2. 能够进行杂交组合的筛选,杂种优势率的计算和分析。
3. 能够开展品系繁育的操作,初步掌握培育新品种的基本能力。

单元一 宠物的选配

在宠物生产实践中,能否得到优秀后代,不仅取决于双亲的品质,而且还取决于它们的选配组合是否适宜。因此,在宠物育种过程中,除了要做好选种工作外,还必须做好选配工作。

一、选配的概念和作用

选配就是按照人们的育种需要,有意识、有目的、有计划地选择合适的雌雄个体交配,以便定向组合后代的遗传基础,从而达到通过培育而获得良种的目的。由于选配是对雌雄个体的配对进行人为控制,从而使优秀个体获得更多的交配机会,优良基因更好地重组,促进群体的改良和提高。具体来说,选配在宠物育种工作中的作用如下。

(1) 选配能够创造必要的变异,为培育新的理想型创造条件 在任何情况下,交配双方的遗传基础是不可能完全相同的,而后代是双方遗传基础重新组合的结果。因此,为了某种育种目的而选择相应的雌雄个体交配,就会产生所需要的变异,就可能创造出新的理想型。这已经被犬的杂交育种成果所证实。

(2) 选配能够稳定遗传性,固定理想性状 选择遗传基础相似的雌雄个体交配,后代的遗传基础通常与亲本出入不大。在若干世代中均连续选择性状相似的个体交配,则遗传基础逐代纯合,这些性状便逐渐被固定下来。这已经为新品种或新品系培育实践所证实。

(3) 选配能够控制变异的方向,并加强某种变异 当群体中出现某种有益变异时,可以通过选种将具有该变异的个体选出,然后通过选配强化该变异。后代不仅可能保持这种变异,而且还可能较亲本更加明显和突出。经过若干代的选种、选配和培育,有益变异即可在群体中更加突出,最终形成该群体独具特征。品系就是这样培育出来的。

(4) 控制近交 细致地做好选配工作,可使群体防止被迫进行近交。即使近交,选配也可使近交系数的增量控制在较低水平。

由此可见,选配以选种为基础,并为新的选种创造条件。因此,选配是宠物育种工作中一项非常重要的措施,同样是改良现有宠物种群和创造新种群的有力手段。

二、选配的种类

选配实际上是一种交配制度,一般分为以下类型。

1. 个体选配

按其内容和范围来说,主要是考虑与配个体之间的品质对比和亲缘关系的选配。

(1) 品质选配　即考虑与配个体之间品质对比的选配。所谓品质,既可以指一般品质,如体质外貌、生长发育、生产力、生物学特性等方面的品质;也可以指遗传品质,包括质量性状和数量性状的遗传品质,以数量性状而言,即所估计育种值的高低。根据与配双方的品质对比,可分为同质选配和异质选配。

① 同质选配。同质选配是与配双方品质相同的选配,即选用性状相同、性能表现相似,或育种值相似的优秀个体来配种,以期获得相似的优秀后代。与配双方的同质性,可以是一个性状的同质,也可以是一些性状的同质;并且只可能是相对的同质,完全同质的性状和个体是没有的。

同质选配的遗传效应是促使基因型纯合。在育种实践中,为了保持宠物有价值的性状,增加群体中纯合基因型的频率,往往采用同质选配。如杂交育种到了一定阶段,出现了理想型就可采用同质选配,使理想型固定下来。同质选配的效果取决于基因型的判断准确与否和选配双方的同质程度如何。

同质选配也可能有一些不良作用,如种群内的变异性将相对减小;群体的某些缺点因遗传漂变得到加强而变得严重;适应性和生活力有可能下降等。为了防止这些消极影响,要特别加强选择,严格淘汰体质衰弱或有遗传缺陷的个体。

② 异质选配。分为两种情况。一种是选择具有不同优良性状的雌雄个体相配,以期将不同优良性状结合在一起,从而获得兼具双亲不同优点的后代,为组合选配。如选毛长的犬与毛密的犬相配,选产仔数多的犬与体型大的犬相配。另一种是选用同一性状但优劣程度不同的个体相配,以良好性状纠正不良性状,以期后代取得较大的改进和提高,又称为改良选配。实践证明,这是一种可以用来改良许多性状的行之有效的选配方法。

异质选配的作用,第一种情况是结合不同优良基因于后代,丰富后代的遗传基础,创造新类型,并增强后代体质结实性,提高后代的适应性、生活力和繁殖力;第二种情况是增加群体中优良基因的频率和基因型频率,并相应减少不良基因频率和基因型频率,降低群体不良性状个体的比例,并提高群体平均水平。

但是必须指出,异质选配的效果往往是不一致的。有时由于基因的连锁和性状间的负相关等原因,而使双亲的优良性状不一定都能很好地结合在一起。为了保证异质选配的良好效果,必须严格选种,并考虑性状的遗传规律与遗传相关。

(2) 亲缘选配　即考虑与配个体之间有无亲缘关系及亲缘关系远近的选配。

① 非亲缘交配。即交配双方没有亲缘关系或亲缘关系很远的选配,在畜牧学上指交配双方到共同祖先的总代数超过 6 代以上的个体之间的交配,亦即其所生后代的近交系数小于 0.78% 者可忽略不计,算作非亲缘交配。

② 亲缘交配。即交配双方有较近的亲缘关系,在畜牧学上是指交配双方到共同祖先的总代数不超过 6 代的个体之间的相互交配,亦即其所生后代的近交系数大于 0.78% 者的选配,简称近交。近交有害,是人们从实践中早已总结出来的教训。因此,在繁殖过程中应避免近交。但近交又有其他的特殊用途,在育种工作中为了达到一定目的又往往需要这种选配方法。关于近交,将在本章第二节近交与近交衰退中讲述。

2. 种群选配

种群选配指根据与配双方所属种群的异同而进行的选配，按其内容和范围来说，主要是考虑与配双方所属种群的特性，以及其性状的异同，在后代中可能产生的作用。根据与配双方所属种群的异同，又可分为下述两类。

（1）纯种繁育　选择相同种群的个体进行交配，其目的在于获得纯种，简称纯繁。所谓"纯种"，是指本身及其祖先都属于同一种群，而且都具有该种群所特有的形态特征和生产性能。由于长期在同一种群范围内，用来源相近、体质外形、生产力及其他性状上又都相似的个体进行同质选配，势必造成基因型的相对纯合，所形成的种群有较高的遗传稳定性。但种群内总会存在一定的异质性，通过种群内的选种选配，仍然可以提高种群的品质。因此，纯种繁育的作用如下：①可以巩固遗传性，使种群固有的优良品质得以稳定保持，并迅速增加同类型优良个体的数量；②可以提高现有品质，使种群水平不断稳步上升。

（2）杂交繁育　即选择不同种群的个体进行交配，其目的在于获得杂种，简称杂交。杂交的作用如下：①使基因和性状重新组合，使原来不在一个群体中的基因集中到一个群体中来，使原来在不同种群个体身上表现的性状集中到同一类群或个体上来；②可能产生杂种优势，即杂交所产生的后代在生活力、适应性、抗逆性、生长势及生产力等方面，在一定程度上优于某亲本纯种繁育群体的现象。

杂种具有较多的新变异，有利于选择，又有较大的适应范围，有助于培育，因而是良好的育种材料。再者，杂交有时还能起改良作用，能迅速提高低产种群的生产性能，甚至改变生产力方向。因此，杂交在育种实践中具有重要的地位。

三、选配计划的制订

1. 选配的原则

制订选配计划并做好选配工作，应注意以下原则。

（1）根据育种目标进行综合考虑　育种工作有明确的目标，各项具体工作均应根据育种目标进行。为此，选配不仅应考虑与配个体的品质和亲缘关系，还必须考虑与配个体所隶属的种群对它们后代的作用和影响。在分析个体和种群特性的基础上，注意如何加强其优良品质并克服其缺点。

（2）尽量选择亲和力好的个体交配　在对过去交配结果具体分析的基础上，找出产生过优良后代的选配组合，不但继续维持，而且还增选具有相应品质的雌性与之交配。种群选配同样要注意配合力问题。

（3）雄性等级高于雌性等级　雄性具有带动和改进整个群体的作用，而且选留数量少，故其等级和质量都应高于雌性。

（4）具有相同缺点或相反缺点者不配　选配中，绝不能使具有相同缺点（如毛短与毛短）或相反缺点的雌雄个体相配，以免加重缺点的发展。

（5）不任意近交　近交只能控制在育种群中必要时使用，它是一种局部而又短期内采用的方法。在一般繁殖群，非近交是一种普遍而又长期使用的方法。

（6）搞好品质选配　优秀个体一般均应进行同质选配，以便在后代中巩固其优良品质。一般只有品质欠优的雌性或为了特殊的育种目的才采用异质选配。对已改良到一定程度的群体，不能用本地品种或低代杂种个体来配种，这样会使改良后退。

2. 选配前的准备工作

（1）收集资料，绘制系谱图　深入了解整个畜群和品种的基本情况，包括系谱结构和形成历史、畜群的现有水平和需要改进提高的地方。

(2) 确定交配组合 分析群体的历史和品种形成过程，借鉴以往的交配结果，确定杂交组合。分析即将参加配种的雌雄个体的系谱、个体品质和后裔鉴定材料，找出其优点，克服其缺点，提高品质。后裔鉴定材料可直接为选配提供依据，找出最好的交配组合。

3. 拟订选配计划

选配计划又叫选配方案。选配计划没有固定的格式，但计划中一般应包括雌雄个体的系谱及其品质说明、选配目的、选配原则、亲缘关系、选配方法、预期效果等项目，制订一份表格。在选配计划执行后，在下次配种季节到来之前，应具体分析上次选配效果，按"好的维持，坏的重选"的原则，对上次选配计划进行全面修订。

单元二 近交与近交衰退

近交可以产生衰退现象，这是人们早已知道的事实。然而也绝非完全如此，在育种工作中为了达到某种特殊目的，而又需要采用近交，近交在育种工作中有其特殊用途。

一、近交程度的分析

近交作为一种育种措施，必须适度，才能收到理想的效果，因此在育种工作中对近交程度要有一个衡量和表示的方法。

1. 近交系数的计算

近交系数是某一个体由于近交而造成相同等位基因的比率，即形成个体的两个配子间由于近交而造成的相关系数。

设某一个体 X，双亲分别为 S 和 D，共同祖先为 A，则形成个体 X 的两个配子间的相关系数，即近交系数 F_X，可用下式来计算：

$$F_X = \sum \left[\left(\frac{1}{2}\right)^{n_1+n_2+1} (1+F_A) \right]$$

式中 F_X——个体 X 的近交系数；

n_1——一个亲本到共同祖先的代数；

n_2——另一亲本到共同祖先的代数；

F_A——共同祖先本身的近交系数；

$\sum$——个体 X 的双亲所有共同祖先的全部计算值之总和。

2. 亲缘系数的计算

近交系数的大小决定于双亲间的亲缘程度，而亲缘程度用亲缘系数 R_{SD} 表示。两者的区别在于：F_X 说明个体 X 是由何种近交程度产生的个体，而 R_{SD} 则说明产生个体 X 的两个亲本（S 与 D）在遗传上的相关程度，即具有相同等位基因的概率。

设某一个体 X，双亲分别为 S 和 D，共同祖先为 A，则 S 和 D 间的遗传相关，即亲缘系数 R_{SD}，可采用下式计算：

$$R_{SD} = \frac{\sum \left[\left(\frac{1}{2}\right)^N (1+F_A) \right]}{\sqrt{(1+F_S)(1+F_D)}}$$

式中 R_{SD}——个体 S 和 D 之间的亲缘系数；

N——个体 S 和 D 分别到共同祖先 A 代数之和，即等于 n_1+n_2；

F_S——个体 S 的近交系数；

F_D——个体 D 的近交系数；

F_A——共同祖先 A 的近交系数；

Σ——个体 S 和 D 通过共同祖先 A 的所有通径计算值之总和。

当共同祖先 A 与某一亲本（S 或 D）为同一个体时，另一亲本用 X 表示，则上面公式可以简化为：

$$R_{XA} = \Sigma \left(\frac{1}{2}\right)^N \sqrt{\frac{1+F_A}{1+F_X}}$$

亲缘系数有两种：一种是直系亲属，即祖先与后代；另一种是旁系亲属，即那些既不是祖先又不是后代的亲属。

二、近交的遗传效应和用途

1. 近交的遗传效应

① 促进基因纯合，增加纯合子频率，减少杂合子频率。各种近交类型的后代，其纯合性均随近交程度的增加而提高。

② 降低数量性状的群体均值。数量性状的基因型值，由基因的加性效应值和非加性效应值组成。非加性效应大部分存在于杂合子中，由于近交增高纯合子频率，减少杂合子频率，因而随着群体中杂合子频率的减少，其数量性状的群体平均非加性效应值减少，数量性状的群体均值也就降低。

③ 促使群体分化。经过近交，杂合子频率逐代减少，最后趋向零，纯合子频率逐代增加，因而使整个群体最后分化成几个不同的纯合子系，即纯系。其结果是造成系内差异缩小，系间差异加大。

鉴于上述原因，对于近交的作用，应有正确的认识和分析。近交既有其不利的方面，也有其有利的一面。

2. 近交的主要用途

（1）固定优良性状　由于近交可以促使基因纯合，使基因型纯化，因而可以较准确地进行选择，此时如再加以同质选配，则优良性状便可在后代中固定。因此，一般在新品种培育过程中，当出现了符合理想的优良性状后，往往采用同质选配加近交以固定优良性状。在品种育成史中，几乎世界上所有优良品种在培育过程中都曾采用过近交。

（2）揭露有害基因　由于有害性状大多受隐性基因所控制，在非近交情况下因显性基因的掩盖而表现不出来，而近交时，由于基因型趋于纯合，其隐性有害基因在其纯合隐性基因型中得到暴露，因而就可以及早将携带有害基因的个体淘汰，从而使有害基因在群体中的频率大大降低。

（3）保持优良个体的血统　当群体中出现了特别优秀的个体时，需要保持这些优秀个体的特性，并扩大它的影响，此时采用近交则可达到目的。这也是品系繁育中的一种方法。

（4）提高畜群的同质性　近交使基因纯合的另一结果是造成畜群分化，但经过选择，则可以得到比较同质的群体，以达到提纯畜群的目的。

三、近交衰退及其防止措施

1. 近交衰退现象

近交虽然是育种工作的一种有力措施，但它又有其有害的一面，即所谓近交衰退现象，即由于近交家畜的繁殖性能、生理活动及与适应性有关的各性状，均较近交前有所削弱的现象。其具体表现是：繁殖力减退，死胎和畸形增多，生活力下降，适应性变差，体质转弱，生长较慢，生产力降低等。

近交衰退的原因,不同的学说,从不同的角度有不同的解释。基因学说认为,近交使基因纯合,基因的非加性效应减小,而且平时为显性基因所掩盖起来的有害基因得以发挥作用,因而产生近交衰退现象。生活力学说认为,近交时由于两性细胞差异小,故其后代的生活力弱。从生理生化角度来看,近交后代之所以生活力减退,大概是由于某种生理上的不足,或由于内分泌系统激素不平衡,或是未能产生所需要的酶,或是产生不正常的蛋白质及其他化合物。

2. 近交衰退现象的影响因素

(1) 近交程度和类型　不同程度和类型的近交,其衰退现象的表现程度不同。近交程度越高,所生子女的近交系数越高,其衰退现象的表现可能越严重。

(2) 连续近交的世代数　连续近交与不连续近交相比,其衰退现象可能更严重,连续近交的世代数愈多,其衰退现象可能愈严重。

(3) 品种　这与品种的神经类型和体格大小有关。一般来说,神经类型敏感的品种比迟钝的品种衰退现象要严重。犬与猫由于世代间隔较短,繁殖周期快,近交的不良后果累积较快,因而衰退表现往往较明显。

(4) 生产力类型　肉用品种对近交的耐受程度高于役用品种。这是由于肉用品种的体力消耗较少,在较高饲养水平下,可以缓和近交不良影响的缘故。

(5) 遗传纯度　遗传纯度较差的品种,由于群体中杂合子频率较高,故近交衰退比较严重;那些经过长期近交育成的品种,由于已经排除了一部分有害基因,因而近交衰退较轻。

(6) 个体　这与个体的遗传纯度和体质结实性有关。杂种个体其遗传纯度较差,呈杂合状态而具有杂种优势,虽在适应性等方面可以在一定程度上抵消近交的不良影响,但生产力的全群平均值显著下降;近交个体的遗传纯度较高,呈纯合状态,对近交衰退的耐受性较高。体质结实健康的个体,其近交的危害较小。

(7) 性别　在同样的近交程度下,雌性对后代的不良影响较雄性大,这主要是由于雌性对后代除遗传影响外,还有其母体效应。

(8) 性状　近交的衰退影响因性状而异。一般来说,遗传力低的性状如繁殖性能等,杂交时其杂种优势表现明显,而在近交时其衰退也严重;那些遗传力高的性状,如胴体性状、毛长、毛密等,杂交时杂种优势不明显,而在近交时其衰退也不显著。

(9) 饲养管理　良好的饲养管理,在一定程度上可以缓和近交衰退现象。

3. 近交衰退的防止措施

为了防止近交衰退的出现,除了正确运用近交、严格掌握近交程度和时间以外,在近交过程中还可采用以下措施。

(1) 严格淘汰　严格淘汰是近交中公认的一条必须坚决遵循的原则。即将不合理想型要求的、生产力低、体质衰弱、繁殖力差、表现出退化现象的个体严格淘汰。此措施最好能结合后裔鉴定,通过后裔鉴定证明是优良的个体近交,则更能收到预期效果。严格淘汰的实质,是及时将分化出来的不良隐性纯合子淘汰,而将含有较多优良显性基因的个体留作种用。

(2) 加强饲养管理　近交所产生的个体,其种用价值可能是高的,遗传性也较稳定,但生活力较差,表现为对饲养管理条件要求较高。如能满足要求,则可暂时不表现或少表现近交带来的不良影响;如果饲养管理条件不能满足它们的要求,则近交恶果可能立即在各种性状上表现出来;如饲养管理条件恶劣,直接影响生长发育,则遗传和环境的双重不良影响将导致更严重的衰退。

（3）血缘更新　在进行几代近交之后，为防止不良影响的过多累积，可从其他单位换进一些同品种同类型但无亲缘关系的个体进行血缘更新。血缘更新要注意同质性，即应引入有类似特性的个体。因为如果引入不同质的个体进行异质选配，则会抵消近交效果。

（4）做好选配工作　多留雄性个体并细致地做好选配工作，就不至于被迫进行近交，即使发生近交，也可使近交系数的增量控制在一定水平之下。据称，每代近交系数的增量维持在3%～4%，即使继续若干代，也不致出现显著的有害后果。

四、近交的具体运用

近交有害是早已公认的事实，然而近交又是获得稳定遗传性的一种高效方法。因此，近交不可滥用，在育种中有时又不可不用。在具体运用近交时，应注意以下几点。

1. 必须有明确的近交目的

近交只宜在培育新品种或品系繁育中为了固定性状时使用。近交双方除了是经过鉴定认为是优良健壮的个体外，还要及时分析近交效果，妥善安排，适可而止。原则上要求尽可能地达到基因纯合，但同时又不要超越可能出现的衰退界限，这是比较精细而又难以掌握的工作。

2. 灵活运用近交形式

不同的近交形式其效果不同，因此应根据不同情况灵活运用。如为使优秀个体的遗传性尽快固定下来，并使之在后代中占绝对优势，可采用父女、母子、祖孙等回交的形式；如为了使双亲共同的优良品质在后代中再度出现，或为了更大范围地扩大某一优良祖先的影响，则可用同胞、半同胞或堂（表）兄妹等同代交配。

3. 控制近交的速度和时间

近交的速度，宜先慢后快，当发现近交效果好时，再加快近交速度。但近交方式应根据实际情况灵活运用，有时也可先快后慢，因为刚杂交以后，杂种对近交的耐受能力较强，可用较高程度的近交，让所有不良隐性基因都急速纯化暴露，而后便立即转入较低程度的近交，以免近交衰退的过度累积。关于近交使用时间的长短，原则是达到目的就适可而止，及时转为程度较轻的中亲交配或远交。如近交程度很高而又长期连续使用，则有可能造成严重损失。

4. 严格选择

近交必须与选择密切配合才能取得成效，单纯的近交不但收不到预期的效果，而且往往是危险的。首先，必须选择基本同质的优秀个体近交，此时近交才能发挥它固有的作用。其次，严格选择近交后代，即严格淘汰有一切不良（甚至是细微的）变异的近交后代，使有害和不良基因频率下降，甚至消灭。应该指出，严格选择必然要大量淘汰。淘汰只是不再留作继续近交之用，只要没有严重缺陷，完全可以继续繁殖，甚至继续留作种用。

单元三　杂交与杂种优势

一、杂交的基本概念

1. 杂交的概念

在遗传学中，将不同基因型个体之间交配称为杂交，而在育种学中，将不同种群之间的雌雄交配称为杂交。

杂交的遗传效应与近交相反。一是杂交使群体中杂合子的频率增加、非加性效应增大，从而提高了群体的平均值，产生杂种优势；二是杂交使群体趋于一致，两个纯系杂交的子一代群为杂合子，个体表现整齐，在生长发育和生产性能方面的差异小。概括起来，杂交的用途有以下三个方面。

(1) 杂交可以综合双亲的性状，培育新品种　杂合使群体基因重新组合，因而综合了双亲的性状，产生新类型。如利用高产品系与抗病品系杂交，就可能培育既高产又抗病的新品系。

(2) 杂交可以改良宠物的生产方向　由于社会的发展和人们需求的变化，原有品种不能满足要求，于是必须在原有基础上改变宠物的应用方向。如原来工作犬或枪猎犬转变为观赏犬。

(3) 杂交能产生杂种优势，提高生产力　杂交使基因杂化，产生明显的杂种优势，因而，杂交对于全面提高宠物生产水平有着十分重要的意义。

2. 杂交方式

(1) 二元杂交　两个品种或品系杂交一次，一代杂种全部作商品用，原理如图 9-1 所示。

这种杂交方式简单易行，杂种优势明显，只需作一次配合力测定。由于每代都需进行纯种繁殖，要同时饲养两个杂交亲本纯种，尤其是母本品种，造成很大耗费。由于杂种母畜直接作商品用，因而这种杂交方式不能充分利用繁殖性能方面的杂种优势。由于繁殖性能遗传力较低，杂种优势比较明显，不利用这方面的杂种优势是不经济的。

一般来说，低遗传力的繁殖性状杂种优势比较明显，中等遗传力的生长和育肥性状有杂种优势，高遗传力的胴体性状几乎无杂种优势。

(2) 三元杂交　先用两个品种杂交，产生在繁殖性能方面有显著杂种优势的杂种母本，再用第三个品种杂交生产商品群，原理如图 9-2 所示。三元杂交的杂种，集中两次杂交的杂种优势于一身，所以杂种的优势超过二元杂交的杂种。

图 9-1　二元杂交示意图

图 9-2　三元杂交示意图

使用三元杂交要注意品种的选择与组合。良好的品种组合可以得到理想的杂种优势，其中关键问题是确定第一父本和第二父本。

(3) 双杂交　四个品种或品系分别两两杂交，然后再在两种杂种间进行杂交，产生经济用群体，也称系配套杂交。这种杂交方式产生的后代生活力强，生产性能高，表现出较高的杂种优势，但由于涉及四个品种或品系，组织工作更复杂些，应用有限。

(4) 轮回杂交　两个、三个或更多品种参与杂交，每个品种都作为父本交配一次称为一个轮回，如此轮番杂交，部分杂种雌性继续繁殖，杂种雄性和部分杂种雌性供商品用。轮回杂交有二元轮回和多元轮回。

(5) 顶交　就是近交系雄性与无亲缘关系的非近交系雌性的交配。这种方式因雄性基因已经纯合，与雌性交配可以产生较大的杂种优势，同时雄性的优良显性纯合子部分抵消了雌性不纯带来的影响，既达到高产、产品规格化的要求，又避免了近交的不利影响。

二、杂种优势

1. 杂种优势的概念

杂种优势是指品种、品系间杂交产生的后代在生活力、生长势、生产性能和抗病力等方面在一定程度上优于亲本纯种繁育个体的现象。

杂种优势的产生往往是基因间互作和优良显性基因互补作用的结果，使群体中杂合子频率增加，从而抑制或减弱更多不良基因的作用，提高了群体的平均显性效应和上位效应。表现在杂种机体的生活力、耐受力、抗病力、繁殖力、饲料利用率以及生长速度都有提高；表现在质量性状上为减少畸形、缺陷和致死、半致死现象；表现在数量性状上，提高群体平均值。

但是，不同品种、品系间杂交所产生的效果是不同的。配合力好的品种，品系间杂交能获得理想的杂交优势；反之，不能获得杂交优势。盲目杂交甚至可能导致杂种劣势，表现在杂种性能低于亲本纯种繁育均值。

2. 杂种优势利用的用途

（1）利用杂交使某些不良基因处于隐蔽状态　许多隐性有害基因与某些优良基因是连锁的，将其从群体中完全清除不大可能，利用杂交仅能使这些有害基因在杂种身上不表现出来，或者减少其作用。

（2）利用杂交挖掘增产潜力，发挥某些优良性状的作用　某些性状遗传力低，如繁殖力，纯种选育效果较差，杂交则产生杂种优势。某些犬品种，缺乏高产基因，但却有抗病、耐粗饲等优良基因；纯种繁育难以提高生产性能，但与具有高产基因的品种杂交，使高产基因发挥更大的效应。

（3）杂种优势利用正在成为主要的繁育方法　目前，犬的育种正向专门化品系选育方向努力。在品系建立过程中，适当利用杂种优势对提高个体的适应性有一定帮助。

3. 杂种优势利用的主要环节

（1）杂交亲本的选优与提纯　杂种优势的获得，首先取决于杂交亲本的基因纯度和优劣。"选优"就是通过选择，使杂交亲本群体原有的优良、高产基因的频率增大；"提纯"就是通过选择和近交，使得亲本群体纯合子的基因型频率增加，个体间差异减小。提纯十分重要，杂交亲本群体纯度高，配合力测定的误差小，杂种群体整齐，规格一致，杂种优势利用的效果也就越好。但是，提纯应在优良、高产基因的纯合子频率增大的前提下方能发挥杂种优势利用的效果。

（2）杂交亲本的选择　杂交亲本应按照父本和母本分别选择，两者的选择标准不同，要求不同。

① 母本的选择。选择繁殖力高、母性好、泌乳力强的本地品种、品系为母本，不仅数量大、适应性强，而且还可以获得良好的母体效应，提高产仔数、成活率，有利于后代的生长发育。

② 父本的选择。选择生长速度快、毛绒品质好的品种或品系做父本，不仅可以对雌性起到改良作用，而且可提高后代的品质。

三、杂交组合的筛选

1. 杂交组合及其配合力测定

（1）组合及其配合力的概念　杂交组合的好坏，主要在于杂交亲本间的配合力。配合力就是品种、品系通过杂交能够获得杂种优势的程度，即杂交效果好坏和大小。配合力有两种，即一般配合力（G.C.A）和特殊配合力（S.C.A）。一般配合力就是一个品种或品系与其他品种或品系杂交所能获得的平均效果。如果一个品种与其他各品种杂交经常能获得较好效果，如藏獒与大型犬杂交，一般都能得到较好效果，这就是一般配合力好。一般配合力的基础主要是基因的加性效应。因为显性偏差和上位偏差在杂交组合中有正有负，在平均值中

图 9-3 配合力示意图

相互抵消。特殊配合力是两个特定品种或品系之间杂交所能获得的超过一般配合力的杂种优势，它的基础是基因的非加性效应，即显性效应与上位效应。

为了便于理解这两种配合力的概念，用图 9-3 示意。A 种群的一般配合力为 $F_{1(A)}$，B 种群的一般配合力为 $F_{1(B)}$；A 与 B 两种群的特殊配合力为 $F_{1(AB)} - 0.5 \times [F_{1(A)} + F_{1(B)}]$。

（2）配合力的度量　由于一般配合力所反映的是杂交亲本群体平均育种值的高低，所以它主要依靠纯种繁育选育来提高；特殊配合力所反映的是杂交群体平均基因型值与亲本群体平均育种值的差，它的提高应依靠杂交组合的选择。所以，通过杂交组合的试验进行的配合力测定，主要是测定配合力。特殊配合力通常以杂种优势值和杂种优势率表示：

$$\text{杂种优势值} \qquad H = \overline{F_1} - \overline{P}$$

$$\text{杂种优势率} \qquad H(\%) = \frac{\overline{F_1} - \overline{P}}{\overline{P}} \times 100\%$$

2. 配合力测定的杂交实验应注意的问题

（1）供试群体的纯度　配合力测定通常是在群体经过一定时期选择以后进行的。因此，只有群体比较一致，所得配合力才是可靠的。

（2）合理的实验要求　根据生产和发展需要确定杂交组合。参加试验的杂交组和对照组动物应具有各自群体的代表性，尽量减少取样误差，各种杂交组和对照组试验动物的数量、年龄、体重、体况、生长势、性能水平、所处的环境等各方面条件应尽量一致。要有重复，一般重复一次，重复试验的条件应与前一次一致。两次实验结果要合并统计分析。

（3）压缩杂交组合的测定量　为了节省人力、物力，可以压缩那些可测可不测的杂交组合。吸收国内外关于杂交组合的知识和经验，确定杂交试验的测定量，适合当母本的就当母本，适合当父本的就当父本，不要每种组合都搞正反交。同一地区的配合力测定，尽可能集中在一地（场）进行，比分散做可节省许多杂交组合。

单元四　宠物育种的目的和方法

一、宠物育种的目的

宠物的育种与家畜的育种有明显区别，宠物考虑的是动物伴侣的特性，育种方向主要以表型的表现性状为主，而大部分的表型性状是质量性状，遵循孟德尔定律，所以后代的表现是以概率的形式出现，具有随机性。宠物育种工作最终要达到以下目标。

1. 赋予某些特定的性状

将某些品种或品系的优良性状通过选种和选配广泛传播于目标群体中。如某一家系具有较强的繁殖能力，某一个体具有良好的生活力，可以通过选种和选配工作扩大后者在群体中的后裔数量，使生命力强这一优良性状更好地融入到群体中，使群体中的每一个体都具备良好的生命力，提高群体的整体质量。

2. 淘汰某些特定的性状

通过选种和选配使某些有害的性状从群体中得以淘汰，从遗传学角度讲，是将决定这些性状的基因从群体基因库中清除。如髋关节发育不良、凸背、凹背、不良被毛等，以及不良体型、隐睾等性状。

3. 固定某些特定的性状

通过选种与选配工作使某些优良性状在群体中的影响力扩大，最终使其稳定遗传。例如，在犬群中发现某一个体具有良好的警用工作性能，就可以以其作为亲本，大量繁衍后代，使群体中更多的犬拥有这种优良警用工作性能，通过科学的选种选配工作，使其成为整个犬群的稳定性状，提高整个群体的质量。

4. 促使群体整齐化

通过选种与选配工作使群体的遗传基础相对稳定，表型性状相对稳定。如德国牧羊犬育种工作中，当前主要工作是淘汰长毛性状。人们利用各种各样的方法，尽量减少长毛性状在群体中的出现比例，最终目的是淘汰控制长毛性状的基因，使德国牧羊犬被毛整齐化，毛型性状遗传稳定。

5. 提高品种的使用效能

我国著名警犬品种——昆明犬在育种过程中，最终目标是提高警用性能，该品种的育种工作进入21世纪以后，其品种特征已经基本稳定，但提高警用性能的育种工作还在继续，除在品种内部选育提高外，还引入马里努阿犬的血统来提高工作性能。

二、宠物育种的方法

1. 本品种选育

本品种选育是指在同一品种内部通过选种选配、品系繁育、改善培育条件等措施，提高本品种品质和性能的一种培育方法。本品种选育的基本任务是保持和发展一个品种的优良特性，增加品种内部性能优秀个体的比例，克服某些缺点，达到在保持品种纯度的基础上，不断提高整个品种的质量和个体数量，使之更加适合经济的发展和市场需要的目的。

本品种选育一般包括地方良种选育和培育品种选育。当某一品种的生产性能基本满足市场需求时，则不必做重大方向性的改变，但在某些方面还存在不足应进一步提高时，应该采用本品种选育的方法。另外，某些具有特殊经济价值、必须予以保留和性能提高的地方良种，或者是生产性能虽然较低，但对当地自然条件具有良好适应性的本地品种，也应该采取本品种选育的方法。因此，本品种选育可以广泛应用于地方品种、培育品种和引入品种的保纯与改良提高。

本品种选种的基础是品种内存在差异。任何一个品种内部都存在类群间和个体间的差异，受到细致的人工选择，性状的差异范围更大，即品种内部的异质性更大，这就为本品种选育、不断选优提纯，全面提高品种质量提供了可能性。

本品种选育与纯种繁育是既相似又有不同的两个概念，两者的区别在于：纯种繁殖是在品种内进行繁殖与选育，目的是获得纯种，强调保纯；而本品种选育的含义更加广泛，不仅包括育成品种的纯种繁育，而且还包括某些地方品种与类型的改良与提高，并不特别强调保纯，在必要时可以引入适量的外血进行适度小规模杂交。这样在一定的范围内采用引入杂交的方法，引进某些优良基因，可以加速本品种选育的进程。

2. 品系繁育

品系繁育是培育、保存和发展品种或提高杂种优势利用的一项重要育种措施。

（1）品系的概念　通常将品种内来源于同一头有特点的优秀雄性个体，并与其有类似的体质和生产力的高产种用群称为品系。这头优秀的雄性个体就是该品系的系祖。品系概念强调了血统来源，即品系内全部个体均来源于同一头系祖，继承了系祖的优良特点，在血统上与系祖保持亲密的联系，是狭义的品系概念。

（2）品系繁育的作用　品系繁育不仅是建立品系，更重要的是利用品系，其作用是促进新品种的育成，加快现品种的改良，充分利用杂种优势。

① 促进新品种的育成。在杂交育种中，当出现理想型的杂种后代，就可以开始品系繁育，迅速稳定优良性状的遗传，形成若干个具有不同特点的品系，建立新品种的完整结构，进而育成新品种。

② 加快现有品种的改良。利用品系繁育可使分散在畜群中优秀个体的特点集中变为畜群所共有，大量增加群内优秀个体的数量，从而提高现有品种的质量。在品种内建立完整结构，恰当地处理品种内个体间的亲缘关系，使品种内存在一定的差异，保持原有品种强有力的生命力。

③ 充分利用杂种优势。由于品种繁育提高了畜群的纯度和性能水平，使畜群不仅具有较高的种用价值，也成为杂种优势利用的良好亲本。

（3）建系方法　品系繁育首先要建立品系，目前应用的建系方法较多，归纳起来可分为系祖建系法、近交建系法和群体继代选育法，正反交反复选择法。

① 系祖建系法。这是最早的一种建系方法。首先要是选定系祖（为雄性），为系祖选配个体，从大量后代中选择系祖的继承者，经过连续几代繁育，扩大而形成与系祖有血统联系、具有与系祖共同特点的高产畜群。其实质是由个体选择到群体推广，强调血统，通过选配在群内扩大系祖高产基因的频率；核心是以系祖为中心，繁殖亲缘群，最后形成品系。

② 近交建系法。这种建系方法的特点是利用高度近交，如亲子、全同胞或半同胞交配，使优秀性状的基因迅速达到纯合。近交建系法和系祖建系法的区别不仅仅是近交程度不同，而且近交方式也不同，它不是围绕一头优秀个体（系祖）繁殖亲缘群，而是从一个基础群开始高度近交。

③ 群体继代选育法。又称世代选育法、系统选育法、纯系内选育法，是群体建系的一种方法。这种方法是从选集基础群开始，然后闭锁繁育，根据品系繁育的目标进行逐代选种选配，以培育出符合预定品系标准、遗传性稳定、整齐度均一的群体。大致过程有明确建系目标、组建基础群、闭锁繁育、严格选留以及配合力测定五个步骤。

④ 正反交反复选择法。在建立专门化品系的过程中，将配合力纳入选种选配中，培育出具有高度配合力的品系用于配套系杂交，这种方式为配合力育种。正反交反复选择法（RRS）是首先将两个品种进行正反杂交，选择配合力高的雌、雄个体进行纯种繁育，后代之间再进行正反杂交，再根据杂交后代鉴定亲本并选留纯种繁育，依次类推，到一定时间后，形成两个专门化品系。

（4）品系的应用　建立品系不是品系繁育的目的，仅是一种手段。品系繁育工作在过去综合新品系的基础上，已发展为专门化的品系及合成系的培育和配套，使品系繁育进入一个新阶段。因为品系不能长久保存，往往经过若干世代后逐渐消亡。品系消亡的原因有多种：①品系在配合力竞争中失败；②继承者中有新的突出特点，发展成为另一个新品系；③品系的生产方向和类型需要改变；④品系间杂交形成新品系。一个品系形成又消亡，被另一个新品系替代，这是品系发展的基本规律。

3. 杂交育种

以两个或两个以上品种杂交创造新的变异类型，或直接利用这种新的变异类型，或通过育种手段将其固定下来，这种改良现有品种或创造新品种的工作，通称为杂交育种。杂交育种是加速品种改良和培育新品种的重要途径，是目前国内外宠物育种工作普遍应用的一种方法。

（1）杂交育种方法

① 引入杂交。又称导入杂交、冲血杂交，是指在保留原有品种基本特性的前提下，利

用引入品种来改良原有品种某些缺点的一种有限杂交方法。引入杂交在应用时，一般引入外血不超过 1/8 或 1/4，即只杂交 1 次，然后从杂种中选出理想的雄性与原有品种的雌性回交，理想的杂种雌性则与原品种优秀的雄性回交，产生含 1/4 外血的杂种，再根据杂种的具体表现，主要视其缺点、改进程度及原品种的基本品质保留情况，决定是否再回交。如果回交一代不理想，可以再回交一次，产生含 1/8 外血的杂种，如此类推。最后用缺点改进很好而原品种基本品质保留的符合理想型要求的回交杂种，进行自群繁育。

② 级进杂交。又称吸收杂交、改进杂交，是利用某一优良品种彻底改造另一品种生产性能的方向和水平的杂交方法。级进杂交是用改良品种的雄性和被改良品种的雌性杂交，对其所生的杂种雌性继续与改良品种的其他雄性个体杂交，直到杂种接近改良品种的生产力类型和水平时再进行自群繁育，稳定和发展这些优秀个体。简单来说，即以改良品种连续与被改良品种回交，最后使被改良品种与改良品种接近或者一致。

③ 育成杂交。育成杂交是指两个或两个以上品种间用各种形式进行的杂交，使彼此的优点结合，从而创造新品种的杂交。育成杂交的目标明确，就是要有目的、有计划、分步骤地培育新品种。育成杂交的育种技术高级，杂交方式灵活多样，没有固定模式或杂交代数限制，如较多地采用级进或轮回杂交的模式，有时综合交替使用。育成杂交的目的在于综合优点并创新，追求的是理想型，后代的性状要优于原来品种。

(2) 杂交育种步骤　杂交育种的类型虽然众多，但通过对不同类型的研究与分析，发现它们不仅在方法上有共同点，而且在其步骤上有相似之处。为了深入地理解和掌握杂交育种法在不同时期的任务和重点，可将全部杂交育种的过程划分为以下几个阶段。

① 杂交创新阶段。这一阶段的主要任务是运用两个或两个以上的不同品种的优良特性，通过基因重组和培育，以改变原有品种类型，创造新的理想类型。

② 横交定型阶段。将理想型个体停止杂交，进行自群繁育，稳定其后代的遗传基础并对后代进行培育，从而获得固定的理想型。总之，这是一个以横交及自繁为手段，以理想型具有稳定遗传性为目的的阶段。

③ 扩群提高阶段。大量繁殖已经固定的理想型，迅速增加数量和初步进行推广工作，以扩大分布地区。虽然在横交定型阶段已培育了理想型群体或建立了品系，但在数量上还不多，未达到品种条件所规定的数量。在此阶段要做好选种选配工作，不一定强调同质选配和近交。为了保持定型后的遗传稳定性，可以使用纯种繁育。在一般情况下不允许再进行杂交。

④ 纯种繁育推广阶段。本阶段的主要任务是在大量繁殖的基础上，把培育出的新品种进行鉴定、推广。推广不是简单地出售或调拨原种，而是进一步做更细致、深入广泛的育种工作，进一步了解生产性能、繁殖性能、适应性等各方面的表现，以便及时总结经验，并应进一步加强选种选配及提高等工作。

单元五　宠物的遗传缺陷与抗病育种

绝大多数宠物的选育和改良是以外形、结构、性格为基准和目的，即人们总是希望培育出外形与性格更符合标准的宠物。然而，实现这个遗传过程的是动物的基因组成。但对于宠物来说，基因并非绝对稳定的，总是存在着相对稳定和变异过程，人类通过选择合理的变异过程，从而实现对宠物外形、性格以及其他方面的改良。正是因为有这样的遗传特点，使得许多品种的纯种宠物可能发生遗传性缺陷，当这些缺陷被表现到某个个体的时候，就形成了遗传性疾病。最具代表性的遗传性疾病是犬的白内障、失聪以及髋关节发育不良。上述遗传病可以发生在任何犬种身上，现在已经成了困扰全世界育种者最具代表性的问题之一。

一、犬、猫的遗传性疾病

犬、猫的常见遗传性疾病见表9-1。

表9-1 犬、猫的常见遗传性疾病

致病种类	易感品种
血液性疾病	
椭圆形红细胞增多症	杂种犬
红细胞丙酮酸激酶缺乏症	贝赛吉犬、西部高地白㹴、腊肠犬、阿比西尼亚犬、DSH 猫
磷酸葡萄糖激酶缺乏症	英国比格犬、英国可卡犬、杂种犬
血友病 A（缺乏凝血因子Ⅷ）	杂种犬
血友病 B（缺乏凝血因子Ⅸ）	凯恩犬、拉布拉多犬、杂种犬
威廉勒布兰特病Ⅰ型	杜宾犬、曼彻斯特犬、凯恩㹴、威尔士柯基犬
威廉勒布兰特病Ⅱ型	德国短毛犬、硬毛犬
威廉勒布兰特病Ⅲ型	荷兰库克犬、苏格兰㹴、喜乐蒂犬
严重的伴性联合免疫缺陷症	巴吉度犬、卡地甘威尔士柯基犬
白细胞粘连缺乏症	爱尔兰赛特犬、红白赛特犬
补体成分3缺乏	布列塔尼猎犬
遗传性眼病	
渐进性视网膜萎缩	爱尔兰赛特犬
椎管发育不良	卡地甘威尔士柯基犬、切萨皮克海湾寻回犬、拉布拉多犬、英国可卡犬、葡萄牙水猎犬
夜盲症	伯瑞犬
神经肌肉性疾病	
幼犬颤抖综合征	英国史宾格犬
肌细胞增强蛋白性肌肉发育不良	金毛寻猎犬、罗威纳犬、DSH 猫
黏多糖病Ⅰ型	普洛特猎犬
黏多糖病Ⅲ型 A	硬毛腊肠猎犬、新西兰猎犬
黏多糖病Ⅲ型 B	狐狸犬
黏多糖病Ⅵ型	暹罗犬
黏多糖病Ⅶ型	德国牧羊犬、杂种犬、DSH 猫
α-甘露糖苷过多症	波斯猫、DSH 猫
GM1 神经节脂沉积症	暹罗猫、迷你品种犬
GM2 神经节脂沉积症	Korat 猫
球状细胞性蛋白质营养不良	西部高地白㹴
糖原贮积症Ⅳ型	挪威森林猫
α-岩藻糖苷症	英国史宾格犬
神经蜡样质脂褐质沉积症	英国赛特犬
先天性肌强直症	迷你史猙查㹴
嗜睡	杜宾犬、拉布拉多犬
伊维菌素中毒、发热型恶性肿瘤	柯利犬、喜乐蒂犬、澳洲牧牛犬
肝病	
血乳糜微粒过多	DSH 猫
糖原贮积病	马尔济斯犬
铜中毒	贝林登㹴
肾病	
胱氨酸尿	纽芬兰犬、拉布拉多犬
肾上腺病褐皮肤瘤	德国牧羊犬
伴性遗传性肾病	萨莫耶德犬

二、宠物抗病育种

1. 宠物抗病性的遗传基础

广义的抗病性是指抗逆性，即在现有的饲养条件下，宠物抵抗不良外界环境如饲料缺乏、气候不适及抵御寄生虫和病原微生物的能力；而狭义的抗病性是指宠物对寄生虫和传染病的抗病力，即本文所指的抗病性。抗病力可以分为特殊抗病力和一般抗病力，其遗传机制不同。

（1）特殊抗病力　指宠物对某种特定疾病或病原体的抗性，这种抗性或易感性主要受一个主要基因位点控制，也可能不同程度地受其他未知位点（包括调控因子）及环境因素的影响。研究表明，特殊抗病力的内在机制是由于寄生主体内存在或缺少某种分子或其受体。这种分子有以下作用：①决定异体识别及特异性异体反应；②决定病原体的特殊附着力，即能否进入寄主；③传染因子进入体内，在体内增殖时，决定是否导致寄主发病。典型的例子是异种动物间抗病力的差异。

（2）一般抗病力　不限于抗一种病原体，受多基因及环境的综合影响。病原体的抗原性差异对一般抗病力影响极小，甚至没有影响。这种抗病力体现了机体对疾病的防御功能，主要受多基因控制，而很少受传染因子的来源、类型和侵入方式的影响。如白血病、球虫病及罗斯肉瘤等病的抗性与敏感性有关。

当然，也有些疾病的抗性和易感性不属于上面两种类型，如主基因影响非特异性杀伤机制（溶菌素、干扰素、巨噬细胞等）；单基因缺乏导致一般易感性加大。

2. 开展抗病育种的现实困难和问题

① 抗病的遗传机制非常复杂且受环境影响较大；
② 病原体微生物的遗传特性及与寄主动物的相互关系也十分复杂；
③ 抗病性或易感性指标难以测定，且缺乏进行间接选择的可靠性遗传标记；
④ 病原微生物变异迅速，易形成能克服动物抗性的变异品系；
⑤ 抗性与生产力性状之间及对不同疾病的抗性之间常存在负相关；
⑥ 世代间隔较长，必须经过长时间选择才能有效。

尽管开展抗病育种工作受到许多现实困难和问题的制约，但前景十分诱人，同时基因工程学等相关学科技术的迅猛发展，为抗病育种的开展提供了许多新的思路和手段，使开展抗病育种的途径日益丰富。

3. 抗病育种的途径

（1）根据现场记录进行直接选择　在相同的感染条件下，有的个体发病，有的个体不发病。不发病的个体明显具有抗病遗传基础，将这些个体直接选出进行繁殖，久而久之，可使具有抗性的个体不断增多，抗病基因频率不断提高。该方法具有直观、准确等优点，可以综合考虑所有抗病性或易感性性状的选择，但也存在一些难以克服的缺点：①疾病性状的遗传力较低，受环境影响大，而且不少疾病表现为有或无的阈性状，直接选择的准确性较差；②世代间隔长，后裔测定难度大，费用高，而且有些疾病的表现有年龄和性别差异，进一步延长了世代间隔；③有些疾病性状仅在杂合子个体中表现，另外一些甚至不表现特定特征，难以进行准确选择。

（2）进行标记辅助选择（MAS）　对于受主基因影响的某种已知疾病的抗性或简单的遗传缺陷，其标记物可能只有一个。大多数疾病是由多基因控制的，其标记物相当复杂，但利用数量性状位点（QTL）分析方法，可以将数量性状的多基因剖分为几个不连续的基因，使其定位于特定的染色体上，确定其与其他基因的关系，最终还可以分析出其DNA序列。

目前，利用家系研究和连锁分析、原位杂交、DNA小卫星片段或串联重复序列数（VNTR）多态性等技术，人们可以方便而快捷地进行QTL定位，从而进行标记辅助选择。该方法较传统选育方案（如后裔测定）成本低，比单标记物的标记辅助选择全面可靠，且选择的遗传进展快。

（3）进行基因工程抗病育种，实施转基因方案　随着胚胎学、分子生物学和基因工程技术的不断进步，从20世纪80年代开始人们就开始尝试进行基因工程抗病育种，通过转基因技术插入抗病基因或进行基因修补，以培育抗病动物，较有价值的基因包括下列几种。

① 干扰素（IFN）。干扰素是动物机体内可被多种诱导物诱导产生的生物活性蛋白。IFN产生后与应答细胞的表面受体结合，触发多种生物效应，如抗病毒、免疫调节、抗增生等。1979年以来，人们已经克隆了IFN的cDNA，并于重组后在大肠杆菌、酵母和哺乳动物细胞内获得表达，产生的干扰素具有与天然干扰素相同的生物学活性。可以设想，将IFN基因导入动物基因组后，可能使动物抗病能力增强，该方面已经有成功报道。

② 干扰素受体基因。干扰素通过与细胞表面相应受体结合，诱导细胞产生抗病毒蛋白而实现抗病作用。因此，可以通过增加机体细胞表面受体数量，充分发挥干扰素的间接抗病毒作用。Uze等克隆获得了人的IFN-α受体基因后，使其在小鼠细胞表面实现表达，结果表明，它与IFN-α受体具有很高的亲和性，将该基因导入动物受精卵，有可能培育成干扰素高反应性的转基因动物。

③ 抗流感病毒基因。20世纪60年代，有学者发现，具有Mx等位基因的小鼠对A型及B型流感具有天然的抗病力。后来发现，Mx基因几乎存在于所有真核生物中，只是以隐性等位基因的形式存在。已经证明小鼠的这个基因位于16号染色体上，在干扰素、双链RNA及病毒的诱导下可以表达，并证实在培养细胞内其表达蛋白具有明显的抗病毒作用。目前，利用该基因培育的抗病毒转基因猪也已经取得成功。

④ 反义核酸。反义核酸最初发现于原核生物，可以通过碱基配对与特异性mRNA结合，阻止mRNA的翻译，是存在于原核中的一种基因表达调控因子。在真核细胞中也发现这样的小分子RNA，具有抑制或关闭mRNA翻译的功能。反义核酸抑制病毒复制的试验已经先后在培养细胞和动物体内获得成功。如Ernst等利用人5型腺病毒（Ad5）的反义表达质粒构建了转基因兔，通过转基因兔的肾原代细胞培养物滴定抗病毒活性，5只被测兔中有2只显示明显的抗腺病毒活性。

⑤ 核酶。核酶最初是由Haseloff等在研究烟草抗病毒侵染时发现的一种天然的RNA小分子，具有催化RNA切割反应的功能，可以特异性地切割RNA。据此只要已知某种病毒的RNA序列，就可以设计并合成相应的抗病毒酶。如Sarver等设计了4种HIV *gag* 基因核5′LTR的核酶，结果4种核酶均于体外培养细胞中有效切割了HIV-1的RNA。其中针对 *gag* 基因的核酶在$CD4^+$ HeLa细胞中灭活了 *gag* 基因的RNA，从而阻止了p24（*gag*）抗原的表达，病毒复制受到抑制。表达细胞经连续传代表明，核酶对HeLa细胞无毒害作用，因此利用核酶进行动物抗病育种是一个很有前途的方向。目前，澳大利亚已经开展利用核酶进行抗病转基因动物的研究，我国也将核酶抗病育种列入"863计划"。

⑥ 抗病毒中和性单克隆抗体基因。抗体的可变区是与相应抗原进行特异性结合的部位。从杂交瘤细胞中分离单克隆抗体的mRNA，通过反转录进行克隆，构建表达该区重组基因，后者可表达该单克隆抗体的活性部分。将抗病毒中和性单克隆抗体的可变区基因进行克隆，导入动物受精卵进行种系转化，培育含有该种基因的转基因动物，是抗病育种的又一途径。Ye等分离抗狂犬病毒中和性单克隆抗体可变区基因的克隆研究，已经获得初步成功。

目前，进行转基因抗病育种，不仅在外源性基因的选择与表达、基因导入技术等方面尚需要进行大量探索性工作，而且由于导入外源性基因改变物种，还需要面临很多生物学和伦理学方面的问题，但其潜在的巨大效益吸引越来越多的学者从事这方面的研究，也使抗病育种成为当代遗传育种领域的一个研究热点。所以，宠物的抗病育种随着上述诸多方面的研究，在不久的将来必定获得充分发展。

思 考 题

1. 什么是选配？选配的作用有哪些？与选种有什么关系？
2. 什么是同质选配、异质选配？两者的区别是什么？
3. 什么是杂交繁育？它的作用有哪些？
4. 什么是近交？如何分析近交程度？近交的遗传效应和作用有哪些？
5. 什么是近交衰退？如何防止近交衰退？
6. 表示杂种优势的方法有哪些？杂种优势有几种？
7. 杂种优势利用的最重要的环节有哪些？并作简要分析。
8. 犬、猫主要遗传缺陷有哪些？如何进行改良？

项目十 繁殖障碍

【知识目标】
1. 通过对繁殖力及其评价的学习，理解宠物繁殖力的概念，掌握评价繁殖力的项目及其方法。
2. 通过宠物繁殖障碍的学习，理解宠物繁殖障碍产生的原因，掌握宠物繁殖障碍的成因及其分类。
3. 通过宠物去势的学习，理解宠物去势的意义，掌握宠物去势的原理。

【技能目标】
1. 能够正确对宠物繁殖力进行评定。
2. 能够正确判定宠物的繁殖障碍并进行及时处理。
3. 能够正确操作宠物去势手术。

单元一 宠物的繁殖力及其评价

一、繁殖力与正常繁殖力的概念

1. 繁殖力

繁殖力是指宠物维持正常生殖功能、繁殖后代的能力。对于种用宠物而言，繁殖力就是其生产力。繁殖力的高低直接影响宠物数量的增加、质量的提高、生产力水平和宠物行业的经济效益。

宠物的繁殖力涉及宠物生殖活动的各个环节。对雄性宠物而言，繁殖力取决于其精液的数量和质量、性欲及交配能力；对于雌性宠物而言，其繁殖力取决于其性成熟的早晚、发情是否正常、排卵数的多少、卵子的受精能力、妊娠时间的长短和哺育幼仔的能力等。

随着科学技术的发展，饲养管理因素的改善，宠物的繁殖力正在不断提高，以满足宠物养殖业的发展需求。

2. 正常繁殖力

正常繁殖力是指宠物在正常饲养管理条件下，所表现出的最经济的繁殖力水平。而运用现代繁殖新技术所获得的繁殖力，则不属于正常繁殖力水平。

二、繁殖力的评价

宠物繁殖力的高低，常用繁殖率、发情率、受配率、受胎率等指标来评价。通过年度或阶段性统计宠物的繁殖力指标，可以评价宠物繁殖功能是否正常，检验宠物繁殖改良工作成果的优劣，从而能够及时发现问题、找出不足，以便及时改进，不断提高宠物的繁殖力，增加宠物行业的经济效益。

1. 繁殖率

繁殖率指本年度内出生仔数（包括出生后死亡的幼仔）占上年度末适繁雌犬、雌猫数的百分率。该指标主要反映犬、猫的增殖效率，它与发情、配种、受胎、妊娠和分娩等生殖活动的功能以及管理水平有关。

$$繁殖率 = \frac{本年度出生仔数}{上年度末适繁雌犬、雌猫数} \times 100\%$$

2. 发情率

发情率指发情犬、猫数占应发情犬、猫数的百分率。发情率的高低，可反映犬、猫的发情活动是否正常。

$$发情率 = \frac{发情犬、猫数}{应发情犬、猫数} \times 100\%$$

3. 受配率

受配率指参加配种的犬、猫数占发情犬、猫数的百分率。该指标主要反映对犬、猫配种工作的组织情况。

$$受配率 = \frac{配种犬、猫数}{发情犬、猫数} \times 100\%$$

4. 受胎率

受胎率可分为总受胎率、情期受胎率和第一情期受胎率。此项指标反映了犬、猫配种效果。

(1) 总受胎率　指配种后妊娠犬、猫数占参加配种犬、猫数的百分率。

$$总受胎率 = \frac{妊娠犬、猫数}{配种犬、猫数} \times 100\%$$

(2) 情期受胎率　是指妊娠犬、猫数占配种情期数的百分率。此项指标能真实反映犬、猫的实际配种效果。

$$情期受胎率 = \frac{妊娠犬、猫数}{配种情期数} \times 100\%$$

(3) 第一情期受胎率　指第一情期配种妊娠犬、猫数占第一情期配种犬、猫数的百分率。此项指标反映了犬、猫第一次发情配种的效果。

$$第一情期受胎率 = \frac{第一情期配种妊娠犬、猫数}{第一情期配种犬、猫数} \times 100\%$$

5. 其他评价指标

(1) 分娩率　指分娩犬、猫数占妊娠犬、猫数的百分率。此项指标反映了对妊娠犬、猫保胎防流工作的水平。

$$分娩率 = \frac{分娩犬、猫数}{妊娠犬、猫数} \times 100\%$$

(2) 产仔窝数　指犬、猫1年内产仔的胎数。

(3) 窝产仔数　指犬、猫每胎产仔的只数。

(4) 断奶成活率　指断奶时成活的幼仔数占出生时活仔数的百分率。此项指标反映了雌犬、雌猫的泌乳能力、护仔性及犬、猫哺乳期饲养管理水平。

$$断奶成活率 = \frac{断奶时成活幼仔数}{出生时活仔数} \times 100\%$$

(5) 繁殖成活率　指本年度内幼仔成活数（不包括死产及出生后死亡的幼仔）占上年度末适繁雌犬、雌猫数的百分率。它能反映犬、猫群体的实际增长水平。

$$繁殖成活率 = \frac{本年度内幼仔成活数}{上年度末适繁雌犬、雌猫数} \times 100\%$$

单元二　犬、猫的繁殖障碍

宠物的繁殖过程是从产生精子和卵子开始，经过配种、受精、妊娠、分娩和泌乳的一系列有序协调过程，其中任何一个环节出现障碍，都会影响其正常的繁殖功能，甚至造成宠物不能生育后代的结果。据不完全统计，宠物繁殖工作中，因各种繁殖障碍而造成空怀者大约占20%以上。因此，正确认识和解决宠物繁殖障碍问题，对于做好宠物繁殖工作具有积极的意义。

繁殖障碍是指宠物生殖功能和生殖器官异常，暂时性或永久性不能正常繁殖后代的现象。雄性宠物由于繁殖障碍不能与雌性宠物正常交配，或者精液品质不良，不能使雌性宠物受胎的现象称为不育；而雌性宠物由于繁殖障碍不能繁殖后代的现象称为不孕或不育。造成宠物繁殖障碍的原因很多，实践中，因各种致病因素作用于宠物体，尤其是宠物的生殖系统，从而导致疾病，引起繁殖障碍的比较多。有的疾病直接造成仔幼宠物发病死亡，从而严重影响宠物繁殖工作。

一、雄犬、雄猫的繁殖障碍

在宠物的繁殖行为中，交配是雌、雄宠物的遗传物质交汇、融合的关键环节，交配行为的成功与否关系到宠物的繁殖。在交配实践中，雄性宠物处于相对主动的位置，但交配时间取决于雌性宠物的发情状况，要求雄性宠物随时保持旺盛的配种能力。在准确把握雌性宠物发情状态的情况下，即可交配成功。但部分雄性宠物和雌性宠物往往发生交配障碍而影响宠物的繁殖。

1. 雄犬、雄猫交配障碍的表现

雄犬、雄猫的交配可以分成以下几个环节：求偶、勃起、爬跨、交配、交配结束，还可以后延到是否使雌犬、雌猫受孕。任何一个环节的缺陷都可以影响到整个交配过程，称为交配障碍。

（1）无交配意识　当雄犬、雄猫遇到发情雌犬、雌猫时，无任何求偶表现，行为表现和平常无异，宠物无交配意识。

（2）有交配意识，无交配表现　当雄犬、雄猫遇到发情雌犬、雌猫时，有求偶表现，行为上表现为紧随雌犬、雌猫，和雌犬、雌猫嬉戏，有时阴茎勃起，有时不勃起，但没有爬跨、交配动作，雄犬、雄猫表现的不知所措、急躁。

（3）有爬跨动作，但阴茎不能顺利进入生殖道　爬跨后，阴茎不能顺利进入雌犬、雌猫生殖道，主要表现为以下几种情况：雄犬、雄猫抱雌犬、雌猫的部位靠后，阴茎不能达到阴道部位；阴茎空间定向不准，找不到阴道的准确位置，雄犬、雄猫在耸动的过程中空耗体力；阴茎勃起不够坚硬，不能全部进入阴道，往往中途退出；体质不好，交配时后肢和腰部无力，使阴茎不能顺利进入阴道。

2. 雄犬、雄猫繁殖障碍的成因及处理方式

雄犬、雄猫的繁殖障碍主要有先天性不育、获得性不育及低受精力等。在先天性不育中，最常见的是睾丸发育不全、体积较小、质地坚硬或柔软，多数雄犬、雄猫表现有正常的性欲，但无精子产生；两侧附睾节段性发育不良者，射精反射虽然正常，但射出的精液中无精子；雄性假两性畸形时，有睾丸，无阴茎，但有阴门。低受精力是指由于精子数少、活力差、畸形率高而导致繁殖障碍。

获得性不育是由后天因素导致的繁殖障碍，其原因较为复杂，有以下种类。

（1）遗传因素　宠物的交配在不同品种、同一品种的不同个体间都有较大的差异，表现为个体间交配行为的强度、频度、精力充沛程度、体质、精液质量等各方面，这些行为很大程度上是由遗传因素决定的。这就要求严格档案管理程序，详细记载宠物的各种性行为表现，对于出现交配障碍个体较多的家系，原则上不予留种。

（2）环境条件　外界的环境条件对雄犬、雄猫的性行为影响很大。在炎热的夏季，雄犬、雄猫通常表现为性欲降低、精液质量下降，交配结果是雌犬、雌猫的空怀率上升。在凉爽的春、秋季节，雄犬、雄猫表现为性欲旺盛、交配受孕率高。在处理方式上，要求在交配时尽量避开过高的环境温度。

另外，群养的雄犬、雄猫，尤其是经常有发情雌犬、雌猫刺激的雄犬、雄猫，交配障碍发生的概率远远低于单独饲养、不经常接触雌犬、雌猫的雄犬、雄猫。因此，雄犬、雄猫最好和雌犬、雌猫群居饲养。

（3）性经验　性经验对雄犬、雄猫的性行为影响很大。雄犬、雄猫的性经验从8～9月龄就开始逐渐形成，同伴之间开始有模仿行为，自小就单独饲养的雄犬、雄猫出现交配障碍的概率较大。性经验缺乏的雄犬、雄猫在交配时表现为不知所措，或不爬跨，或爬跨位置不当，或阴茎没有勃起就爬跨，或爬跨后阴茎的空间定向不准等现象。另外，不良性经验也容易引起交配障碍。如在交配时受到强烈的刺激、不当的交配方法损伤性器官等。

良好性经验的培养应该从小开始。幼年时要群养，有了性成熟表现时，要有意识地使其接触发情雌犬、雌猫，同时，观摩成年雄犬、雄猫的交配行为，充分利用宠物的学习行为，为以后的交配打下良好的基础。交配的环境要清静，最大限度地避免外界的不良刺激，对初配的雌、雄宠物要采用合理的人工辅助交配手段对其进行保护，避免不当的交配方式对雄犬、雄猫的生殖器官造成损伤。

（4）性抑制　性抑制是由外界因素的不良影响而造成的性反应缺陷。通常是由粗暴的管理方法、交配时的强烈不良刺激、过高的交配或采精频度所形成的条件反射所致。如在光滑的地面上交配时，雄犬、雄猫扭伤后肢骨，以后在光滑地面上交配时，就可能会出现性抑制，拒绝交配。

对于这种情况最好的办法就是避免形成性抑制。要求从平常最细微处做起，对种雄犬、雄猫的管理要科学，营养物质的供给要全面、平衡，运动的方式和运动量要科学把握，提供的生活、运动、交配的环境条件要适合宠物的行为和心理，交配时避免不良刺激，交配和采精的频度控制在每周1～2次，绝对不能超过3次。对于已经形成性抑制的雄犬、雄猫，交配时要远离造成性抑制的客观环境条件，慢慢淡化性抑制行为。

（5）疾病、损伤原因　雄犬、雄猫的交配是全身性的综合行为，任何影响生殖系统和其他重要器官的疾病、损伤都可以引发交配障碍。

常见的生殖系统疾病，如阴囊皮炎、睾丸炎、附睾炎、副性腺炎等生殖器官炎症，会损害精子，导致精子活力差、畸形精子数增多，使输精管道堵塞等。此外，当睾丸组织受到伤害时，睾丸内的精子会进入身体或其他部位而产生自身免疫反应，使精子的产生与受精能力下降。

与交配行为关系密切的重要器官和系统的损伤也是造成交配障碍的重要原因，如肢骨骨折、中轴骨骨裂、严重的神经系统疾病、严重的皮肤病、严重的寄生虫病。当睾丸精索发生扭转，供应睾丸的血液量会大大减少，导致睾丸贫血而影响生精能力，同时损害分泌睾酮的睾丸间质细胞，引起雄犬、雄猫配种能力下降。对于这种情况，除要积极护理治疗，使其早日康复，恢复交配本能外，最重要的是要严格防疫制度、科学的饲养和管理，杜绝疾病和损伤的发生，防患于未然。

（6）激素分泌失调　当雄犬、雄猫的甲状腺功能亢进，睾丸生精能力下降。肾上腺皮质激素的变化，可影响垂体和睾丸的功能。丘脑下部肿瘤或垂体瘤，促性腺激素分泌减少，可引起睾丸变性，甚至萎缩。

（7）化学物质中毒　某些化学物质会引起雄犬、雄猫的生殖障碍。如适量的锌可以促进生殖功能的发育，但是过量的锌能使睾丸间质细胞与曲精细管发生严重坏死。α-氯代甘油和烷基化合物类药物（如苯丁酸氮芥、磷酰胺等）能使睾丸和附睾发生病理性变化，两性霉素 B、雌激素、抗雌激素可引起睾丸萎缩，磷酰胺、长春花碱等抗肿瘤有丝分裂剂能抑制睾丸细胞分裂。

（8）饲养管理方式　科学的饲养管理是雄犬、雄猫顺利完成繁殖行为的基础性工作，如果不当，可能引起繁殖障碍，也包括交配障碍。

① 营养物质配比平衡。种用雄犬、雄猫要采用"一贯加强饲养的原则"，常年保持中、上等膘情，以保持旺盛的配种能力，各种营养因子的配比要平衡。特别需要注意与繁殖行为关系密切的几种营养因子的水平。

能量供给失衡对雄犬、雄猫的影响也是很大的。长期能量供给过量会使雄犬、雄猫过肥，性欲和性功能降低，精液产生量少，品质差。长期能量供给不足，会使雄犬、雄猫的精液量、精子数、精子密度不足，精子畸形率升高，精液质量显著降低，影响受胎率。

适量的蛋白质供给对雄犬、雄猫的生殖功能非常重要。蛋白质供给过少，会影响精子的生成和精液质量；供给过多，对雄犬、雄猫的生殖功能也有不良影响。尤其是与精液品质相关的几种氨基酸，如赖氨酸、色氨酸等的量和比例一定要平衡。

对雄犬、雄猫而言，合理的钙水平可以增强精子活力，促进精子和卵子的结合，但钙供应过量或钙、磷比例失调会对雄犬、雄猫的生殖功能产生不利影响。

锌是宠物必需的微量元素，对雄犬、雄猫的生殖功能影响很大。当严重缺锌时，会使青年雄犬、雄猫性腺成熟时间推迟，成年雄犬、雄猫性腺萎缩及纤维化，第二性征发育不全等。另外，缺锌是雄犬、雄猫不孕症的主要原因之一，因为锌对雄犬、雄猫的内分泌功能，睾丸、精子的生成以及副性腺器官的发育都起着重要作用。

维生素 A 对雄犬、雄猫很重要。青年雄犬、雄猫缺乏维生素 A 时，会表现为性成熟推迟，性欲降低，生精过程受阻，成年雄犬、雄猫表现为生殖上皮萎缩，性功能衰退，精液质量下降。

② 要单圈饲养，减少外界刺激，便于休息。当宠物饲养在寒冷、潮湿、光线不足的条件下，宠物处于紧张状态，抗病力下降，生殖功能出现异常。

③ 运动量要适宜。适宜的运动量可以提高雄犬、雄猫的体质、性欲和精液质量，减少繁殖障碍的发生。在交配高峰期，可适当降低运动量，以免影响交配行为。在酷热的天气要减少运动量。

④ 定期检查精液质量，合理把握配种或采精的强度。一般每月进行一次精液检查，在非配种高峰期向配种高峰期转化时，可适当增加检查密度，配种或采精强度每周不超过 2 次。采精时动作要轻柔，避免过度刺激生殖器造成交配障碍。

（9）应激的影响　过强的环境应激可以引起雄犬、雄猫的交配障碍。常见的是环境温度变化过大引起的应激，雄犬、雄猫常表现为性欲降低、精神委靡、精液质量下降，形成交配障碍。所以，交配一般在雄性所熟悉的环境中进行。

> **技能拓展**
>
> 人工辅助交配　人工辅助交配是帮助宠物克服交配障碍的重要手段。主要用于初配宠物，在绝大部分情况下解决雄犬或猫交配时空间定向不准的问题。合理使用人工辅助交配可以促进宠物熟悉交配过程，加强交配的自主性。但如果使用频率过高，则会使宠物产生依赖心理，交配时等待主人的帮助，自己不能完成。因此，人工辅助交配的使用要有一定的限度。

3. 雄犬、雄猫繁殖障碍的诊断

（1）病史调查　调查病史的重点是雄犬、雄猫的繁殖历史，包括饲养管理情况、预防接种情况、健康状况、年龄大小、疾病及治疗情况、以前的交配情况（交配的雌犬、雌猫的数目、妊娠情况和窝产仔数）等。

对病史资料的调查要进行认真仔细地分析研究，去粗取精，去伪存真。通过对病史资料的了解，有助于对雄犬、雄猫繁殖障碍作出一个正确的判断。

（2）临床检查　包括全身检查、生殖器官检查、精液品质检查和性行为观察等。

全身检查的内容包括机体的发育是否正常，是否过肥、过瘦，是否患有全身性疾病等。生殖器官检查包括阴囊、睾丸、阴茎和前列腺的发育状态，是否畸形，有无外伤和病理性变化等。精液品质检查包括精液颜色、气味、精子活力、精子密度和精子形态等的检查。

4. 雄犬、雄猫繁殖障碍的治疗

对患有生殖器官疾病和全身性疾病的雄犬、雄猫，要针对原发病进行相应治疗；对先天性不育和衰老性不育的雄犬、雄猫，一般做淘汰处理；对饲养管理性不育的雄犬、雄猫，可改善饲养管理，加强运动，全价饲养；对激素分泌不足性不育，可使用睾丸素、PMSG、HCG 等加以治疗。

（1）无精少精症　无精症发生在青年犬、猫，临床表现为性欲正常，但睾丸小而软，精液呈水状透明，无精子，只含有一些上皮细胞和少量红细胞、白细胞。少精症常在正常繁殖之后发生，临床上表现为雄犬、雄猫体况良好，但一侧或两侧睾丸开始萎缩，精液中精子密度减小，甚至无精子。由于精子数目减少，受孕率降低。如果同时发生甲状腺功能低下，则表现为性欲缺乏。

（2）精子异常　异常精子的数量或异常程度的不同，可导致不育或受孕率降低。在临床上雄犬、雄猫体况良好，但睾丸体积可能减小，精子活力降低，不成熟精子及尾部卷曲的精子比例增加。

（3）性功能亢进　表现为性欲过强，不仅频繁爬跨发情雌犬、雌猫，舔舐外生殖器，甚至爬跨雄犬、雄猫或进攻人。

对性功能亢进的雄犬、雄猫，可以采用激素治疗。用孕激素注射或口服治疗，剂量为口服 MAP 2~4mg/kg 体重；肌内或皮下注射 CAP 10~30mg/kg 体重；口服 MA 2~4mg/kg 体重等。对雄犬、雄猫性功能亢进行为都有一定抑制作用。

（4）睾丸肿瘤　根据肿瘤细胞起源可分为睾丸间质细胞瘤、睾丸支持细胞瘤和睾丸精原细胞瘤，病因不清，一般认为易发于年龄偏大的犬和隐睾的犬。

【症状】睾丸肿大，触诊无明显疼痛感。睾丸间质细胞瘤是三种肿瘤中最常见的，睾丸及附睾均有发生，通常两侧同时出现；睾丸支持细胞瘤多发生于老龄个体，右侧比左侧多发，一些支持细胞瘤能分泌雌激素，使雄犬、雄猫行为改变，乳房增大，两侧对称性脱毛，同时皮肤色素沉着；睾丸精原细胞瘤少见，多发生于中、老年个体，并且隐睾者多发，在腹腔内可转移，手术切除需慎重。

【治疗】手术切除，正常的睾丸也应摘除，愈后一般良好。

（5）前列腺炎　前列腺炎是前列腺的急性或慢性炎症。主要由链球菌、葡萄球菌等通过尿道感染，邻近脏器炎症扩散或频繁导尿等因素引起。慢性前列腺炎多由急性转变形成。

【症状】便秘、精神沉郁、体温升高、食欲不振，触诊腹后部有疼痛反应。尿道外滴血样或脓性分泌物。有尿频、尿血症状。

【治疗】治疗时，要选用广谱抗生素类药物治疗。

（6）前列腺囊肿　由于前列腺导管或腺管闭塞，前列腺分泌物贮积而形成，一般伴有前列腺肥大，故称前列腺囊肿，多为先天畸形或雄激素分泌失调所致。

【症状】前列腺肿大，呈囊状，压迫直肠，导致排粪障碍，频繁排尿，甚至尿血。膀胱鼓胀，后肢有时跛行，全身症状不明显。

【治疗】进行去势手术，或前列腺摘除。

(7) 前列腺肿瘤　腺瘤和平滑肌瘤为良性，发生率较小；恶性肿瘤称为前列腺癌，随着年龄的增长有增加的趋势。主要原因是睾酮活性异常，雄激素和雌激素分泌不均衡所致。

【症状】食欲不振，不愿活动，排尿减少、困难，出现血尿或脓尿，直肠触诊前列腺肿大、质硬、有疼痛感。

【治疗】治疗主要以控制症状，延长生命为主。摘除睾丸和进行激素疗法，如己烯雌酚30~60mg 口服，每日1次。

(8) 包茎　包茎是指包皮口过于狭小。阴茎不能从包皮口内脱出。病因多为先天性包皮口狭小；包皮炎、包皮肿瘤等继发包皮口狭窄。

【症状】包皮肿胀，排尿困难，交配时阴茎从包皮内伸不出来；严重的包茎，包皮口流出炎性渗出液。

【治疗】一般采用手术切开包皮的方法治疗。

(9) 嵌顿包茎　嵌顿包茎是指阴茎脱出后嵌顿在包皮口外面，或因龟头体积增大向包皮外淤出而不能缩回。

【症状】由于包皮口狭窄或因龟头及部分阴茎受到机械、物理或化学损伤，而发生炎症、水肿，使其体积增大，造成阴茎缩肌张力降低。

【治疗】对新发生的嵌顿包茎，用20%硫酸镁溶液冷敷，后用0.1%高锰酸钾溶液温敷，针刺水肿部位，待水肿减轻后将阴茎拉回原位。整复困难时，可在包皮背侧正中线切开勒紧的皮环。当阴茎头严重水肿、坏死时，应进行阴茎截断术。

(10) 龟头炎、包皮炎　龟头炎、包皮炎是指龟头和包皮的炎症，是雄犬、雄猫的常见病。病因为包皮内积留尿液和皮垢，细菌滋生，当包皮遭受损伤时即可感染；先天性包皮口过于狭小或包茎，包皮口附近的炎症蔓延也可以引起。

【症状】包皮口红肿、疼痛，龟头体积增大，排尿困难。有时出现小溃疡糜烂，从包皮口流出多量脓性分泌物。

【治疗】首先剪去包皮上的毛丛，用生理盐水或0.1%新洁尔灭冲洗包皮腔，包皮内每日涂抹红霉素软膏。

(11) 阴囊皮炎　阴囊皮炎是指阴囊部皮肤的炎症。病因较复杂，外寄生虫如螨虫、跳蚤可引起阴囊处瘙痒发炎；过敏性皮炎时，阴囊皮肤接触不明过敏原引起发炎；脂溢性皮炎与遗传和代谢性因素有关；神经性皮炎继发于脓皮病或其他部位的皮肤病变。

【症状】阴囊处皮肤发红、瘙痒、皲裂、痂皮，触之有疼痛感，并出现充血、肿胀、增温等炎性反应，患体烦躁不安，回头舔吮或蹭地，使患处病变进一步发展。阴囊皮肤增厚、糜烂、破溃，甚至阴囊皮下出现水肿，阴囊部肿大。

【治疗】根据病因，对症治疗。阴囊皮炎久治不愈的，可以考虑做去势手术。

(12) 睾丸炎、附睾炎　指睾丸和附睾的炎症，因其解剖位置紧密相关，故常常同时发生。病因多为睾丸外伤、阴囊皮肤感染化脓、全身性细菌感染（如布鲁菌、犬瘟热病毒），均可引起。

【症状】急性睾丸炎，症见局部红肿、疼痛，触诊睾丸质地坚硬，可能出现全身不适，体温升高、食欲减退；慢性睾丸炎，症见睾丸坚硬，热痛不明显，睾丸与总鞘膜粘连，一般无全身症状；化脓性睾丸炎，其局部和全身症状更为明显，往往有脓液蓄积于总鞘膜腔内，向外破溃，久之则形成瘘管。

【治疗】急性睾丸炎和附睾炎，初期冷敷，待炎症缓和后可以温敷，全身应用抗生素疗法；慢性或化脓性睾丸炎可将睾丸摘除。

(13) 隐睾　隐睾是睾丸没有下降到阴囊内的一种状态，在大型纯种犬较为常见。主要是遗传因素引起的，胚胎早期促性腺激素分泌不足也是本病发生的诱因。

【症状】触诊时阴囊只有一个或者没有睾丸，睾丸可能停留在腹腔或腹股沟管内。隐睾有可能进一步肿瘤化，也可能发生扭转，引起不适。

【治疗】在发育早期，给予促性腺激素，可以促使睾丸下降，发育得到纠正。

二、雌犬、雌猫的繁殖障碍

1. 发情周期异常

雌犬的发情周期一般为 6 个月，雌猫的发情周期一般为 15～28d，平均为 18d。视雌犬、雌猫的年龄、营养状况、繁殖状况、品种、疾病、管理、环境等因素的不同而稍有差异。发情周期异常有 3 种情况：发情提前、发情滞后、不发情。

(1) 发情提前　犬的发情提前常见于青壮年雌犬或空怀雌犬。青壮年雌犬因年轻、生理功能旺盛而恢复得比较快，或者营养状况良好的雌犬，能使上一个繁殖周期造成的物质损耗很快恢复，在较短的时间内就能进入下一个繁殖周期。空怀雌犬因为没有妊娠、分娩、泌乳等生理过程，发情周期可相对缩短，提前发情。

一般来说，这种情况下的发情周期犬维持在 5 个半月时，并不影响雌犬的繁殖行为和自身健康，如果突破 5 个月的话，经常引起雌犬消瘦、泌乳不足等不良症状。要分析原因，采取相应的措施。

(2) 发情滞后　造成雌犬发情周期延长、发情滞后的原因很多。大部分犬是因为自身恢复较慢、生理调节没有完成所致，可以自行恢复。老龄雌犬因生理功能退化，生理活动不旺盛，或者营养物质供给不足，体质弱的雌犬，所需恢复时间比较长，发情周期相对延长。一般犬发情周期为 8 个月属于正常，并不影响犬的繁殖，如果超过 8 个月属于不正常，要认真研究。

对于连续产仔窝数过多或窝产仔数过多的雌犬，发情会滞后。生产实践中，原则上要求雌犬产 2 窝要空 1 窝，即 2 年繁殖 3 胎为宜，以利于犬自身的恢复。如果连续生产 3 窝以上，就会出现下一个繁殖周期延长的情况。一般窝产仔数 10 头以上，也会造成因自身损耗过大，而引起繁殖周期延长。如果连续高产，加之营养供给不足，这种情况更为常见。

(3) 不发情　这里的不发情指的是由于营养、衰老、卵巢功能障碍、卵巢囊肿、持久黄体、子宫异常等造成的处于发情年龄的个体长期不发情的现象，即乏情。雌犬、雌猫的卵巢长期处于静止状态，无周期性活动。一般有以下几种情况。

① 营养性不发情。严重的营养物质供给不足，会造成雌犬不发情，特别是青年雌犬。和繁殖行为相关的营养物质缺乏此种现象更明显，如饲料能量低，磷、维生素 A、维生素 E、Se、Mn 等物质缺乏。

② 衰老性不发情。雌犬 8 岁以后经常出现衰老性不发情。主要原因是卵巢对激素的反应性降低或激素分泌变化等原因，造成雌犬不发情。

③ 卵巢和子宫异常造成不发情。卵巢发育不全、卵巢囊肿、持久黄体、子宫积脓、黏液蓄积、胎儿干尸化等原因均可导致雌犬永久性或暂时性不发情。

④ 过强应激造成不发情。过强应激可导致雌犬不发情，如使役过度、长途运输、环境温度变化过大等刺激都可以通过对神经、内分泌系统的影响，而导致雌犬不发情。此种情况

在犬适应环境或身体恢复后，发情可恢复正常。

2. 发情表现异常

雌犬、雌猫在发情时，在行为、外生殖器形态、生殖道分泌物方面都有一定的规律性表现，而有些个体在发情时与上述表现有所区别，出现异常情况，影响最佳交配时机的判断。因此，正确认识犬和猫的发情异常表现，对于做好繁殖工作具有积极的意义。

(1) 发情征兆不明显　雌犬、雌猫发情征兆不明显是当前雌犬、雌猫繁殖工作中经常遇到的问题。发情时，行为、外生殖器和阴道分泌物都会出现一定的变化。后两种情况比较常见，通常表现为外生殖器肿胀不明显或时肿时消，阴道分泌物量少，色泽变化不明显，时断时续，而行为上有引逗、接受异性爬跨等一系列正常表现。在适宜的时间交配可以受孕，但由于发情表现异常，交配时间很难掌握。犬在发情季节只有一个发情周期，受孕率比较低。

(2) 发情期过短或过长　雌犬自出现发情表现，至允许交配的时间一般在12～14d。视品种、年龄、繁殖状况、营养状况等的不同而稍有差异，多者15～16d，少者8～11d。雌犬的发情时间少于8d或多于16d，称之为发情期过短或过长，短的3～4d，长的25～26d不等。其中，一部分犬有排卵表现，可以受孕；另一部分犬没有排卵，交配不能受孕。

(3) 几种常见的异常发情　常见的异常发情包括短促发情、持续发情、断续发情、安静发情、慕雄狂等。异常发情常见于初情期至性成熟前，性功能尚未发育完全的一段时间内，性成熟后，环境条件异常也可能引起异常发情，如严重应激、营养物质供给失衡、饲养管理不当等。

(4) 妊娠发情　雌犬、雌猫在妊娠状态下，一般都停止发情和排卵。但个别在妊娠状态下也有排卵和发情表现。在妊娠期间，如果黄体分泌孕酮的功能不足，而胎盘分泌雌激素的功能亢进时，就会引起妊娠期间出现发情现象。实践中要注意判定正常发情与孕后发情，防止误配造成流产。

3. 发情异常处理

当前，对犬和猫发情障碍的成因了解得还不是很清楚，所做的研究也不多。在处理方式上，本着"调整、医治、淘汰"的原则，尽量降低发情障碍对犬和猫的影响。常用的处理方式是通过调节营养、环境条件、饲养管理条件等手段来防治。

(1) 营养要充分、平衡　犬和猫的发情障碍成因很多，其中营养因子供给不足、过量、失衡是重要原因之一。因此，在犬和猫的饲料配方上要尽量平衡，严格按照不同生理阶段的要求来供给，保证能量、蛋白质、矿物质、维生素的正常需要。

(2) 加强管理　通过科学的管理，为犬和猫创造适合生殖行为的外界条件。

① 适当运动。合理的运动可以使机体各系统功能协调一致，尤其是神经系统、内分泌系统和生殖系统的协调一致，是正常繁殖活动的基础。严重缺乏运动或运动不合理，既可对繁殖行为产生不良影响，也可以通过影响犬、猫的身体素质而影响生殖行为。

休情期的运动量要求有一定的强度，以散放和运动相结合为主，每天不能少于3次，每次不能少于1h。发情、妊娠期间的运动要求以自由状态下的散放为主，杜绝强度大的运动。强度过大的运动会使机体活动重心向运动、呼吸、循环、神经等系统转移，而影响生殖系统，出现繁殖障碍。

② 保持环境卫生。在发情、交配、分娩期间，生殖系统处于相对开放的状态，易于受到外界不良因素的侵袭，而患生殖道疾病，引发各种繁殖障碍。因此，需要保持良好的环境卫生条件。要随时清扫、保持通风和光照、定期消毒、经常更换铺垫物。在宠物进入产室后，除要坚持正常的卫生管理外，分娩期间与哺乳期间要加强消毒工作，争取做到每天消毒。

要保持宠物身体卫生，进行梳刷清理，定期洗澡，防止病菌、病毒和寄生虫感染，造成生殖障碍。要注意眼、耳、鼻、腹部、阴部、肛门等部位的卫生护理工作。

③ 养成良好、稳定的生活制度。良好、稳定的生活制度是宠物一切生理活动保持正常的前提条件。饲喂要定时、定量、定温，食物相对稳定，日粮的配制不要随意变动，饮、食具要固定，进食场所要相对固定。

④ 减少应激的影响。强度过高的应激可以引起宠物的一系列反应，尤其是环境温度变化过大引起的应激更明显。在雌犬、雌猫的繁殖行为上可表现为不发情、发情不正常、不受孕、流产、死胎、弱胎增加等。因此，保持犬和猫生活环境的稳定，减少外界应激的影响是减少繁殖障碍的必要工作。

⑤ 做好日常管理。雌犬、雌猫的生殖道和外界环境是相通的（尤其是发情、交配、分娩时期），容易受到病菌感染，引起生殖道疾病，造成繁殖障碍。一般情况下，雌犬、雌猫可以自己护理外生殖器，对某些有不良习惯的、不能自己护理的个体需要人为护理，经常用消毒的棉织物擦拭，保持外生殖器的清洁，对某些短尾品种更要注意。

⑥ 严格防疫制度。严格防疫制度，尽量控制疾病的发生。在患病时，抓紧治疗，把疾病的影响降到最低程度。

4. 雌犬、雌猫繁殖障碍的种类

雌犬、雌猫性成熟后不发情，或分娩后不能再次配种受胎，或屡配不孕都属繁殖障碍。雌犬、雌猫繁殖障碍种类如下。

（1）**先天性不孕** 是由雌犬、雌猫生殖器官发育不全，两性畸形，生殖道异常（如子宫颈、子宫角纤细，子宫颈缺陷或闭锁，阴道或阴门过于狭窄或闭锁而不能交配）等先天因素导致的不孕。对先天性不孕的雌犬、雌猫，不能留作种用，必须淘汰。

（2）**饲养管理性不孕** 长期、单纯饲喂过多的蛋白质、脂肪、碳水化合物，缺乏运动，可导致机体过肥，卵巢内脂肪沉积和浸润，卵泡上皮发生脂肪变性，影响卵子的发生及排出，致使卵巢静止，表现不发情，或虽发情但配种后不受胎，或虽受胎但会引起胎盘变性，流产率、死胎率、难产率等明显增加。

雌犬、雌猫日粮单调，质量差或缺乏必需氨基酸、矿物质和维生素等，也会造成不孕。维生素A缺乏，可引起子宫内膜上皮细胞、卵母细胞及卵泡上皮细胞变性，卵泡闭锁或形成囊肿。缺乏维生素E可造成发情周期紊乱，引起妊娠中断、死胎或隐性流产。维生素B缺乏，可引起子宫收缩功能减弱，卵母细胞的发育和排卵遭到破坏，使雌犬、雌猫长期不发情。维生素D缺乏，可引起体内钙、磷等的代谢紊乱，从而间接引起不孕。除此之外，钙、磷、钴、硒、锌等的缺乏也可导致雌犬、雌猫不孕。

营养性繁殖障碍在实践中较为常见，程度有所不同，容易被忽视。因此，对雌犬、雌猫的饲养管理性不孕，应通过加强饲养管理，饲喂全价日粮，加强运动，做好妊娠期间的保胎防流工作等措施加以防治。

（3）**疾病性不孕** 是由雌犬、雌猫生殖器官疾病或全身性疾病而导致的不孕。如子宫积脓综合征、子宫炎、阴道炎、输卵管炎、卵巢炎、卵巢囊肿、卵巢肿瘤、子宫和阴道肿瘤、布氏杆菌病、弓形体病、钩端螺旋体病等，都会造成雌犬、雌猫不孕。对于疾病性不孕，应有针对性地对原发病进行及时治疗。

（4）**应激性不孕** 是指由环境的突然变迁，气温、日照的骤然变化等原因而造成的繁殖障碍。因此，在对雌犬、雌猫的饲养管理过程中，要尽量保持稳定的环境条件。

（5）**衰老性不孕** 是由于年龄过大而导致的不孕。对衰老性不孕，应及时进行淘汰。

（6）**繁殖技术性不孕** 是由于雌犬、雌猫的配种技术不规范，或不正确而导致的不孕。

如配种时间掌握不准、配种方法不当、人工授精过程中精液处理不当等，都可造成雌犬、雌猫空怀。

(7) 假孕　雌犬、雌猫有时会出现假妊娠现象，表现为乳腺发育胀大、乳头潮红，有的还能挤出乳汁，长期不发情，有搭窝、厌食、呕吐，表现不安和急躁等现象，腹围逐渐增大，但触摸不到胎囊和胎体。一般30～40d后，腹部逐渐缩小，恢复到正常状态。雌猫的假孕可发生在与不育的雄猫"假配"之后，也可发生在一些类似"假配"刺激（如刺激子宫颈，制作阴道黏液涂片取样时对阴道的刺激，对会阴部按摩等）之后。猫的假孕期为40～50d。

(8) 交配障碍　在交配行为中，雌犬、雌猫处于相对被动的地位，交配的成功与否更多取决于雄犬、雄猫。但因雌犬、雌猫交配障碍造成的交配失败也时有发生。

① 交配障碍的表现。主要体现在初配个体，或生殖道畸形、生殖道疾病，或体质虚弱的雌犬、雌猫。

初配雌犬、雌猫没有交配经验，在阴茎插入时易产生痛感，对交配行为产生恐惧，引起精神紧张、阴道肌肉痉挛，表现为逃避、撕咬，拒绝交配，严重时形成条件反射，形成交配障碍。生殖道畸形、生殖道疾病，如阴道炎、外阴炎、阴道增生、阴道脱出、生殖道肿瘤、子宫脱出等，也是造成交配障碍的重要原因。此外，体质虚弱、后肢软弱、承重量不足，交配时雌犬、雌猫不能承担雄犬、雄猫的体重，表现为逃避或直接趴在地上，使交配不能成功。

② 交配障碍的处理。首先，增强雌犬、雌猫的体质，避免生殖系统疾病的发生。良好的体质是交配成功的前提，在管理上要做好生殖系统疾病的保健护理，尤其是发情、交配、分娩期间的护理，尽量避免生殖系统疾病的发生。其次，合理安排交配的时间、环境、对象。交配时间宜安排在清晨，此时雌犬、雌猫精力旺盛，性欲强烈，交配容易成功。交配环境宜选择清净、开阔、熟悉的场地，利于交配前的奔跑、嬉戏。通过不断接触，让雌、雄个体相互熟悉，克服择偶现象，必要时更改交配计划。最后，合理使用人工辅助交配手段，做好初配工作，培养良好的交配经验。对于生殖系统畸形所造成的交配障碍，可采用适当的手术疗法予以克服。

5. 雌犬、雌猫繁殖障碍的诊断

综上所述，雌犬、雌猫不孕的原因复杂，治疗不孕症的关键是要正确诊断及查明原因，才能对症治疗。对雌犬、雌猫不孕症的诊断，既要向主人详细问诊，又要进行系统全面的临床检查，必要时进行实验室检查。问诊内容包括雌犬、雌猫的年龄、胎次、病史、日粮水平、交配情况等。临床检查内容包括机体的发育是否正常，是否过肥、过瘦，是否患有全身性疾病等。生殖器官检查包括外阴部、阴道、子宫颈、子宫和乳腺的发育状态，解剖学变化是否正常，有无外伤和病理性变化等。实验室检查主要是采用凝集反应、免疫荧光等技术检测生殖激素含量、抗精子抗体等指标。

6. 雌犬、雌猫繁殖障碍的治疗

不孕症的治疗宜早不宜迟，包括一般性治疗和针对性治疗。一般性治疗是指加强饲养管理，饲喂全价日粮，加强运动等。针对性治疗是指对生殖器官疾病等原发病进行及时的治疗。此外，激素疗法是治疗不孕症重要而有效的手段，选用的生殖激素有三合激素、前列腺素、PMSG、HCG、孕酮、雌激素等，使用时要对症治疗，避免盲目乱用。

(1) 幼稚病　指雌性宠物达到配种年龄时，生殖器官发育不全或缺乏生殖功能。主要是由于下丘脑或垂体功能不全，或甲状腺及其他内分泌功能紊乱引起。

【症状】雌性宠物达到配种年龄时不发情，或发情后屡配不孕。临床检查可发现生殖器官发育不全,如卵巢小和阴门狭小等。

【治疗】刺激生殖器官发育。可采用雌、雄混养,或使用 HCG、PMSG 等激素处理,促进生殖器官发育。

(2) 两性畸形　指宠物在性分化发育过程中,某一环节发生紊乱而造成的性别区分不明,既有雌性特征又有雄性特征。两性畸形可以分为性染色体两性畸形、性腺两性畸形和表型两性畸形,不能繁殖。

性染色体两性畸形是指染色体的组成发生变异,引起性别发育异常。如在犬、猫身上均出现过 XXY 综合征(犬:79,XXY;猫:39,XXY)、真两性嵌合体(犬:78,XX/79,XY/79,XXY)和睾丸生成不全嵌合体(犬:78,XX/78,XY)。

性腺两性畸形是指个体染色体与性腺发育不一致,因此称为性逆转动物。如犬的真两性畸形(78,XX),具有雌性外生殖器官,但阴蒂很大,性腺位于腹腔,且多为卵睾体,有时也有独立的卵巢与睾丸组织;XX 雄性综合征(78,XX),外表为雄性。

表型两性畸形是指染色体性别与性腺符合,但与外生殖器官不符。如犬的睾丸雌性化综合征和尿道下裂(核型 78,XY,外生殖器官异常,尿道开口于下部)。

(3) 卵巢发育不全　指一侧或两侧的部分或全部卵巢组织中无原始卵泡,为常染色体隐性基因不完全嵌入引起。如犬(79,XXX)外表为雌性,但是卵巢上不能形成卵子,没有生育能力,必须淘汰。

(4) 卵巢功能不全　指卵巢功能暂时性紊乱引起的各种异常变化,主要包括功能减退、组织萎缩、性欲缺乏、卵巢静止或幼稚、卵泡中途发育停顿等。

【症状】主要表现为性周期延长或不发情,发情症状不明显,或出现发情症状,但不排卵,严重时生殖器官出现萎缩现象。

【治疗】改善饲养管理;应用激素刺激性腺功能,如 HCG 100～1000IU,FSH 20～25IU,肌内注射,每天1次,连用2～3d,观察效果。

(5) 持久黄体　指在分娩或排卵后,黄体超过正常时间不消失。主要是营养不平衡,维生素和矿物质不足,造成内分泌紊乱,促黄体激素分泌过多,导致卵巢上的黄体持续时间过长而发生滞留;子宫疾病、中毒或中枢神经系统功能紊乱影响丘脑、垂体和生殖器官功能,也是引起黄体滞留的原因。

【症状】犬持久黄体较为常见,表现为雌犬产后或配种后,长期不发情。

【治疗】改善饲养管理,增加运动;应用促使黄体消退的激素,如前列腺素、促卵泡素、孕马血清及雌激素等。

(6) 卵巢囊肿　指卵巢上有卵泡状结构,直径超过2.5cm,存在时间超过10d以上,持续产生雌激素,同时卵巢上无正常黄体结构的一种病理状态,分为卵泡囊肿和黄体囊肿。本病发生的诱因很多:饲料中缺乏维生素、运动不足、注射大量的促性腺激素或雌激素,以及继发子宫、卵巢炎症。犬的卵巢囊肿发病率占卵巢疾病的37.7%。

【症状】卵泡囊肿动物主要表现为慕雄狂,即雌犬、雌猫表现为性欲亢进,持续发情,阴门红肿,偶尔见有血样分泌物,神经过敏,表现凶恶,经常爬跨其他个体,但拒绝交配。黄体囊肿时不发情,性周期停止。

【治疗】分析囊肿原因,改善饲养管理条件,合理使用激素疗法。对于卵泡囊肿,犬可以肌内注射 HCG,每次25～300IU,也可以使用孕激素类药物,促使卵泡黄体化;对于黄体囊肿,可肌内注射前列腺素。猫可以口服醋酸甲羟孕酮(MAP)2～3mg,或皮下注射 MAP 50mg,连续7～8d;每日给予醋酸氯地孕酮(CAP)1～2mg,连续7～10d。

(7) 卵巢肿瘤　犬、猫的卵巢肿瘤相对较为多见,而且发病率随年龄的增加而增加。犬的卵巢肿瘤占整个肿瘤病例的 0.5%～1.2%。犬和猫常见的卵巢肿瘤有以下几种。

① 乳头状囊腺瘤。这种肿瘤常为恶性，犬比较常见。卵巢肿瘤将整个卵巢包埋，常经淋巴管扩散而引起腹水。通过组织学检查，可以发现肿瘤中含有数量不等的结缔组织及囊肿构成的极其复杂的分支小管。

② 粒细胞瘤。是犬、猫最为常见的卵巢肿瘤，发病率随年龄增加而增加，这种肿瘤可产生孕酮和雌激素，因此病犬常表现慕雄狂症状。在犬中，20%左右的粒细胞瘤是恶性肿瘤，可扩散到其他组织，多为单侧性，为一大而坚硬的分叶状肿块，切面呈淡白色。病犬往往发生囊肿性子宫内膜增生、子宫内膜炎、子宫积液等由于雌激素刺激过度而导致的病患。

③ 囊腺癌。可能来自卵巢网，通常为薄壁的多囊性肿瘤，其中含有清亮的水样液体。

④ 无性细胞瘤。为来自未分化的生殖上皮的恶性肿瘤，但只有 10%～20% 的病例发生扩散，与雄犬睾丸中的精原细胞瘤相似，由数量不等的大而圆的或长形的细胞组成。

(8) 输卵管炎　按病程分急性输卵管炎和慢性输卵管炎两种；按炎症性质分浆液性输卵管炎、卡他性输卵管炎或化脓性输卵管炎。主要是由子宫或卵巢炎症扩散引起，也可能由于病原菌经血液或淋巴循环系统进入输卵管而感染。

【症状】急性输卵管炎输卵管黏膜肿胀，有出血点，黏膜上皮变性和脱落。炎症发展常形成浆液性、卡他性或脓性分泌物，堵塞输卵管，其上部蓄积大量分泌物时，管腔扩大，似囊肿状。肌炎和浆膜发炎时，可与邻近组织或器官粘连；慢性输卵管炎的特征是结缔组织增生、管壁增厚，管腔显著狭窄。

【治疗】对急性输卵管炎用抗生素如磺胺类药物，同时配合腰荐部温敷，可有一定效果，慢性输卵管炎治愈困难。

(9) 子宫内膜炎　指子宫黏膜及黏膜下层的炎症。按病程分为急性子宫内膜炎和慢性子宫内膜炎；按炎症性质分为卡他性子宫内膜炎、化脓性子宫内膜炎、纤维素性子宫内膜炎、坏死性子宫内膜炎。通常是在发情期、配种、分娩、难产助产时，由于链球菌、葡萄球菌或大肠杆菌等的侵入而感染。子宫黏膜的损伤及机体抵抗力降低，是造成本病发生的重要因素。此外，阴道炎症、胎衣滞留、流产、死胎等都可以继发子宫内膜炎。

【症状】急性子宫内膜炎：体温升高，精神沉郁，食欲减少，烦渴贪睡。有时呕吐和腹泻；有时出现拱腰、努责及排尿姿势。雌犬从生殖道排出灰白色混浊含有絮状物的分泌物或脓性分泌物，血液检查时，可见白细胞数目明显增高（并伴有核左移现象）或显著减少，特别是在卧下时排出较多；子宫颈外口肿胀、充血和稍开张；通过腹壁触诊时发现子宫角增大、疼痛，呈面团样硬度，有时有波动。发生慢性子宫内膜炎、慢性卡他性子宫内膜炎时，雌犬发情不正常，或者发情正常却屡配不孕，即使妊娠也容易发生流产。

【治疗】犬、猫主要采用宫内给药。由于犬、猫子宫内膜炎的病原复杂，且多为混合感染，宜选用抗菌范围广的药物，如四环素、氯霉素、庆大霉素、金霉素等。子宫口尚未完全关闭时，可直接将抗菌药物（1～2g）投入子宫，或用少量生理盐水溶解成溶液或混悬液，犬 10～20ml，猫 2～5ml。对于慢性子宫内膜炎，可使用前列腺素促进炎性产物的排出和子宫功能的恢复。在子宫内有积液时，还可以使用雌激素、催产素等。当子宫内膜炎伴有全身症状时，应用抗生素疗法，并适当补液，防止脱水、解毒及纠正电解质紊乱。

(10) 子宫蓄脓　指子宫内蓄积大量脓性渗出物不能排出。此病同时伴有持久黄体征，导致不发情。犬的子宫蓄脓多半是高浓度的孕酮对子宫内膜长期发生作用的结果。由于孕酮的刺激，子宫腺体的数量及体积均增加，分泌功能加强，因而液体在子宫内蓄积增多。子宫腺体的分泌物为细菌提供良好的生长条件，而且受孕酮影响，子宫对感染缺乏抵抗力。因此，极易发生感染引起子宫蓄脓。猫多见于老年个体，常因排卵后未能受孕，但黄体已经产生孕酮所致。此外，注射外源性促性腺激素后没有配种，也是导致该病的原因之一。

【症状】常见于5岁以上的雌犬，此病大概可以分为4类：①单纯子宫内膜囊肿增生；②子宫内膜出现弥散性浆细胞浸润；③子宫内膜炎、子宫炎及子宫积脓症状；④慢性子宫内膜炎症状。犬主要表现为精神沉郁，食欲不振，被毛粗乱，呕吐，多尿，心跳加快，体温升高；腹部膨大，触诊疼痛，阴门肿大，排出一种难闻的具有特殊甜味的脓汁，在尾根及外阴部周围有脓痂附着。

猫主要表现为精神沉郁、食欲不振。如果子宫颈开张，可以排出分泌物，质地较黏，呈橙红色或暗红色。病情严重时，可见腹部扩大、多尿、脱水及体重减轻等；有时体温升高，并伴发毒血症。如果子宫颈闭合，分泌物积聚在子宫腔导致子宫扩大，甚至子宫破裂。

【治疗】排出子宫内积脓，可肌内注射或皮下注射前列腺素，剂量0.02～1.0mg/kg体重，有利于子宫内容物的排出；同时结合全身应用抗生素治疗；向子宫内插入导管引流、冲洗子宫及雌激素治疗均有一定效果。

（11）子宫脱垂 指子宫的一部分或全部翻转，脱出阴道。根据脱出程度可分为子宫套叠及完全脱出两种。通常在分娩后数小时内发生，多见于老龄个体，或营养不良、运动不足的个体，以及胎儿较大，造成子宫弛缓或需要较大产力时容易发生本病。

【症状】①子宫套叠：从外表不易发现，雌犬分娩后表现为不安、努责，有轻度腹痛。套叠不能复原时，易发生浆膜粘连和顽固性子宫内膜炎，引起不孕。

② 子宫完全脱出：从阴门脱出长椭圆形的袋状物，往往下垂到跗关节上方。子宫表面光滑，呈紫红色。脱出时间较长，子宫易发生淤血和水肿。脱出子宫受损伤及感染时，可继发大出血和败血症。

【治疗】①子宫套叠：必须立即整复。用灭菌药棉蘸取灭菌生理盐水或1%～2%的硼酸溶液，彻底清洗脱出的子宫，将手消毒后，伸入阴道或子宫内，轻轻向前推压套叠部分，必要时将手指伸入套叠的凹陷处，左右摇动，常可使其复位。如果子宫黏膜水肿严重，可先用灭菌纱布蘸取2%明矾水进行冷敷；或用针刺破水肿黏膜，挤压出液体，再涂上3%的双氧水，使水肿减轻，利于整复。

② 子宫完全脱出：助手提起两后肢将后躯抬高，便于整复。为便于把握脱出的子宫，避免损伤子宫黏膜，也可用消毒绷带把脱出的子宫，自下而上缠绕起来，向内推送。边推送边涂抹润滑油膏并逐渐松解上面的绷带，直到把子宫全部送入腹腔。

整复后，向子宫内投入抗生素（如金霉素、土霉素胶囊），同时肌内注射垂体后叶素5～10IU。为了防止再行脱出，可在阴门周围行烟包缝合，2～3d可以拆线。

（12）阴道炎 指由于阴道及前庭黏膜受损伤和感染所引起的炎症，分为原发性阴道炎和继发性阴道炎两种。继发性阴道炎多数是由子宫炎及子宫颈炎引起的。此外，阴道损伤、流产、难产、胎衣不下、交配时引入细菌等均会引起此病。

【症状】从阴门中流出灰黄色的黏稠脓性分泌物，阴道壁充血、肿胀发炎。猫会频繁舔舐阴门区，不发情，也不接受交配。

【治疗】犬用消毒收敛药液冲洗。常用的药物有0.02%稀盐酸、0.05%～0.1%高锰酸钾、0.05%新洁尔灭、1%明矾等。猫发生阴道炎时，应局部和全身应用抗生素，治疗前应该先做药敏试验。

（13）衰老性不孕 指未达到绝情期的雌犬，未老先衰，生殖功能过早衰老。衰老雌性动物的卵巢小，其中没有卵泡和黄体。

（14）假妊娠 指雌犬在发情排卵后未受孕，但卵巢上形成黄体，分泌孕酮，从而导致雌犬在生理及行为上出现一些类似妊娠的变化。如子宫内膜增生、子宫体积增大并引起腹壁扩大。

犬的发情间隔时间为8~9周，即与正常妊娠期时间长度相当。因此，假妊娠持续到第8~9周时，黄体体积变小，分泌活动减少或停止。但不少雌犬在下次发情排卵后又发生假妊娠。一些犬由于黄体溶解，孕酮水平降低，负反馈性引起促乳素水平升高，从而诱发假妊娠症状，主要表现是造窝和泌乳等。猫的假妊娠期一般为40~50d，主要表现为腹部逐渐增大，触诊腹壁可感觉子宫增大，直径变粗，但触摸不到胎囊、胎体，乳腺肿大并能泌乳，出现造窝等。

对有假妊娠症状的雌犬，要保护好其乳房，并可注射小剂量类固醇激素（如睾酮，剂量1~2mg/kg体重，肌内注射；己烯雌酚1.2~1.5mg/次，连用5d），以促进其恢复发情。猫的假妊娠可给予温和镇静剂（如安定片）进行治疗。

若不做种用，进行双侧子宫与卵巢切除术，是根治假孕的最好方法。

单元三 犬、猫的繁殖限制技术

一、犬的繁殖限制技术

为了对犬进行计划生殖、优生优育、繁殖优良品种、淘汰劣质品种、有效控制数量和质量，可采用对雄犬摘除睾丸、对雌犬摘除卵巢及子宫的方法。

一般而言，小型雌犬7个月龄左右开始发情，大、中型雌犬的初情期比小型雌犬晚一些。雌犬发情有季节性，多在春季和秋季。家养雌犬发情时，常在夜间大声嘶叫，由于阴道内排出血性分泌物，常常污染主人家中的地板、沙发、被褥等。为了防止雌犬发情时对主人造成的烦恼，可对其进行绝育处理。雌犬绝育后，可使其不再发情，还能预防卵巢源性内分泌紊乱引起的乳腺肿瘤、阴道增生、某些皮肤病和假孕等，同时也能治疗子宫、卵巢和输卵管感染、肿瘤、创伤、先天性畸形、子宫积脓等。

给雄犬去势后，使其不再寻找雌犬，性情变得温顺，不再粗野打架，更加亲近主人，安于家中不向外跑，便于饲养和管理，减少危险和发生传染病的可能性，同时可去掉尿腺臭味，不再到处乱撒尿。另外，给雄犬去势还能治疗睾丸和阴囊创伤、肿瘤及精索炎、前列腺肿大、会阴疝等。

1. 雄犬的去势手术

（1）去势时间 雄犬去势的最佳年龄是0.5~1.0岁，以气候凉爽的春季和秋季去势为宜，如以治疗疾病为目的，则不受年龄和季节的限制。

（2）保定和麻醉 全身麻醉，将犬仰卧保定，尾拉向背侧并固定，两后肢向后外方转位，充分暴露会阴部。

（3）去势操作 去势手术前要进行严格的术部剪毛、消毒和麻醉等处理。手术时，阴囊皮肤的手术切口，小型犬为一个，沿阴囊缝隙切开；大型犬可为两个，在阴囊缝隙两侧平行于阴囊缝隙切开。切口应尽量靠近阴囊底部，不能靠上或偏斜，以防术后阴囊积液。对幼龄犬，将阴囊切口后，先将睾丸挤出切口外，再用拇指和食指尖端在精索明显变细处反复撸挫、捻转，直至将精索挫断为止。对大型成年雄犬，将睾丸挤出切口外，要将精索进行双重结扎后剪断，然后除去睾丸。在手术过程中应注意，撕开阴囊韧带时，对睾丸系膜不要过度分离，将其分离到精索欲断处即可，同时精索断端不要留得太长，否则术后精索断端易脱出切口外而引起感染，影响创口愈合。另外，不能将精索强行拉断而造成止血不良，如精索摘除过多，其断端缩回腹腔，可引起不易观察到的内出血。

睾丸摘除后，阴囊切口不必缝合，或做上部的部分缝合，但不能密闭缝合。阴囊切口周围要用碘酊消毒，精索断端及创缘可用刺激性小的消毒剂消毒，不要用高浓度的碘酊消毒，否则雄犬苏醒后，因刺激疼痛而发生摩擦、啃咬、抓挠等而造成术部感染。

2. 雌犬的绝育手术

（1）绝育时间　雌犬绝育的最佳年龄是 0.5～1.0 岁，以气候凉爽的春季和秋季施术为宜，但要避开发情期。

（2）术前准备　术前雌犬应绝食 12h，使胃肠空虚，以便于探查卵巢。另外，术前要让雌犬排尿，或开腹后压迫膀胱排尿，以免术中损伤膀胱。

（3）保定和麻醉　全身麻醉，将犬仰卧保定，将两后肢向后外方伸展固定，充分暴露腹部。

（4）去势操作　雌犬手术部位的选择，应在脐孔后 4～10cm 的腹白线上。开腹时应将腹白线及腹膜提起后剪开或切开，不可粗暴下刀，以免损伤腹内器官。开腹后将食指伸入腹腔并沿腹壁朝脊柱方向，在肾脏后方仔细探摸到卵巢，并将其轻轻引至切口外，或摸到子宫后向前导出卵巢。因雌犬的卵巢系膜、输卵管系膜和子宫系膜较短，引导时不可强行拉拽，以免拉断血管而出血。将卵巢导致切口外的同时，可将腹壁切口压向背侧，以配合卵巢的显露。用止血钳在卵巢下方夹住卵巢系膜，在止血钳下方用丝线结扎卵巢系膜后切除卵巢。松开止血钳，确认无出血后方可将断端还回腹腔。

犬的子宫属于双角子宫，子宫角长而直，系膜短，故很难像阉割小母猪那样采用小挑法。另外，雌犬子宫壁较厚、管径细，呈淡红色，而小肠管径较粗，呈扁带状，管壁较薄，色泽深暗，子宫系膜较肠系膜血管少，阉割时应注意加以区别，避免操作失误。

如果只摘除卵巢，而不摘除子宫，容易造成术后子宫角蓄脓。故在摘除卵巢的同时，结扎切断子宫体，将卵巢和两个子宫角全部摘除是比较适宜的。

二、猫的繁殖限制技术

猫作为人类的伴侣动物，为广大的饲养者带来了快乐。因为雌猫性情温顺，喜欢和主人撒娇，常常陪伴在主人身边，所以很多人喜欢饲养雌猫。但是，雌猫性成熟后出现周期性发情，表现为不安静、烦躁，食欲下降，到处乱撒尿，甚至发出"嗷嗷"叫声，夜间喜欢出去寻找雄猫，很容易妊娠，而且扰民，影响邻里关系。同时，由于雌猫的发情、妊娠、产仔以及过度繁殖等问题也给饲养者带来了不少麻烦。因此，越来越多的宠物主人选择给雌猫做绝育手术。

雄猫好斗性强，容易抓伤或咬伤主人，增加了感染疾病的风险，且雄猫在 7～9 月龄性成熟时，当受到发情雌猫气味以及叫声的诱惑，也会表现发情而不停地鸣叫，外逃寻找雌猫。另外，性成熟后的雄猫为了抢占地盘，常常随地小便，尿臊味很浓。

综上所述可以看出，选择雄猫或雌猫饲养各有利弊，应根据主人的喜好来选择。但无论选择雄猫还是雌猫，为避免上述情况的发生，可进行去势手术来加以克服。

1. 雄猫的去势手术

给雄猫去势就是手术摘除雄猫的睾丸，这样可以消除雄猫的腥臊气味，使其性情变得温顺，更讨主人的喜欢。另外，通过去势，还可治疗雄猫睾丸或阴囊创伤、前列腺肥大、精索炎和腹股沟阴囊疝等病症。雄猫去势的适宜时间一般在 6 月龄前未达到性成熟时为好。

（1）术前准备

① 对雄猫进行健康检查，测量体温、呼吸、心率、体重，观察外阴部是否异常等。如果雄猫健康状况不佳或患病，暂不要去势。

② 去势前对雄猫禁食半天，注射破伤风抗毒素。准备好呋喃西林或青霉素，以备去势后喷洒在创口上。

③ 准备手术刀1把、止血钳2把、手术剪1把、小镊子1把、缝合线和灭菌纱布等。术前将手术器械用0.1%的新洁尔灭溶液浸泡30min或煮沸30min进行消毒。术者应洗净手臂，用0.1%的新洁尔灭溶液浸泡消毒。

④ 对雄猫进行全身麻醉。常用的麻醉药有：速眠新846＋氯胺酮；速眠新846（0.2ml/kg体重）；3%复方氯胺酮（0.1ml/kg体重）；舒泰麻醉药；氯胺酮（剂量为5～15mg/kg体重，肌内注射后3～5min可发生作用）等。

⑤ 对雄猫进行术部消毒。用绷带包扎雄猫尾根部被毛，固定尾巴后将阴囊及周围的被毛剪除，先用0.1%的新洁尔灭溶液洗净、擦干术部，再用2%的碘酊消毒，最后用75%的酒精涂擦脱碘，以减少碘酊的刺激作用。

(2) 去势操作　将麻醉后的雄猫横卧保定，将灭菌纱布中间剪开3～5cm长的口子作为创巾盖住会阴部，使阴囊暴露在外。手术采用鞘膜去势法，即用左手拇指和食指固定一侧睾丸，并使阴囊皮肤绷紧，右手持手术刀沿睾丸的纵轴方向并与阴囊缝隙线平行，一次性切开阴囊和总鞘膜达1～2cm长，将睾丸挤出，剪开或撕开阴囊鞘膜，再分离睾丸系膜，将阴囊或总鞘膜推向腹壁方向，使精索暴露，用缝合线双重单结结扎，然后剪断精索，看不到出血时，用2%的碘酊消毒断端，剪断尾线，使精索缩回阴囊内。对未成年的雄猫，也可使用两个止血钳将精索碾断或用指甲撕断，但要注意止血。以同样的方法将另一侧睾丸摘除，然后将抗生素撒入创口内，除去创巾，进行局部消毒即可。对未免疫的雄猫，手术后应接种猫瘟疫苗，或用进口三联苗、狂犬疫苗进行免疫。

(3) 术后注意事项

① 手术结束，当雄猫从麻醉状态中完全苏醒后，要给予新鲜的饮水，经2～3h后，即可喂食少量食物，并逐渐恢复到正常饲喂状态。

② 手术部位应保持清洁、干燥，一般6～7d后，阴囊萎缩，创口开始愈合，再经3～5d后即可给猫洗澡。

③ 如果术后2～3d，局部出现肿胀并有分泌物排出，同时体温升高，应及时肌内注射青霉素进行消炎处理。

2. 雌猫的绝育手术

(1) 术前准备

① 手术切口部位的选择。脐孔后腹中线切口是进行雌猫绝育手术的最佳部位。沿脐孔后腹中线切开3～5cm长的切口，可兼顾两侧卵巢的摘除，也可同时进行剖腹产手术。如需进行卵巢和子宫的全切手术，可从脐孔后开始向后切开腹中线5～8cm长的切口。另外，也可在腹侧壁作平行于体躯的切口，使切口长5～8cm。当由于某种原因不宜进行腹中线切口时（如二次手术，或怀孕后期乳腺发育挤压腹中线等），可选择腹侧壁切口部位，但选择该手术切口部位，在牵引和摘除切口对侧卵巢时会有一定的困难。

② 手术部位的处理。先用剪子剪掉手术部位的被毛，再用手术刀进行剃毛，最后对术部进行常规消毒处理。

③ 全身麻醉。方法与雄猫睾丸摘除术相同。

(2) 手术方法

① 卵巢摘除术。单纯对雌猫进行绝育时，通常只摘除两侧卵巢，保留子宫角和子宫体。手术时，将雌猫仰卧保定，用速眠新846作全身麻醉，然后用手术刀自脐孔后1cm处向后沿腹中线切开皮肤、皮下组织、腹白线及腹膜，使切口长3～4cm。术者将中指伸入腹腔，

沿腹壁探查背脊处的子宫角及卵巢，最好先探查右侧的子宫角及卵巢，以免探查左侧子宫角时受到脾脏的干扰。探摸到子宫角后，小心牵引出一侧子宫角并显露卵巢，用纱布隔离固定，在卵巢系膜无血管区切一小口，经此切口对卵巢与肾脏之间的卵巢悬韧带进行贯穿结扎，然后对卵巢与子宫角之间的卵巢固有韧带也进行贯穿结扎，完整剪除两结扎点之间的卵巢和卵巢囊，确认肾侧卵巢韧带断端不出血后将其放回腹腔。再沿切除卵巢侧子宫角牵引出子宫体，并牵引出对侧卵巢，按上述方法将其摘除。最后将子宫放回腹腔中，常规缝合腹壁切口，装上结系绷带。术后给雌猫肌内注射抗生素，防止术后感染。

② 卵巢、子宫全切术。如在摘除雌猫卵巢时，发现子宫有炎症、蓄脓等病变时，可选择卵巢、子宫全切术；另外，在剖腹产的同时兼做绝育手术，也可采用卵巢、子宫全切术。手术时，牵引出一侧卵巢，按前述方法结扎卵巢悬韧带并切断之，并用止血钳夹持卵巢侧断端，沿子宫角旁侧剪开子宫系膜（子宫阔韧带）并分离至子宫体处。手术时应注意对卵巢动脉、子宫中动脉及子宫后动脉的止血。用相同方法分离对侧卵巢及子宫，然后在子宫体后部连同两侧子宫后动脉作子宫体的贯穿结扎，在结扎部位前1cm处用止血钳夹持并切断子宫体，摘除完整的子宫及卵巢。残留的子宫体断端不必缝合，用酒精消毒后放回腹腔，最后常规缝合腹壁切口。

(3) 注意事项

① 绝育时间的选择。一般情况下，雌猫的绝育手术以6~7月龄第一次发情前为最佳时机。如为性成熟后乃至经产雌猫做绝育手术时，应在休情期进行。如在发情期做绝育手术时，要特别注意卵巢动脉及周围血管的止血问题。有人认为在雌猫6~14周龄时进行早期绝育手术，虽有诸多优点，但手术中潜在的危险以及过早摘除卵巢后激素分泌受阻所引起的生理、行为是否受到影响均有待探讨。

② 施术方法的选择。健康雌猫的生理性绝育，一般可采取摘除双侧卵巢，保留子宫的方法。但有人主张将子宫一并切除，以防止子宫蓄脓。也有人认为卵巢完全摘除后，子宫不存在感染的危险，同时可减少发生乳房肿瘤的概率。当然，在摘除卵巢手术中如发现已存在子宫炎症或蓄脓时，应选择卵巢和子宫的全切手术。如在施行剖腹产时进行绝育手术，应选择卵巢和子宫全切术，即切开子宫取出胎儿后，子宫切口不必缝合，用纱布覆盖，并用止血钳夹持暂时封闭子宫切口，然后进行卵巢、子宫的全切手术，在切除过程中应避免子宫内的污物流入腹腔中。

③ 关于卵巢的摘除方法。两侧卵巢摘除时，最稳妥的方法是在卵巢前的悬韧带与卵巢后的固有韧带之间完整摘除卵巢及卵巢囊组织。有人曾尝试采取切开卵巢囊，直接剪除卵巢组织的方法，该方法不必结扎卵巢前后的血管，出血很少，但术后曾出现重新发情、怀孕并生仔的现象。这表明该法难以完全剪除卵巢组织，同时说明一旦有少量的卵巢组织残留，仍可能再生并发生排卵。

> **技能拓展**
>
> 诱发排卵避孕法 当主人抚摸发情雌猫的颈背部和会阴部区域时，猫表现出接受交配的姿势。利用这一习性，可用顶端光滑干净的玻璃棒伸入雌猫的阴道内停留大约10s，然后取出，5min后再次插入，如此反复3~5次，连续2d，便可诱发雌猫排卵，但不让雄猫交配，即可达到避孕目的。
>
> 避孕药避孕法 国外使用人用避孕药给猫避孕（剂量为人的1/6~1/4），但麻烦，效果不理想，易引起子宫感染，故一般不采用。

思 考 题

1. 引起繁殖障碍的原因有哪些？
2. 雌犬繁殖障碍的类型有哪些？
3. 简述子宫蓄脓的病因、症状及治疗方法。
4. 简述假孕的病因、症状及治疗方法。

项目十一　宠物繁殖新技术

【知识目标】

1. 通过对胚胎移植知识的学习，理解胚胎移植的基本原则与意义，明确犬、猫胚胎移植的操作程序和目前存在的问题，掌握胚胎移植技术。

2. 熟悉体外受精、性别控制、克隆、转基因、胚胎嵌合技术的概念及意义，理解体外受精、性别控制、克隆、转基因、胚胎嵌合技术操作程序，掌握胚胎工程等技术的发展趋势。

【技能目标】

1. 能够对供体雌犬、雌猫进行超数排卵处理，顺利完成雌犬、雌猫配种或人工授精。

2. 能够进行胚胎采集、检查、鉴定和保存，能够在教师的指导下，完成胚胎移植技术操作。

单元一　胚胎移植技术

一、胚胎移植的概念与意义

1. 胚胎移植的概念

胚胎移植（embryo transfer，ET）是将良种雌犬、雌猫的早期胚胎取出，或者是由体外受精及其他方式获得的胚胎，移植到同种的生理状态相同的雌犬、雌猫体内，使之继续发育成为新个体。提供胚胎的雌犬、雌猫称为供体，接受胚胎的雌犬、雌猫称为受体。

胚胎移植实际上是生产胚胎的供体雌犬、雌猫和养育后代的受体雌犬、雌猫分工合作，共同繁殖后代，又名借腹怀胎或受精卵移植。胚胎移植所生后代的遗传特性取决于胚胎的双亲，受体雌犬、雌猫对后代的生产性能影响很小。

2. 胚胎移植的意义

胚胎移植技术是繁殖领域中三大繁殖技术（人工授精、胚胎移植、体外受精）之一，是培育试管动物、转基因动物、嵌合体动物和克隆动物等的一项重要技术基础，特别是为遗传工程和胚胎学等提供了重要的研究手段。

（1）充分发挥雌犬、雌猫的繁殖潜力　应用胚胎移植技术不仅能充分挖掘具有正常繁殖能力的优良雌犬、雌猫的繁殖潜力，对于那些繁殖力低、因年老或有生殖障碍而不能正常繁殖后代的优良雌犬、雌猫，胚胎移植技术的实用性则表现得更为突出。

（2）加速引进优良品种改良进程和新品种的培育　胚胎移植使供体免去自身妊娠过程，胚胎取出后可进行超数排卵、配种和人工授精，能短时间内较快地繁殖大量后代，可加速良种雌犬、雌猫的繁殖速度，又缩短世代间隔，从而加快遗传进展。此外，胚胎移植所繁育优秀个体后代直接引进成年动物更易适应当地环境。

（3）减少疾病传播　胚胎移植前，供体必须经过严格的挑选，既可剔除遗传缺陷，又可控制某些疾病的传播，从而为品种资源的安全引进、交换和基因库的建立提供更好的条件。以胚胎进出口取代活体进出口，不仅携带方便，而且能降低进口活体费用。

（4）克服雌犬、雌猫的不孕症　对于一些由解剖或内分泌缺陷而导致不能妊娠的雌犬、雌猫或者由于受到损伤、疾病及年龄太大而无生育能力的极有遗传价值的雌犬、雌猫，应用胚胎移植技术可使其继续发挥繁殖作用。

（5）保护品种资源　通过胚胎的长期冷冻保存，可以使胚胎移植不受时间与地点的限制，可以建立动物品种的胚胎基因库，从而对品种资源和优良性状起到保护作用。尤其，在保护动物资源、挽救濒临灭绝动物方面，胚胎移植也可以发挥重要作用。

（6）促进基础理论学科的研究　通过种间胚胎移植，可以探讨动物个体在发育生物学上的亲缘关系，并为研究胚胎的附植与分化创作便利条件。此外，胚胎移植技术为繁殖生理学、生物化学、遗传学、胚胎学、受精学等学科开辟了新的试验研究途径，是受精机制研究的重要手段。

二、胚胎移植发展概况

胚胎移植技术研究已有100多年的历史。1890年，英国剑桥大学的Walter Heape将2枚安哥拉雌兔的4细胞胚胎，移植到另一只已交配3h的比利时雌兔的输卵管内，获得2只纯种安哥拉仔兔和4只比利时仔兔。这一试验首次证实了同种动物的受精卵在不同个体内发育的可能性。此后，胚胎移植在家兔、大鼠、小鼠、牛、羊、马、猪等多种动物都取得了成功。

犬的胚胎移植，国内外相关报道较少，尚无应用于生产的成熟胚胎移植技术，仅有子宫移植的数例报道，还未见输卵管胚胎移植的报道。G. M. Kinney等（1979年）报道将8个桑葚胚植入受体犬的子宫后，产下2只幼仔；T. Tsutsui等（1989年）报道手术采集发情后14～15d的5只供体的28枚胚胎，分别植入5只自然发情受体犬子宫内，其中2只受体犬受孕，各自产下2只幼仔；D. C. Kraemer等（1994年）将37枚犬胚胎移植到7只受体内，3只妊娠产下3只幼仔；董君艳等（2005年）也报道将供体胚胎取出后，移植给2只自然发情受体犬成功受孕，并产下3只幼仔。Goodrowe & Wildt（1987年）采用促性腺激素进行超数排卵，将收集到的胚胎移入同期发情受体猫后获得幼猫。Kraemer等（1994年）进行家猫胚胎移植，利用自然发情并交配得到的胚胎移植到自然发情的同期受体后，产下3只小猫。

在犬的胚胎移植中，外源激素处理很难得到满意的结果，供体和受体发情同期化是很难解决的。所以，要在一个很大的受体群中选择，采取手术法，将胚胎移植给受体，存在供受体很难同步化、胚胎回收率低、实验重复性差等难题。因此，犬的胚胎移植还处于起步和摸索阶段。相对于子宫胚胎移植而言，犬的输卵管胚胎移植意义更为重大。家猫早期囊胚前任何阶段都可以进行胚胎移植，移植部位为输卵管或子宫，都可受孕。由于家猫的胚胎能在子宫中进行迁移，使其在两侧子宫中均匀分配，因而家猫的胚胎移植只需进行单侧移植。

三、胚胎移植的生理学基础与原则

1. 胚胎移植的生理学基础

（1）发情后生殖器官的孕向发育　雌犬、雌猫在发情后最初一段时期（周期黄体期），不论受精与否，其生殖器官都会发生一系列变化，生殖系统均处于相同的生理状态之下，妊娠与否并无区别。妊娠的生理特异性变化是在此阶段之后开始的，受精的雌犬、雌猫与未受精的雌犬、雌猫在生理变化上向不同方向发展，产生很大的差别。进行胚胎移植时，不配种的受体雌犬、雌猫由于周期黄体的存在，为胚胎发育提供了所需的环境。这种发情后一定时期内，雌犬、雌猫生殖器官相同的变化使供体胚胎向受体移植并被接受成为可能。

（2）早期胚胎的游离状态　早期胚胎没有与子宫建立实质性的联系，靠自身贮存的养分维持其发育进程，并呈游离状态，可以脱离母体而被取出。早期胚胎的游离状态一直维持到胚胎附植到母体子宫内膜为止。因此，早期胚胎在短时间内离开活体还可以继续存活，并能进行短暂的体外培养；当放回到与供体相同的生理环境中时，仍然能继续发育。

（3）胚胎移植与免疫排斥的影响　在妊娠期，由于母体局部免疫发生变化，以及胚胎表面特殊免疫保护物质的存在，受体在同种胚胎、胎膜组织没有排斥作用或排斥作用很弱。故同种动物的胚胎由供体移植到受体时，可以存活下来，并能继续发育。

（4）胚胎与受体的关系　移植的胚胎如果能够存活下来，一定时期内，会与受体的子宫内膜建立起生理和组织上的联系，从而保证胚胎的正常发育。受体不能改变胚胎的遗传特性，只能影响胚胎的生长发育。胚胎移植所产生的后代，其遗传信息主要来自供体，并继承供体的优良性状。

2. 胚胎移植的基本原则

（1）移植前后所处环境的同一性　指生活环境和胚胎发育阶段相适应。

① 分类学上的一致性。即供体和受体在分类学上应有相同的属性，最好是同一物种。这并不排除异种间（在动物进化史上，血缘关系较近、生理和解剖特点相似）胚胎移植成功的可能性。一般来说，关系较远的不同物种，由于胚胎组织结构、发育条件（营养、环境）和发育速度（附植时间、妊娠期）差异太大，相互之间的胚胎移植不能存活或只能存活很短时间。

② 生理上的一致性。即受体和供体在生理状态上的同期性。这是因为发育过程中的胚胎和母体子宫环境间的相互作用非常敏感，供体与受体生理状态的同步性非常必要。若胚胎的发育与生殖道的环境不能协调一致，会对胚胎产生不利影响，甚至导致胚胎死亡。

③ 解剖部位的一致性。即胚胎移植前后所处空间环境要相似，胚胎采取的部位（输卵管或子宫）要与移植部位相同。如果胚胎移植空间位置发生变化，就意味着胚胎与生殖道之间的相互关系被破坏，往往导致胚胎死亡。采用卵母细胞体外（IVF）技术获得的胚胎，一般参照移植胚胎在体内发育过程中所处的对应部位。

（2）胚胎收集的时期　胚胎收集和移植的期限（胚胎日龄）不能超过周期黄体的寿命，最迟在受体周期黄体退化之前数天进行。因此，通常是在供体发情配种后 3~6d 内收集胚胎，受体也在相同时间接受胚胎移植。

（3）胚胎的质量保证　在胚胎的采集、培养和移植过程中，需对胚胎进行鉴定、评级，估计发育能力，被认为发育正常者方可进行移植。而且要避免不良因素（物理、化学、微生物）的影响而降低胚胎的生活力。

四、胚胎移植技术程序及影响因素

1. 犬、猫胚胎移植技术程序

犬、猫胚胎移植技术的操作程序主要由供体、受体的选择，供体、受体的同期发情处理，供体的超数排卵、配种或人工授精，胚胎的采集、鉴定、体外保存及体外遗传操作，移植给受体等环节构成（图 11-1）。

（1）供体与受体的选择　供体要求符合本品种的标准，具有优良的育种价值，没有遗传疾病，繁殖功能旺盛，体质健壮，发情周期正常，发情症状明显，对超排反应良好。

受体的数目要多于供体，可选用非优良品种或本地品种，要求具有良好的繁殖性能与健

图 11-1　胚胎移植程序

康状态，抗病性好，母性强，哺乳能力强，体型中等偏上，符合本品种的要求。对受体要进行检疫、防疫和驱虫，并进行生殖器官检查和发情观察。受体生殖器官的功能状态和发情时间对胚胎移植有直接影响，其生化和组织学特性因发情周期的阶段不同而有很大差异。因此，受体与供体发情不同步或发情周期与正常平均值相差过大的个体不能做受体。

供体、受体选择后，应有专人负责，加强饲养管理，使其达到理想的生理状态，以提高胚胎移植的效果。

(2) 供体的超数排卵处理　超数排卵是在雌犬、雌猫发情周期的适当时期，注射外源性促性腺激素，如 FSH 或 PMSG，诱发卵巢多数卵泡发育并排卵，称为超数排卵，简称超排。

超排是胚胎移植过程中最重要的一个环节，其效果受许多因素的影响，如遗传特性、体况、营养水平、年龄、发情周期的阶段和季节、激素的质量和用量及用药时间等，是胚胎移植中有待研究改进的一个重要问题。

> **技能拓展**
>
> 超数排卵处理方案　FSH 多次注射或 PMSG 一次注射法。FSH 一般 2 次/d，连续 3~5d，使用 PMSG 只需 1 次注射即可。
>
> 同期发情参考方法　用 $PGF_{2\alpha}$ 或其类似物，给雌犬、雌猫处理 2 次，间隔时间 6~10d，在第二次处理后 3~5d，大多数发情。

(3) 供体配种或人工授精　经过超排处理的供体，应采用自然交配或人工授精，使卵子受精，并发育成早期胚胎，以供移植所用。为了保证卵子及时受精，应该使用活率高、密度大的精液，输精次数增加到 2~3 次，间隔 8~10h。

(4) 受体同期发情　同期发情是使用某些外源激素或某些管理措施，人为控制并调整受体与供体的发情周期，使之在预定时间内集中发情并排卵，也称同步发情。

同期发情常用的激素有 GnRH 及其合成类似物、PMSG、HCG、FSH、LH、$PGF_{2\alpha}$ 和孕激素等。孕激素的用药方法有皮下埋植法、阴道海绵栓法、注射法和口服法。

(5) 早期胚胎的采集　在供体配种或人工授精后的适当时间，利用冲洗液把早期胚胎从供体生殖道内冲洗出来，并收集在器皿中保存，这个过程称为胚胎的采集，简称采胚。

早期胚胎收集一般在配种后 3~6d，胚胎发育至 4~8 细胞以上为宜。当所回收的胚胎用于胚胎冷冻或胚胎切割时，回收时间可适当延长，但不应超过配种后 7d。采集的胚胎数量与采集时间、方法和采胚技术有关。

采胚所用的冲洗液有多种，一般多为组织培养液，如 PBS 液、TCM-199 液等。在使用时，加入牛血清白蛋白（BSA）或犊牛血清（FCS），使用时温度应在 35℃ 左右，也可加入抗生素，以防生殖道感染。

目前，对犬、猫胚胎的采集方法主要是手术法，此法具有胚胎回收率高的特点。通过外科手术将子宫角、输卵管和卵巢部分暴露，然后注入冲胚液，从子宫角或输卵管中冲取早期胚胎。其优点是可以从输卵管中冲取发育阶段在 8 细胞以内的胚胎,所用的冲胚液少,获得的胚胎数较多;缺点是操作复杂,易引起输卵管粘连,严重时会造成不孕。

① 输卵管回收法。将供体仰卧保定,全身麻醉后,在腹部中线处做一切口,依次切开腹部皮肤、肌肉和腹膜,切口大小以能拉出子宫角为宜。打开切口后,轻轻拉出子宫角和输卵管,观察卵巢和子宫发育情况,卵巢的表面形态、是否有排卵点和尚未排卵的透亮卵泡等,再用手轻轻翻转卵巢找到输卵管在卵巢囊上的开口,并从开口轻轻导入经消毒的聚乙烯细管,然后用注射器对两侧输卵管冲卵:取注射器吸入经 38℃ 水浴预热的 0.01mol/L PBS 溶液(pH7.4),于输卵管和子宫角结合部沿输卵管走向插入输卵管管腔,向输卵管里缓缓注入 PBS 溶液,同时以一次性 35mm 塑料培养皿在聚乙烯细管末端收集冲卵液备用。冲卵结束即行缝合术。此法具有冲卵液用量少、胚胎回收效率高且省时等优点,缺点是容易造成输卵管粘连。所以,操作时应向暴露的生殖道喷洒生理盐水,以防止粘连。

② 子宫角回收法。先用血管夹夹住宫管结合部之前的输卵管,以防冲卵液流入输卵管,再在子宫角大弯上避开血管插入回收针。确认针头进入子宫腔后,用肠钳(前端套有乳胶管)固定回收针体于子宫角上。然后从宫管结合部后约 2cm 处向宫管结合部方向插入进液针头(插入方法与输卵管回收法相同),再向子宫内注入 PBS 溶液,经回收针后端的胶管收集冲出液(冲卵液),子宫角的冲卵液回收完毕后,除去器械并将该侧子宫角送回腹腔。此法用于收集发情配种 5d 以后进入子宫内的胚胎,其胚胎回收率比输卵管采胚法低,冲卵液用量多,但对输卵管的损伤甚微。以相同方法回收另一侧,两侧均冲洗完毕后,按常规用量于腹腔内放入青霉素、链霉素抗感染并关闭腹腔。

(6) 胚胎的检查与鉴定　冲出的胚胎在净化结束后,将盛有胚胎及冲洗液的器皿置于倒置显微镜下,观察所收集胚胎的数目、形态和发育状况(图 11-2 和图 11-3)。

图 11-2　不同发育阶段正常胚胎示意图

图 11-3　异常胚胎示意图

目前,鉴定胚胎质量的方法有形态学方法、体外培养法、荧光法、测定代谢活性和胚胎的细胞计数等。

生产中常用形态学方法进行胚胎的级别鉴定，如表11-1所示。通过放大80~100倍，观察胚胎的形态、卵裂球的形态、大小与均匀度、色泽、细胞密度、与透明带间隙以及细胞变性等情况。

表 11-1　胚胎分级标准

级　别	标　准
A级	胚胎发育正常；形态完整，外形匀称、呈球形；卵裂球轮廓清晰、大小均匀，无水泡样卵裂球；胚内细胞结构紧凑、密度大；色调和透明度适中，没有或只有少量游离的变性细胞，比例不超过10%
B级	胚胎发育基本正常；形态完整、轮廓清晰；细胞结合略显松散，密度较大；色调和透明度适中；胚胎边缘突出少量变性细胞或水泡样细胞，比例为10%~20%
C级	胚胎发育比正常迟缓1~2d；轮廓不清晰，卵裂球大小均匀；色泽太明或太暗，细胞密度小，游离细胞的比例为20%~50%，细胞结合松散；变性细胞比例为30%~40%
D级	未受精卵或发育迟缓1~2d以上，细胞团破碎，变性细胞比例超过50%，死亡退化的胚胎，均属级外胚胎

(7) 胚胎的保存　胚胎的保存是指将胚胎在体内或体外正常发育温度下，暂时贮存起来而不使其活力丧失；或将其保存于低温或超低温情况下，胚胎代谢中止，但恢复正常发育温度，又能继续发育。目前，胚胎的保存方法较多，包括异种活体保存、常温保存、低温保存和冷冻保存等。

① 异种活体保存。一般将暂不使用的胚胎放在活体动物的输卵管内保存。1961年，英国农业研究委员会生殖生理和生物化学研究室将母羊胚胎移植到母兔体内，空运到非洲，再将胚胎从兔体内取出，移植到当地羊体内并成功产羔。为避免胚胎在异种动物输卵管内的丢失或被吸收，可用琼脂柱先将胚胎进行封存。采用此法胚胎保存时间有限。

② 常温保存。经胚胎检查和鉴定，认为可用的胚胎，可短期保存在新鲜的PBS液中以备移植。一般在25~26℃条件下，胚胎在PBS液中可保存4~5h不影响移植效果，若要保存更长时间，则需对胚胎进行降温处理。

③ 低温保存。低温保存是指在0~5℃条件下保存胚胎的一种方法。采用此法保存胚胎，胚胎卵裂暂停，新陈代谢速度显著变慢，但尚未停止。在低温条件下，细胞的某些成分特别是酶处于不稳定状态，保存时间有限。

④ 冷冻保存。胚胎冷冻保存一般采用0.25ml塑料细管进行包装。即将细管有棉塞的一端插入装管器，无塞端插入保护液内吸取一段保护液，然后吸取一小段气泡，再在实体显微镜下观察并对准欲装管的胚胎吸取胚胎和保护液，然后再吸一个小气泡后，再吸取一段保护液和空气，装管后即可在实体显微镜下验证胚胎是否装入管内，确认无误后可进行封管（图11-4）。

图 11-4　细管冷冻胚胎示意图

胚胎冷冻保存是指利用干冰（-79℃）或液氮（-196℃）保存胚胎的方法。由于处于超低温下的胚胎新陈代谢完全停止，因此可达到长期保存的目的。胚胎冷冻保存时，应在培养液中添加抗冷冻保护剂，如二甲基亚砜（DMSO）、甘油、乙二醇等。

(8) 胚胎的移植　胚胎移植的方法同采胚方法类似。犬、猫的胚胎移植适用于手术法移植，即按照外科手术操作规程要求，打开腹腔，暴露子宫角及输卵管，将胚胎连同少量的培养液一同注入子宫角内或输卵管内。

胚胎移植时，将胚胎注入生殖道的部位要与其采胚时的位置相一致，一般经子宫回收的胚胎，应移入子宫角前1/3处；经输卵管回收的胚胎，仍要移入输卵管内。

① 输卵管胚胎移植。选取受体雌犬，用准备好的移卵针将胚胎从细胞培养液中吸出。吸出胚胎时使含有胚胎的一段处于由两段不含胚胎的培养液所形成的空气柱之间（三段法），这样便于对输卵进行指示。吸卵时尽量减少吸入空气和细胞培养液的量，使输入的胚胎能尽快适应受体的内环境，有利于胚胎进一步发育。输卵的手术过程和冲卵一样，输卵的关键是要快速找到输卵管在卵巢囊上的开口，将吸有胚胎的移卵针所携带的聚乙烯细管顺利插入到卵巢囊的输卵管开口中，轻轻推动注射器活塞将胚胎注入输卵管即可，尽量避免注入后段空气。

② 子宫角内胚胎移植。选取受体犬，在黄体侧子宫角的前 1/3，避开血管将移卵针插入，注入胚胎。

(9) 供体、受体的术后观察　胚胎移植后，应密切观察供体、受体术后的健康情况，并经一定时期对受体进行妊娠诊断。供体在下次发情时，可照常配种或重复做供体。对确认为妊娠的受体，要做到营养全面，同时加强饲养管理，以确保其顺利妊娠和产仔。

2. 影响胚胎移植效果的因素

(1) 胚胎质量　胚胎质量的好坏直接影响移植后胚胎的发育和着床效果。判断胚胎质量的常用方法是形态观察法。一般桑葚胚移植效果较好，桑葚胚阶段能较好地辨别出细胞形态，评判胚胎质量，对结构不正常、退化或破碎的胚胎均应剔除。

(2) 供体胚胎日龄　胚胎采集和移植的期限不能超过周期黄体的寿命。不同品种犬、猫卵巢黄体的变化略有差别。最迟要在周期黄体退化之前 2～3d 内完成胚胎的移植。胚胎冲出后应尽快检出，冲洗液应保持在37℃恒温条件下，回收的液体不能低于30℃。

(3) 移植技术的熟练程度　移植过程中不能刺激和损伤卵巢和生殖管道。移植时要采取三段法，带入的液体越少越好，最好不要带入气泡，并根据对供体的采胚部位，决定受体的移植部位。由于犬的生殖系统解剖构造特殊，输卵管并非游离于卵巢存在，而是与脂肪等结缔组织共同形成卵巢囊，给手术法冲取胚胎和移植胚胎带来一定难度。

(4) 供体状况　供体的年龄不同，胚胎的质量也有差别。从成年雌犬获得的胚胎产仔率高于从处女犬获得胚胎的产仔率。犬的胚胎子宫内移植比输卵管内移植简单，成功率也高。犬的输卵管伞包埋于卵巢囊中，发育至桑葚胚阶段的胚胎处在输卵管下部、子宫角上部，因此，适宜采用下行性灌流法采胚。

(5) 发情同期性　目前，犬、猫诱导发情、同期发情和超数排卵方案还有待于进一步研究。无论人工诱情还是自然发情的犬，供体和受体的选择都应该是处于第二次发情周期的犬，这样的犬子宫内环境稳定，适宜移植胚胎的生长发育。

五、犬、猫胚胎移植存在的问题

理论上讲，胚胎移植可以使雌犬、雌猫的繁殖力提高许多倍，但在实际生产中还存在许多问题。目前胚胎移植的效果主要决定于以下三个方面。

1. 胚胎来源

可靠的胚胎来源是进行胚胎移植的先决条件，从良种雌犬、雌猫得到多量胚胎是进行胚胎移植的重要保证。目前得到多量胚胎的方法主要是通过超数排卵处理，由于犬、猫个体间对药物的反应差异大，超排处理效果不稳定。

2. 技术条件

在进行胚胎移植操作时，要求技术人员应当具有一定的理论知识和技术水平。此外，还必须具备必要的仪器设备、药品及胚胎体外保存和体外培养条件。

近年来，利用超声波技术通过子宫壁从活体卵巢采集卵母细胞，然后将卵母细胞在体外进行成熟培养、体外受精及受精后胚胎的体外培养，虽然能使体外工厂化生产胚胎成为可能，但目前这项技术所取得的结果还不尽如人意，如囊胚率还比较低。

3. 受体动物

在进行胚胎移植时，需要按照供体、受体的比例，提供一定数量的受体犬、猫，这样才能保证从供体所取出的胚胎能适时地移入受体体内。

单元二 其他胚胎生物工程简介

一、体外受精技术

1. 体外受精的概念与意义

体外受精（in vitro fertilization，IVF）是指将哺乳动物的精子和卵子在体外人工控制的环境中完成受精过程的技术。

体外受精技术对动物生殖机制研究、动物生产、动物医学和濒危动物保护等具有重要意义。体外受精技术为胚胎生产提供了廉价而高效的手段，在充分利用优良品种资源、缩短动物繁殖周期、加快品种改良速度等方面具有重要价值。在人类，体外受精——胚胎移植技术是治疗某些不孕症和克服性连锁病的重要措施之一。体外受精技术还是哺乳动物胚胎移植、克隆、转基因和性别控制等现代生物技术不可缺少的组成部分。

目前，体外受精已日趋成熟而成为一项重要的动物繁殖生物技术。

2. 体外受精的发展概况

1878年，德国人Scnenk就以家兔和豚鼠为材料，开始探索哺乳动物的体外受精技术，但一直没有获得成功。1951年，美籍华人张明觉和澳大利亚人Austin同时发现了哺乳动物的精子获能现象，体外受精技术的研究才获得突破性进展。1959年，张明觉以家兔为实验材料，从1只交配后12h的雌兔子宫中冲取获能精子，从2只超排处理雌兔的输卵管中收集卵子，在人工配制的溶液中完成受精并发育成胚胎，移植给6只受体母兔，有4只妊娠，并产下15只健康仔兔，这是世界上首批试管动物，标志着体外受精技术的建立。

精子获能理论和方法上的成就，推动了体外受精技术的发展，试管小鼠（1968年）、大鼠（1974年）、婴儿（1978年）、牛（1982年）、山羊（1985年）、绵羊（1985年）、猪（1986年）、家猫（1988年）等相继获得成功。但犬的繁殖生物技术发展比较缓慢，至今尚未获得体外受精仔犬。随着体外受精技术研究的深入发展，人们渐渐认识到其潜在的科学研究价值和广阔的应用前景。

3. 体外受精技术的基本操作程序

哺乳动物体外受精的基本操作程序如图11-5所示，主要环节包括以下几个方面。

（1）卵母细胞的采集和成熟培养　卵母细胞的采集方法通常有3种。

① 超数排卵采集卵子。犬、猫用FSH和LH处理后，从输卵管中冲取成熟卵子，直接与获能精子受精。此方法的关键是掌握卵子进入输卵管和卵子在输卵管中维持受精能力的时间，一般要求在卵子具有旺盛受

图11-5　体外受精操作示意图
1—卵巢；2—GV期卵母细胞；3—卵母细胞成熟培养；4—MⅠ期卵母细胞；5—MⅡ期卵母细胞；6—精液解冻；7—精子离心洗涤；8—精子获能处理；9—获能精子；10—体外受精；11—胚胎培养

精力之前冲取。

② 活体卵巢中采集卵母细胞。借助超声波探测仪、内窥镜或腹腔镜，直接从活体卵巢中吸取卵母细胞。如犬、猫常用腹腔镜取卵。

③ 离体卵巢上采集卵母细胞。从刚屠宰的雌性体内摘出卵巢，经洗涤、保温（30～37℃）运输后，在无菌条件下用注射器抽吸卵巢表面一定直径卵泡中的卵母细胞，也可对卵巢进行切割来收集卵母细胞。此方法获得的卵母细胞多数处于生发泡期（GV 期），需要在体外培养成熟后才能与精子受精。本方法的优点是材料来源丰富，成本低廉，但确定系谱困难。

（2）卵母细胞的选择　采集的卵母细胞绝大部分与卵丘细胞形成卵丘卵母细胞复合体，要求卵母细胞形态规则，细胞质均匀，外围有多层卵丘细胞紧密包围。在体外受精研究中，常把采集到的卵母细胞分成 A、B、C、D 四个等级。

A 级卵母细胞要求有 3 层以上卵丘细胞紧密包围，细胞质均匀；B 级卵母细胞要求细胞质均匀，卵丘细胞层低于 3 层或部分包围卵母细胞；C 级卵母细胞为无卵丘细胞的裸露卵母细胞；D 级卵母细胞是死亡或退化的卵母细胞。在体外受精实践中，一般只培养 A 级和 B 级卵母细胞。

（3）卵母细胞的成熟培养　由超数排卵采集的卵母细胞若在体内发育成熟，不需培养，可直接与精子受精，而未成熟的卵母细胞需要在体外培养成熟。

培养时，先将采集的卵母细胞在实体显微镜下经过挑选和洗涤后，放入培养液中培养。犬、猫卵母细胞的成熟培养液目前普遍采用 TCM-199 添加胎牛血清、促性腺激素、雌激素和抗生素等成分。通常采用微滴培养法，微滴体积为 50～100μl，每滴中放入 10～20 个卵母细胞。卵母细胞移入小滴后放入二氧化碳培养箱中培养，培养条件为 38℃、100% 湿度和 5% CO_2，犬、猫卵子的培养时间一般为 24h。

（4）获能处理　精子的获能方法有培养法和化学诱导法两种。培养获能法是从附睾中采集的精子，只需放入一定介质中培养即可获能，但是射出精子则需要用溶液洗涤后，再经培养获能。化学诱导获能的药物常用肝素和钙离子载体。为促进精子运动，获能液中常添加肾上腺素、咖啡因和青霉胺等成分。

（5）受精　即将获能精子与成熟卵子共培养。除钙离子载体诱导获能外，精子和卵子一般在获能液中完成受精过程。受精培养时间与获能方法有关。精子和卵子在小滴中共培养受精时，精子密度为 $1 \times 10^6 \sim 9 \times 10^6$ 个/ml，每 10μl 精液中放入 1～2 枚卵子，小滴体积一般为 50～100μl。

（6）胚胎培养　精子和卵子受精后，受精卵需移入发育培养液中继续培养，以检查受精状况和发育潜力，质量较好的胚胎可移入受体生殖道内继续发育成熟或进行冷冻保存。提高受精卵发育率的关键因素是选择理想的培养体系，犬、猫胚胎培养液最常用的是 TCM-199。

受精卵的培养广泛采用微滴法，胚胎与培养液的比例为 1 枚胚胎用 3～10μl 培养液；一般 5～10 枚胚胎放在 1 个小滴中培养，以利用胚胎在生长过程中分泌的活性因子相互促进发育。胚胎培养条件与卵母细胞成熟培养条件相同。

4. 存在问题和发展方向

体外受精卵在培养过程中普遍存在体外发育阻滞，即胚胎发育到一定阶段后停止发育并发生退化的现象。与体内受精所获囊胚相比，体外受精所获囊胚的细胞总数和内细胞团细胞数明显减少。

体外受精效率低的主要原因是对卵子发生和胚胎发育的分子机制了解不够。大幅度提高体外受精效率的前提是探明卵母细胞和早期胚胎发育的分子调控机制，然后以此理论为指导，研究理想的培养体系，促使胚胎基因组得到稳定、有序表达。目前，体外受精技术利用的卵母细胞不足卵巢上卵母细胞总数的千分之一。因此，一方面提高活体取卵技术，另一方面需研究腔前卵泡和小卵泡的体外成熟技术。为保证卵母细胞的稳定来源及良种或濒危动物的保种，卵泡和卵母细胞的超低温冷冻保存技术的研究也必须加强。

二、性别控制技术

1. 性别控制的概念与意义

性别控制技术（sex control）是通过对动物的正常生殖过程进行人为干预，使成年雌性动物产出人们期望性别后代的一门生物技术。

通过控制后代的性别比例，可充分发挥受性别限制的生产性状（如泌乳）和受性别影响的生产性状（如生长速度、肉质等）的最大经济效益。其次，控制后代的性别比例可增加选种强度，加快育种进程。通过控制胚胎性别还可排除伴性有害基因的危害。在犬、猫饲养业，通过性别控制，可获得人们所喜爱性别的宠物。

2. 性别控制的发展概况

1923年，Painter证实了人类X染色体和Y染色体的存在，并指出当卵子与X精子受精，后代为雌性；与Y精子受精，后代为雄性。1959年，Welshons和Jacobs等提出Y染色体决定雄性的理论。1989年，Palmer等找到Y染色体上的性别决定区（SRY），SRY序列的发现是哺乳动物性别决定理论的重大突破。尽管SRY序列诱导性别分化的具体机制还有待深入探讨，但是其对性别控制技术的发展有重要意义。

目前，哺乳动物性别控制方法有多种，但最有效的方法是通过分离X、Y精子和鉴定早期胚胎的性别来控制后代的性别比例。

3. 性别控制技术的基本方法

（1）分离X、Y精子 精子分离主要依据X、Y精子不同的物理性质（体积、密度、电荷、运动性）和化学性质（DNA含量、表面特异抗原）。X、Y精子分离方法主要是物理分离法，包括沉淀法、电泳法、离心法、免疫法、流式细胞仪法等。

当前分离X、Y精子较准确的方法是流式细胞仪分类法，其理论根据是X、Y精子头部DNA含量存在差异，X精子比Y精子高出3‰~4‰。

具体方法是：先用DNA特异性染料对精子进行活体染色，然后让精子连同少量稀释液逐个通过激光束，探测器可探测精子的发光强度并将不同强弱的光信号传递给计算机，计算机指令液滴充电器使发光强度高的液滴带正电，弱的带负电，然后带电液滴通过高压电场，不同电荷的液滴在电场中被分离，进入两个不同的收集管，正电荷收集管为X精子，负电荷收集管为Y精子（图11-6）。用分离后的精子进行人工授精或体外受精即可对受精卵和后代的性别进行控制，分离准确率达90%以上。

该方法存在影响精子活力、分离效率低的缺陷，但是结合显微注射技术，仍是一种科学可靠、准确性高的精子分离方法。

图11-6 体外受精操作示意图
1—精子悬浮液；2—激光束；3—探测仪；4—计算机；5—充电圈；6—高压电场；7—Y精子收集管；8—X精子收集管

（2）早期胚胎的性别鉴定 运用细胞学、分子生物学或免疫学方法可对哺乳动物附植前的胚胎进行性别鉴定，再通过移植已确定性别的胚胎即可控制后代性别比例。目前，胚胎性别鉴定最有效的方法是胚胎细胞核型分析法和SRY-PCR法。

①核型分析法。通过分析部分胚胎细胞的染色体组型来判

断胚胎的性别，具有 XX 染色体的胚胎发育为雌性，而具有 XY 染色体的胚胎发育为雄性。其主要操作方法是：先从胚胎滋养层上取出部分细胞，用秋水仙素处理使细胞处于有丝分裂中期，再制备染色体标本，通过显微摄影分析染色体组成，确定胚胎性别。该方法的准确率可达 100%。但是取样时对胚胎损伤大，操作时间长，获得高质量的染色体中期分裂相很困难，难以在生产中推广应用，目前主要用于验证其他方法的准确性。

② SRY 片段的 PCR 扩增法（SRY-PCR 法）。该法是近年发展起来的用雄性特异性 DNA 探针和 PCR 扩增技术，对早期胚胎进行性别鉴定的一种新方法。其主要操作程序是：先从胚胎中取出部分卵裂球，提取 DNA，然后用 SRY 基因的一段碱基作引物，以胚胎细胞 DNA 为模板进行 PCR 扩增，再用 SRY 特异性探针对扩增产物进行检测。如果胚胎是雄性，则 PCR 产物与探针结合出现阳性，而雌性胚胎则为阴性。也可以对扩增产物进行电泳，通过检测 SRY 基因条带的有无判定是雄性或雌性。随着 PCR 技术的发展，现在只需取出几个甚至单个卵裂球细胞就可进行 PCR 扩增，鉴定胚胎的性别，并且准确率高达 90% 以上。这种方法取样少，对胚胎的损伤小，整个操作迅速，因而在生产中应用方便，有很高的商业价值，市场上已有家畜胚胎性别鉴定的试剂盒出售。运用这种方法进行胚胎性别鉴定的关键是杜绝污染，防止出现假阳性。

(3) 免疫学方法　该方法的理论依据是雄性胚胎存在雄性特异性组织相容性抗原（H-Y 抗原），但这种抗原的分子性质尚无定论，因而结果不是很稳定，准确率也比较低，在生产实践中难以推广应用。

4. 存在问题和发展方向

从目前的性别决定理论分析，流式细胞仪分类法和 SRY-PCR 扩增法是准确而具有发展前景的两种性别控制方法。前者需要解决的关键问题是提高分离准确率和分离速度，并加强与体外受精和显微授精技术的结合以提高分离精子的利用率。运用 SRY-PCR 技术鉴定胚胎性别，关键是提高灵敏度，减少细胞取样对胚胎的损伤。

三、克隆技术

克隆（clone）是指不通过精子和卵子的受精过程而产生遗传物质完全相同的新个体的一门胚胎生物技术。哺乳动物的克隆技术在广义上包括胚胎分割和细胞核移植技术，在狭义上仅指细胞核移植技术，其中又包括胚胎细胞核移植技术和体细胞核移植技术。

1. 胚胎分割

(1) 胚胎分割的概念与意义　胚胎分割是运用显微操作技术，将附植前的胚胎分成若干个具有继续发育潜力部分的生物技术。运用胚胎分割可获得同卵孪生后代，是扩大胚胎来源的一条有效途径。胚胎分割可用来扩大优良动物的数量；在动物试验中，运用同卵孪生后代作实验材料，可消除遗传差异，提高实验结果的准确性。

(2) 胚胎分割的发展概况　1904 年，Spemann 利用蛙类 2 细胞胚胎的分割试验，并获得同卵双生后代。直到 1970 年，Mullen 等才通过分离小鼠 2 细胞胚胎卵裂球，获得哺乳动物同卵双生后代。1979 年，Willadsen 通过分离早期胚胎的卵裂球，成功地获得了绵羊的同卵双生后代。20 世纪 80 年代以后，胚胎分割技术发展迅速，Willadsen 等人在总结前人经验的基础上，建立了系统的胚胎分割方法，并运用这种方法获得绵羊的四分胚和八分胚后代及牛的四分胚后代。目前，胚胎分割技术已用于提高胚胎移植成功率和早期胚胎的性别鉴定。

(3) 胚胎分割的基本程序

① 切割器具的准备。胚胎分割需要的器械有体视显微镜、倒置显微镜和显微操作仪。

在进行胚胎分割之前需要制作胚胎固定管和分割针，固定管要求末端钝圆，内径为 20～30μm，外径与所固定胚胎直径相近。切割针目前有玻璃针和微刀两种，玻璃针一般用实心玻璃棒拉制而成，微刀是用锋利的金属刀片与微细玻璃棒粘在一起制成。

② 胚胎预处理。为了减少切割损伤，胚胎在切割前一般用链霉蛋白酶进行短时间处理，使透明带软化变薄或去除透明带。

③ 胚胎分割。进行胚胎切割时，先将发育良好的胚胎移入含有操作液滴（常用杜氏磷酸缓冲液）的培养皿中，然后在显微镜下用切割针或切割刀把胚胎一分为二。不同阶段的胚胎，切割方法略有差异。桑葚胚之前的胚胎由于卵裂球较大，直接切割对卵裂球的损伤较大，可用微针切开透明带，用微管吸取单个或部分卵裂球，放入另一空透明带中（空透明带通常来自未受精卵或退化的胚胎）；对于桑葚胚和囊胚阶段的胚胎，通常采用直接切割法，即用微针或微刀由胚胎正上方缓慢下降，轻压透明带以固定胚胎，然后继续下切，直至胚胎一分为二，再把裸露的半胚移入预先准备好的空透明带中，或直接移植给受体。在进行囊胚切割时，要注意将内细胞团均等分开。

④ 分割胚胎的培养。为提高半胚移植的妊娠率和胚胎利用率，分割后的半胚需放入空透明带中或者用琼脂包埋后移入中间受体中进行体内培养或直接在体外培养。发育良好的胚胎可移植到受体内继续发育或进行再分割。

⑤ 分割胚胎的保存和移植。胚胎分割后可以直接移植给受体，也可以进行超低温冷冻保存。为了提高冷冻胚胎移植后的妊娠率，分割的胚胎需要在体内或体外培养到桑葚胚或囊胚阶段，再进行冷冻。由于分割胚的细胞数少，耐冻性较全胚差，解冻后移植的妊娠率低于全胚。

(4) 存在问题

① 遗传一致性有差异。同一胚胎切割后获得的后代，理论上遗传性状应该完全一致，但事实并不这样。人们发现 6～7d 牛胚胎分割后，同卵双生犊牛的毛色和斑纹并不完全相同。而在 2 细胞阶段分割，却表现出遗传一致性。这种现象与胚胎细胞的分化有密切关系，但目前对不同阶段胚胎细胞的分化时间和发育潜力了解很少。

② 同卵多胎的局限性。从目前的研究来看，由 1 枚胚胎通过胚胎分割方式获得的后代数量有限。因此，目前通过胚胎分割技术生产大量克隆动物的进展缓慢。

③ 后代出现异常与畸形。法国的一个研究小组在进行牛胚胎分割后移植所产生的后代中，出现了畸形现象，因此还有待进一步研究。

2. 细胞核移植

(1) 细胞核移植的概念与意义　所谓细胞核移植技术，就是通过显微操作将供体细胞核移入去核的卵母细胞中，使后者不经过精子穿透等有性过程，即无性繁殖，就可被激活、分裂并发育成新的个体，使得核供体的基因得到完全复制。依供体核的来源不同可分为胚细胞核移植（胚胎克隆）与体细胞核移植（体细胞克隆）两种。

细胞核移植技术在宠物生产和生物学基础研究中具有重要价值。在宠物生产上，通过细胞核移植可大量扩增遗传性状优良的个体，加速宠物品种改良和育种进程。在科学实验中，通过核移植可获得遗传同质动物，是进行动物营养学、药理学和基础医学等研究最好的实验材料。核移植技术能大大提高转基因和性别控制技术的效率。在发育生物学研究中，核移植技术为探明细胞核与细胞质的相互作用关系、非细胞核遗传规律和早期胚胎的发育调控机制等提供了非常有效的手段。

(2) 细胞核移植的发展概况　1938 年，Spemann 最早提出将胚胎细胞核移植到去核卵母细胞中构建新胚胎的设想，但由于实验条件的限制，直到 1952 年，Briggs 和 Kings 才获得两栖动物——非洲豹蛙的胚胎克隆后代。1975年,Bromhall最早在家兔上证实哺乳动物的胚胎细胞核移植是可行的。哺乳动物的胚胎克隆技术在20世纪80年代得到迅速发展,相继获得小鼠、绵羊、牛、家兔、山羊和猪的克隆后代。1997年,苏格兰Roslin研究所的科学家借助细胞核移植技术,利用成年雌羊的乳腺细胞成功地复制出1只名叫"多莉"的雌性小绵羊,这一划时代的科技成果震动了整个世界,引起生物学相关领域的一场革命。2002年,T. Shin等利用卵丘细胞的细胞核,繁殖出1只克隆猫。2005年,B.C. Lee等利用成熟卵母细胞及选择自然发情的代孕雌犬,将1095个胚胎植入123头雌犬体内,有3个成功受孕,其中1只流产,另1只仔犬出生22d后因肺炎死亡,最终1只代孕的拉布拉多猎犬于60d后产下1头小猎犬,成为世界上首例克隆犬。2009年,S.G. Hong等采用犬胎儿成纤维细胞作为核供体进行体细胞核移植,将50个重组胚移入自然发情的供体雌犬体内,最终获得2只体细胞克隆幼犬。2008年,G. Jang等研究显示将小品种犬(贵宾犬)的体细胞移入大品种犬的去核卵母细胞中也可以获得克隆犬,说明犬的克隆可在犬的不同品种间实现。

(3) 胚胎克隆的操作程序 核移植的基本操作程序如图11-7所示,包括下列步骤。

① 供体核的分离技术

a. 胚细胞。供体核的准备实质上是把供体胚胎分散成单个卵裂球,每个卵裂球就是一个供体核。取得卵裂球的方法有两种:一种方法是用0.2%链霉蛋白酶预处理早期胚胎,然后机械法剥离透明带,用钝头玻璃管反复吹吸以分离成单个卵裂球;另一种方法是用尖锐的吸管直接穿过透明带吸出胚胎中的卵裂球。

图11-7 体外受精操作示意图
1—受体母细胞;2—去核;3—供体卵裂球的分离;4—向去核卵母细胞中移入卵裂球;5—融合与激活;6—合子;7—体细胞的传代培养;8—G0或G1期体细胞;9—用于核移植的体细胞;10—移核;11—融合与激活;A—第一极体;B—MⅡ期纺锤体

b. 体细胞。Wilmut等将绵羊乳腺细胞在特定的实验条件下增殖培养6d,诱使细胞处于静止状态,以便染色质结构调整和核进行重组。目前,卵丘细胞、颗粒细胞、输卵管上皮细胞、耳皮肤成纤维细胞、胎儿皮肤成纤维细胞、肌肉细胞等体细胞已经被用于体细胞克隆研究。而且这些体细胞可以经过培养传代、冷冻保存后备用。

准备好卵裂球后,用移植微管吸取1个卵裂球,借助显微操作仪把卵裂球放入1个去核卵子的卵黄周隙中,即完成移植过程。

② 受体细胞的去核技术。目前去除卵子染色体的方法有细管吸除法和紫外线照射法两种。前者是用微细玻璃管穿过透明带吸出第一极体和其下方的MⅡ期染色体,后者是用紫外线破坏染色体DNA,达到去核目的。

目前最常用的是细管吸除法,主要有两步法(透明带切开法)和一步法两种。透明带切开法如下:将卵母细胞放入覆盖石蜡油的操作液中,用固定管吸住卵母细胞,用切口针从上部刺入透明带,并经第一极体基部刺穿对侧的透明带,再用固定针下缘来回摩擦2~3次,切开透明带,用平头吸管自切口处插入,连同第一极体及其下方1/4~1/3细胞质去掉,该方法适用于小鼠。一步法是指用固定吸管吸住第一极体的对侧,用去核针将第一极体及其下方的核体部分去除，再把核体移入，这是目前最常用的方法。

③ 核卵重组技术。按供体核移入部位的不同分为卵周隙注射和胞质内注射。卵周隙注射：在显微操作仪操纵下，用去核吸管吸取1枚分离出的完整卵裂球，注入去核的受体卵母细胞的卵周隙中。胞质内注射：先将供体细胞的核膜捅破，形成核胞体，再将核胞体直接注入去核卵母细胞的细胞质中，然后激活处理。

④ 重组胚的融合技术。融合是运用一定方法将卵裂球与去核卵子融为一体，形成单细胞结构。融合方法目前有电融合和仙台病毒诱导融合两种。电融合是将操作后的卵母细胞和卵裂球复合体放入电解质溶液中，在一定强度的电脉冲作用下，使卵裂球与卵子相互融合。在电击过程中，两者的接触要与电场方向垂直，融合效率与脉冲电压、脉冲持续时间、脉冲次数、融合液、卵裂球的大小和卵子的日龄有密切关系，不同种动物采用的参数略有不同。仙台病毒诱导融合因融合效果不稳定，并具有感染性，目前很少使用。

⑤ 核移植胚的激活。在正常受精过程中，精子穿过透明带触及卵黄膜时，引起卵子钙离子浓度升高，卵子细胞周期恢复，启动胚胎发育，这一现象称为激活。在融合过程中，卵母细胞也可被激活。

⑥ 克隆胚胎的培养、移植或重复克隆技术。融合后的重组胚经化学激活或电激活后，在体外作短时间培养后，再移植到受体内，也可以在中间受体内培养至桑葚胚或囊胚，然后移入与胚龄同期的受体子宫角内，可以获得克隆后代，也可以进行冷冻保存。获得的早期胚也可作为供体核重新克隆。

（4）核移植技术目前存在的问题　目前胚胎克隆技术虽然取得了很大进展，但还存在一些有待解决的问题，如胚胎克隆的效率仍然很低、可供分割的胚胎发育程度有限、受体卵子的来源和质量还有待进一步研究、细胞核和细胞质的相互关系不协调、胚胎克隆技术的操作方法还存在不足等问题。

此外，克隆技术本身也面临挑战：一方面克隆技术与DNA重组技术相似，有对人类正常生存、发展构成危害的一面，这就需要国际社会及各国政府制定相应的法律、法规及监督机制，以杜绝其危及人类。另一方面，克隆技术是一项技术要求高的新技术，离开发应用还有一段距离，本身还面临一些亟待解决的问题，胞质对后代遗传的影响还有待研究。

四、转基因技术

1. 转基因技术的概念与意义

转基因技术（transgenic technology）是通过一定方法把人工重组的外源DNA（目的基因）导入受体的基因组中，或把受体基因组中的一段DNA切除，从而使受体遗传信息发生人为改变，并且这种改变能遗传给后代的一门生物技术。通常把用这种方式诱导遗传改变的动物称作转基因动物。

转基因技术可将生长激素或促生长因子基因导入受体基因组中，加快生长速度，提高饲料报酬。如表达牛生长激素的转基因猪，其生长速度比对照组快10%～15%，饲料报酬提高16%～18%。如病毒衣壳蛋白基因被导入家畜基因组后并表达时，机体可产生抗病毒抗体，提高家畜对这些疾病的抵抗力。转基因技术的另一重要用途是把药用蛋白或营养蛋白基因与组织特异性表达调控元件耦联，运用造血系统或泌乳系统生产药用或营养蛋白质。此外，人们还正在探索用转基因猪的器官作人类器官移植的供体，以解决器官移植过程中供体相对不足的问题。

2. 转基因技术的发展概况

1974年，Jaenisch应用显微注射法，在世界上首次成功获得了SV40 DNA转基因小鼠。

其后，Costantini 将兔-珠蛋白基因注入小鼠的受精卵，使受精卵发育成小鼠，表达出了兔-珠蛋白。1976 年，Jaenisch 等人建立了世界上第一个转基因小鼠系，这些小鼠基因组中插入了莫氏白血病病毒基因。1982 年，Palmiter 和 Bfinster 用显微注射转基因方法将大鼠的生长激素基因导入小鼠受精卵，获得了成年体重是对照组小鼠 2 倍的"超级鼠"，证明外源基因可在受体中表达，并且表达产物具有生物活性。这一结果发表后，哺乳动物的转基因技术引起生物学界的广泛重视并得到迅速发展。转基因鼠、鸡、家兔、绵羊、猪、牛和山羊等相继产生。2009 年，S. G. Hong 等采用逆转录病毒转染法及胎儿成纤维细胞体细胞核移植，首次获得了表达红色荧光蛋白的转基因犬。

近年来，转基因动物被用来生产非活性蛋白或用外分泌器官生产活性蛋白。目前，大约有 30 多种外源蛋白质基因在转基因动物乳腺中得以表达，如绵羊的 β-球蛋白、α-抗胰蛋白酶、抗凝血因子Ⅸ、组织纤维蛋白溶酶原激活因子、凝血因子Ⅷ、白细胞介素 2 等相继在转基因动物的乳腺中得到表达。

3. 转基因技术的基本操作程序

转基因技术是一个系统工程，主要包括以下技术环节。

（1）目的基因克隆和体外重组　目的基因是准备导入受体的 DNA 序列，目前获得目标基因的途径有 3 种。

① 人工合成：用 DNA 合成仪人工合成小片段碱基序列，一般不超过 100bp。

② 互补 DNA（cDNA）的克隆：通过提取组织中的 mRNA，用反转录酶合成 cDNA，建立 cDNA 文库，再克隆目的蛋白的 cDNA。

③ DNA 克隆：首先建立动物的 DNA 文库，再通过基因克隆技术获得编码目标蛋白基因，这是获得目标基因最常用的方法。

（2）载体的选择及其重组载体的表达构建　目的基因被克隆以后需与表达载体相联结，形成一个独立表达的调控单元，再通过扩增和纯化，使 DNA 达到一定浓度就可用于基因导入。

（3）外源基因的导入　外源基因的导入方法主要有 5 种。

① 显微注射法（原核注射法）。世界上第一只转基因小鼠就是用这种方法获得的。该方法借助显微操作仪，把 DNA 分子直接注入受精卵的原核中，通过胚胎 DNA 在复制或修复过程中造成的缺口，把外源 DNA 融合到胚胎基因组中，是最常见的转基因方法。优点是基因用量小，效果稳定，导入时不受 DNA 分子量的限制。但是，这种方法操作复杂，转基因效率低，仅为 1% 左右，而且不能定点整合，影响外源基因的表达与遗传稳定性。

② 反转录病毒感染法。反转录病毒是双链 RNA 病毒，侵染细胞后，可通过自身的反转录酶以 RNA 为模板在寄主细胞染色体中反转录成 DNA。在利用病毒载体转基因时，首先要对病毒基因组进行改造，将外源基因插入病毒基因组致病区，然后用此病毒感染胚胎细胞，即可对胚胎细胞进行遗传转化。如果在第一次卵裂之前外源 DNA 整合到胚胎基因组中，可获得转基因动物，如在第一次卵裂之后整合，会产生嵌合体，其第二代可能出现转基因动物。此法的最大优点是方法简单，效率高，外源 DNA 在整合时不发生重排，单位点、单拷贝整合，会产生多点整合，并且不受胚胎发育阶段的限制。缺点是携带外源基因的长度不能超过 15kb，载体病毒基因有潜在致病性，威胁受体动物的健康安全。

③ 胚胎干细胞介导法　这种方法首先是用外源基因转化胚胎干细胞，然后在体外培养增殖，通过筛选扩增以后，把阳性细胞注入受体动物的囊胚腔中，生产嵌合体动物，当胚胎干细胞分化为生殖干细胞时，外源基因可通过生殖细胞遗传给后代，在第二代获得转基因动物。这种方法可对阳性细胞进行选择，实现外源 DNA 的定点整合，缺点是第一代是嵌合

体，获得转基因动物的周期较长。

④ 精子载体法。即利用动物的获能精子能结合外源 DNA 的特性，通过受精过程把外源 DNA 导入受精卵，获得转基因动物。它的优点是方法简单，转基因效率高。缺点是效果不稳定，外源 DNA 分子可能会受到精液中内切酶的作用而影响整合后的功能。

⑤ 细胞核移植法。首先用外源 DNA 对培养的体细胞或胚胎干细胞进行转染，然后选择阳性细胞作核供体，通过细胞核移植，获得转基因动物。这种方法的转基因效率可达 100%，大大降低转基因动物的生产成本。但此法的广泛应用依赖于体细胞克隆技术的发展，目前还难以实现。

(4) 外源 DNA 整合、转录及表达的分子检测

① 外源基因的整合检测。即检测动物基因组中是否携带外源 DNA。常用的方法是用目标基因的一段碱基序列作引物，用聚合酶链式反应仪（PCR 仪），扩增目标 DNA，再通过电泳初步检测是否含有目标基因。然后，用 Southern 杂交检测 PCR 阳性个体是否含有目标基因，如果出现阳性，就可断定为转基因阳性动物。

② 外源基因的转录检测。用 Northern 杂交法对转基因动物某一组织的 mRNA 进行分析检测，如出现阳性，表明外源基因具有转录活性。

③ 外源基因的表达检测。检测转基因动物组织中是否含有目标基因编码的外源蛋白质，常用的方法有酶联免疫法、免疫荧光法和 Western 杂交法。

(5) 转基因动物品系或品种的建立　第一代转基因动物是半合子转基因动物，因为外源基因仅在一条染色体上稳定整合。只有通过选种选配，将两个半合子转基因动物成功交配，才能得到纯合子转基因动物，建立转基因动物家系，外源 DNA 才能在后代中稳定遗传。

4. 转基因技术存在的问题和发展方向

(1) 效率低　在转基因研究中，显微注射后的胚胎不足 1% 能发育为转基因后代，小鼠和大鼠等实验动物的转基因阳性率也只有 3% 左右，而且转基因阳性动物中仅 50% 左右能表达外源基因。

(2) 外源基因的随机整合和异常表达　人们在对外源 DNA 整合机制的研究中发现，外源 DNA 是被随机整合到胚胎基因组中。由于外源 DNA 自身的重排、突变或受到整合位点附近基因的影响，常出现异位和异时表达，或者表达水平低，有的甚至不表达。有的外源 DNA 整合到胚胎的功能基因中，影响胚胎发育或导致遗传缺陷。此外，外源 DNA 能否稳定遗传也是转基因技术面临的严重问题。

(3) 基因定点整合技术研究　随着动物基因组计划的完成，人类将会在染色体上发现一段对动物生长发育影响较小的 DNA 片段，然后把外源 DNA 插入其中，以发挥其生理功能，克服随机整合和异常表达给动物健康带来的问题。这就需要加强基因打靶技术研究，实现外源 DNA 定点整合到受精卵基因组中。

从长远趋势来看，人类的遗传疾病用转基因技术可以得到治愈，异种器官移植可能变为现实。运用转基因技术，人类能培育出抗病力强、饲料报酬和经济价值很高的动物新品种。

五、胚胎嵌合体

1. 胚胎嵌合体的概念与意义

嵌合体在希腊神话中指具有狮头、羊身和蛇尾的一种怪物。在现代生物学中，胚胎嵌合体是指由基因型不同的细胞所构成的复合胚胎，它包括种内嵌合体和种间嵌合体。

嵌合体生产技术对研究哺乳动物早期胚胎的发育潜能，探索细胞分化规律，掌握基因的表达调控规律具有重要意义。在畜牧业中，嵌合体技术为培育种间杂种动物、探索哺乳动物

的遗传和繁殖特点提供了很好的方法。同时，嵌合体技术也是生产转基因动物的一种方法。

2. 嵌合体技术发展概况

1901 年，Spemann 在两栖动物中开始培育嵌合体的研究，以探索两栖动物胚胎发育规律。直到 1965 年，Mintz 等才得到小鼠嵌合体后代。20 世纪 70 年代以后，哺乳动物嵌合体技术发展迅速，先后获得了嵌合体绵羊、大鼠、家兔、牛和猪。同时，种间嵌合体技术也取得突破，小鼠-大鼠嵌合体、家养小鼠-野生小鼠嵌合体、牛-水牛嵌合体、绵羊-山羊嵌合体等相继获得成功。

3. 哺乳动物嵌合体的生产方法

目前，哺乳动物嵌合体的生产方法有卵裂球聚合法和囊胚细胞注射法两种。

（1）卵裂球聚合法　是把不同遗传性能而发育阶段相同或相近的胚胎卵裂球聚合在一起获得嵌合体的方法。胚胎发育阶段在 8 细胞至桑葚胚阶段操作较为理想。操作时先用链霉蛋白酶去除透明带，将 2 枚或 2 枚以上胚胎的卵裂球聚合在一起形成复合体，再经过一段时间培养后形成嵌合体胚胎，然后移植到受体内继续发育为嵌合体。聚合法操作简单，但是嵌合体生产效率低。

（2）囊胚注射法　是把 1 种或多种胚胎的卵裂球、内细胞团细胞或胚胎干细胞直接注射到另 1 枚囊胚的囊腔中获得嵌合体的方法。操作时，首先要准备好供体细胞，再用显微操作仪把供体细胞注入囊胚腔，然后把胚胎移入受体内继续发育成为嵌合体。这种方法虽然操作复杂，但生产嵌合体的效率很高，已成为生产嵌合体的主要方法。

（3）嵌合体的鉴定　可通过外观观察法生化分析或分子检测确定后代是否为嵌合体。外观观察法是通过观察后代的肤色或毛色变化确定是否为嵌合体，这种方法直观，但在选择动物品种时，要求观察指标对比明显。生化分析法主要通过测定嵌合体血液或组织中同工酶的变化确定后代的嵌合情况，目前常用的是分析磷酸葡萄糖异构酶的表达情况。随着分子生物学的发展，可通过 DNA 指纹分析后代体细胞的遗传组成，这种方法快速准确。

4. 动物嵌合体生产存在的问题及前景

嵌合体技术的发展对加快生物学、医学、畜牧学和濒危动物的保护具有十分重要的意义。目前需要解决的问题有以下两点。

（1）提高嵌合体的生产效率　目前，嵌合体的生产效率很低，特别是种间嵌合体仅在少数动物取得成功，给远缘动物的嵌合带来很大障碍。

（2）加强种间特异性嵌合体技术研究　种间嵌合体的出现为动物育种提供了新的思路，通过这种方式可能会获得经济价值或观赏价值更高的动物，种间嵌合体技术也为拯救濒危动物提供一种方法。

思 考 题

1. 简述胚胎移植的原理和操作程序。
2. 简述克隆技术和转基因技术的意义。
3. 简述体外受精的主要操作程序。

实 验 实 训

实训一 犬、猫生殖器官解剖构造的观察

【目的要求】

通过观察犬、猫生殖器官的标本、模型及挂图，掌握生殖器官的位置、形态、解剖构造，为生殖器官的检查、人工授精等技术的操作、生殖疾病的诊疗以及难产救助等打好基础。

【实训材料】

1. 犬、猫生殖器官的浸渍或新鲜尸体标本、模型及挂图（或图片投影）等。
2. 搪瓷盘、剪子、镊子、胶皮手套、电脑及多媒体投影仪等。

【实训内容】

1. 雌性动物生殖器官的观察

雌性动物生殖器官位于骨盆腔和腹腔内，包括卵巢、输卵管、子宫、阴道、尿生殖前庭和阴门等。

（1）卵巢 犬的卵巢呈长卵圆形，形似菜豆，位于第3～4腰椎横突腹侧，右侧卵巢比左侧卵巢位置靠前，全部被卵黄囊包裹。卵巢内含有许多卵泡，在表面生成许多隆凸，通常有成熟卵泡3～15个，直径0.4～0.5cm，但缺少明显的卵巢门。

猫的卵巢呈卵圆形，形似花生米，位于第3～4腰椎横突腹侧，比犬卵巢的位置更低一些，其表面可见许多突出的白色小囊，黄体呈棕黄色。

（2）输卵管 未成年犬的输卵管一般为直管状，成年犬的输卵管比较短，长5～8cm，直径0.1～0.2cm，弯曲明显，呈螺旋状，伞部开张于卵巢旁。

猫的输卵管长4～5cm，顶部呈喇叭状，称喇叭口，管壁较薄，位于卵巢前端外侧面，紧贴着卵巢。

（3）子宫 犬的子宫呈"V"字形，子宫体较短，呈细的圆筒状，长2～3cm；子宫角长为12～15cm；子宫颈为0.5～1cm，界限清晰。子宫颈管有1/2突入阴道凹陷处，形成子宫颈阴道部，其后部的背侧为阴道背侧褶，此褶向后延伸2～3cm。

猫的子宫呈"Y"字形，中部为子宫体，长2～4cm，子宫角发育很好，长9～10cm，宽3～4cm，子宫颈长0.5～0.8cm。

（4）阴道 阴道位于骨盆腔内，背侧为直肠，腹侧为膀胱和尿道，前接子宫，后以阴瓣与尿生殖前庭分开。成年中型犬的阴道长度10～14cm，前端变细，无明显的穹隆。猫的阴道长2～3cm。

（5）尿生殖前庭 犬在胎儿期尿生殖道发达，有处女膜，但出生时，处女膜则萎缩或消失，仅留有退化的阴道瓣。

未妊娠的成年犬阴门裂宽3cm，尿道口到阴门下结合的长度大约为5cm，阴道前庭连接

部的直径为1.5~2cm。猫的尿道前庭长约2.5cm,前庭上有前庭腺。

(6) 阴唇与阴蒂　犬的阴唇的上部联合与肛门的距离为8~9cm,下部联合的前端稍下垂,呈突起状。猫的阴唇比狗的厚。

犬的阴蒂由勃起组织组成,长度为0.6cm,直径为0.2cm,有阴蒂骨存在,分布有丰富的感觉神经。

2. 雄性动物生殖器官的观察

雄性动物的生殖器官主要由睾丸、附睾、输精管与精索、尿生殖道、前列腺、阴茎、精索、阴囊和包皮等。

(1) 睾丸　睾丸位于肛门腹下的阴囊内,呈长卵圆形,表面光滑,其纵轴朝向躯干纵轴的前下方,呈后上方向前下方的倾斜状态,睾丸的实质为白色。

成年犬的睾丸体积为(3~4)cm×(2.8~3)cm×(1.8~2)cm,总重10~30g。成年猫的睾丸体积为(1.4~3)cm×(0.8~1.5)cm×(0.8~1.2)cm,总重4~5g。

(2) 附睾　附睾头由睾丸输出小管盘曲而成,睾丸输出小管最后汇合成一条较粗的附睾管,附睾管逐渐变细,延续为附睾体,在睾丸的远端扩张成附睾尾。附睾尾部的附睾管径增大,弯曲减少,逐渐过渡为输精管,经腹股沟管进入腹腔。犬的附睾长达5~10m,猫的附睾长达1.5~3m,附睾头尾的朝向同躯干一致。

(3) 输精管与精索　输精管由附睾尾进入精索后缘内侧的输精管褶中,经腹股沟上行进入腹腔,再向上方后转进入骨盆腔,绕过同侧的输尿管,在膀胱背侧的尿生殖褶内继续向后延伸、变粗,形成不明显的输精管壶腹,末端变细,开口于阴茎基部的尿道(骨盆部)。

精索是呈上窄下宽的扁圆锥形索状物,其基部(下部)附着于睾丸和附睾上,上端狭窄甚至闭锁,以腹股沟管的内环(腹环)通腹膜腔和阴囊的鞘膜腔。

(4) 副性腺　犬的前列腺发达,位于尿生殖道起始部背侧,耻骨前缘,为对称的黄色球状体,以多条输出管开口于尿生殖道盆部。以中等犬为例,前列腺体积为1.7cm×2.6cm×0.8cm。

猫的前列腺体积为0.5cm×0.2cm×0.3cm,分为左右两叶,位于尿道背侧,与输精管相通。尿道球腺有1对,体积0.4cm×0.3cm×0.3cm,位于阴茎基部的尿道两侧,开口于尿道。

(5) 尿生殖道　尿生殖道可分为骨盆部和阴茎部。骨盆部尿生殖道管腔较粗,与膀胱颈的连接处为尿道内口,输精管与前列腺均开口于此,阴茎部尿生殖道的开口为尿道外口。

(6) 阴茎　犬的阴茎为圆柱状,不勃起时长6.5~20cm,有发达的阴茎头,其中含有等长的阴茎骨,骨的腹面包有尿道,尿道和阴茎骨的外围包被阴茎皮肤。

猫的阴茎无阴茎骨,即使有,也很短,长度为0.3~0.4cm。阴茎游离端不形成龟头,只有帽样结构,上面有角化小乳头,对诱发雌猫排卵可能有一定的作用。

【实训提示】

1. 爱护标本,避免标本损坏;实习结束,将标本放回标本池或者用塑料包好,以防干燥。

2. 重点观察犬、猫生殖器官组成上的异同点,并绘制大致草图。

【技能考核】

1. 能够准确识别主要生殖器官的形态、结构与位置,绘制出卵巢、子宫、睾丸、阴茎等主要生殖器官的解剖结构图。

2. 能够说出犬、猫生殖器官的异同点。

实训二　犬、猫睾丸、卵巢组织切片的观察

【目的要求】

通过对组织切片的观察，掌握睾丸、卵巢的组织结构及其形态，了解精子和卵子发生的过程与形态，了解卵泡发育的过程与形态。

【实训材料】

1. 犬、猫的睾丸切片、卵巢切片以及相应的幻灯片。
2. 显微镜、幻灯机和多媒体投影仪。

【实训内容】

1. 睾丸切片的观察

（1）低倍观察　主要观察睾丸小叶、精小管的形态。睾丸表面光滑，除附睾缘外，覆有一层浆膜，其下为白膜。白膜深入睾丸内，形成睾丸纵隔和中隔，将睾丸分成为许多锥形小叶。睾丸小叶内的曲精小管在接近纵隔处变直为直精小管，并在小叶尖端各自汇合，穿入纵隔形成睾丸网，睾丸网汇合成睾丸输出小管，穿出睾丸头白膜，汇入附睾头的附睾管。

（2）高倍观察　主要观察支持细胞、生精细胞和间质细胞等的结构，比较不同精小管内细胞的类型（图实1）。

① 支持细胞。位于曲精小管壁上，数量较少，由曲精小管的基膜一直伸向腔面，常有精子镶嵌在上面，周围也有处于各发育阶段的生精细胞附着。支持细胞呈柱状，体积大而细长，轮廓不明显，位于细胞基部的细胞核较大，着色较浅，有 1～2 个明显的核仁（图实2）。

图实1　睾丸曲细精管切面

1—毛细血管；2—间质组织；3—初级精母细胞；
4—支持细胞；5—精子细胞；6—次级精母细胞；
7—精子；8—基膜；9—间质细胞；10—精原细胞

（包玉清主编，宠物解剖与组织胚胎，2008）

图实2　支持细胞立体模式图

1—基膜；2—精原细胞；3—紧密连接；
4—精母细胞；5—支持细胞与生精
细胞间的间隙；6—精子细胞

（包玉清主编，宠物解剖与组织胚胎，2008）

② 生精细胞。位于支持细胞之间，数量比较多，多为 3～7 层分布，是精子形成的原

基。幼龄动物的生精细胞只有精原细胞,至性成熟后,精原细胞分裂增殖,依次形成初级精母细胞、次级精母细胞、精细胞和精子等(图实3)。

a. 精原细胞。位于最基层,紧贴于基膜,常见分裂现象,又可细分为3种不同形态的细胞。

A型精原细胞比较大,细胞质少,呈椭圆形,核中散布着微细的染色质颗粒,与基膜接触多。

B型精原细胞比较小,染色质浓厚,核圆而小,核仁不规则,核膜明显,与基膜接触少。

中间型精原细胞为A型向B型过渡的中间形态,核内染色质丰富,难以见到。

b. 初级精母细胞。位于精原细胞的内侧,排列成2~3层,是生精细胞中最大的细胞。细胞呈圆形,体积较大,核呈球形,染色体形状不一,有棒状和粒状。由于第一次减数分裂的前期历时较长,故在生精小管的切面中可观测到不同增殖阶段的初级精母细胞。

c. 次级精母细胞。位于初级精母细胞的内侧,比初级精母细胞略小,呈圆形,核呈球形,染色质呈细粒状,着色较深,看不见核仁。由于细胞分裂较快,很难观测到,在同一位置上有其存在则无精子细胞存在。

d. 精子细胞。位于初级精母细胞或次级

图实3 各时期生精细胞形态
1~3—各型精原细胞;4,5—初级精母细胞;
6—次级精母细胞;7—精子细胞;8~10—变态
过程中的精子;11—成熟的精子
(包玉清主编,宠物解剖与组织胚胎,2008)

精母细胞的内侧,靠近精小管的管腔,常排列成数层,并多密集在支持细胞游离端的周围。细胞呈圆形,体积更小,胞浆少,核小呈球形,着色深,核仁清晰。精子细胞不再分裂,经过一系列的形态变化,成为精子。

e. 精子。呈蝌蚪状,有明显的头和尾,靠近精小管的管腔内。头部多呈扁椭圆形,呈深蓝色,常嵌入支持细胞的顶部胞浆中,尾部细长,呈红色,朝向管腔。精子发育成熟后脱离精小管的管壁,游离在管腔中,随即进入附睾。

需要指出的是,直精小管壁上只有支持细胞,没有生精细胞,所以不能形成精子。

③ 间质细胞。睾丸间质细胞近乎椭圆形或多边形,核大而圆,居中,染色浅,细胞质嗜酸性。睾丸间质细胞常聚集存在,主要分布在曲细精管之间,或沿小血管周围排列,对睾丸起支持作用。

2. 卵巢切片的观察

(1) 低倍观察 主要观察卵巢的被膜、皮质和髓质。卵巢表面除卵巢门外,都覆有一层生殖上皮,其下为白膜。幼年和成年动物的生殖上皮多呈立方状或柱状,老龄动物的生殖上皮变为扁平。皮质是卵巢的外周部分,较厚,由基质、处于不同发育阶段的卵泡、闭锁卵泡、黄体和白体等构成,与白膜界限比较明显。髓质位于卵巢中央,较小,为富含弹性纤维的结缔组织,内部含有大量的血管和神经,无卵泡分布。偏离卵巢中轴的切片可能看不见髓质部分。

(2) 高倍观察 主要观察原始卵泡、初级卵泡、次级卵泡、生长卵泡、成熟卵泡和闭缩卵泡的结构特征和细胞形态。

① 卵泡。是由居于中央的卵母细胞和外周的卵泡细胞组成。

a. 原始卵泡。位于皮质部最外层,数量多,体积较小,呈球形,无卵泡膜和卵泡腔。

位于卵泡中央的卵母细胞体积较大，核内染色质较少，嗜酸性，着色较浅，核仁明显，周围为一层扁平上皮细胞构成的卵泡细胞，体积小，着色深。

　　b. 初级卵泡。位于皮质部表层，是由卵母细胞和周围单层柱状卵泡上皮细胞组成。卵泡周围有一层基底膜，无卵泡膜和卵泡腔。许多初级卵泡在发育过程中退化消失。

　　c. 次级卵泡。位于皮质较深层，由初级卵泡发育而来，卵母细胞体积基本不变，但外围的卵泡细胞增殖，由扁平变为立方状或柱状，由单层变为多层，体积增大。卵母细胞由多层颗粒细胞所包围，其外形成卵泡膜。在卵母细胞和卵泡细胞之间出现了趋光性强、嗜酸性、染色比较深的透明带，尚未形成卵泡腔。

　　d. 生长卵泡。卵泡体积增大，卵泡细胞分泌的液体增多，形成卵泡腔。随着卵泡液的增多，卵泡腔进一步扩大，卵母细胞被挤向卵泡的一侧，并包被于一团颗粒细胞所形成的小丘内，称为卵丘。透明带周围的颗粒细胞呈放射状排列，称为放射冠。

　　e. 成熟卵泡。成熟卵泡是卵泡发育的最后阶段，体积很大，但颗粒细胞数目不再增加，卵泡突出于卵巢表面。卵母细胞成熟，核呈空泡状，染色质很少，核仁明显。卵泡膜的内外两层界限明显，内膜增厚，内膜细胞肥大，类脂质颗粒增多。

　　② 闭锁卵泡。卵巢上只有少数卵泡发育成熟，大多数在发育过程中退化为闭锁卵泡。无腔卵泡退化后，卵母细胞萎缩或消失，一般不留痕迹；有腔卵泡退化后，可观察到萎缩的卵母细胞和膨胀塌陷的透明带。闭锁卵泡最终被结缔组织取代，形成类似白体的结构，随后消失于卵巢基质。

　　③ 黄体。卵泡成熟排卵后，卵泡壁收缩，塌陷的卵泡腔充满血液，卵泡壁的间质细胞增生，黄体细胞分裂和增殖旺盛，充满卵泡内腔，形成球形或椭圆形的黄体，主要由颗粒细胞和内膜细胞构成。

　　颗粒细胞分化来的黄体细胞数量多，体积大，呈多边形，着色浅，排列紧密，核仁清晰；内膜细胞分化来的黄体细胞数量少，体积小，着色深，主要位于黄体周边。

【实训提示】

　　1. 爱护切片，使用过程中避免压碎组织切片；实习结束，将切片放回切片盒，以防打碎。

　　2. 观察生殖细胞时，先在低倍下观察，然后在高倍下观察，并绘制示意图。

【技能考核】

　　1. 能够识别卵巢内部细胞的种类和组成，绘制出卵巢的组织结构图。

　　2. 能够识别睾丸内部细胞的种类和组成，绘制出睾丸的组织结构图。

实训三　犬、猫的发情鉴定

【目的要求】

　　通过观察雌犬、雌猫的外部表现，结合雄犬、雄猫试情和阴道检查等方法，判断雌犬、雌猫是否发情，基本掌握雌犬、雌猫发情所处的不同阶段，确定排卵时间和配种的最佳时间，为今后从事繁殖与改良工作奠定基础。

【实训材料】

　　1. 达到性成熟的雌犬、雌猫和试情雄犬、雄猫若干。

　　2. 保定架、保定绳、开膣器、镊子、棉签、手电筒、注射器、水盆、脱脂棉、毛巾、载玻片、显微镜、发情鉴定仪等。

3. 生理盐水、75%酒精棉球、消毒液、苏木素-伊红染色液、瑞氏染色液、姬姆萨染色液、甲醇、液体石蜡、诱导发情药剂等。

【实训内容】

1. 外部观察法

发情前数周，雌犬表现为食欲下降，兴奋不安，四处游走，频繁排尿，愿意接近雄犬，厌恶与其他雌犬做伴；发情前数日，多数雌犬变得无精打采，态度冷漠，偶见初配犬出现拒食现象，甚至出现惊厥。处于发情前期，雌犬外生殖器官肿胀，阴门排出血样分泌物，持续2～4d。当排出物增多时，阴门及前庭变大、肿胀，雌犬变得兴奋不安，饮水量增加，排尿频繁，但拒绝交配。进入发情期，排出物大量减少，颜色由红色变为淡红色或淡黄色，触摸尾根，尾部翘起，偏向一侧，按压背部，站立不动，接受交配。发情期过后，外阴逐步收缩复原，偶尔见到少量黑褐色排出物，雌犬变得安静、驯服、乖巧。

发情前期，雌猫阴门水肿不明显，阴道无血红色恶露，喜欢被抚摸，排尿频繁。处于发情期，雌猫"嗷嗷"叫，性情比较温顺，精神兴奋，食欲下降，按压背部有踏足举尾巴的动作，尾巴歪向一侧，愿意接受交配；会阴部前后移动，敲击骨盆部，表现更为明显；阴门红肿、湿润，甚至流出黏液。发情后期，阴门水肿逐渐消除，食欲逐渐恢复，不接受爬跨。

2. 试情法

将试情雄犬与雌犬放在一起，若雌犬表现出嗥叫、逃避或撕咬，说明处于发情前期的早期；若雌犬顺从雄犬的爬跨，但当雄犬要交配时，雌犬出现坐下、蜷伏或伏于地上，说明处于发情前期的晚期。处于发情期的雌犬，见到雄犬后会表现出愿意接受交配的行为，如站立不动、故意暴露外阴、尾巴偏向一侧、阴门有节律地收缩等。

将试情雄猫与雌猫放在一起，若雌猫拒绝交配，说明处于发情前期；若雌猫蹲伏下来接受爬跨，并将腰部下弯，骨盆区抬高，尾巴歪向一侧，说明处于发情旺期。在发情过程中，有的品种猫表现活跃，出现鸣叫现象，但是许多长毛品种猫发情时并不鸣叫。

3. 阴道检查法

(1) 阴道黏膜检查　将雌犬或雌猫在保定架内保定，将其尾拉向一侧，暴露并清洗、消毒外阴，利用开膣器打开阴道，借助光源，直接观察阴道黏膜颜色及分泌物的变化情况。当雌犬、雌猫处于发情时，阴道黏膜充血潮红，分泌物增多，开膣器插入较容易等；处于发情后期或乏情期，阴道黏膜变红，分泌物减少，开膣器很难进入阴道。

注意事项：阴道开膣器要事先消毒，并加温到37℃，涂抹适量灭菌石蜡油。如果需要制作阴道黏液涂片则不需要涂抹石蜡，避免干扰制片。检查阴道时，插入动作要缓慢，取出时不要完全关闭，避免夹伤阴道黏膜。此外，切忌频繁插入或取出开膣器，以免物理刺激而影响观察效果。

(2) 阴道黏液涂片法　雌犬或雌猫的阴道保持水平，并做消毒处理。左手分开阴门，右手持浸有生理盐水的灭菌棉签，斜向上（约与水平方向呈45°）插入阴道内一定深度（犬为2～4cm，猫为1.5cm左右），避开尿道口，水平插入阴道深处，轻转棉签2～3圈，以保证棉签头部蘸取到足够的阴道上皮细胞，在载玻片上适度用力滚一下，避免因拖动而导致细胞扭曲，迅速用甲醇固定，自然风干，利用染色液染色，用显微镜观察。

不同生理状态，雌犬阴道黏膜涂片中的细胞组成差异较大：发情前期，阴道涂片中有很多核固缩的角质化上皮细胞、红细胞，少量白细胞和大量的碎屑；发情盛期，含有很多角质化上皮细胞，呈团块状或片状聚集，红细胞含量较少甚至不能被观察到，而白细胞不存在；

排卵后，白细胞占据阴道壁，同时出现退化的上皮细胞；发情后期，阴道涂片中含有很多白细胞、非角质化上皮细胞及少量的角质化上皮细胞；乏情期的涂片中，上皮细胞是非角化的，白细胞几乎不可见。但到发情前期前，变为角质化上皮细胞。

雌猫的阴道涂片细胞变化与雌犬相似，猫在发情周期可以见到角质化细胞和白细胞，但发情前期无红细胞，具体如下：发情前期以大而有核的上皮细胞为主；发情旺期出现大量角质化细胞；发情后期以中性粒细胞为止；发情间期以有核上皮细胞和少数中性粒细胞为主。

4. 电阻测定法

电阻测定法能较准确地鉴定出雌犬、雌猫的发情阶段，从而合理地安排配种或输精时间。雌犬在发情前期最后一天的电阻值一般为495～1216Ω，而在此之前为250～700Ω。在发情期也有变化，特别是在发情期开始时，有些雌犬中电阻下降，而有些雌犬与发情前相比则电阻上升，但所有雌犬发情期的后期，部分时间内电阻值均下降。

【实训提示】

1. 事先准备好雌犬、雌猫若干，预先检查，了解每只供试动物的生理状态。
2. 为了提高实训效果，选择发情明显的个体做实训动物。对于未发情的犬、猫，采用激素诱导发情处理，提高发情效果。

【技能考核】

1. 能够叙述雌犬、雌猫各发情阶段的外部表现，并能够运用试情法鉴别发情个体。
2. 能够叙述阴道黏膜细胞在发情周期中的变化规律，并能够结合镜检判断发情个体的最佳配种时间。

实训四　犬、猫的采精与输精

【目的要求】

熟悉犬、猫的采精与输精操作要领，初步掌握雌犬、雌猫的人工授精技术操作。

【实训材料】

1. 达到性成熟的雄犬、雄猫和假台犬、雌犬、雌猫若干。
2. 保定架、保定绳、无菌纱布、假阴道、保温杯、温度计、集精杯、棉签、脱脂棉、毛巾、开膣器、输精器、注射器、手电等。
3. 75%酒精棉球、生理盐水、消毒液、凡士林或液体石蜡等。

【实训内容】

1. 采精操作

(1) 犬　一般采用手握按摩采精法。首先，将雄犬放在保定架内或辅助人员将犬保定好。辅助人员一只手握颈钳夹住头颈部，另一只手握住尾部，并将尾部适当提起，使雄犬呈站立姿势。采精员（戴乳胶手套）用毛巾蘸上含有0.1%高锰酸钾的42℃温水，将雄犬胯下及臀部至后腿上部的毛擦湿（避免采精时落入灰尘）消毒后，稍等1～2min。

当雄犬被雌犬或阴道分泌物诱导成功后，采精员左手握集精杯，右手握住阴茎，将阴茎执向侧面，并在龟头球体轻轻按摩阴茎，直到阴茎出现部分勃起，龟头球胀大，经按摩30～60s即可射精，射精过程持续3～5s。右手握住犬的阴茎球部，并用手掌脉冲式按压球部刺激射精，左手持杯口覆有2～3层灭菌纱布的集精杯收集精液。在收集精液时，要特别注意器具不能触及龟头，否则会造成射精停止。采完精后，应轻轻把充血的阴茎球按回原状,并将阴茎复位,最好在空气中暴露20min左右。射精的最开始部分,多混有尿液等杂物,弃之不用,后两段可以一起收集,但尽量少要副性腺分泌物。

通常,采精频率为2次/周,最佳采精年龄为2~4岁。大型犬1次射精量1.5~2ml,小型犬1次射精量不足1ml。手握按摩采精法可以现采现用,不宜对精液进行保存,采到的精液要立即用等温的稀释液1∶1稀释。

(2)猫 一般采用假阴道法。将一只正在发情的雌猫作为试情雌猫,将其适当保定。当雄猫爬跨试情雌猫时,采精员迅速将假阴道的开口对准阴茎,当阴茎插入温度（44~46℃）、压力适宜和润滑的假阴道内时便行射精,射精过程为1~4min。在采精过程中,采精员需要用手指在假阴道的外壁施压刺激,但切忌用力过猛,以免过度刺激雄猫的阴茎,引起雄猫的不适感觉。

用假阴道法采精时,需要在采精前训练雄猫,一般经过2~3周的训练,大约20%的雄猫可以使用假阴道采精。但是,有些雄猫很难使其适合假阴道,尤其当雄猫在其不熟悉的环境中采集精液,即使是经训练也不一定能采集到精液。

采用假阴道法,雄猫可每周采精2~3次,但是对于同一只雄猫每隔3周采精1次比较合适。每只雄猫的平均1次射精量为0.034~0.04ml,密度为$5.7×10^7$个/ml,精子活力为80%~90%。

2. 输精操作

采集到的新鲜精液一般需要稀释后使用,也可以直接进行输精。输精前,先用酒精火焰对阴道开膣器进行消毒,也可以用75%的酒精棉球擦拭消毒。输精器用蒸煮法消毒,使用前用生理盐水冲洗2~3次。

对于用于输精的精液要求是,新鲜精液的活力应该在0.6以上,冷冻精液的活力应该在0.3以上。

(1)犬 将适合输精的雌犬保定在输精架上,大型犬令其站立保定,将头部固定在助手的两膝之间,后躯抬高,尾拉向一侧,暴露阴门。用医用棉签将雌犬外阴部擦净,再用温水清洗后,用0.1%高锰酸钾溶液消毒、生理盐水冲洗、擦干。输精员洗手消毒后,戴上医用手套,将开膣器加温并涂抹液体石蜡,轻轻插入阴道,迫使阴道开张,借助光源（手电、额镜、额灯等）寻找到子宫颈外口,并用开膣器前端顶住子宫颈突入阴道内的部分,向前略向下推进并固定子宫颈的位置。将吸好精液的输精器插入子宫颈外口,开膣器稍后撤,并注入精液。然后,将输精管后退2~3cm,若没有精液倒流,取出输精管和开膣器。这种方法的优点是直观,能看到输精管插入子宫颈口的情况,缺点是开膣器对阴道刺激较大而引起微痛感,输精不方便,阴道狭窄的处女雌犬容易使阴道黏膜受伤,甚至插不进阴道内。

此外,可以采用输精管直接对雌犬进行输精。让助手将雌犬站立保定,输精员将输精器沿着背线方向上大约45°,缓慢旋转插入阴道3~5cm处,越过尿道口,再水平方向插入5~10cm达到子宫颈口或子宫体内位置,遇阻时,将输精管后退4~5cm,调整角度后再推入至子宫颈口或子宫体内位置,甚至达到子宫角。慢慢注入精液,输完精后,后躯抬高片刻,用右手按摩阴道口外部,刺激子宫收缩,便于精子在子宫内的运行,以防止精液流出。

(2)猫 猫是刺激性排卵动物,输精前应该对发情雌猫注射50 IU的HCG,或者用结扎的雄猫对发情的雌猫进行交配,来诱发排卵。待输精雌猫经过麻醉处理后,用头部钝圆的细吸管吸取稀释好的精液,或用尖端磨光的9ml的20号注射针头,接上1ml注射器,吸取稀释好的精液,仔细地插入阴道,在子宫颈外口处输入精液。子宫内输精比子宫颈口处输精效果好,但是猫的阴道前背侧有皱褶,子宫输精操作相对困难。为了提高受胎率,可以间隔24h再输精一次。输精过程中应严格消毒和细心操作,以防感染和造成损伤。输精后应轻轻拍打臀部 1~2 次，以刺激其外阴部收缩，防止精液外流。

【实训提示】

1. 采精前，先熟悉雄犬、雄猫的习性、采精方法与要领，注意安全。
2. 为了提高实训效果，教师现场示范和指导，学生按照操作规程进行操作。

【技能考核】

1. 能够叙述人工采精操作的技术要领，能够独立开展犬、猫的采精操作。
2. 能够叙述人工输精操作的技术要领，能够独立开展犬、猫的输精操作。

实训五　精子的品质检查

【目的要求】

通过实训，熟悉精子的运动方式，识别正常精子和异常精子，掌握评定精子活力的方法及评价指标；验证外界因素对精子运动及生存能力的影响；掌握死活精子染色和制作抹片的方法。

【实训材料】

1. 犬、猫的新鲜精液或保存的精液若干。
2. 显微镜、显微镜恒温台、移液器、红（白）细胞稀释管、载玻片、盖玻片、搪瓷盘、温度计、滴管、1.5ml 离心管、擦镜纸、纱布、有刻度试管、血细胞计数板、精子密度仪、分光光度计、染色缸、染色架等。
3. 蒸馏水、74％酒精、95％酒精、3％ NaCl 溶液、生理盐水、5％伊红染色液、1％苯胺黑或 0.5％甲紫酒精溶液、磷酸盐缓冲液、姬姆萨染色液、$Na_2HPO_4 \cdot 12H_2O$、$NaH_2PO_4 \cdot 2H_2O$、甲醛、$MgCO_3$ 等。

【实训内容】

1. 感官检查

（1）射精量　将采集的新鲜精液倒入有刻度的试管或集精杯中，测其体积。通常，雄犬的射精分三段进行，第二段的精液富含精子，平均为 3.8ml。猫采用假阴道法采精，射精量为 0.01~0.12ml，平均为 0.04ml。

（2）色泽和气味　犬、猫的精液为乳白色或灰白色，无味或略微腥味。

（3）云雾状　取新鲜精液 1 滴，滴在载玻片上，不加盖玻片，用低倍镜观察精液滴的边缘部分。犬、猫的精子密度不大，不呈现明显上下翻滚的云雾状。

2. 精子密度检查

精子密度是评定精液品质的一项重要指标，也称精子浓度。目前，测定精子密度的方法主要采用估测法、计算法和光电比色法 3 种。

（1）估测法　估测法通常结合精子活力检查来进行。取 1 滴原精在清洁的载玻片上，盖上盖玻片，使精液分散成均匀一薄层，无气泡存在，精液不外流或溢于盖玻片上，置于显微镜下放大 400~600 倍观察。根据显微镜下精子的密集程度，将精子的密度大致分为"稠密"、"中等"、"稀薄"三个等级。

此外，将新鲜精液按照一定比例稀释，统计出某一视野中的精子总数，先后乘以 100 万和稀释倍数，可以直接估计出精子的密度。如稀释后视察（稀释 5 倍）一个视野中有 60 个精子，那么原精的密度为：60×100 万 $\times 5$ 倍 $= 3 \times 10^8$ 个/ml。

（2）计算法　犬、猫的精液浓度相对低，用白细胞吸管（10 倍或 20 倍稀释）吸取原精液至所需要的刻度（0.5或1.0处），然后吸取稀释液至11的刻度上，用拇指和食指分别按压吸管的两端，进行振荡混合均匀，弃去吸管前段不含精子的液体2~3滴，向计数室与盖玻片之间的边缘滴1滴，使精液渗入计数室内，即可在显微镜下检查5个中方格的精子数，而后推算1ml内的精子数。

1ml原精液的精子总数＝5个中方格的精子总数÷80(小方格数)×400(小方格总数)×10(计数室高度)×1 000(1ml稀释后的精子数)×稀释倍数＝5个中方格的精子总数×50000×稀释倍数

为保证检查结果的准确性，在操作时要注意：滴入计算室的精液不能过多，否则会使计算室高度增加；检查中方格时，要以精子头部为准，为避免重复和漏掉，对于头部压线的精子采取"上计下不计，左计右不计"的办法；为了减少误差，最好进行两次计算，求其平均值。如果两次误差大于10%，则应作第三次计算，然后计算出平均数。

(3) 光电比色法　此法是根据精液透光性的强弱来测定精子密度。精子密度大，透光性就差。反之，透光性就越强。检查时，先将精液稀释成不同比例，并用血细胞计数板测出相应的精子密度，然后用分光光度计测出其透光度，再根据不同精子密度标准管的透光度，求出每相差1%透光度的级差精子数，编制成精子密度对照表或者绘制成曲线备用。测定精液样品时，将精液稀释到一定倍数，用分光光度计测定其透光值，查表即可得知精子密度。

3. 精子活力检查

精子活力是评定精液品质优劣的重要指标之一，常用的方法有精子计算法、死活精子染色法和目测法等。

(1) 目测法　精子活力主要采用目测法进行评定，要求在22~26℃的实验室内进行。精液的检查温度在37℃左右，所以，需用有恒温装置的显微镜。

① 平板压片法。用玻璃棒蘸取1滴精液于载玻片上，盖上盖玻片，使精液分布均匀（图实4），放置在显微镜35~37℃的恒温载物台上，放大400~600倍，目测精子的运动状态并评定精子活力。此法简单、操作方便，但精液易干燥，检查应迅速。

② 悬滴检查法。用玻璃棒蘸取一滴精液于盖玻片上，迅速翻转使精液形成悬滴，置于有凹玻片的凹窝内，即制成悬滴玻片，放大250~400倍，进行镜检。此法精液较厚，检查结果可能偏高。注意显微镜的载物台须放平，最好是在暗视野中观察。

图实4　精液膜片制备图

精子活动有三种类型：直线前进运动、旋转运动和原地摆动。评价精子活力是根据直线前进运动精子数的多少而定，多采用"十级评分制"，即精液中有100%的精子呈直线前进运动评定为1.0分，90%的精子呈直线前进运动评定为0.9分，以此类推。评定精子活力的准确度与经验有关，具有主观性，检查时要多看几个视野，取平均值。

新鲜精液的精子活力应大于0.7，液态保存精液的精子活力应大于0.6，用于人工输精的精子活率不可低于0.6。

(2) 死活精子百分率测定　活精子头部是不易着色的，而死精子因伊红或刚果红渗入细胞质，使精子头部呈红色。镜检时，根据精子头部是无色还是红色，可以区别死活精子的比例。苯胺黑为背景染色，使着色的精子头部可见。

将5%的伊红和1%的苯胺黑按1∶1混匀，装于1.5ml离心管中，盖紧，在37℃水浴中加温，加入新鲜精液1~3滴，摇匀，继续水浴。3min后取出，从混合液中蘸取1小滴于载玻片的一端，取另一边缘光滑的载玻片，呈35°抵于精液滴上，精液呈条状分布在两个载玻片接触边缘之间，移动上面的载玻片制成抹片，在37~38℃保温箱内干燥30~60s，放大400~600倍，观察200或500个精子，其中分别数出死、活精子的数目。抹片时，最好在35~40℃条件下制作，制作动作要快。

4. 精子形态检查

精子的形态检查主要检查其畸形率，即形态不正常的精子。

（1）精子畸形率　凡形态和结构不正常的精子都属于畸形精子。精子畸形一般分为四类：头部畸形、颈部畸形、中段畸形和主段畸形。

首先用稀释后的精液制作成抹片，然后风干或用酒精灯火焰固定，用95%的酒精固定3min，然后用染色液（伊红、甲紫等）染色5min，用蒸馏水漂洗多余的染色剂，自然干燥，放入石炭酸复红染色液中10~15min，清水中蘸2次，迅速通过美蓝染色液，水洗后风干，在400~600倍显微镜下观察畸形精子形态。

经此方法染色后，精子头部呈淡红色，中段及尾部为暗红色，头部轮廓清晰。

（2）顶体异常率　一般表现为顶体膨胀、缺损、部分脱落、完全脱落等情况。

首先用稀释后的精液制作成抹片，然后风干或用酒精灯火焰固定，用姬姆萨液体染色90min或苏木精染色液染色15min，再进行水洗、风干后，用0.5%伊红染色液复染2~3分钟，再水洗、风干，在1000倍显微镜下用油镜观察，或用相差显微镜（10×40×1.25）观察。采用姬姆萨染色时，精子的顶体呈紫色，而用苏木精-伊红染色时，精子的细胞膜呈黑色，顶体和细胞核为紫红色。

5. 精子存活时间及存活指数

精子的存活时间是判断精子受精能力的一项指标，而精子的存活指数是精子存活时间和活力两种指标的综合反映。

将精液样品每隔4~6h抽样1次，在37~38℃下镜检精子活力，直至所有精子全部死亡或只有个别精子呈摆动运动为止。具体方法为：由第一次检查时间至倒数第二次检查之间的间隔时间，加上最后一次与倒数第二次检查时间的一半，其所需的总和时间为精子存活时间。每相邻两次检查的精子平均活力与间隔时间的乘积相加的总和为精子存活指数。

精子的存活时间越长，指数越大，说明精子活力越强，品质也越好，受精率也越高。

6. 精液细菌学检查

精液中是否含有病原微生物及菌落数量已列为精液品质检查的重要指标，并作为进口精液的检查项目。精液中不应该含有病原微生物，菌落总数不超过1000ml（GB 4143—84）。目前，犬没有统一的规定。

方法：将10ml琼脂加热溶解并冷却至45~50℃，加入无菌脱纤维血液5~10ml，混合均匀，倒入灭菌平皿中，在37℃恒温培养箱中培养48~96h，确认无菌后备用。将新鲜精液用生理盐水稀释10倍，取0.2ml倾倒于血琼脂平板中，均匀分布，在37℃恒温培养箱中培养48h，观察平皿中菌落数量并计算单位剂量中的细菌菌落数。

【实训提示】

1. 常规药品配置

（1）几种染色液配方

① 0.5%甲紫酒精溶液：甲紫0.5g、96%酒精100ml。

② 苏木精染色液：苏木精2.0g、无水酒精100ml，加入100ml蒸馏水、100ml甘油、3.0g冰醋酸和10.0g硫酸铝钾混合，放置14d后使用，用前需震荡。

③ 饱和伊红染液 伊红 1.0g、95%酒精 100ml，染色时取一定量的该溶液加入等量 70%的酒精。

④ 美蓝染色液 30ml 美蓝原液（1%的美蓝酒精溶液）、0.01%KOH 100ml，过滤后加入 3 倍量的蒸馏水混合后即可使用。

⑤ 复红染色液 10ml 复红原液（10%的复红酒精溶液）、5%的石炭酸（苯酚）100ml。

(2) 几种缓冲液配方

① 磷酸盐缓冲液 取 2.25g $Na_2HPO_4 \cdot 12H_2O$ 与 0.55g $NaH_2PO_4 \cdot 2H_2O$ 置于 100ml 容量瓶中，加入少量蒸馏水使之溶解，再用蒸馏水定容 100ml，pH 为 7.0～7.2。

② 福尔马林磷酸盐固定液 取 2.25g $Na_2HPO_4 \cdot 12H_2O$ 与 0.55g $NaH_2PO_4 \cdot 2H_2O$ 于 100ml 容量瓶中，加入 0.89% NaCl 溶液约 30ml，使之溶解；加入 8ml 甲醛 $MgCO_3$ 饱和液（8g $MgCO_3$、500ml 甲醛，需要 7d 前配好，pH 为 5.0 左右），加 0.89% NaCl 溶液并定容 100ml，静置 24h，pH 为 7.0～7.2。

③ 酒精固定液 12.5ml 福尔马林、96%酒精 87.5ml。

④ 姬姆萨（Giemsa）原液 按照 1g 姬姆萨原料、66ml 甘油、66ml 甲醇的比例配制。将姬姆萨染料置于研钵中，加入少量 60℃ 的甘油，充分研磨至无颗粒，呈浆糊状，再将剩余甘油全部倒入，置于 56℃ 恒温箱中保温 2h，分次用甲醇清洗容器于棕色瓶中保存，14d 后使用。此原液放置时间越长越好，但使用前需经过滤。

⑤ 姬姆萨染液 必须在染色前配制，根据每个抹片需要 2ml 染液来确定染液量。将姬姆萨原液、磷酸盐缓冲液、蒸馏水按照为 2∶3∶5 的比例配制。

2. 操作提示

(1) 实训前要了解精子的活力、密度、形态的检查方法和注意事项，分组进行实训。

(2) 实训前要了解显微镜、血细胞记数板和分光光度计的构造和使用方法，按照操作规程进行操作。

【技能考核】

1. 能够叙述精液品质的评价指标，能够独立开展精液密度检查、活力检查、畸形率检查的实际操作。

2. 能够叙述精液染色的方法，能够正确配置精液品质检查的缓冲液和染色液。

实训六 精液稀释液的配制

【目的要求】

通过实训，掌握精液稀释液配制的基本程序和操作方法，能够独立开展精液的稀释操作。

【实训材料】

1. 犬、猫的新鲜精液。

2. 冰箱、玻璃漏斗、水浴消毒锅、温度计、玻璃棒、定性滤纸、消毒纸巾、硫酸纸、培养皿、橡皮筋、10ml 和 1ml 注射器、75%酒精棉球、100～250ml 三角烧瓶、100ml 烧杯、20ml 量筒、电子天平、磁力搅拌器。

3. 乳糖、果糖、鸡蛋、柠檬酸、青霉素、链霉素、蒸馏水、甘油、Tris（三羟甲基氨基甲烷）。

【实训内容】

1. 犬精液稀释液的额配制与稀释

（1）稀释液配方（卵黄-Tris 稀释液） 2.422g Tris、1.0g 果糖、1.36g 柠檬酸、20ml 卵黄、8ml 甘油、青霉素 10 万国际单位、链霉素 10 万国际单位、72ml 蒸馏水。

（2）稀释液的配制方法

称取 2.422g Tris、1.0g 果糖、1.36g 柠檬酸置于烧杯中，加入蒸馏水 72ml，用磁力搅拌器搅拌使之溶解；用定性滤纸过滤溶液 1~2 次；将滤液倒入三角烧瓶中，瓶口用玻璃纸封口，并用橡皮筋固定，放在水浴消毒锅内水浴消毒 20min，冷却至 35℃，备用。

将 8ml 甘油装入小烧杯中，用玻璃纸封口，放在水浴消毒锅内水浴消毒 20min，冷却至 35℃，加入上述消毒后的溶液中，制成基础液。基础液若不马上使用，可放在 2~5℃ 冰箱中备用，保存时间不宜超过 12h。

用 75% 酒精棉球擦拭新鲜鸡蛋的外壳，待酒精完全挥发后，用消毒后的镊子将鸡蛋磕开，分离蛋清、蛋黄和系带，将蛋黄留在蛋壳内，用一次性注射器刺破卵黄膜，吸取卵黄 20ml，注入基础液中，使其全部溶解在基础液中。

取青霉素和链霉素各 10 万国际单位，加入上述溶液中，最后将各种成分均匀混合。

（3）精液的稀释 根据精液的体积，按照稀释倍数将一定量的 35℃ 的稀释液装入小烧杯中，用玻璃棒引流，将稀释液沿着盛装精液的容器缓慢加入同温度的精液中，边加入边轻轻搅拌，避免出现稀释打击。稀释后，检查精子活力。

2. 猫精液稀释液的额配制与稀释

（1）稀释液配方（卵黄稀释液） 11.0g 乳糖、20ml 卵黄、4ml 甘油、青霉素 10 万国际单位、链霉素 10 万国际单位、76ml 蒸馏水。

（2）稀释液的配制方法

称取 11.0g 乳糖置于烧杯中，加入蒸馏水 76ml，使之溶解；过滤溶液 1~2 次，将滤液倒入三角烧瓶中，用玻璃纸封口，水浴消毒 20min，冷却至 35℃，备用。

将 4ml 甘油装入小试管中，用玻璃纸封口，水浴消毒 20min，冷却至 35℃，加入上述消毒后的溶液中，制成基础液。

用注射器吸取卵黄 20ml，注入基础液中，取青霉素和链霉素各 10 万国际单位，加入上述溶液中，最后将各种成分均匀混合。

（3）精液的稀释 操作与犬的精液稀释相同。稀释后，检查精子活力。

【实训提示】

1. 配制稀释液的药品要求为分析纯制剂，称取要准确，蒸馏水要新鲜，要现用现制。
2. 稀释液在水浴消毒后，蒸发掉的水量要用无菌蒸馏水补充，保持总体积不变。

【技能考核】

1. 能够叙述精液稀释液的主要成分及作用，能够开展精液稀释液的配制操作。
2. 能够叙述精液稀释液配制的注意事项，能够开展精液的稀释操作。

实训七 精液的冷冻保存

【目的要求】

通过实训，熟悉精液冷冻保存的方法，掌握精液冷冻保存的技术流程和冷冻精液解冻操作。

【实训材料】

1. 犬、猫的新鲜精液；犬、猫精液冷冻保存的稀释液和解冻液。
2. 液氮罐、冰瓶、滴管、保温瓶、温度计、镊子、普通温度计、低温温度计、纱布、脱脂棉、显微镜、载玻片、盖玻片、天平、量筒、三角烧瓶、水浴锅、标记笔、聚四氟乙烯塑料板或铜纱网、封口粉烧杯等。
3. 葡萄糖、蔗糖、2.9%柠檬酸钠、甘油、青霉素、链霉素。

【实训内容】

1. 犬精液的颗粒冷冻保存

（1）精液品质检查　检查项目包括颜色、气味、密度、活力等指标，活力要求在0.7以上。

（2）精液稀释　将精液与稀释液在同温度下1:1稀释，并轻轻摇匀。

（3）降温平衡　稀释后的精液，包以10~12层纱布，放在7~8℃条件下平衡30~60min，然后检查精液活力，要求不低于0.6。

（4）冷冻　用一被隔热保温层包裹的金属容器或铝饭盒盛满液氮，用聚四氟乙烯塑料板作为冷冻板，固定在距液氮面1~2cm处，预冷2min。用滴管吸取平衡后的精液滴在冷冻板上。每滴体积为0.1~0.2ml。当精液颗粒由黄转白而有光泽、轻拨易脱离冷冻板时，即可收集起来，分装后作标记，保存在液氮罐内。

（5）解冻　在1.0ml试管内装入2.9%柠檬酸钠解冻液，在40℃温水中经2~3min后，投入颗粒冷冻精液1粒，待溶化一半时取出精液试管。当精液全部溶化后，检查评定精子活力。凡解冻后活力不低于0.3者为合格。

2. 猫精液的细管冷冻保存

（1）精液品质检查　检查项目包括颜色、气味、密度、活力等指标，活力要求在0.7以上。

（2）精液稀释　将精液与稀释液在同温度下，按照1:(3~5)稀释，并轻轻摇匀。

（3）分装　将稀释好的精液吸入到0.25ml的塑料细管内，用封口粉封口，并做好记录。

（4）平衡　将分装好的精液用4~6层纱布包裹放入冰箱冷藏室内，缓慢降温至4~5℃，平衡2~3h。

（5）镜检　在37℃条件下检查平衡后的精液，活力不低于0.6为宜。

（6）冷冻　用一被隔热保温层包裹的金属容器或铝饭盒盛满液氮，用聚四氟乙烯塑料板作为冷冻板，固定在距液氮面1~2cm处，预冷2min。将细管精液单层摆放在铜网上，停留3~5min，然后浸入液氮中保存。

（7）解冻　在1.0ml试管内装入2.9%柠檬酸钠解冻液，放入40℃温水浴中，用镊子夹取细管冻精液并在空气中停留5s，投入试管中，立即摇动直至冷冻精液全部溶化取出细管，取样检测其活力。解冻后精子活力不低于0.3为合格冻精。

【实训提示】

1. 进行冷冻精液时，要避免液氮飞溅伤人或者使人窒息，注意安全，禁止打闹。
2. 为了提高实训效果，教师现场示范和指导，学生按照操作规程进行操作。

【技能考核】

1. 能够叙述颗粒精液冷冻的主要步骤，能够开展颗粒精液的实际操作。
2. 能够叙述细管精液冷冻的主要步骤，能够开展细管精液的实际操作。

实训八　犬、猫的妊娠诊断

【目的要求】

通过实训，熟悉犬、猫的主要妊娠诊断方法，掌握雌犬、雌猫的外部观察法和触诊法，了解超声波诊断、X射线检查、血液检查、尿液检查等妊娠诊断方法要点，对宠物犬、猫等是否妊娠做出准确判断。

【实训材料】

1. 处于妊娠期的雌犬、雌猫等。
2. 消毒液、便携式B型超声波诊断仪、多普勒妊娠诊断仪、听诊器等。

【实训内容】

1. 外部观察法

主要根据妊娠后母体内新陈代谢和内分泌系统的变化，导致行为和外部形态发生的一系列变化，判断雌犬、雌猫是否妊娠。

① 妊娠初期。雌犬、雌猫不再发情，乳头颜色逐渐变为粉红色，乳房急剧增大；食欲增强，采食量明显增加，个别犬有妊娠样呕吐和厌食现象，此时食欲有所下降，短期内即恢复正常；行动往往变得迟钝、懒散，行为谨慎、温驯、安静、嗜睡，喜欢温暖安静的场所；外阴部肥大，颜色变红，排尿频繁。

② 妊娠中期。腹部明显增大，轻压后腹部即能触摸到胎儿的活动；乳房明显膨胀，甚至可以挤出乳汁；食欲旺盛，体重持续增加；毛色光亮。

③ 妊娠后期。由于腹腔内压增高，使母体由腹式呼吸变为胸式呼吸，呼吸次数也随之增加，粪、尿的排出次数增多，从腹壁可以观察到胎儿的活动；分娩前2~3d，肿胀更加明显，外阴部变得松弛柔软。雌犬阴道分泌大量的黄色黏稠、不透明的黏液，妊娠后变为白色、稍黏稠而不透明的水样液体，临近分娩时分泌少量非常黏稠的黄色不透明黏液。

2. 腹壁触诊法

在配种后20~25d进行妊娠诊断，主要触摸胎儿和胎动。

检查时将雌犬、雌猫作站立姿势保定，胎儿的位置在脐孔与第4对乳头之间的腰椎和下腹部之间，左手掌紧贴母体的下腹部，拇指位于右侧腹壁，中指位于左侧腹壁，当母体呼气、腹压降低时，以两手指向腹腔压缩，并作上下左右捻动以判定胎儿位置。若已经妊娠，可感觉到两子宫角松软无力并有硬物感，胎儿呈葡萄状硬块，有弹性，易游离。触摸胎儿时，应在母体空腹情况下进行。检查操作中，动作应轻缓且勿用力过大，以免造成流产。此法需要有相当经验的人，才能做出较为准确的诊断。

猫的最佳触诊时间是妊娠后20~30d，犬为24~30d，因为此时各个胎儿之间的分隔最明显，可以清楚地触摸到胎儿的散在性分布。

3. 超声波诊断

主要检测胚泡或胚胎的存在来判断母体是否妊娠。

一般在配种后20d左右即可用B超探测到孕囊，早孕的B超判断主要根据、超声切面声像图子宫区内观察到圆形液性暗区的孕囊（直径1~2cm）以及子宫角断面增大、子宫壁增厚等指标。探查方法多为腹底壁或两侧腹壁剪毛后用5MHz或7.5MHz的线阵或扇扫探头作横向、纵向和斜向三个方位的平扫切面观察，当见到1个或多个孕囊暗区时即可判为已孕，但亦需与积液的肠管或子宫积液相鉴别。当横切面和纵切面均为圆形液性暗区且管壁较厚、回声较强时则为孕囊；而横切面为圆形、纵切面为条形液性暗区且管壁较薄者则为管腔积液。

4. X射线检查

犬在妊娠30~35d可见子宫外形，在49d胎儿骨骼钙化，能充分显示出反差。在少数雌犬妊娠40d做X射线检查，胎儿的椎骨和肋骨明显可见，用此法检查时，必须根据母体的大小，往腹腔注入二氧化碳200~800ml。

雌猫在妊娠第17天，X射线透视胚胎，在子宫上形成一个个突起。从这种突起的最小直径，可以近似判断出妊娠的日期。在配种后第39~40天检查，可以看到胎儿骨化点。

5. 尿液检查法

取雌犬妊娠后5~7d的尿液，用人工的"速效检孕液"可以测出犬尿液中是否有类似人绒毛膜促性腺激素的物质。如检查阳性者，即为妊娠，阴性者则未妊娠。

6. 血液检查

妊娠期间母体内血液组成成分发生变化，根据这些参数的改变可诊断是否妊娠，而且有助于区分真妊娠与假妊娠。

妊娠雌犬：从妊娠21d起，红细胞开始下降，到妊娠的最后1周，70%的雌犬减少到$5×10^6$ml，红细胞体积减小40%，血红蛋白比率下降，白细胞升高，血小板增加，临产前达$5×10^6$ml，血沉增加到最大值。从妊娠20d起，血红细胞容量持续下降，到临产前降到最低值30%，而非妊娠犬为45%。在妊娠28~42d，凝血因子Ⅶ、Ⅷ、Ⅸ和Ⅺ浓度增加，直到分娩时才下降。妊娠期间纤维蛋白增加2~3倍。妊娠21d时，血清肌酸酐水平下降25%~33%，经产雌犬平均为0.8mg/L，初产雌犬平均为1.1mg/L；血清丙种球蛋白下降40%~45%，经产雌犬平均为648mg/L，初产雌犬平均为1108mg/L。

【实训提示】
1. 诊断时动作要轻，防止流产。
2. 尽量根据不同诊断方法综合考虑得出结论。

【技能考核】
1. 能够详细叙述妊娠诊断的过程和要点，总结并比较各种方法的优缺点。
2. 能够准确利用外部观察法和腹壁触诊法进行妊娠诊断。

实训九 犬、猫的分娩和助产

【目的要求】

通过实训，熟悉犬、猫的分娩征兆及分娩过程，掌握犬、猫的接产与助产的操作要领。

【实训材料】

（1）临产雌犬、雌猫若干。

（2）常用外科器械、产科器械、注射器、体温计、听诊器、缝合线、灭菌纱布、脱脂棉、毛巾、剪刀、产科绳、肥皂、缠尾绷带等。

（3）催产素、强心剂、盐酸普鲁卡因、75%酒精、5%碘酊、5%来苏尔、0.1%新洁尔灭、0.1%高锰酸钾、石蜡油等。

【实训内容】

1. 犬的助产

（1）产前准备 产房彻底清扫，并用0.5%来苏尔喷洒消毒，保持空气流畅。雌犬妊娠

1.5个月时,准备产床或产箱,铺上柔软的垫物,全身用0.1%新洁尔灭洗刷一遍,尤其是臀部和乳房处更应洗擦消毒。

(2) 顺产的助产　顺产时,雌犬分娩过程一般为3~4h,胎儿产出间隔为10~30min。

分娩前1d,雌犬表现紧张不安,性情急躁,外阴部肿大,乳房膨大红润,可挤出白色乳汁,子宫颈和阴道变软并逐步开张,有水晶状透明黏液流出,有时流出少量血液。大多数雌犬临分娩时比正常体温降低1℃以上。

正常情况下,雌犬会本能地产出胎儿,无需特殊护理。分娩时,雌犬表现努责、呻吟、呼吸加快,然后伸直后腿,阴门先有稀薄的液体流出,随后第一个胎儿产出,此时胎儿尚包在胎膜内,雌犬会迅速地用牙齿将胎膜撕破,再咬断脐带,舔干胎儿身上的黏液。若第一个胎儿顺利产出,则其他胎儿一般不会难产。产出几只胎儿之后,雌犬变得安静,不断舔舐仔犬的被毛,2~3h若不出现努责,表明分娩已结束。

雌犬产后吃胎膜是正常现象,具有催乳作用,若食用太多,会引起胃肠消化障碍,一般吃2~3个即可。

(3) 难产的助产　对于产程超过4~6h或阵缩持续30~60min以上仍未见胎儿产出,都应视为难产,采取以下措施救助。

① 药物助产。对于子宫颈未完全开张,可肌内注射适量雌二醇,待宫颈开放后方可进行助产。若子宫颈已开张,羊水尚未流干,雌犬阵缩、努责无力时,可肌内注射5~10IU的催产素进行催产。若仍然不能顺利产出,即可进行人工助产。

② 人工助产。助产前,可通过阴道内检查了解子宫颈扩张程度和胎位是否正常、胎儿存活状况,还可通过X射线检查胎儿的大小、数量以及胎位等,以便能更好地助产。

助产员用酒精棉对手涂擦消毒,然后戴上无菌乳胶手套。当胎儿头部显露且胎位、胎势正常时,一人用两手卡住雌犬腹部,随着努责而向后挤压,另外一人左手固定住雌犬尾根部,右手抓住胎儿头部,将胎儿轻轻拉出。若羊水已流净、产道干燥时,可注入液体石蜡再助产。若胎位不正,可趁雌犬努责间歇时,将胎儿轻轻推回子宫并矫正胎位,趁雌犬努责时向外小心拉出胎儿。当胎儿已经产出,及时撕破胎膜,用纱布擦口鼻中的黏液,在离腹部2cm处断脐,用5%碘酊涂擦断端以防感染。将胎儿放到雌犬嘴边,让雌犬舔干胎儿身上的羊水。当胎儿因吸入羊水过多造成窒息时,可倒提胎儿,轻轻拍打,排出羊水,擦干鼻腔中的黏液,如仍不呼吸,可做人工呼吸抢救。

③ 剖腹助产。采取侧卧保定,用2%的盐酸普鲁卡因局部麻醉,术部选在左肷部或右肷部,常规剪毛、消毒,切开皮肤,切口长8~12cm,钝性剥离皮下组织和肌肉,剪开腹膜,右手伸入腹腔将子宫拉出创口外,在子宫角大弯靠近子宫体处,避开血管及胎盘切开子宫壁10~15cm,依次取出全部胎儿。若另一侧子宫角内的胎儿不能达到切口部,可再行子宫壁切开取出胎儿。然后排除两侧子宫角内的残留胎水、血液及胎衣碎片等,撒布青霉素粉,用羊肠线做一次性垂直褥式内翻缝合子宫切口,用生理盐水冲洗后还纳腹腔,再连续缝合腹膜,结节缝合腹壁肌层,撒抗生素,皮肤采取间断缝合,最后在术部涂5%碘酊,外敷纱布以防创口感染。

2. 猫的助产

(1) 助产前准备　预产期前7d左右,准备好产箱或产窝,产箱底部要铺以柔软保温物品,并对其进行彻底消毒。

(2) 顺产的助产　雌猫临产时表现不安、停食、不离产箱或体温明显下降等现象,会阴部肌肉松弛变软,乳房肿胀,乳头突出并变为粉红色,出现造窝行为等。

产出的仔猫包裹在胎衣内,每产出一个胎儿,雌猫都将胎衣撕开,咬断脐带,然后雌猫把胎衣吃掉，舔舐仔猫身上的羊水。若雌猫产出胎儿后不将胎衣撕破，接产员要用指甲或剪刀弄破胎衣，取出仔猫，擦净鼻子附近的羊水，然后用指甲轻轻刮断脐带，按压1~2min，以不出血为佳。通常两个胎儿一组产出，然后再经过10~90min产出另一组两个胎儿，两侧子宫角交替排出胎儿，全部胎儿产出需要2~6h。

（3）难产的助产　如果雌猫破水15~24h仍不见胎儿产出，或胎儿露出阴门5min还不能全部产出，说明雌猫发生难产，要进行助产或做剖腹产。

① 人工助产。对阵缩微弱或努责无力而出现难产的雌猫，可静脉注射催产素5~10IU，0.5h可顺利分娩。对胎儿已进入骨盆腔或部分露出产道5min以上的难产个体，可用手指和镊子配合雌猫努责轻轻将胎儿拉出。通常，助产一只胎儿后，其余胎儿能够顺利娩出。

② 剖腹助产。手术时，将猫仰卧保定，固定好头部及四肢，用2%的盐酸普鲁卡因4ml局部麻醉。以倒数第2乳头为中点，沿腹中线依次切开皮肤、肌肉和腹膜，切口长4~6cm，然后经切口拉出子宫角，在大弯处切开子宫3~5cm，将胎儿连同胎衣一起拉出取尽，最后分别缝合子宫、腹膜、肌肉及皮肤。术后要喂一些蛋、奶和少量流质食物，加强护理，防止创口感染，7d后即可拆线。

【实训提示】

1. 犬、猫分娩场所切忌喧哗、打闹。实训过程要在教师指导下，分组进行，由教师讲解、学生观察、操作完成。
2. 助产时，要将犬、猫保定好，避免伤人。若发生咬伤，应该及时注射狂犬疫苗。
3. 实习前，准备好临产雌犬、雌猫。由于分娩时间不确定，本实训内容可以机动进行。

【技能考核】

1. 能够详细叙述犬、猫分娩的过程和要点，并能够区别难产和顺产个体。
2. 能够准确判断发生难产的征兆，及时、顺利地进行人工助产。

实训十　犬、猫的品种识别

【目的要求】

通过实训，熟悉犬、猫的主要品种，掌握犬、猫不同品种的特征及用途。

【实训材料】

（1）主要常见品种犬、猫若干。
（2）常见宠物品种的幻灯片、录像、照片以及挂图、多媒体播放设备。

【实训内容】

1. 犬的常见品种

目前，国内外通常按照犬的用途对宠物犬进行分类，具体如下。

（1）单猎犬　单猎犬原指跳起来威胁躲在树荫或林子里的鸟，使受惊的鸟跌入捕鸟网或扑于鹰爪之下的猎犬，现在则是猎人猎枪猎鸟时的助手。主要特点是单独陪伴人们进行打猎工作，具有敏感、顺从的个性和极高的智慧。

单猎犬可分为一旦发现猎物，就会指出猎物所在地的指示犬；发现猎物便会将前脚伸出，通知主人猎物所在地的塞特犬；用于回收猎物的金毛寻猎犬；发现猎物就会飞扑过去捕捉的西班牙长耳猎犬；以及在水边很会找寻猎物的水猎犬5种。

① 指示猎犬。头部额痕显著，吻部轻微凹陷，碟形脸。眼睛圆，白色犬眼睛为淡褐色，

黑色犬眼睛呈棕色。耳朵垂于头侧，并紧贴头部。毛皮短而光滑，颜色各有不同，常见的有柠檬色、橘黄色、红褐色及黑色，通常掺有白色。尾巴伸直呈水平状，显示"指示"时整装待发的姿态。身体强壮，略微向后腿倾斜。

② 金毛寻猎犬。又称黄寻猎犬或俄罗斯猎犬，头部分开甚宽，口吻强健，黑鼻。眼睛分开甚宽，黑眼球，黑眼眶。耳朵位于头上部，不太大。胸厚实，体型匀称。毛皮或平毛或有波浪，含有大片丛毛，呈金黄或奶油色，无白斑。尾巴常呈水平状，不竖直，也不卷起。

③ 拉布拉多猎犬。头部颅宽，额头健壮，额痕显著。眼睛中等大小，呈棕色或淡褐色。聪明、友好。身体强壮，胸厚。耳朵位置靠后，下垂。毛皮是其重要特征：短、硬、厚，能防水、无波浪、无丛毛，毛色为单色，多为黑色和黄色，但胸部有白斑。尾巴呈"水獭尾"是此种犬的特点，根部肥大，逐渐变细形成尖端，其上覆有短而厚的软毛。

④ 科克猎犬。是美国培育的猎犬品种。头部轮廓鲜明，中部额痕，吻部方形，鼻宽。眼睛呈棕黑色，不苍白，饱满不凸出。耳朵与眼睛在同一水平线上。毛皮丝状平直，有丛毛，颜色多样化。尾巴保持水平，需剪尾。身体相当强壮，背线逐渐向尾部倾斜。科克猎犬生性敏锐、勤奋，擅长追寻鹌鹑。

(2) 群猎犬　体型中等，专为狩猎而培育，通常是短毛型，毛色有2～3种，体格适于运动。有些品种主要是为耐力而培育，而有些是为了速度而培育。大略可以分为两类：一类为视觉猎犬如阿富汗猎犬；另一类为嗅觉猎犬如寻血猎犬，主要区别在于狩猎技巧。

① 阿富汗猎犬。头部长但不过宽。黑鼻，白色犬则为红褐色鼻子。眼睛呈黑色或金黄色，近乎三角形，带有珠宝光泽。耳朵位置低，靠后，贴近头，有丝毛覆盖。毛皮除了背部和前颜面处外，其他部位毛长且细，骰部裸露。尾巴位置低，但运动时会升高，丛毛稀少。身体背部中等长度，水平，强壮有力，胸相当厚。

② 巴塞特猎犬。头颅半圆形，头顶枕部突出，额头有皱纹，下垂唇。眼睛根据其皮毛颜色呈淡褐色或棕色，红色下眼睑微微可见。耳朵位于眼睛以下，长耳，柔韧光滑，向内卷曲。毛皮光滑，短而密，颜色多变。尾巴长而强壮，呈锥形，挺直，运动时有弯曲。身体背宽而长，水平，胸厚。

③ 小猎兔犬。头部被明显的额痕中分，口吻方形，适中的上垂唇，阔鼻。眼睛呈暗棕或淡棕色，既不凸出，也不深陷。耳朵长而低垂，质地优良。毛皮短，厚实，防水。尾巴强健而高竖，愉快地抬起，但不向背部卷曲。

④ 苏俄牧羊犬。头部长而瘦削，几乎没有额痕，明显的窄楔形，黑鼻。眼睛暗黑色，呈杏仁状，带黑边，警觉性高。耳朵小，精巧可动。毛皮长，常呈卷曲状，但也有波纹状或直毛的情况。在头、耳和前腿部，毛短而光滑。毛色繁多，但白色常常比较突出。身体背部轻微弯曲，胸厚而有些窄。

(3) 工作犬　工作犬大多体型较大，经过训练后可以帮助主人完成一些工作。忠于职守、机警聪明，有优秀的判断力和自制力，是对人类贡献最大的一类犬，常在军中服役。

① 拳师犬。头颅微曲，前额的额痕和中央皱纹很深，上颌占整个头长度的1/3，鼻子上翻，下颌突出。眼睛深棕色，有黑色眼眶。耳朵薄而阔，两耳在头上靠得很近。毛皮短，光滑而富有光泽，呈浅黄褐色或有深浅不一的斑纹，有白色斑块，但不是全身都有。口吻相对脸的其余部分形成一个黑色"面具"。胸厚，体型轮廓方正，背短、倾斜而且强壮。

② 边境柯利牧羊犬。头颅较宽，口吻短，逐渐变细，直至黑鼻，额痕明显。眼睛呈椭圆形，眼距宽，深褐色，但有的为掺有黑斑的蓝灰色（混合色）。耳朵中等大小，两耳间隔远，半竖立并能活动。毛皮有两种，为长度适中的毛皮和光滑毛皮。前一种必有鬣毛、毛茸茸尾巴和腿臀毛。毛色不拘，白色并不占主导地位。尾巴向下弯曲，至少到跗关节，从不披

在背上。胸宽厚，背强壮宽阔，其下为略呈拱形且极富力量的腰部。

③ 德国牧羊犬。又称"狼犬"，其体型大小适中，肌肉发达、雄健，头部很宽，匀称地逐渐变细直至尖吻部，黑鼻。眼睛呈杏仁形，暗色，聪敏。耳朵高耸，底宽，耳尖竖立并有尖头。毛皮光滑且为双重，下层绒毛丰厚，毛色为黑色、黑中带浅黄褐色、灰色、黄褐色等，而外毛平坦，紧贴于身体。毛色并不重要，但全白的犬不受欢迎。尾巴至少下垂到跗关节，略弯曲。身体肌肉发达，胸厚，背部宽而直。

德国牧羊犬身体各部分匀称和谐，姿态端庄美观，生理功能好，繁殖力强。体高为55~65cm，体重为28~35kg。感觉极为敏锐，警惕性高。行动时胆大凶猛，机警灵活，敏捷轻快，追踪衔物欲高；静时安稳沉着，富于耐性，刚柔相济，依恋性强，易于训练，是当前极受欢迎的优秀军犬、警犬、牧羊犬或护院犬。

④ 葵犬。头部前额光滑，两眼之间向上有一个中央凹陷。警觉时，额头起皱纹。黑鼻，吻部短而宽。眼睛小，眼距较宽。耳朵高耸，小而薄，平坦。毛皮短而平，毛色为杏黄色、银色、浅黄褐色或夹暗褐斑纹的棕色。耳、吻部和眼周围均为黑色。尾巴高高翘起，向下逐渐变细直至跗关节，激动时略弯曲。胸宽而厚，背和腰宽阔且肌肉结实，身材高大。

⑤ 大白熊犬。头雄壮，但不重，从顶上俯视呈"V"字形，黑鼻。眼睛呈杏仁形，深黄褐色，眼皮四周为黑色。耳朵小，与圆形耳尖构成三角形，通常平贴于头上。颈部、肩部以及大腿的背面毛皮很茂密，毛皮为白色，有灰色、狼灰色或浅黄色斑点。嘴唇及嘴的上部为黑色，或有黑斑。尾巴可达跗关节以下，覆盖着密密的毛。身体宽阔，胸部厚而宽，背部强健。

⑥ 圣伯纳犬。头部厚实，颅骨宽阔略带圆形，脑门额痕突出，吻部短，黑鼻。眼睛小，深棕色，上下眼睑下垂。耳朵平贴，丛毛不多。粗毛品种的毛厚而平直，大腿部位有丛毛；而光滑品种的毛短而密，有轻微丝毛。毛色为橘黄色、黄褐棕色或红棕色间有白斑纹。粗毛种的尾长，长满丛毛。尾巴卷起时，不会高过背部。胸宽厚，背部宽，凸出于有力的腰部上方。体型较大，比例匀称。

⑦ 西伯利亚雪橇犬。头部轮廓清晰，额痕明显，吻部渐尖。眼睛呈杏仁状，斜置，蓝色或棕色。耳朵位置高，两耳靠得很近。耳朵呈三角形，竖立状，内外表面均长着浓毛。毛皮浓密，但不太长，遮不住身体的轮廓。颜色、斑纹多样化。尾巴覆盖着茂密的毛，警觉时轻柔地卷起在背上方。背挺直突出在腰肌上，胸厚，侧肋平直。

⑧ 大丹犬。是由中国的藏獒与原始的爱尔兰灰犬及一些古老的大型猎犬杂交繁育而成。其体型美丽，被毛短而密、平滑带有光泽，有5种基本毛色：黑色、蓝色、白色带黑斑、黄褐色和浅黄色。

大丹犬身高貌凶，但比例适中。身高在70~80cm，体重45~55kg以上，性情比较温和，不好斗，与人相处和谐，行动时略显笨拙。大丹犬的体型和吠声适宜作护卫犬，近年来已成为最受欢迎的大型伴侣犬之一。

(4) 狸 狸嘴尖灵巧、嗅觉极其敏感，善于钻穴掘洞，捕捉狐及獾等小动物，尤其善于捕鼠，是犬类中有一些特殊作用的个体。

① 艾尔谷狸。头部颅骨窄长，面部丰满，不胖，黑鼻。眼睛小而机灵，呈深棕色。耳朵小，呈"V"字形，向前卷折。毛皮细而硬，平直俯状，虽有点微弯或似波浪形，但不卷曲，身体颜色呈深灰白色或黑色，而头部、耳朵和腿部颜色则为淡黄色。尾巴相当长，高高竖起，得意洋洋，但不会弯到背的上方。身体短而强健，背部平直，胸厚，胸腔有弹性。

② 澳大利亚狸。头部长，吻部强有力，额痕不明显，平坦的颅骨上有丝状顶髻。眼睛小而机灵，深棕色。耳朵小而尖，竖起。外层毛长且粗，其余则为短毛发，颜色有全红及蓝

中夹有褐斑。尾巴剪短，往上竖起。身体长，形貌强健，胸部厚度适中。

③ 边境㹴。头部似水獭，吻部短，黑鼻。眼睛深棕色，表情敏锐。耳朵前倾较小，呈"V"字形。毛皮坚韧而稠密，色彩有淡黄色、灰色以及蓝中带褐色。尾巴很短，高高竖起，给人以喜气洋洋的感觉。身体相当长，瘦小，宽度适中。

④ 牛头㹴。头部卵形，从颅骨的顶部到下弯的黑鼻部，其轮廓清晰。眼睛呈三角形，狭小，且呈倾斜状，呈黑色或深棕色。耳朵小，两耳靠拢，竖起时耳朵向上。毛皮短而硬，平直俯状，白色，但头部有的有色斑，有的没有，或是其他色彩占主导地位。尾巴翘起，但举得不高，短而细。胸宽且厚，胸腔近乎圆形，背短但强壮。

（5）特种犬

① 波士顿㹴。颅骨、颌和吻部为方形，吻部厚而短，黑鼻。眼睛大而圆，两眼分得很开，呈深棕色。耳朵薄，竖起，位于颅骨的转角处。毛短而光滑，颜色以灰色（或棕色）间有白斑纹为佳，但白色或黑色的也可以。尾巴位置低，短，形状或是笔直或是盘绕。身体结实、肌肉发达，背和腰部短，胸厚而宽。

② 斗牛犬。头部很大，肌肉发达，似被"压入"状，皮肤有皱纹，上唇垂挂在下颌两边，下颌的前面突出且往上翻转。两眼分得很开，位置较低，圆形，深棕色。耳朵小，质薄，向上弯折，两耳高耸又分得很开。毛短、柔软、紧俯状，颜色有浅黄色和棕色，有的有黑色脸谱或黑色吻部，有的则没有。尾巴位置低，根部粗大，末端急剧变尖。身体厚实，胸宽厚，背短呈拱形凸出于窄小腰部和后腿上。前腿呈弓形，与后腿相比较显得较短。

③ 松狮犬。又称"熊狮犬"，原产于我国北方地区，有长毛和短毛两个品种。长毛品种全身披长毛，颈肩部被毛长而直，形如狮鬃状；短毛品种被毛浓密蓬松，肩毛也较长。头部颅骨宽而平直，吻部呈方形，黑鼻，而淡色品种其鼻色为灰白色。眼睛小，暗黑色，杏仁形的则较优，毛色淡的眼睛则为灰白色。耳朵小而厚，朝前，竖立在眼睛上部，这是松狮犬典型的"怒容"特征。毛皮很厚，为双层，玩赏犬的毛皮必须单一，奶油色、浅黄色、蓝灰色、红色或黑色均可。尾巴往上卷起于背上。身体结实，比例匀称，胸部宽而厚。

松狮犬体高为46～60cm，体重为22～27kg，胆大勇敢，喜欢嬉戏，是儿童的良伴，通常被用作伴侣犬和护卫犬。

④ 贵宾犬。也称贵妇犬，头部长而窄，吻部优雅，下巴坚硬。眼睛呈深棕色，杏仁形。毛皮茂盛，质地坚硬，具有漂亮、卷曲的长毛，严格修剪，无缠结，短毛应当卷拢靠近身体，各种颜色均可，但要全身统一。尾巴高高耸立，与身体成一角度。背短，凸出于宽阔、强健的腰上，胸厚。由于重视选育、改良，出现了三种不同体型及各种毛色的贵妇犬，即标准型、迷你型与玩具型三种。

贵妇犬悟性好，忠实听话，许多马戏团都用贵宾犬作驯犬表演。经过修剪后的贵妇犬有其他犬所不及的高贵典雅之容貌，是世界上具有很高声誉的玩赏犬。我国有一定数量的贵妇犬，多为黑色、银灰色和白色，其中以纯白色最受人们青睐。

⑤ 西施犬。又称中国狮子犬，是一种长毛犬，由拉萨狮子犬与北京狮子犬杂交繁育而来。头部宽，在其头顶和吻部有茂密的长毛。吻部短而方，但无皱纹，黑鼻。眼睛深棕色，圆形，大眼。耳朵很大，下垂，被厚长毛遮盖。毛长而厚，各种颜色均可，不过前额和尾尖上有白皱纹的犬特别受青睐。尾巴高耸，向背部卷曲。背长且平直，胸宽。

西施犬的被毛丰满而长，分上下两层，且略带波浪状。毛色多变化，以白色、黑色、金黄色为好，也有棕色、褐色、咖啡色、米色或灰色，而头部中央及尾端的白色更是重要的认定标准。成年犬体重为4.5～8kg，身高不超过27cm。西施犬的特点为：聪明、敏捷、活泼、气质好，虽然体型很小，却充满旺盛的精力，是一个魅力十足的犬种，它的仪态、风采均富有贵族气息。

⑥ 藏獒。又名"藏狗",产于西藏,其身体粗壮,头大而方,头顶圆高,额宽耳垂,眼睛黑黄,嘴短而粗,嘴角略垂,吻短鼻宽,舌大唇厚,颈粗有力,颈下有垂,背平臀圆,尾粗而卷曲,腿粗脚肥,前腿直,后腿曲,体长大于身高。被毛长而密,毛色有黑色、黑红色、黄色、白色、青色、灰色和混合色。

藏獒耐寒怕热,在$-40 \sim -30$℃的冰雪中仍能安然入睡。体高为70~85cm,体重为75~95kg,性格刚毅,力大凶猛,野性尚存,使人望而生畏。偏肉食,抗病力强;护领地,善攻击,对陌生人有强烈的敌意,但对主人亲热至极,任劳任怨,是牧民的得力助手。

⑦ 比格犬。原产于英国,善于猎兔。1880年引入美国并大量繁殖,现为理想的医学实验犬。我国于1982年引进,主要用作医学实验。

比格犬嗅觉好,灵敏度高,性格活泼且温和,与人的亲和性强,容易配合医务工作者进行医学实验。用比格犬进行实验的最大优点是它具有良好的均一性、重复性和可行性。因此,比格犬是国际上公认的实验用犬。

(6) 玩赏犬

① 卷毛比熊犬。头部高仰,鼻呈圆纽扣形,黑色,有光泽,位于短吻部上方。在圆形发式下面是平坦的颅骨。眼睛大小适中,圆形或近似圆形,呈深棕色,眼睛边缘呈黑色。耳朵长而优雅,绒毛丰富且紧靠颅骨垂下。毛皮精美,丝状、卷曲、白色,长度在7~10cm。尾巴位置低下,松松地卷于背上。胸厚,腰肌发达,微拱。

② 骑士查理王猎犬。颅骨平顶形,吻部向黑鼻渐尖细。眼睛分得很开,大而圆,暗棕色。耳朵高耸,在脸侧垂下,长有丛毛。毛长,有光泽,丛毛状,稍有波浪起伏,认可的颜色是红(红宝石)色、蓝色、黑色、棕黄色及白中有栗色斑点(称为布莱尼姆斑点)。尾巴呈柔和曲线形下垂。背平,肋部明显弯曲,胸部宽大。

③ 吉娃娃犬。头部圆,额痕清晰,吻部短而尖。眼睛既圆又大,分得很开。耳朵很大,与颅骨顶成一相当大的钝角。毛柔软,平直或有一点波状,有些部位毛发较为茂盛,形成翎颌、羽尾和丛毛。尾巴上翘,或弯到背上方,而且很长。背脊线平直,胸厚。体重达2.7kg。根据毛长短的不同,分为长毛和短毛两种。

④ 蝴蝶犬。又称"蝶耳犬"或"巴比伦犬",吻部小巧,黑鼻,颅骨略圆形。眼睛位置较低,圆形,呈深棕色。耳朵大,位置靠后,两耳分得很开,酷似一双展翅高飞的蝴蝶,竖立(蝴蝶犬)或垂下(飞蛾犬),耳缘饰毛茂密。蝴蝶犬被毛丰满,呈长绸缎状,毛呈丝状,有光泽,不卷曲,无下毛,通常为俯伏状,胸部有节边,颜色呈白色,中间有多种深色斑点(红色、黑色、褐色、栗色等),呈焰火放射状。尾巴长而高耸,翘于背上。背长且平,凸出于结实的腰上。

蝴蝶犬体高不超过20~28cm,体重为2.5~5kg,胆大灵敏,有感情,外观灵巧、漂亮,是良好的玩赏犬及伴侣犬。

⑤ 北京犬。又称京巴犬,是一种著名的观赏犬。头部大而宽,吻部平坦、宽阔,有皱纹,黑鼻,鼻孔大。两眼分得很开,眼睛大,圆形,凸出,深棕色。耳朵呈心脏形,靠近颅骨,下垂,茂密的长毛更突出耳朵的长度。被毛长、光滑、下垂、不卷曲或呈波浪状,有丛毛,外层毛较粗,有多种颜色和斑纹,在颈部和肩部有漂亮的饰纹。被毛以金黄色名贵,但较为罕见,其次为白色。尾巴耸立,向背一侧微微卷曲,有茂盛丛毛。

北京犬体短但很结实,胸厚,背平。体重3~6kg,体高20~25cm。性情温和,表情略显严肃,敏捷而懂事,极易与人相处,无论地方大小都可饲养,是玩赏犬中的佳品。

⑥ 拉萨犬。又称拉萨狮子犬，原产于青藏高原，其体型不大，韧性很强，听力敏锐。全身披有华丽的长毛，毛直而硬，略带波纹状，毛色有黑色、白色、褐色、金黄色。体高为25~28cm，体重为4~8kg。

拉萨犬个性开朗、沉着冷静、听觉灵敏、性格倔强，对陌生的环境警觉性高，对主人十分忠实，成年犬难以驯服。

⑦ 博美犬。又称松鼠犬，头部似狐狸，颅骨平坦、宽阔，吻部小巧。眼睛呈椭圆形，大小适中，深棕色。耳朵很小，竖立。毛皮质地坚，毛直而长，形成毛球，其头部和腿好似从毛中伸出，脸部和腿上的毛较短，较柔软。毛色有橘黄色、白色、棕色和黑色。尾巴置于背的上方，平而直，覆盖着茂密的毛。身体结实，背短，胸腔滚圆。四肢很小，移动快速，步态轻快。

博美犬聪慧、活泼机警、运动敏捷、性情温顺，受人喜爱。它喜爱主人温柔地抚摸，但有时会恃宠生娇，好发脾气，狂吠乱叫或向大犬挑战。

⑧ 中国冠毛犬。也称"中国无毛犬"，是仅有的几个无毛犬品种之一，原产于中国南方。全身大部分无毛，只是在头、尾和四肢下部有少量饰毛。皮肤光滑、柔软，无皱褶，手触有温暖感，肤色多为粉红底色加上深色块，斑块多为蓝色或咖啡色。

中国冠毛犬体高为23~35cm，体重为3~5kg。性情活泼机灵，勇敢而又温柔，爱清洁，无体臭，不换毛，性格温顺，恋人性特强，因此，近年来受到人们的欢迎，是一种较有发展前途的玩赏犬。

2. 猫的常见品种

(1) 中国猫主要品种

中国的猫绝大部分都属于短毛品种，主要有以下几种。

① 云猫。又称石猫、石斑猫、草豹、小云豹、小云猫、豹皮、椰子猫、棕榈猫，属于观赏猫，外观美丽，具有较高的观赏价值，主要分布在我国的南方地区。因其毛发颜色和天上的云彩相似，故称云猫。云猫被毛为棕黄色或黑灰色，头部呈黑色，眼睛的下方和两侧有白色斑点，身体的两边有黑色斑纹，黑色的纵弹头图案会出现在云猫的背部，四肢和尾巴黑褐色。云猫一般一年春秋季各繁殖一窝，每次只有2~4只幼猫。

② 山东狮子猫。山东狮子猫毛发白色，颈部和背部上有4~5cm长的毛发，站姿似狮子。山东狮子猫身体非常强健，尾巴粗大，善于捕鼠，抗病能力和抗严寒能力强。产仔数较少，一年只生一胎，每胎仅产2~3只幼猫。山东狮子猫主要分布在山东省，尤其以山东省临清市的为上品，不仅全身被毛厚而长，并且眼睛是阴阳眼，一只为黄色，另一只为蓝色。

③ 狸猫。狸猫具有很高的生育能力，但不耐寒，抵抗力差，易生病，各地均可以看到，以陕西、河南一带最多。狸猫头部非常圆，两耳间距很短，耳根宽广，耳阔很深，尖端部分比较圆滑。面颊宽大，双眼呈圆杏核形，黄色、金色到绿色不等，眼睛在一般情况下会有眼线出现。鼻子为砖红色，长有鼻线。狸猫身材适中，胸腔宽而深厚。四肢同尾巴一样，长度适中，力气非常大，肌肉强健发达。狸猫的被毛由长毛和短毛组成，有非常漂亮的斑纹，称为狸花斑纹，额头处也有斑纹，位于眼角的部位有连在一起的线，可以延伸。颈部、四肢及尾巴上有环形的斑纹，身躯上有鱼骨刺斑纹（完整的）或豹点斑纹，斑纹非常清楚、明显。一般情况下，被毛为棕色或深棕色，但部分个体被毛出现狸花白色，即白色。该猫与主人的关系不强，不守家。

④ 四川简州猫。四川简州猫身体强健，动作敏捷，善于狩猎，在农村数量非常多，主要用于捕鼠。由于这种猫的毛色遗传非常复杂，品种特征较难描述清楚。

⑤ 荒漠猫。别名草猞猁、草猫、荒猫、漠猫。体型比家猫大，四肢略长，耳端生有一

撮短毛。体背部棕灰或沙黄色，毛长而密，绒毛丰厚。尾巴背面颜色和体色相同，但在长尾巴的末端还会环绕些暗棕色的条纹，至尾尖则变成黑色。体长61～68cm，尾长29.5～31cm，体重4～8kg。

(2) 外国猫主要品种

① 波斯猫。长毛品种，人工培育，产于阿富汗。头大而圆，有厚度，头盖宽，两颊鼓起，鼻短而宽，鼻梁塌，口吻短而宽，下颌发达，厚有力，齿为剪式或钳式咬合。从侧面看，头部、额、鼻和口吻端位于一条垂直线上；从正面看则整个脸为圆形。耳小，以耳端浑圆为佳，耳微前倾，耳根处敞开，两耳间距宽，耳基部位置低于头盖，耳朵内外都长满了毛。眼睛大而圆，稍突出，两眼间距适中、匀称；眼色因毛色而定，一般认为波斯猫眼睛的颜色有蓝色、绿色、紫铜色、金色、琥珀色、怪色和两只眼睛具有不同颜色。鸳鸯眼波斯猫的毛色常为白色；绿色、琥珀色及金色眼睛的猫，一般属于银灰毛色系；各种眼睛的颜色越纯、越深越好，并且以两只眼睛的颜色均匀为佳。

波斯猫体型为典型短胖形，全身骨骼粗壮，前后肢同高，腿直立，肩与臀同高；趾圆大而有力，爪大，足趾间紧凑，前爪足趾为5趾，后爪足趾为4趾。尾短而圆，与身体长度成比例，向背部倾斜，但不抵背部；走路时尾不拖地，尾毛蓬松。被毛长而柔软蓬松，富有光泽，覆盖包括肩部在内的身体各处；颈背毛像绸缎般泻挂至前腿间褶皱处；耳朵上饰毛长而卷曲；趾间饰毛较长，尾毛蓬松茂密。

波斯猫的被毛长而密、质地如棉，轻如丝；毛色艳丽、光彩华贵、变化多样。波斯猫的毛色大致分五大色系，近88种毛色：其中单色系有白色、黑色、蓝色、红色、奶油色、浅红色（黄褐色）等，这类单色猫，多数具有橘黄色的眼睛；渐变色系有灰鼠色、渐变银色、贝雕色等；烟色系有毛根白色、上层毛黑色、蓝色、红色等；斑点色系有银色、棕色、红色、奶油色、蓝色等，有的像老虎斑样外观或呈大理石样花纹；混合色系包括玳瑁色、三色、蓝奶油色，以及黑白、蓝白、红白等双色。毛色中红色和玳瑁色较为罕见，故此毛色的波斯猫也十分珍贵。

波斯猫体长为40～50cm，毛长为25～30cm，肩高为30cm，有粗壮的骨骼和魁梧的体躯。其性情温文尔雅，反应灵敏，善解人意，少动好静，给人一种华丽、高贵的感觉，叫声尖细优美，容易适应新环境。

② 暹罗猫。又称泰国猫，短毛品种，自然形成，产于泰国。体型为瘦长型（东方型）。头细长呈楔形；头盖平坦，从侧面看，头顶部至鼻尖成直线。脸形尖而呈"V"字形，口吻尖突呈锐角，从吻端至耳尖形成"V"字形。鼻梁高而直，从鼻端到耳尖恰为等边三角形。两颊瘦削，齿为剪式咬合。耳朵大，基部宽，耳端尖、直立。眼睛大小适中，杏仁形，为深蓝或深绿色；从内眼角至眼梢的延长线，与耳尖构成"V"字形；眼微凸。身材中等、细长，呈典型的东方型苗条体型。骨骼纤细、肌肉结实。颈长、体长、尾细长，从肩至臀部呈圆筒状。腹部紧凑但不上收，臀部肌肉结实，与肩同宽。四肢细长，与体型协调，前肢比后肢短。趾以小而呈椭圆形者为上品。尾长而细，尾端尖略卷曲，长度与后肢相等。

毛质光滑而有光泽。体毛为均匀的单色，但允许海豹色斑点。蓝色斑点上有少量阴影色。体毛色应与斑点色对比（反差）明显。所有特征部位（鼻端、四肢、耳朵、尾巴）斑点均为同一色，斑点中应无交叉混杂毛色和白色。特征部位的斑点颜色应为下述四种：海豹色斑点，身体背部为米色或浅黄褐色，脸、耳、腿、脚、尾均为海豹样的褐色；蓝色斑点，身体为米色，脸、耳、腿、脚、尾为蓝灰色；巧克力色斑点，身体为象牙色，脸、耳、腿、脚、尾为巧克力色；紫丁香色斑点（淡紫色斑点），身体为白色和粉灰色，脸、耳、腿、脚、尾为淡紫色。

泰国猫性情刚烈好动，多愁善感，嫉妒性、攻击性强，喜怒哀乐变化迅速，常在几天内发生根本性变化，这些特征成为区别于其他品种的基本特征。泰国猫感情专一，常倾向于家中的某一个成员，而对其他人表现为漠不关心。饲养在屋内的泰国猫，因自由受约束而张牙舞爪，放纵不羁，常从一个家具上跳到另一个家具上。

③ 喜马拉雅猫。长毛品种，人工培育，产于英国，是由泰国猫和波斯猫杂交而成，集两者的优点于一身，它具有泰国猫的毛色、眼睛和聪明伶俐，又有波斯猫的体型、长毛和反应灵敏，性情介于泰国猫和波斯猫之间，便于饲养，逗人喜爱。

在英国，喜马拉雅猫又称为彩色斑点长毛猫，因其毛色与生长在喜马拉雅地区的喜马拉雅兔的毛色相似而得名。头盖宽大而圆；前额圆，下腭圆，整个头部与短而粗的颈部配合协调。鼻短扁而下塌，两颊及腭丰腴、浑圆。耳小，耳端浑圆，耳基部不宽，两耳间距宽，低于头盖；眼睛大而圆，稍突出，两眼间距略宽，眼睛蓝色。典型的短胖形体型，胸深宽，肩同腰宽，肋扩张为浑圆，腹不上收，背短而背线平。四肢粗短而直，骨骼强壮、有力。趾大而圆，有力。尾粗短，但与身体比例协调，行走时能降至背线下，但不拖地。被毛长而密生，但不紧贴于体表而立起。毛质柔软如丝，富有光泽。被毛由上、下毛构成，下毛绒细、较长，覆盖全身。颈背饰毛丰富，形成褶边。耳、趾间饰毛长，尾毛丰富。

体毛毛色有海豹毛色、蓝色、巧克力色、紫丁香色、白色、红色等；斑点为海豹色斑点、蓝色斑点、巧克力色斑点、紫丁香色斑点、奶油色斑点、混合斑点、山猫色斑点等。体毛毛色与斑点部都应有明显的对比反差。脸面、耳、四肢、趾、尾都有深色斑点，并以同一色者为佳。小猫刚生出时全身被有短的白毛，爪垫、鼻、耳皆为粉红色，几天后，色点开始出现，首先是在耳朵，然后是在鼻子、四肢和尾巴。

④ 苏格兰弯耳猫。又称为小弯耳猫，短毛品种，也有长毛类，突然变异形成，原产于英国，体型为中等粗短胖型。苏格兰弯耳猫身材粗壮、两耳下垂，头呈方形，鼻小而扁，四肢粗壮，尾较短，尾尖钝圆，毛色有金黄色、黑色和浅蓝色等。仔猫出生时，两耳是直立的，这时要鉴别其是不是弯耳猫，只能看尾巴，短而粗的是弯耳猫。4 周龄以后，耳朵才向前垂下，随着年龄的增长，耳朵越垂越低。苏格兰弯耳猫如果尾巴短粗、尾毛缠结、小头直耳，则不合乎其品种标准，应该淘汰。

⑤ 日本短尾猫。中短毛品种，人工培育，原产于日本，体型为中等瘦短型。日本短尾猫属中型猫，身体较短，额宽，鼻宽而平直，眼睛呈金黄色和蓝色，眼大而圆，两外眼角稍向上挑，有点吊眼梢。日本短尾猫被毛柔软顺畅、毛色漂亮，最初为黑色，后来逐渐发展又有白色和红色，白色为其基本色型。如果这 3 种颜色集于一身，则是比较名贵的，也有的深色毛似老虎皮斑纹状排列。其尾巴很像兔子尾巴，以 5cm 长为理想，若为伸展卷曲的尾巴，则以 10～20cm 为宜。尾尖运动灵活，尾毛比身体其他部位的毛都要密。

日本短尾猫以三角头、高颧骨、大圆眼、吊眼梢、长鼻梁、大立耳，以及优美的体态、发达的肌肉、卷曲的短尾、流畅的身体曲线、感情丰富、聪明伶俐等为特征，跻身于世界著名观赏猫品种之一。

⑥ 东方短毛猫。超级短毛品种，人工培育，原产于英国。体型为标准的匀称型、苗条型，是西方母猫的体型。白色、黑色、米色带着褐色的斑纹是其代表色，也可以有其他颜色。全身被毛细短，质地柔软，手感光滑。绿色是眼睛的标准色。但是，白色的被毛要求有蓝色的眼睛。头部呈"V"字形。耳朵大、但不灵活。身体细长，姿态优美。尾部的尖端较细，后肢比前肢长，爪呈小卵圆形。

⑦ 美国卷毛猫。长毛种、短毛种，突变形成，产于美国。体型中等，具有流线型体态。卷耳是美国卷毛猫的明显特点，耳朵尖端向外张，饰毛长，这是它的魅力之一。两耳间距大，各在头的侧边，并且两耳朵反折着，前端略呈圆状。头圆且大，轮廓朦胧，方位平整。但是，刚出生的仔猫耳朵都是直竖的，经过4~7d后才开始变为卷曲。

眼睛蓝色是它的标准色。长毛种的毛属于中长型，体毛柔和贴身，无下层毛，尾毛略长且多；短毛种则不然。眼睛稍斜，颜色依被毛的毛种不同而不同，在激动时眼睛为蓝色。

⑧ 缅甸猫。原产于缅甸，其身体强壮，肌肉结实，头圆略尖，两耳距离较宽，眼睛呈圆形或椭圆形，颜色有金黄色或黄绿色，被毛短而紧密、光滑，毛色有棕色、橙黄色、红色、巧克力色和蓝色等。性情聪明伶俐，好奇心强，喜欢出头露面，希望得到主人的奖励。勇敢，诙谐有趣，可连续蹦跳玩耍数小时而不感疲倦，是难得的观赏娱乐猫。

⑨ 安哥拉猫。起源于土耳其，16世纪传入欧洲，主要分布在法国和英国，是当时最受欢迎的长毛品种。到19世纪中叶，由于波斯猫的出现，安哥拉猫的地位逐渐降低。

安哥拉猫身材修长，背部起伏较大，四肢高而细，头长而尖，耳大，全身披有细丝般的长毛，有红色、褐色、黑色和白色之分，一般认为白色为正宗的安哥拉纯种猫。安哥拉猫的动作相当敏捷，独立性强，不喜欢被人捉抱。

⑩ 巴厘猫。是由泰国猫的突变个体经过一系列的选育、纯化、繁育而成。其身材细长，动作优美，被称为猫"舞蹈家"。巴厘猫被毛颜色为均匀的单色，有白色、蓝色、巧克力色和淡紫色，面、耳、尾、四肢呈深色的色点，头长而尖，呈"V"字形轮廓，由下颌部起向耳顶端笔直敞开，构成三角形，眼睛呈深蓝色，尾长而高举。

巴厘猫很聪明，能完成一些技巧性很强的动作，喜欢跑跳，好爬高，感情丰富，易与主人建立感情，尤其在得到主人宠爱后，对主人感情深厚，喜欢向主人撒娇，对主人的声音分辨力特强，在较远距离即可分辨出主人的声音。

【实训提示】

1. 实训前，学生要查阅主要宠物犬、猫品种的相关资料，实训教师要对实训中出现的主要品种特征进行必要解释。

2. 条件允许，可以组织学生到当地宠物养殖场或宠物市场进行观察，增强实训效果。

【技能考核】

1. 能够叙述主要宠物犬、猫的品种，并能够说出品种特征和用途。
2. 能够识别不同品种的优缺点，为后续开展宠物品种的改良和选育提高奠定基础。

实训十一　系谱的编制与鉴定

【目的要求】

通过实训，熟悉常见的几种系谱的分类，掌握横式系谱、竖式系谱的编制方法，能够根据系谱进行早期选种。

【实训材料】

1. 某一种群内不同个体间的亲缘关系资料。
2. 某一种群不同时期生产性能、配种与繁殖记录。

【实训内容】

1. 系谱的种类

宠物育种工作中一项重要的日常工作是认真做好各种记录，如繁殖配种记录、产仔记录、体尺测量、外貌鉴定、饲料消耗等原始记录，这些记录资料是日后选种的重要依据。用于记录种用宠物个体的编号、名字、生产成绩及鉴定结果的记录文件就是系谱。

（1）竖式系谱 竖式系谱也称直式系谱，是按照子代在上，亲代在下，雄性在右，雌性在左的格式，按次填写（图实 5）。

个体编号							
母				父			
外祖母		外祖父		祖 母		祖 父	
外祖母之母	外祖母之父	外祖父之母	外祖父之父	祖母之母	祖母之父	祖父之母	祖父之父

图实 5 竖式系谱

（2）横式系谱 横式系谱也称括号式系谱，是按照子代在左，亲代在右，雄性在上，雌性在下的格式，按次填写（图实 6）。系谱正中可划一横线，表示上半部为父系祖先，下半部为母系祖先。

图实 6 各种主要系谱

（3）结构式系谱 结构式系谱也称系谱结构图，比较简单，只表明亲缘关系即可，雄性用"□"表示，雌性用"○"表示（图实 6）。绘图时，将出现次数最多的共同祖先找出，放在一个适中的位置上，原则上避免线条过多交叉。不论它在系谱中出现多少次，只能占据一个位置，出现多少次即用多少根线条来连接。

（4）通径系谱（箭头式系谱） 箭头式系谱是专供作评定亲缘程度时使用的一种格式，凡与此无关的个体都可不必画出。

系谱一般只保留 3~4 代祖先的资料，高辈分对后裔的影响不大，仅作为参考。

2. 系谱审查

系谱审查就是以系谱记载的资料为基础，根据亲本与祖先的表型值，来推断其后代可能出现的品质，做到早期选种。通过审查系谱，了解个体之间的亲缘关系、近交的程度，分析选配工作的经验与存在问题，为后续选种选配提供依据。

系谱审查时，可将多个系谱的各种资料，直接进行对比分析，即亲代与亲代比较，祖代与祖代比较，重视近代祖先的品质。主要比较体重、生产力、外形评分、后裔成绩等指标，权衡优缺点，作出选留。

雌猫的家系资料						雄猫的家系资料					
个体号	父本	母本	个体号	父本	母本	个体号	父本	母本	个体号	父本	母本
C146	—	—	N778	P451	R332	A3	—	—	P31	P15	—
C224	—	—	R58	—	—	A5	A7	—	P17	—	—
C524	—	—	R64	—	—	A13	A5	C548	P45	—	—
C548	—	—	R76	—	—	A111	A13	C954	P167	P45	R76
C636	B57	C524	R188	P31	R64	B17	—	—	P337	P17	R58
C954	B17	C146	R214	P11	R318	B57	—	—	P451	P337	R188
C1018	B83	C636	R318	—	—	B53	A3	C224	P15	—	—
J724	A111	C1018	R332	P167	R214	P11	—	—	A7	—	—

根据上述资料,首先写出 J724 和 N778 的横式系谱和竖式系谱,并对两个系谱进行比较,写出种用价值的初步结论。

【实训提示】

1. 审查重点应放在亲代的比较上,高辈分祖先与后代的遗传相关性小,意义不大。
2. 系谱中,若母本的生产力远超过畜群平均数,父本经后裔测验证明为良好,或其同胞性能也优秀,该个体给予较高的评价。
3. 注意系谱中各个体的遗传稳定程度,还有考虑各代祖先在外形上有无遗传缺陷。

【技能考核】

1. 能够叙述系谱的主要内容、系谱的主要分类。
2. 能够区别不同系谱的编制方法和特点,能够根据系谱进行早期选种。

实训十二 宠物犬选配方案的制定

【目的要求】

通过实训,使学生了解制定选种选配方案的用途,掌握宠物犬、猫选配方案的编制方法和过程。

【实训材料】

(1)宠物犬的配种、生产、性能等系统资料。
(2)结合现在群体的综合情况,制定切实可行的各阶段育种目标和遗传进展,制定合理的选配方案。

【实训内容】

1. 分析种群特性

首先,要分析种群的结构、形成历史,掌握种群的性能、成绩和品质,明确种群的优点和缺点,有的放矢。查阅种犬的系谱,分析种群个体间的亲缘关系,避免近交而导致衰退。

此外,还要分析种犬自身和后裔的成绩测验,从而判断与配双方的一般配合力如何,为确定选配组合提供依据,并加大目的基因的纯合,使目的性状快速固定。

2. 提出育种目标

应该根据宠物犬性能要求,结合现有犬群的综合情况以及个体的特性,制定切实可行的各种育种目标和进度,使育种工作有序进行。

3. 制订选配计划

拟订选配计划主要是以育种目标为主要目的,依据犬的用途、特点、后裔品质、选配原则、繁育方法和预期获得的改良效果来综合考虑。

现列举一种犬的选配计划表（表实1），供选种改良时参考。

表实1 犬的选配计划表

耳号	品种	主要特点	预计配种期	配种日期	预产日期	与配雄犬								备注
						前次配种记录			本次配种计划					
									主选犬			候选犬		
						耳号	品种	主要特点	耳号	品种	主要特点	耳号	品种	主要特点

【实训提示】

1. 实训前，应该有目的地选取具有代表性的资料，避免盲目性。

2. 选配方案的制定是一项系统工作，应该结合选种选配原则，根据现场的实际需要，练习制订初步的选种选配计划，以促进生产。

【技能考核】

1. 能够叙述个体选种的具体方法，根据自身、亲属所提供的遗传信息，做好个体的性能测定与评价工作。

2. 能够根据雄犬、雌犬的优、缺点，结合以往配种记录和后裔成绩，制定提高后代性能的配种方案。

实训十三　近交系数与亲缘系数计算

【目的要求】

通过实训，熟悉和掌握近交系数和亲缘系数这两种评定亲缘程度的方法，理解两者的实际意义。

【实训材料】

1. 某种群内不同个体间的亲缘关系资料。

2. 某一个体的通径系谱资料。

【实训内容】

1. 近交系数计算

近交系数是某一个体由于近交而造成相同等位基因的比率，即形成个体的两个配子间由于近交而造成的相关系数。

设某一个体X，双亲分别为S和D，共同祖先为A，则形成个体X的两个配子间的相关系数，即近交系数F_X，可用下式来计算：

$$F_X = \Sigma \left[\left(\frac{1}{2}\right)^{n_1+n_2+1} (1+F_A) \right] \quad \text{（式1）}$$

式中　F_X——个体X的近交系数；

n_1——某一亲本到共同祖先A的代数；

n_2——另一亲本到共同祖先A的代数；

F_A——共同祖先 A 的近交系数；

Σ——个体 X 的双亲 S 和 D 通过共同祖先 A 的所有通径计算值之总和。

2. 亲缘系数计算

近交系数的大小决定于双亲间的亲缘程度，而亲缘程度用亲缘系数 R_{SD} 表示。两者的区别在于：F_X 是说明个体 X 是由何种近交程度产生的个体，而 R_{SD} 则说明产生个体 X 的两个亲本（S 与 D）在遗传上的相关程度，即具有相同等位基因的概率。

设某一个体 X，双亲分别为 S 和 D，共同祖先为 A，则 S 和 D 间的遗传相关，即亲缘系数 R_{SD}，可采用下式计算：

$$R_{SD}=\frac{\Sigma\left[\left(\frac{1}{2}\right)^N(1+F_A)\right]}{\sqrt{(1+F_S)(1+F_D)}} \qquad (\text{式 2})$$

式中 R_{SD}——个体 S 和 D 之间的亲缘系数；

N——个体 S 和 D 分别到共同祖先 A 代数之和，即等于 n_1+n_2；

F_S——个体 S 的近交系数；

F_D——个体 D 的近交系数；

F_A——共同祖先 A 的近交系数；

Σ——个体 S 和 D 通过共同祖先 A 的所有通径计算值之总和。

当共同 A 与某一亲本（S 或 D）为同一个体时，另一亲本用 X 表示，则式(式 2) 可以简化为：

$$R_{XA}=\Sigma\left(\frac{1}{2}\right)^N\sqrt{\frac{1+F_A}{1+F_X}} \qquad (\text{式 3})$$

式(式 2) 中，S 和 D 为任意两个个体，即旁系时的亲缘系数；而（式 3）是某一亲本与祖先重合，即直系时的亲缘系数。

3. 计算实例

假设个体 11 的通径系谱如图实 7 所示，试计算个体 11 的近交系数 F_{11}，计算个体 10 和 29 的亲缘系数 $R_{10\cdot29}$。

图实 7 个体 11 的通径系谱

（1）计算近交系数

从通径系谱可以看出，11 号个体有 20 和 60 两个共同祖先：

20：10←20→29　　　　　　　　　　$N=2$

60：10←20←92←60→45→29　　　　　$N=5$

60：10←38←27←60→92→20→29　　　$N=6$

60：10←38←27←60→45→29　　　　　$N=5$

由于 20 是半同胞的后代，近交系数为 0.125，则 11 的近交系数为：

$F_{11}=0.5^3\times(1+0.125)+0.5^6+0.5^7+0.5^6=0.1797$。

（2）计算亲缘系数

从通径系谱中可以看出，个体 10 和 29 有 20 和 60 两个共同祖先：

20：10←20→29　　　　　　　　　　　　$N=2$
60：10←20←92←60→45→29　　　　　　$N=5$
60：10←38←27←60→92→20→29　　　　$N=6$
60：10←38←27←60→45→29　　　　　　$N=5$

且 $F_{20}=0.125$、$F_{10}=0.03125$、$F_{29}=0.0625$、$F_{60}=0$，代入式（式2）中，则

$$R_{10 \cdot 29} = \frac{0.5^2 \times (1+F_{20}) + (0.5^6 + 2 \times 0.5^5) \times (1+F_{60})}{\sqrt{(1+F_{10}) \times (1+F_{29})}}$$

$$= \frac{0.5^2 \times (1+0.125) + (0.5^6 + 2 \times 0.5^5)}{\sqrt{(1+0.031251) \times (1+0.0625)}} = 0.3433。$$

【实训提示】

1. 对系谱中通过共同祖先的每条通径链要判断准确，同一链上的个体不能重复，只能出现1次。

2. 在分析通径链时，要求先逆着箭头方向，从一个亲本后退到共同祖先处，再顺着箭头方向到另一个亲本，当且只在祖先处换一次方向。

【技能考核】

1. 能够叙述近交系数与亲缘系数的生物学含义，能够进行近交系数与亲缘系数的计算。

2. 能够根据任意两个体间的亲缘系数大小，预测两者交配所产生后代的近交程度大小。

实训十四　犬、猫的去势

【目的要求】

通过实训，熟悉犬、猫去势前的准备工作，掌握犬、猫的手术去势方法。

【实训材料】

（1）雄犬、雄猫和雌犬、雌猫若干。

（2）手术刀、止血钳、手术剪子、小镊子、医用缝合线、注射器、保定架、灭菌纱布、脱脂棉等。

（3）氯胺酮、3%塞胺酮、846合剂、舒泰麻醉药、2%碘酊、75%酒精、0.1%的新洁尔灭溶液、青霉素、链霉素等。

【实训内容】

1. 准备工作

（1）对犬、猫进行健康检查，测量体温、呼吸、心率、体重等，并于去势前禁食0.5d，注射破伤风抗毒素。犬、猫去势前要进行全身麻醉，用绷带包扎尾根的被毛，固定尾巴后进行术部剪毛并用0.1%的新洁尔灭溶液洗净、擦干，再用2%碘酊消毒，最后用75%酒精涂擦脱碘。

（2）准备好手术用器械和药品等　手术器械用0.1%的新洁尔灭溶液浸泡消毒30min或煮沸消毒30min。术者洗净手臂，再用0.1%的新洁尔灭溶液浸泡消毒。

2. 雄犬、雄猫的去势

（1）雄犬的去势操作　用手术刀将阴囊皮肤切口，小型犬切口为一个，沿阴囊缝隙切开；大型犬切口可为两个，在阴囊缝隙两侧平行于阴囊缝隙切开。切口应尽量靠近阴囊底

部，不能靠上或偏斜，以防术后积液。对幼龄犬，当阴囊切口打开后，术者可用拇指、食指尖端在精索明显变细处反复撸挫、捻转，直至将精索挫断，然后摘除睾丸，不能将精索强行拉断而造成止血不良；对大型成年犬，需对精索进行双重结扎后剪断，然后再摘除睾丸。

摘除睾丸时，撕开阴囊韧带后，对于其上方的睾丸系膜分离到精索欲断处即可，不要过度分离。同时精索不要留得太长，否则术后精索断端易脱出切口外而引起感染，影响愈合，也不能将精索摘除过多，导致断端缩进腹腔，引起不易观察的内出血。

术后，阴囊切口不必缝合，或只进行上部的部分缝合，但不能密闭缝合。切口周围用2%碘酊消毒处理，精索断端及创缘可用刺激性小的消毒剂消毒，不要用高浓度的碘酊消毒，否则动物苏醒后，因刺激疼痛而发生摩擦、啃咬、抓挠等现象，造成术部污染，影响创口愈合。

(2) 雄猫的去势操作　用左手拇指和食指固定一侧睾丸，并使阴囊皮肤绷紧，右手持手术刀沿睾丸的纵轴方向并与阴囊缝隙线相平行，一次切开阴囊和总鞘膜，将睾丸挤出，剪开或撕开阴囊系带，再分离睾丸系膜，将阴囊或总鞘膜推向腹壁方向，使精索暴露，然后用医用缝合线进行双重单结结扎，用手拉着尾线，在结后约0.3cm处剪断精索，看不到出血时，可用2%碘酊消毒断端，最后剪断尾线，使精索缩回阴囊内。以同样的方法摘除另一侧睾丸。最后将抗生素撒入创口内，进行局部消毒即可。

3. 雌犬、雌猫的绝育

(1) 雌犬的绝育　将犬仰卧保定，在腹部脐后4~10cm的腹白线上做一切口，切口长约5cm，然后将食指伸入腹腔沿腹壁向脊柱方向，在肾脏后方仔细探摸卵巢，并将其轻轻引至切口外。同时，可将腹壁切口压向背侧，以配合卵巢的显露。用止血钳在卵巢下方夹住卵巢系膜，用丝线结扎卵巢系膜，然后切除卵巢，松开止血钳，确认无出血后方可将断端还回腹腔。最后，常规缝合腹膜及皮肤，装结系绷带。术后肌内注射抗生素，防止感染。

(2) 雌猫的绝育　将猫仰卧保定，自脐孔后1cm处向后依次切开腹中线的皮肤、皮下组织、腹白线及腹膜，使切口长3~4cm。显露腹腔后，术者将食指伸入腹腔沿腹壁探查背脊处的子宫角及卵巢，小心牵引出一侧子宫角并显露卵巢，用纱布隔离固定，在卵巢系膜无血管区切一小口，经此切口对卵巢与肾脏之间的卵巢悬韧带进行贯穿结扎，然后对卵巢与子宫角之间的卵巢固有韧带也进行贯穿结扎，然后完整地剪除两结扎点之间的卵巢（包括卵巢囊），确认肾侧卵巢韧带断端不出血后将其放回腹腔。再沿该侧子宫角牵引出子宫体，随之牵引出对侧卵巢，按上述方法将其摘除。最后将子宫放回腹腔中，常规缝合腹壁及皮肤，装结系绷带。术后肌内注射抗生素，防止感染。

【实训提示】

1. 由教师讲解犬、猫去势前的准备工作，并由教师对犬、猫的去势操作进行示教。
2. 学生分组进行犬、猫的去势训练，注意安全，实训后清理实训场所和实训物品。

【技能考核】

1. 能够详细叙述去势操作的过程和要点，总结操作过程中容易出现的各种问题。
2. 能够比较熟练地进行去势操作，熟练地进行手术器械的消毒和整理工作。

实训十五　犬、猫的繁殖力的统计

【目的要求】

通过实训，熟悉犬、猫繁殖力评价的常用指标，掌握犬、猫繁殖力常用指标的计算方法。

【实训材料】

某一养犬户，2008 年年初有可繁殖母犬 75 只，到 2008 年 12 月 31 日止，经统计，2008 年全年有 68 只母犬共发情 130 个发情周期，经自然交配的母犬为 65 只，交配的总情期数是 120，第一情期交配的母犬为 64 只，第一情期受胎的母犬数是 50 只，全年受胎母犬总数是 100 只，最终分娩母犬数是 95 只，初生仔犬总数 450 只，其中有 10 只为死胎，断奶成活的幼犬数是 210 只。

【实训内容】

根据上述所给资料，按下述犬繁殖力评价指标的计算公式，计算出各项繁殖力指标的数值。

（1）发情率 指发情犬数占应发情犬数的百分率，可以反映犬的发情活动是否正常。

$$发情率 = \frac{发情犬总数}{应发情犬数} \times 100\%$$

（2）受配率 指参加配种的犬数占发情犬数的百分率，主要反映对犬配种工作的组织情况。

$$受配率 = \frac{配种犬数}{发情犬数} \times 100\%$$

（3）受胎率 受胎率可分为总受胎率、情期受胎率和第一情期受胎率，此项指标反映了对犬配种效果的高低。

① 总受胎率：指配种妊娠犬数占参加配种犬数的百分率。

$$总受胎率 = \frac{妊娠犬数}{配种犬数} \times 100\%$$

② 情期受胎率：指妊娠犬数占配种情期犬数的百分率，此项指标能真实反映犬的实际配种效果。

$$情期受胎率 = \frac{妊娠犬数}{配种情期犬数} \times 100\%$$

③ 第一情期受胎率：指第一情期配种妊娠犬数占第一情期配种犬数的百分率。

$$第一情期受胎率 = \frac{第一情期配种妊娠犬数}{第一情期配种犬数} \times 100\%$$

（4）分娩率 指分娩犬数占妊娠犬数的百分率，反映了对妊娠犬保胎防流工作的水平。

$$分娩率 = \frac{分娩犬数}{妊娠犬数} \times 100\%$$

（5）胎产仔数 记录每胎产仔的平均只数。

（6）断乳成活率 指断乳时成活的幼仔数占出生时活仔数的百分率，反映了雌犬的泌乳能力、护仔性以及哺乳期饲养管理的成绩。

$$断乳成活率 = \frac{断乳时成活幼仔数}{出生时活仔数} \times 100\%$$

（7）繁殖率 指本年度内出生仔数（包括出生后死亡的幼仔）占上年度末适繁雌犬数的百分率。主要反映犬的增殖效率，与发情、配种、受胎、妊娠、分娩等生殖活动及管理水平有关。

$$繁殖率 = \frac{本年度内出生仔数}{上年度末适繁雌犬数} \times 100\%$$

(8) 繁殖率成活率　本年度内幼仔成活数（不包括死产及出生后死亡的幼仔）占上年度末适繁雌犬数的百分率，反映犬群的实际增长水平。

$$繁殖成活率=\frac{本年度内幼仔成活数}{上年度末适繁雌犬数}\times 100\%$$

【实训提示】

1. 实训材料的来源，可取自养犬专业户的生产记录，也可通过学生参与实践调查获得。
2. 犬、猫繁殖力的评价指标和计算方法基本相同，因此，可选一种数据进行统计分析。

【技能考核】

1. 能够详细叙述繁殖力指标的计算方法，比较不同指标的意义。
2. 根据计算出的各项指标数值进行分析，评价该犬、猫养殖专业户的繁殖水平，同时讨论提高繁殖力的基本措施。

参 考 文 献

[1] 叶俊华主编. 犬繁育技术大全. 沈阳：辽宁科学技术出版社，2003.
[2] 梁书文，张卫宪主编. 宠物繁殖. 北京：中国农业科学技术出版社，2008.
[3] 杨万郊，张似清主编. 宠物繁殖与育种. 北京：中国农业出版社，2007.
[4] 鲁子惠编著. 猫的解剖. 北京：科学出版社，1979.
[5] 郭世宁，陈卫红主编. 最新实用养猫大全. 北京：中国农业出版社，2002.
[6] 崔泰保，鄢珣编著. 藏獒的选择与养殖. 北京：金盾出版社，2003.
[7] 范作良主编. 家畜解剖. 北京：中国农业出版社，2001.
[8] 中国农业大学主编. 家畜繁殖学. 第3版. 北京：中国农业出版社，2000.
[9] 张忠诚主编. 家畜繁殖学. 第4版. 北京：中国农业出版社，2004.
[10] 张周主编. 家畜繁殖. 北京：中国农业出版社，2001.
[11] 王峰主编. 动物繁殖学实验教程. 北京：中国农业大学出版社，2006.
[12] 朱维正主编. 养狗驯狗与狗病防治. 北京：金盾出版社，2006.
[13] 王力光，董君艳主编. 犬的繁殖与产科. 长春：吉林科学技术出版社，2000.
[14] 曹文广. 实用犬猫繁殖学. 北京：中国农业大学出版社，1994.
[15] 杨利国. 动物繁殖学. 北京：中国农业出版社，2003.
[16] 冯逢. 养猫驯猫与猫病防治. 长春：吉林科学技术出版社，2003.
[17] 王文仕. 伴侣动物养殖. 成都：四川科学技术出版社，2004.
[18] 马清海，刘传绪. 猫的饲养与疾病防治. 北京：中国农业出版社，1986.
[19] 肖希龙. 实用养猫大全. 北京：中国农业出版社，2002.
[20] 高得仪，张纯恒. 养猫知识与猫病. 北京：中国农业大学出版社，1992.
[21] 高得仪，范国雄. 养狗与狗病. 北京：中国农业大学出版社，1998.
[22] 高得仪. 宠物犬猫的保健. 北京：中国农业出版社，1999.
[23] 董悦农，刘欣. 犬的驯养及疾病防治全解. 北京：中国林业出版社，2002.
[24] 董悦农. 猫的驯养及疾病防治全解. 北京：中国林业出版社，2004.
[25] 汤小朋. 犬、猫疾病鉴定诊断7日通. 北京：中国农业出版社，2004.
[26] 林德贵. 观赏犬驯养手册. 北京：中国农业大学出版社，2001.
[27] 王金玉，陈国宏. 数量遗传与动物育种. 南京：东南大学出版社，2004.
[28] 张沅主编. 家畜育种学. 北京：中国农业出版社，2003.
[29] 刘庆昌主编. 遗传学. 北京：科学出版社，2007.
[30] 罗鹏主编. 遗传学应用. 北京：高等教育出版社，1996.
[31] 焦骅主编. 家畜育种学. 北京：中国农业出版社，1995.
[32] 弗格尔著. 猫典. 曹中承译. 上海：上海文化出版社，2006.
[33] 陈惠文著. 猫典一箩筐. 天津：白花文艺出版社，2006.
[34] 美国养犬俱乐部编. 林贵德译. 世界名犬大全. 沈阳：辽宁科技出版社，2003.
[35] 徐汉坤，吴德华编著. 中外名犬鉴赏与养护. 南京：江苏科学技术出版社，2003.
[36] 华修国编著. 中外名猫——生活情趣丛书. 上海：上海科学技术出版社，2001.
[37] 桑润滋主编. 动物繁殖生物技术. 第2版. 北京：中国农业出版社，2006.
[38] 张立波主编. 实用养犬大全. 北京：中国农业出版社，1993.
[39] 李向党主编. 养犬学. 北京：中国人民公安大学出版社，2008.
[40] 周斌，周明荣等编著. 爱犬养护500问. 上海：上海科学技术出版社，2004.
[41] 郭立堂主编. 工厂化肉犬饲养新技术. 北京：中国农业出版社，2002.
[42] 李婉涛，张京和主编. 动物遗传育种. 北京：中国农业出版社，2007.
[43] 欧阳叙向主编. 家畜遗传育种. 北京：中国农业出版社，2001.
[44] 耿明杰. 畜禽繁殖与改良. 北京：中国农业出版社，2006.
[45] 王殿奎等. 宠物繁育技术. 哈尔滨：东北林业大学出版社，2007.
[46] 韩博等. 养狗与狗病防治. 北京：中国农业大学出版社，2001.
[47] 赵晓玲等. 宠物饲养7日通. 北京：中国农业出版社，2003.
[48] 岳文斌等. 动物繁殖新技术. 北京：中国农业出版社，2002.
[49] 程会昌. 动物解剖学与组织胚胎学. 北京：中国农业大学出版社，2007.
[50] 阎慎飞. 动物繁殖学. 重庆：重庆大学出版社，2007.